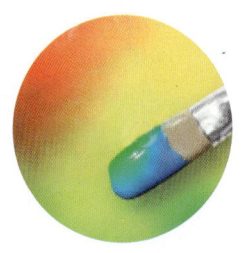

DPS (Digital Publishing Suite)

e-Book과 웹진

인디자인 CS5-CS6

인디자인과 통합된 DPS(Digital Publishing Suite)를 활용하여 e-Book을 제작하면 아이패드나 안드로이드용 모바일 디바이스에서 도큐멘트의 레이아웃을 유지합니다. 또한 손 제스처에 따른 동적인 요소를 간단하게 구현하고 e-Book으로 출판할 수 있습니다.

인디자인과 통합된 DPS를 활용하면 무료 e-Book을 출판하고 모바일 디바이스에서 구독할 수 있습니다. 인디자인으로 "PDF", "SWF", "EPUB" 형식의 e-Book과 웹진을 출판하고 웹 상에 게시하거나 앱 스토어와 마켓에서 판매할 수 있습니다.

- 좋은 책 · 알찬 내용 -
가메출판사

본 도서의 예제 파일은
가메출판사 홈페이지
http://www.kame.co.kr
자료실에서 다운로드합니다.

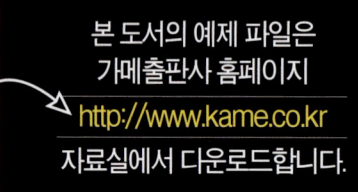

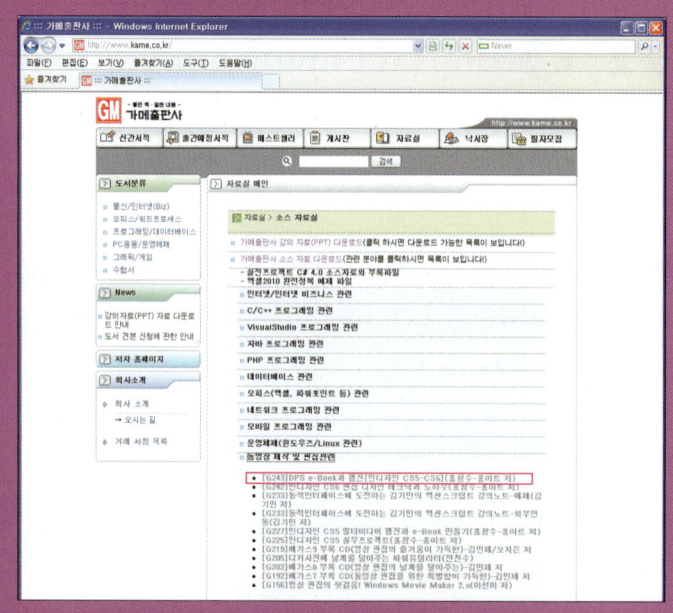

머리말

구글(Google)에서는 이미 전 세계의 모든 책들을 전자책으로 만드는 작업에 착수하였고 서비스하고 있으며 인디자인을 출시한 어도비 사에서는 세계적인 도서 시장의 트랜드에 따라서 인디자인에 DPS(Digital Publishing Suite)를 통합하고 전자책(e-Book)을 출판할 수 있는 기능을 강화하였습니다.

이 책은 인디자인의 DPS(Digital Publishing Suite)를 활용하여 동적인 요소를 포함한 e-Book을 제작한 후 어도비 서버, 자신의 무료 계정에 업로드 한 후, 아이패드와 안드로이드용 모바일 디바이스에서 구독하는 방법을 다루었습니다. 또한 애플 사에 개발자로 등록하는 과정과 "SWF", "PDF", "EPUB" 형식의 e-Book을 제작하는 방법도 다루었습니다.

전자책 시대의 트랜드로 파피루스가 사라지지는 않겠지만 적어도 시대적 흐름에 반할 수는 없기에 이 책을 집필하게 되었으며 조언을 해주신 가메출판사의 관계자 여러분들, 그리고 사랑하는 아들 성택이와 딸 다영이에게 고마움을 표시합니다.

아무쪼록 이 책을 통하여 e-Book을 제작하고 컨텐츠를 서비스 할 수 있기를 바랍니다.

홍예지 / 서울 상계동 / 탑 디자인 이사

인디자인에서 제작할 수 있는 전자책에 대하여 여러가지로 궁금하였는데 이 책을 베타테스트 하면서 이북과 웹진을 제작하고 출판할 수 있는 능력이 생겨서 뿌듯합니다. 이제 그동안 계획하고 있었던 이북과 웹진을 제작하고 출판하려합니다. 모바일 관련과 전자책의 개념 등을 쉽게 설명하고 있는 책이라고 할 수 있습니다.

박민수 / 서울 보라매동 / 대교출판 디자인 팀장

그동안 인디자인을 좀더 체계적으로 배워야겠다고 생각을 하면서도 어떻게 해야 할지 몰랐었는데, 마치 선생님이 직접 옆에서 가르쳐 주시는 듯한 자세하고도 꼼꼼한 설명이 참 맘에 들기에 적극 추천합니다. 여러분들도 이 책 한 권이면 인디자인으로 맘껏 이북과 웹진을 만들고 출판할 수 있습니다.

박선영 / 서울 방학동 / 북 디자이너 프리랜서

한마디로 인디자인을 통한 이북과 웹진 디자인에 대한 "총괄서(바이블)"같은 느낌이다. 이 한 권의 책으로 인디자인과 더 나아가서는 모바일에 대한 이해를 할 수 있어서 초보자들에게는 쉬운 이해를, 중급자들에게는 프로 지향을 위한 발판이 될 수 있는 책이라고 본다. 인디자인 전자책의 바이블입니다.

차례

01 DPS(Digital Publishing Suite) e-Book

02 SWF e-Book

03 PDF & EPUB e-Book

managing

Commitment to our clients

Lorem ipsum dolor sit amet, consectetuer adipiscing elit, sed diam nonummy nibh euismod tincidunt ut laoreet dolore magna aliquam erat volutpat. Ut wisi enim ad minim veniam, quis nostrud exerci tation ullamcorper.Et iusto odio dignissim qui blandit praesent luptatum zzril delenit augue duis dolore te feugait nulla adipiscing elit, sed diam nonummy nibh euismod tincidunt ut laoreet dolore magna aliquam erat.

Set Your Goals

Lorem ipsum dolor sit amet, consectetuer adipiscing elit, sed diam nonummy nibh euismod tincidunt ut laoreet dolore magna aliquam erat volutpat. Nam liber tempor cum soluta nobis eleifend option congue nihil imperdiet ad minim veniam, quis nostrud exerci tamcper.

Et iusto odio dignissim qui blandit praesent luptatum zzril delenit augue duis dolore te feugait nulla facilisi. Lorem ipsum dolor sit amet, consectetuer adipiscing elit, sed diam nonummy nibh euismod tincidunt ut laoreet dolore magna aliquam erat volutpat. Ut wisi enim ad minim lobortis nisl ut aliq ea commodo consequat.

Financial Planning Services

5432 Any Street West
Townsville, State 54321 USA

(555) 543-5432
(555) 543-5433 fax
www.yourwebsitehere.com

Taking control of your finances

1

DPS (Digital Publishing Suite) e-Book

"Digital Publishing Suite"를 사용하여 e-Book을 제작하면 인쇄용 도큐멘트의 레이아웃을 그대로 유지하고 아이패드나 갤럭시 탭 등의 모바일 디바이스용으로 출판하고 배포할 수 있습니다.

북 디자이너는 인쇄용 하나의 레이아웃으로 대체 레이아웃을 생성하고 대화형 도서를 모바일 디바이스에 쉽게 출판할 수 있으며 출판사는 완전히 다른 형식의 미디어를 독자에게 제공할 수 있습니다.

독자는 e-Book에서 손 제스처로 텍스트는 물론 슬라이드쇼, 동영상, 오디오까지 시청할 수 있으며 도서에 포함된 이미지를 확대, 축소하거나 360도 회전시키며 구독할 수 있습니다.

전자책(電子冊)은 "종이에 인쇄하지 않고 컴퓨터나 모바일 디바이스 화면에 떠올려 읽을 수 있도록 만든 전자 매체 형식의 책"을 말합니다. 전자책(Electronic Book)은 "e-Book"이라고 말하며 DPS, SWF, PDF, EPUB, TXT 형식으로 출판할 수 있습니다. 인디자인에서는 이러한 모든 형식의 전자책을 제작할 수 있는 기능과 출판 환경을 제공하는데 각 전자책 형식의 장단점과 모바일 디바이스와의 관계를 알아보고 어떤 형식의 전자책을 어떤 디바이스에 출판할 것인지를 결정할 수 있는 능력을 배양합니다.

전자책을 구독할 수 있는 모바일 디바이스 종류

전자책은 기본적으로 컴퓨터에서 구독할 수 있으며 아미패드, 갤럭시 탭, 킨들 파이어, 스마트 폰, 비스킷과 같은 모바일 디바이스에서 시간과 장소에 구애받지 않고 구독할 수 있습니다.

▲ 전자책(電子冊)을 구독할 수 있는 아이패드, 갤럭시 탭, 각종 스마트 폰

DPS(Digital Publishing Suite) 전자책

인디자인 파일(.indd) 그대로 출판할 수 있어서 디자인된 레이아웃을 유지합니다. 또한 대체 레이아웃 기능으로 가로와 세로 방향의 레이아웃을 쉽게 구성할 수 있고, 손 제스처로 슬라이드 쇼, 동영상, 사운드 클립, 이미지의 확대와 축소, 360도 회전 등의 동적인 전자책을 만들 수 있습니다. 어도비 서버(최소 싱글 에디션) 사용료를 지불하면 앱스토어와 마켓에 배포하고 판매할 수 있습니다.

SWF 형식의 전자책

인디자인에서 편집 디자인된 레이아웃을 완벽하게 유지하면서 애니메이션, 동영상, 사운드 클립, 이벤트 버튼으로 가장 동적인 전자책을 만들 수 있습니다. 인디자인에서 제작하는 플래시 형식의 전자책은 "SWF"와 "HTML"로 만들어지며 대화형이므로 용량이 큽니다. 또한 아이패드에서 구독하려면 플래시를 대체할 수 있는 어플리케이션을 설치해야 합니다.

PDF 형식의 전자책

PDF 형식의 전자책은 애니메이션을 구현하지 못한다는 단점이 있으며 장점은 인디자인에서 편집 디자인된 레이아웃을 완벽하게 유지하면서 동영상과 사운드 클립, 이벤트 버튼으로 동적인 전자책을 만들 수 있습니다. PDF 형식의 전자책은 뷰어만 설치하면 모든 모바일 디바이스에서 구독이 가능합니다.

EPUB 형식의 전자책

전자책의 표준 형식으로 텍스트 기반이며 레이아웃은 "XHTML"과 "CSS"로 구성됩니다. 장점은 압축 파일로 제작되기 때문에 용량이 작고 가볍게 구동됩니다. "EPUB" 형식은 이미지를 포함할 수 있지만 레이아웃에 제한이 많기 때문에 인디자인의 레이아웃을 유지하기가 어렵습니다. 따라서 드림위버와 같은 웹 에디터에서 레이아웃 편집 작업을 하거나 "CSS" 또는 "XHTML" 코드를 수정, 편집하여야 합니다. 뷰어만 설치하면 모든 모바일 디바이스에서 구독이 가능합니다.

텍스트(TXT) 형식의 전자책

용량이 작아서 가볍게 구동되지만 멀티미디어 요소를 구현할 수 없습니다.

잠깐만!

이후로는 "전자책"이라는 포괄적인 용어 대신에 "e-Book"이라고 칭하겠습니다.

"Adobe Digital Publishing Suite"는 인디자인에 폴리오 빌더(Polio Builder)와 폴리오 프로듀서(Folio Producer), 오버
레이 크리에이터(Overy Creator) 패널, 그리고 전자 출판에 필수적인 플러그인을 설치합니다. 또한 데스크탑 뷰어
(Desktop Viewer)를 설치하여 모바일 디바이스 상이 아닌 컴퓨터 상에서 e-Book을 미리 확인하고 출판할 수 있습
니다. 여기서는 인디자인에 "Adobe Digital Publishing Suite"의 디지털 출판 도구 세트를 설치하는 방법을 알아보겠
습니다. 이후 "Adobe Digital Publishing Suite"는 "DPS"라고 칭하겠습니다.

▶ 예제 파일 : dps_ebook.indd

DPS 데스크탑 도구 세트를 자동으로 설치하기

01 DPS 디지털 출판 도구 세트가 설치되지 않은 상태로 메뉴에서 "창−Folio Builder"를 선택하여 "Folio
Builder(폴리오 빌더)" 패널을 호출합니다.

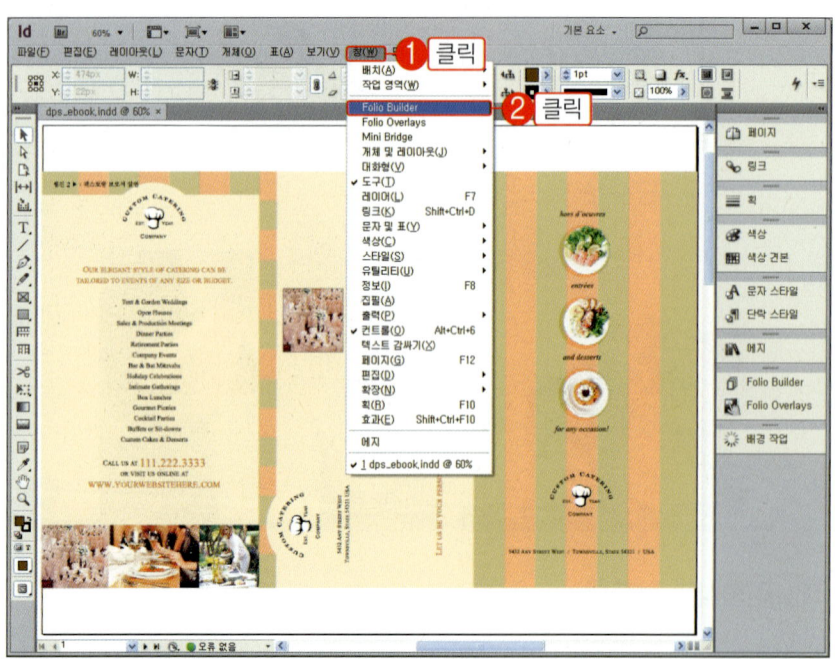

> **잠깐만!**
> 필자의 "창" 보조 메뉴에는 "폴
> 리오 오버레이(Folio Overlays)"
> 메뉴가 표시되는데 이미
> "DPS" 디지털 출판 도구 세트
> 를 설치하였기 때문입니다. 인
> 디자인만 설치하면 "폴리오 오
> 버레이" 메뉴는 표시되지 않습
> 니다.

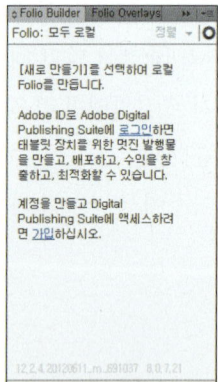

> **잠깐만!**
> 필자의 "폴리오 빌더(Folio Builder)" 패널에는 왼쪽 그림과 같이 "로그인"하라는 메시지가 표시되지만
> "DPS" 디지털 출판 도구 세트가 설치되지 않은 상태에서는 "도움말" 메뉴에서 "업데이트"하라는 메
> 시지가 표시됩니다.

02 "폴리오 빌더" 패널의 안내문에 따라서 PDS 디지털 출판 도구를 설치하기 위하여 "도움말−업데이트" 메뉴를 선택합니다.

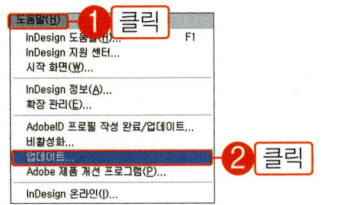

03 "Adobe InDesign CS6" 항목의 삼각형 표시(▼)를 클릭하고 "DPS Desktop Tools" 관련 항목에 체크 표시한 후, "업데이트" 버튼을 클릭합니다. 필자는 이미 설치를 하였기 때문에 화면에 해당 항목이 표시되지 않습니다.

> **! 잠깐만!**
>
> 또는 "Adobe InDesign CS6" 항목에 체크 표시하고 "업데이트" 버튼을 클릭해서 인디자인과 관련된 모든 항목을 업데이트 하여도 됩니다.

04 업데이트가 완료되고 나면 "창" 메뉴를 클릭합니다. 그러면 "Folio Overlays(폴리오 오버레이)"와 "Folio Builder(폴리오 빌더)" 메뉴가 표시되는 것을 확인할 수 있습니다. "Folio Overlays(폴리오 오버레이)"와 "Folio Builder(폴리오 빌더)" 메뉴를 각각 클릭하여 패널이 호출되면 패널 도크로 배치합니다.

> **! 잠깐만!**
>
> 인디자인 CS5와 CS5.5 버전은 "윈도우−확장−Folio Builder" 메뉴에서 패널을 호출할 수 있습니다.

> **! 잠깐만!**
>
> 현재 디지털 출판을 위한 필수 플러그인들이 설치된 상태이며 배포한 e−Book을 컴퓨터 상에서 미리 확인할 수 있는 데스크탑 뷰어(Desktop Viewer)도 설치된 상태입니다.

05 "Folio Builder(폴리오 빌더)"가 정상적으로 설치되었으면 다음과 같이 "로그인"과 "가입" 권유 내용이 표시됩니다. "Folio Builder(폴리오 빌더)는 디자인된 도큐멘트를 어도비 서버에 업로드하여 아이패드와 같은 모바일 디바이스에서 구독할 수 있도록 하는 기능을 제공하며 "Folio Overlays(폴리오 오버레이)"는 도큐멘트에 배치된 개체에 비디오나 오디오, 또는 이미지들을 동적으로 구현하는 기능을 제공합니다.

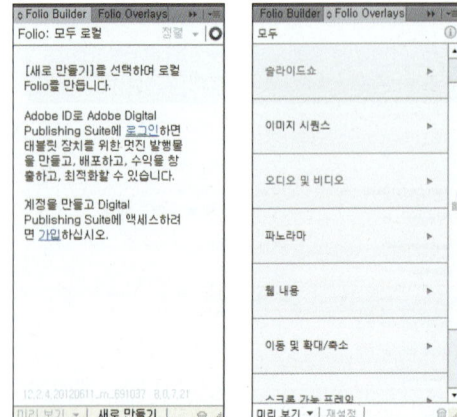

잠깐만!

이후에는 빠른 이해를 위하여 "Folio Builder"와 "Folio Overlays"를 "폴리오 빌더"와 "폴리오 오버레이"로, 각각 한글로 표현하겠습니다.

DPS 데스크탑 도구 세트를 수동으로 설치하기

01 앞의 과정과 같이 자동으로 DPS 데스크탑 도구 세트를 설치하기가 원할하지 않다면 수동 설치를 위하여 "http://www.adobe.com/downloads/" 사이트에 접속합니다.

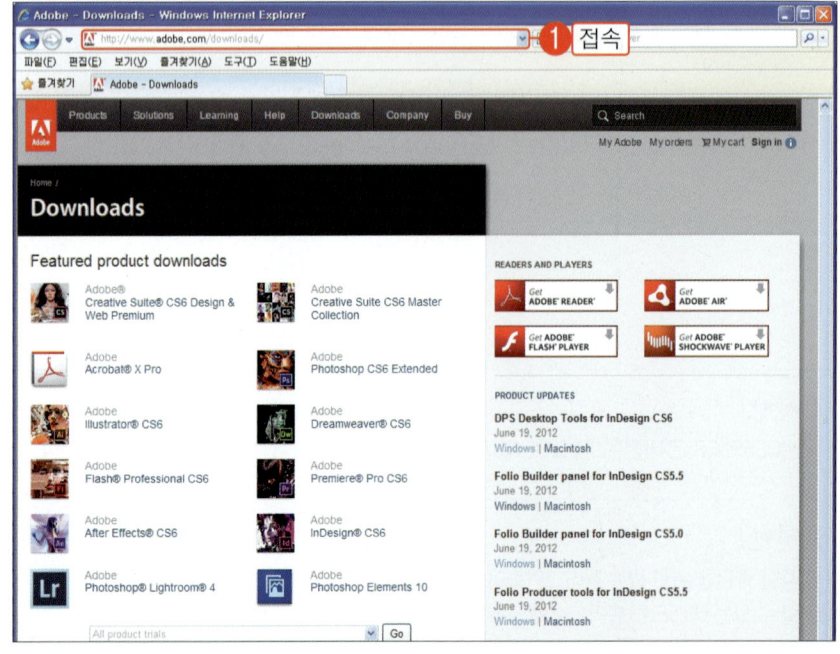

잠깐만!

"DPS 데스크탑 도구"다운로드 페이지에 접속하기 어렵다면 검색창에 "Desktop Tools for InDesign"을 입력하고 검색합니다.

잠깐만!

"DPS 데스크탑 도구"는 수시로 업데이트 됩니다. 따라서 현재 페이지를 수시로 방문하고 업데이트하여야 합니다.

02 "DPS Desktop Tool for InDesign CS6" 항목 아래에서 자신의 운영체제에 맞추어 "Windows"와 "Macintosh" 중 하나를 클릭합니다.

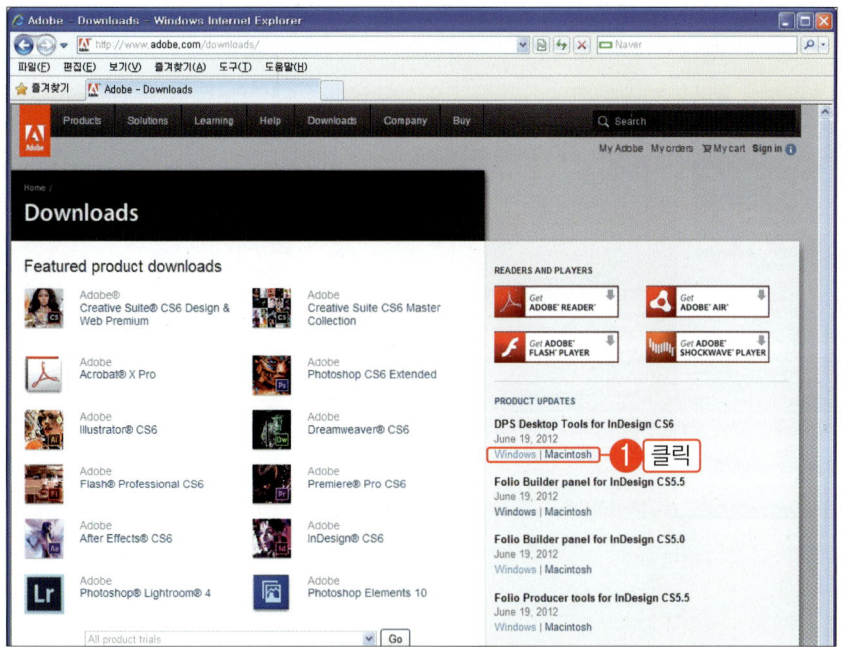

잠깐만!
CS5와 CS5.5버전 사용자는 "폴리오 빌더"와 "폴리오 프로듀서" 두 가지를 각각 다운로드 받습니다. 이후에 CS6용을 다운받고 패치할 수도 있습니다.

03 "Proceed to Download" 버튼을 클릭하고 다운로드 받을 폴더를 지정한 후 "DPS Desktop Tools"를 다운로드 받습니다. "DPS Desktop Tools"에는 "폴리오 오버레이", "폴리오 빌더", DPS에 필요한 각종 플러그인", "데스크탑 컨텐츠 뷰어"가 모두 포함되어 있기 때문에 "세트"라고 부릅니다.

잠깐만!
원활한 설치를 위하여 현재 파일의 용량은 22.6MB라는 내용과 함께 표시되는 각종 정보를 알아둡니다.

04 다운로드 받은 폴더에서 압축된 파일을 풀고 "Set-up.exe" 파일을 더블클릭하고 안내에 따라서 "DPS Desktop Tools"를 설치합니다.

잠깐만!
CS5와 CS5.5 버전 사용자는 "폴리오 빌더"와 "폴리오 프로듀서" 두 가지를 모두 설치해야 합니다.

잠깐만!
설치 도중에 "응용 프로그램을 종료하라"는 메시지가 나타나면 실행 중인 인디자인을 종료시키고 설치를 계속 진행합니다.

05 설치가 완료되고 나면 "창" 메뉴를 클릭합니다. 그러면 "Folio Overlays(폴리오 오버레이)"와 "Folio Builder(폴리오 빌더)" 메뉴가 표시되는 것을 확인할 수 있습니다. "Folio Overlays(폴리오 오버레이)"와 "Folio Builder(폴리오 빌더)" 메뉴를 각각 클릭하여 패널이 호출되면 패널 도크로 배치합니다.

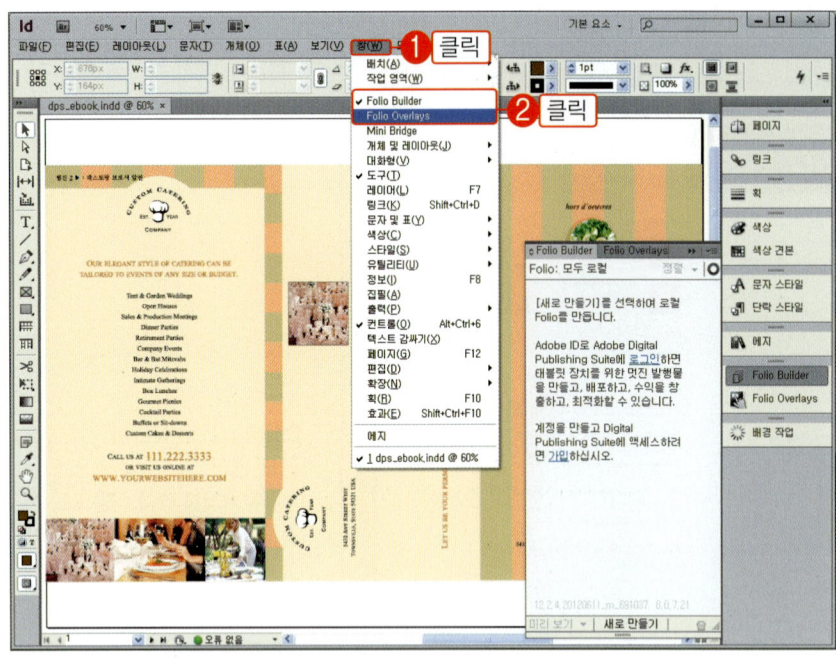

> 🔲 *잠깐만!*
> 인디자인 CS5와 CS5.5 버전은 "윈도우-확장-Folio Builder" 메뉴에서 패널을 호출할 수 있습니다.

DPS 데스크탑 도구 세트 삭제하기

01 "DPS 데스크탑 도구 세트"에 문제가 있어서 삭제하려면 윈도우의 경우 "시작-설정-제어판-프로그램 추가/제거"를 사용하여 삭제합니다. 매킨토시의 경우에는 "응용 프로그램-유틸리티-Adobe 설치 관리자"의 제거 프로그램을 사용하여 삭제합니다.

어도비 사에 무료 회원으로 가입하면 인디자인과 앞에서 설치한 DPS를 이용하여 어도비 사의 서버에 무료로 e-Book을 출판할 수 있습니다. 물론 출판 후, 자신의 아이디로 아이패드 등에서 구독할 수 있지만 앱 스토에 배포하고 판매할 수 있는 것은 아닙니다. 여기서는 어도비 사에 무료 회원 가입을 하고 DPS e-Book을 출판할 수 있는 단계까지 알아봅니다.

▶ 예제 파일 : dps_ebook.indd

무료 e-Book 출판을 위한 어도비 사에 회원 가입하기

01 "폴리오 빌더" 패널에 표시되는 안내문 중에서 "가입"이라는 글자를 클릭합니다.

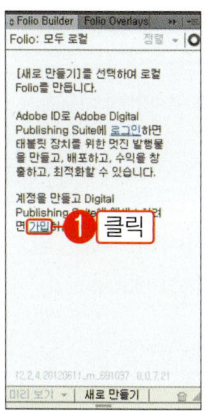

> ⚠ 잠깐만!
>
> 어도비 사에 이미 가입된 상태라면 이 과정은 생략하고 다음 과정으로 건너 뛰어도 됩니다. 어도비 사에 가입한 회원은 하나의 아이디로 모든 어도비 사의 사이트에 사용할 수 있으며 트라이얼 버전 등을 다운로드 받을 때도 사용합니다.

02 "Create Your Account" 페이지에서 이메일, 패스워드, 패스워드 확인, 이름, 생일, 나라와 도시를 다음과 같이 선택, 입력한 후, "Create Account" 버튼을 클릭합니다. 이후에 열리는 페이지에서 안내에 따라서 회원 가입을 합니다.

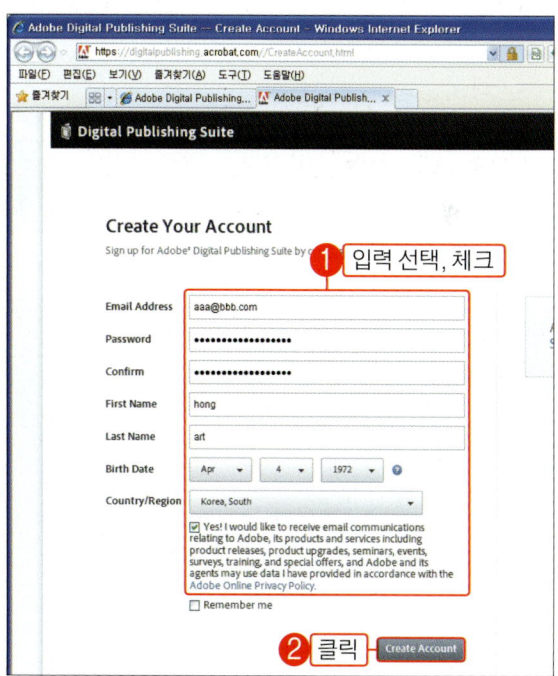

> ⚠ 잠깐만!
>
> "동의" 안내문도 클릭하여 체크 표시하여야 합니다.

03 한글로 된 안내문 페이지에서 가입하고 싶은면 포털 사이트에서 "한국어도비시스템즈"로 검색하고 "한국어도비시스템즈" 페이지로 접속합니다. 페이지 우측 상단에서 "로그인"을 클릭하고 "Adobe 계정 만들기" 버튼을 클릭한 후 안내문에 따라서 가입합니다.

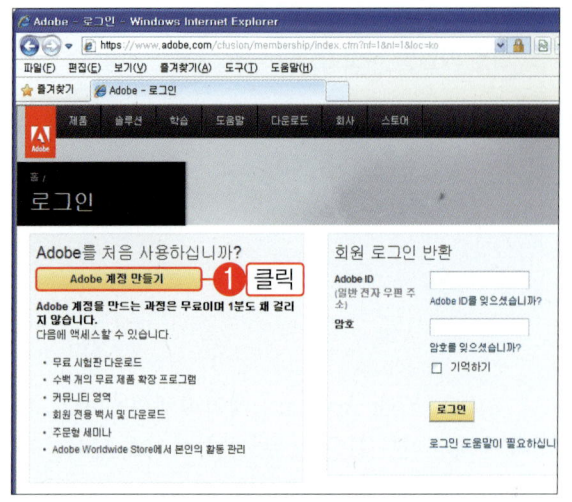 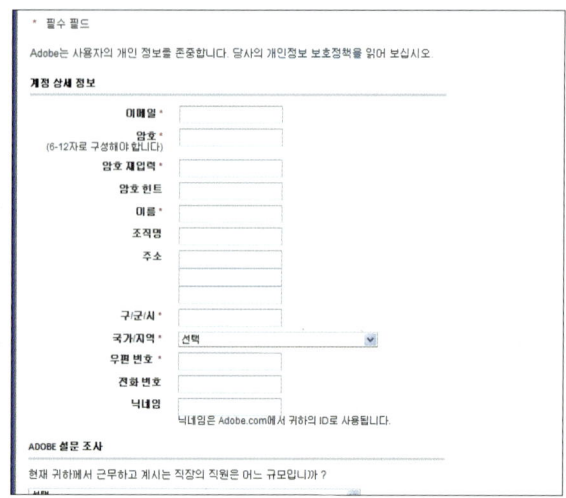

> ⚠ *잠깐만!*
> 현재 페이지에서 가입하여도 DPS는 물론 트라이얼 버전 다운로드 등 어도비 사의 어느 페이지에서도 사용할 수 있으며 이후의 페이지는 한글로 안내문이 나타납니다.

04 회원 가입이 완료되면 즉시 사용할 수 있습니다. "폴리오 빌더" 로그인을 위하여 패널 메뉴에서 "로그인"을 선택합니다. 또는 패널의 안내문 중에서 "로그인"이라는 글자를 클릭합니다.

05 앞에서 가입한 자신의 계정 아이디와 패스워드를 입력하고 "로그인" 버튼을 클릭합니다.

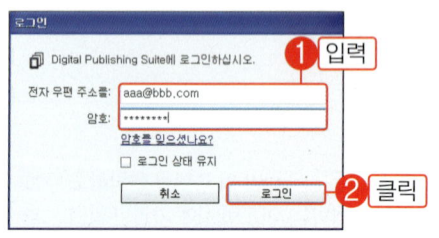

> ⚠ *잠깐만!*
> 어도비 사에 회원 가입이 되면 어도비사의 신제품과 세미나, 행사 등의 안내 메일을 받을 수 있습니다.

06 패널을 보면 안내문이 사라집니다. 패널의 오른쪽 상단, 원 모양의 아이콘에 마우스 포인터를 올리면 로그인 상태를 알려주는 풍선 도움말이 표시됩니다. 이제 무료로 e-Book을 어도비 서버에 출판할 수 있는 상태입니다.

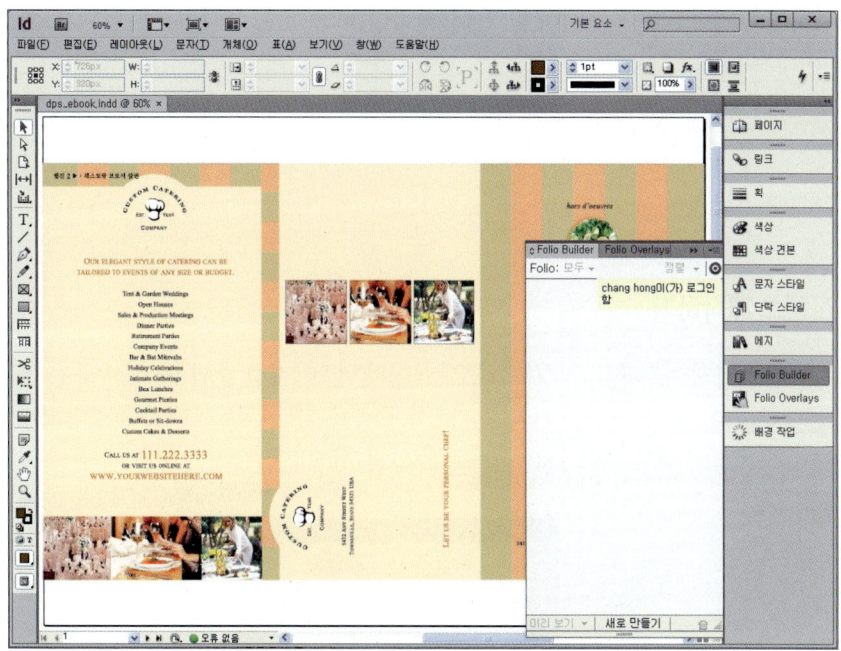

> 🔲 **잠깐만!**
> 처음 로그인을 하면 어도비 사에서 축하 메시지와 함께 DPS 안내 메일이 발송됩니다.

TIP Digital Publishing Suite 가격

앞에서는 무료 회원으로 가입하고 어도비 서버에 e-Book을 출판한 후, 아이패드 등에서 구독할 수 있는 단계까지 되었습니다. 만약 출판된 e-Book을 앱 스토에 배포한 후 판매하고 싶다면 다음과 같은 옵션으로 정식 DPS 제품을 구입해야 합니다.

❶ [싱글 에디션(Sing Edition)] : 395 달러(현재 환율로 약 46 만원), 1회 지불로 애플의 앱 스토어에 단일 e-Book을 배포하고 판매할 수 있습니다. 싱글 에디션을 구입하면 어도비 사에서 이메일로 일련 번호를 발송해 줍니다.

❷ [프로페셔널 에디션(Professional Edition)] : 매월 495 달러(현재 환율로 약 58 만원), 연간 5,940 달러(현재 환율로 약 690 만원)를 지불하고 e-Book을 무제한으로 만들 수 있습니다. 아이패드에 출판할 경우에는 단일과 다중 e-Book을 만들 수 있습니다. 안드로이드(Android), 아마존(Amazon), 플레이북(PlayBook) 플랫폼의 경우에도 다중 e-Book을 만들 수 있습니다.

❸ [엔터프라이즈 에디션(Enterprise Edition)] : 어도비사와 개별 상담을 통하여 맞춤형 가격으로 정합니다. 개발자 지원이 포함되어 있습니다.

가격 정보 : http://www.adobe.com/products/digital-publishing-suite-family/buying-guide-pricing.html

여기서는 아이패드용 가로 방향 레이아웃을 생성하고 생성된 레이아웃 한 가지 만으로 "대체 레이아웃" 기능을 사용하여 자동으로 세로 방향 레이아웃을 만드는 방법에 대하여 알아보겠습니다. 세로 방향 레이아웃은 아이패드를 세로로 세웠을 때 보여지게 될 레이아웃입니다.

아이패드용 도큐멘트 생성과 컨텐츠 제작하기

01 아이패드용 도큐멘트를 생성하기 위하여 "파일-새로 만들기-문서" 메뉴를 선택합니다.

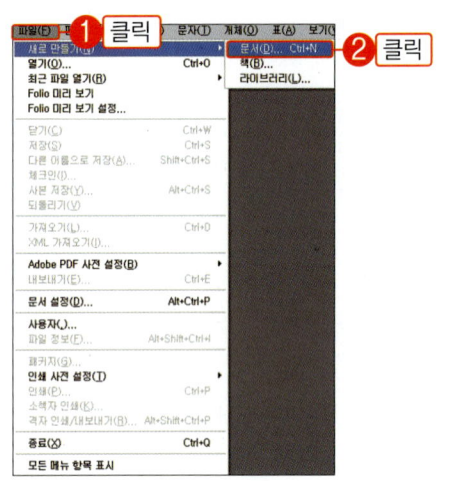

02 "의도" 목록에서 "디지털 출판"을 선택하고 "페이지 크기" 목록에서 "iPad"를 선택한 후 "여백 및 단" 버튼을 클릭합니다.

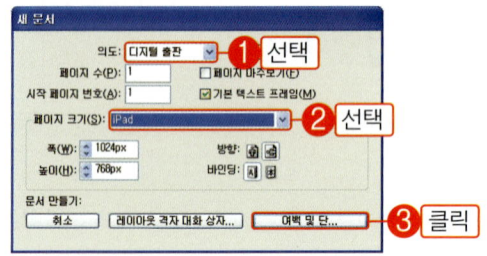

03 모든 "여백"의 수치 입력란에 "0"을 입력합니다. "레이아웃 조정 사용"을 클릭하여 체크 표시하고 "확인" 버튼을 클릭하여 아이패드용 도큐멘트를 생성합니다.

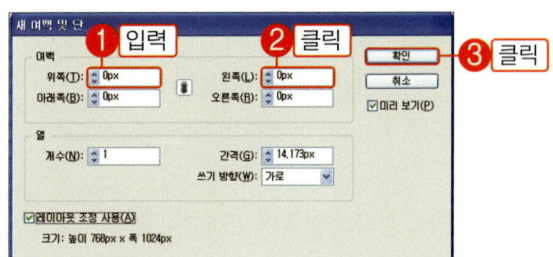

> **잠깐만!**
> 쇠사슬 모양의 아이콘이 눌려져 있을 경우에는 한 곳에만 수치를 입력한 후 다른 수치 입력란을 한번 클릭하면 모든 수치 입력란에 동일한 수치가 입력됩니다.

> **잠깐만!**
> "레이아웃 조정 사용"에 체크 표시를 하고 생성한 도큐멘트는 판형이 변경될 경우, 유동적 레이아웃 기능과 연동되어 사용됩니다.

04 앞에서 생성한 도큐멘트에 e-Book으로 출판할 디자인이 완료되었다고 가정하고 도큐멘트를 저장하지 않고 닫습니다. 대신에 본 도서의 예제에서 "dps_ebook.indd" 예제 도큐멘트를 엽니다.

> **⚠ 잠깐만!**
> 예제 도큐멘트는 모두 3페이지로 구성되어 있으며 3페이지를 DPS를 활용하여 어도비 서버에 e-Book으로 출판할 것입니다.

02 현재 도큐멘트는 가로 방향의 레이아웃입니다. 아이패드를 세로로 세우면 보여지게 될 레이아웃을 생성하기 위하여 "페이지" 패널의 탭 메뉴에서 "대체 레이아웃 생성"을 선택합니다.

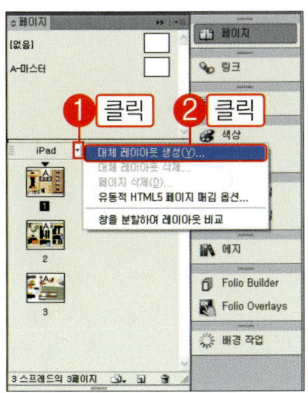

대체 레이아웃 생성하기

01 현재 도큐멘트는 소스 도큐멘트입니다. 소스 도큐멘트의 이름을 변경하기 위하여 "페이지" 패널의 레이아웃 탭을 클릭하고 "Legal H"에서 "iPad H"라고 레이아웃의 이름을 수정하여 입력합니다.

> **⚠ 잠깐만!**
> 현재 도큐멘트는 아이패드용으로 e-Book을 출판할 것이기 때문에 레이아웃의 이름을 변경하는 것입니다.

03 "대체 레이아웃 생성" 대화상자의 "유동적 페이지 규칙" 목록에서 "크기 조정"을 선택한 후, "확인" 버튼을 클릭합니다. "크기 조정"을 선택하면 변경되는 판형에 따라서 배치된 개체들의 크기가 자동으로 조절됩니다.

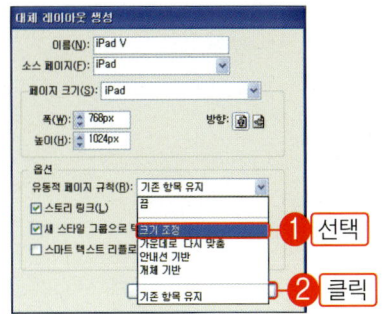

> **⚠ 잠깐만!**
> "유동적 페이지 규칙"의 목록 선택에 따라서 세로 방향으로 변경되는 도큐멘트에서 개체들이 어떤 기준으로 재배치 될 것인지를 선택합니다.

04 대체 레이아웃 기능으로 생성된 "iPad V" 레이아웃의 페이지 섬네일을 더블클릭하고 도큐멘트에서 개체를 재배치합니다. 여기서는 생성된 레이아웃을 그대로 e-Book으로 출판할 것입니다.

┃ **잠깐만!**

이전 버전의 인디자인에서는 세로 방향 레이아웃을 수동으로 만들었지만 인디자인 CS6 버전에서는 세로 방향 레이아웃을 자동으로 생성해 줍니다. 세로 방향의 레이아웃에 맞추어 개체를 재배치하여도 됩니다.

05 DPS로 어도비 서버에 무료 e-Book 출판하기

완성된 도큐멘트를 DPS의 "폴리오 빌더" 패널을 통하여 어도비 서버에 무료 e-Book을 출판하는 방법을 알아 봅니다. 여기서 출판된 e-Book은 안드로이드나 iOS 기반의 모바일 디바이스에서 구독과 공유가 가능합니다. 현재 출판할 도큐멘트는 동적인 요소는 없으며 먼저 출판하는 방법을 알아보고 이후에 "폴리오 오버레이" 패널의 기능을 이용하여 모바일 디바이스에서 손 제스처로 구동하는 동적인 요소를 구성하는 방법을 자세히 알아볼 것입니다.

새로운 폴리오 만들기와 집필하기

01 DPS에 로그인하기 위하여 "폴리오 빌더" 패널 메뉴에서 "로그인"을 선택한 후 어도비 사에 가입한 아이디로 로그인합니다.

02 "폴리오 빌더" 패널의 하단에서 "새로 만들기" 를 클릭합니다.

03 "Folio 이름"에 출판할 e-Book의 이름을 입력하고 나머지 옵션은 기본 값을 유지합니다. 그리고 "확인" 버튼을 클릭합니다. 여기서는 "webzine"이라고 이름을 입력하였습니다.

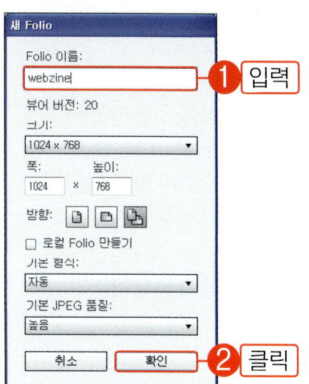

> ⚠ 잠깐만!
>
> "방향"에서는 가로 방향과 세로 방향으로 출판할 것인지를 선택할 수 있습니다. 기본으로 아이패드 등의 모바일 디바이스를 회전하였을 때 자동으로 가로와 세로 모드로 전환하는 옵션이 선택되어 있습니다.

04 "폴리오 빌더" 패널에 "webzine" 이름으로 새로운 출판명이 생성됩니다. 현재 열려있는 도큐멘트를 어도비 서버에 e-Book으로 출판하기 위하여 "폴리오 빌더" 패널의 하단에서 "추가"를 클릭합니다.

05 "집필 이름"에 어도비 서버에 등록될 이름을 입력하고 나머지 옵션은 기본값을 유지한 채로 "확인" 버튼을 클릭합니다.

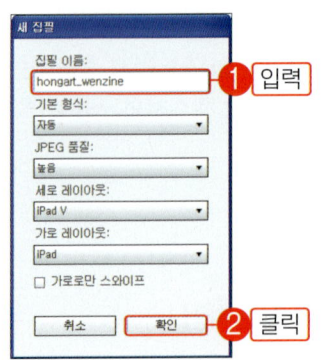

> **잠깐만!**
> "webzine" 이름은 모바일 디바이스에 표시될 도서의 이름은 아니며 로컬에서 구분하기 위한 집필명입니다.

06 어도비 서버로 e-Book이 업로드 되는 동안에 막대 그래프로 진행률이 표시됩니다. 페이지 수와 용량이 클수록 시간이 걸리며 모두 업로드 될 때까지 잠시 기다립니다.

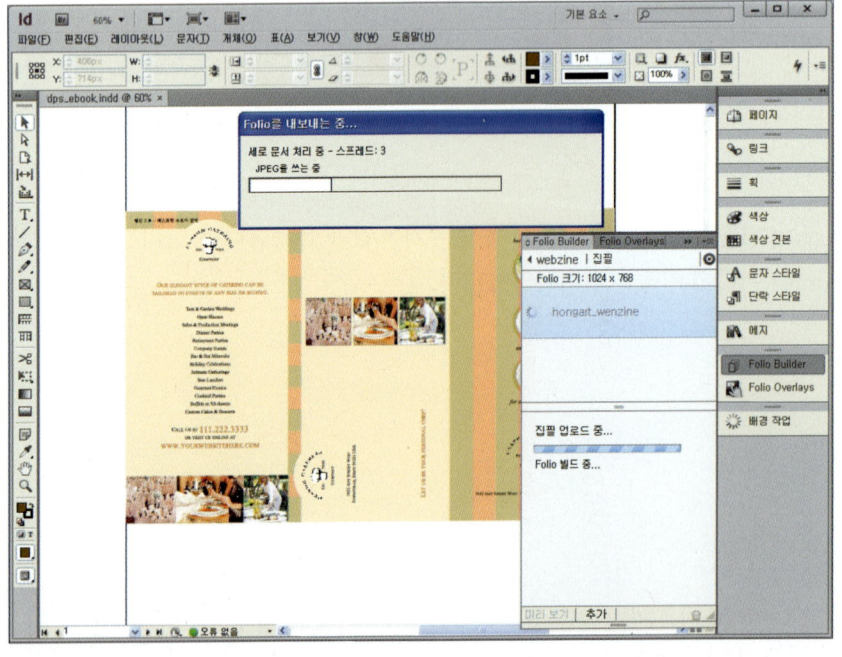

> **잠깐만!**
> 현재와 같이 e-Book으로 출판할 도큐멘트를 열고 출판할 경우에는 도큐멘트의 이름 뒤에 "dps_ebook_v.indd"나 "dps_ebook_h.indd"와 같이 "_v" 또는 "_h"와 같이 가로와 세로 방향을 구분하는 구분자가 없어도 됩니다. 그러나 도큐멘트를 열지 않고 불러와서 출판할 경우에는 반드시 파일명 뒤에 "_v" 또는 "_h"와 같은 구분자가 필요합니다.

07 집필 이름 항목의 오른쪽에 표시된 삼각형 아이콘(▶)을 클릭하여 어도비 서버에 업로드 된 나의 e-Book 레이아웃을 확인합니다.

08 "폴리오 빌더" 패널을 보면 가로와 세로 방향의 레이아웃을 확인할 수 있습니다. 이와 같은 방법으로 디자인이 완성된 도큐멘트를 어도비 서버에 업로드할 수 있습니다. 이제 아이패드에 표시될 도서명과 표지 이미지를 설정하기 위하여 "webzine" 이름 부분의 삼각형 표시(◀)를 클릭합니다.

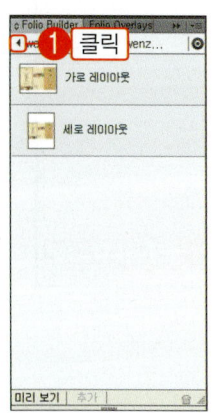

> **❗ 잠깐만!**
> "폴리오 빌더"에 도큐멘트의 레이아웃이 표시된다는 의미는 어도비 사의 서버에 업로드되었다는 의미와 동일하며 현재 상태를 "e-Book이 출판되었다"라고 표현하겠습니다. 그러나 앱 스토어나 마켓에 배포된 것은 아닙니다.

아이패드에 표시될 도서명과 표지 이미지 설정하기

01 아이패드와 기타 모바일 디바이스에 표시될 도서명과 표지 이미지를 등록하기 위하여 "폴리오 빌더" 패널 메뉴에서 "속성"을 선택합니다.

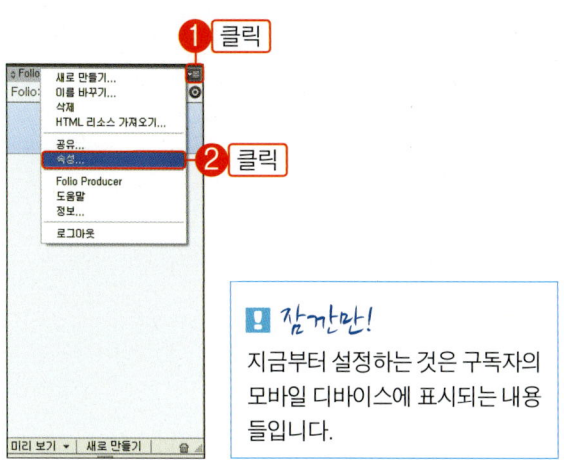

> **❗ 잠깐만!**
> 지금부터 설정하는 것은 구독자의 모바일 디바이스에 표시되는 내용들입니다.

02 "발행물 이름"에 자신의 e-Book 도서명을 입력합니다. 이 이름이 아이패드에 표시될 이름입니다. 그리고 아이패드를 세로 방향으로 구독할 때 표시될 도서 이미지를 등록하기 위하여 "세로" 항목의 폴더 아이콘을 클릭합니다.

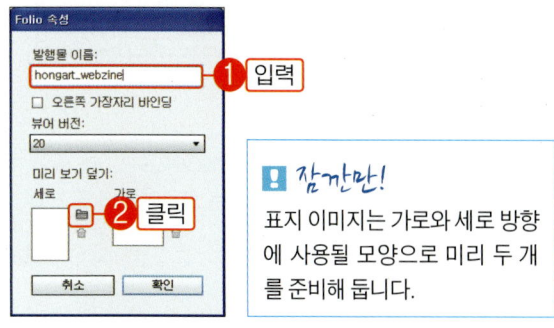

> **❗ 잠깐만!**
> 표지 이미지는 가로와 세로 방향에 사용될 모양으로 미리 두 개를 준비해 둡니다.

03 본 도서의 예제 파일에서 "source" 폴더의 "cs6_cover_v.png" 파일을 선택하고 "열기" 버튼을 클릭합니다.

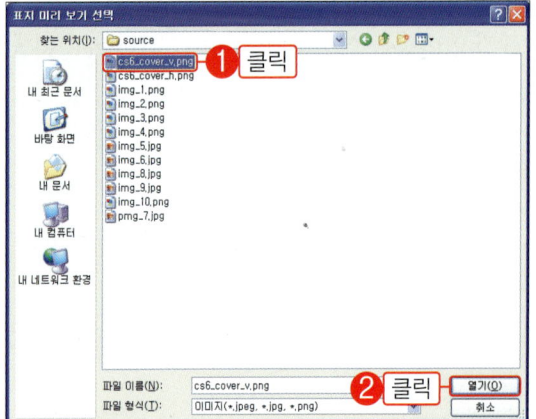

04 "세로" 항목에 아이패드를 세로 방향으로 세웠을 때 보여질 표지 이미지가 등록됩니다. 이번에는 아이패드를 가로 방향으로 눕히고 구독할 때 표시될 도서 이미지를 등록하기 위하여 "가로" 항목의 폴더 아이콘을 클릭합니다.

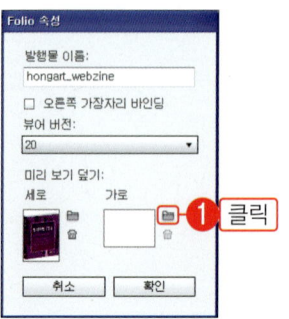

> **잠깐만!**
> 휴지통 모양의 아이콘을 클릭하여 등록된 표지 이미지를 삭제하고 새로운 이미지로 다시 등록할 수 있습니다.

05 앞과 같은 방법으로 본 도서의 예제 파일에서 "source" 폴더의 "cs6_cover_h.jpg" 파일을 선택하고 "열기" 버튼을 클릭합니다.

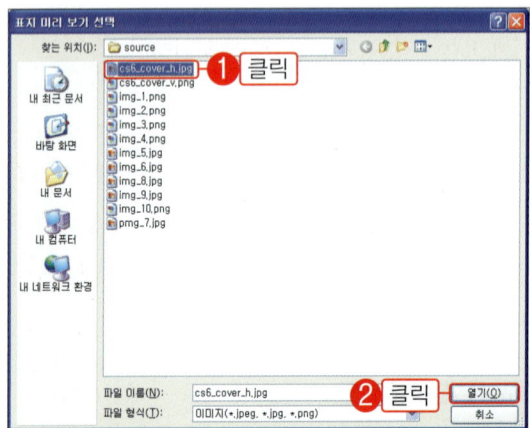

> **잠깐만!**
> 아이패드에 보여질 표지 이미지는 PNG와 JPG, JPEG 포맷을 지원합니다. 또한 표지이미지는 도큐멘트의 크기와 같거나 작아야만 등록 가능합니다.

06 다음 그림과 같이 가로와 세로 방향의 표지 이미지가 등록이 됩니다. 여기서는 학습 과정이므로 예제 파일의 이미지를 사용하지만 실무에서는 미리 아이패드에 보여질 표지 이미지를 준비해 둡니다. 이제 "확인" 버튼을 클릭합니다.

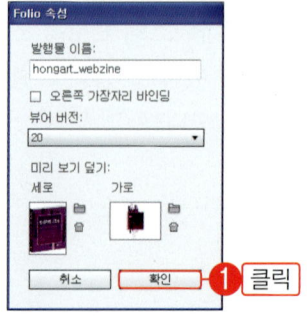

폴리오 프로듀서에 표시될 필자의 이름과 도서 설명 입력하기

01 이번에는 "폴리오 프로듀서"에 표시될 필자의 이름과 e-Book 설명을 입력하기 위하여 "webzine" 항목을 더블클릭합니다.

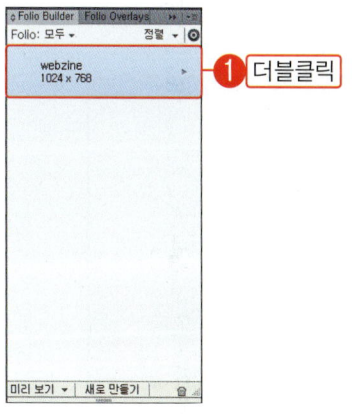

> **잠깐만!**
> "폴리오 프로듀서"에서는 어도비 서버에 업로드된 e-Book 파일을 관리할 수 있습니다.

03 이후에 설명한 "폴리오 프로듀서"에 표시될 제목, 설명, 필자, 잡지 섹션을 다음과 같이 입력합니다. 그리고 "확인" 버튼을 클릭합니다.

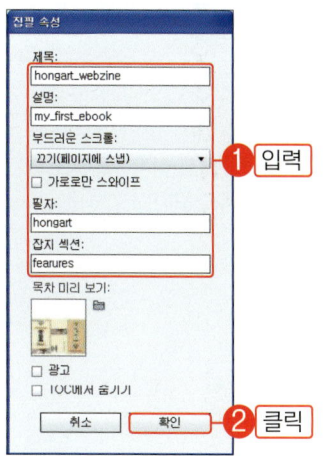

> **잠깐만!**
> "목차 미리보기" 이미지는 기본적으로 도큐멘트의 첫 페이지로 표시됩니다. "목차 미리보기" 이미지를 변경하고 싶다면 폴더 모양의 아이콘을 클릭하고 준비된 목차 이미지를 등록합니다.

02 집필 이름(hongart_webzine) 항목을 클릭하고 "폴리오 빌더" 패널 메뉴에서 "속성"을 선택합니다. e-Book의 이름, 아이패드에 표시될 속성, 필자의 이름을 등록하는 과정을 잘 이해하여야 합니다.

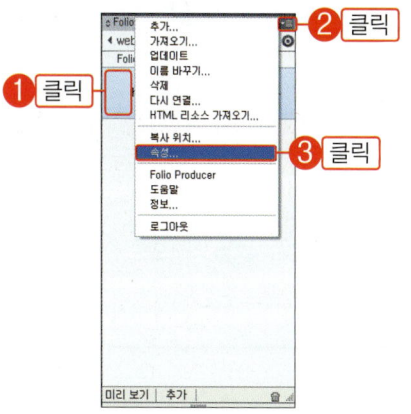

> **잠깐만!**
> 현재의 진행 과정을 잘 알아두기를 권장합니다.
> 현재 과정이 e-Book 업로드 상태인지, e-Book 집필 상태인지, 필자의 이름, 도서 설명 속성은 어떤 과정으로 설정하는지를 잘 이해하여야 합니다.

어도비 서버에 출판된 e-Book을 컴퓨터에서 미리보기

01 이제 아이패드 없이 컴퓨터 상에서 e-Book을 미리 확인하기 위하여 "폴리오 빌더" 패널의 하단에서 "미리 보기-바탕 화면에서 미리보기"를 클릭합니다.

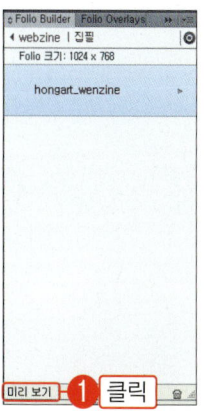

02 "데스크 탑 뷰어"에 e-Book이 구현됩니다. 손 제스처 대신에 마우스를 상하 방향으로 드래그하여 페이지를 넘기면서 구독합니다.

> **잠깐만!**
> "데스크 탑 뷰어"는 앞의 DPS 설치 과정에서 설치된 것이 며 현재 구현된 내용이 아이패드에서도 동일하게 구현됩 니다.

03 아이패드를 세로 방향으로 회전하였을 때 어떤 레이아웃이 표시될지 확인하려면 "보기−세로" 메 뉴를 선택합니다. 또는 Ctrl + R 키를 눌러서 토글 형 식으로 가로와 세로 방향의 레이아웃으로 전환할 수 있습니다.

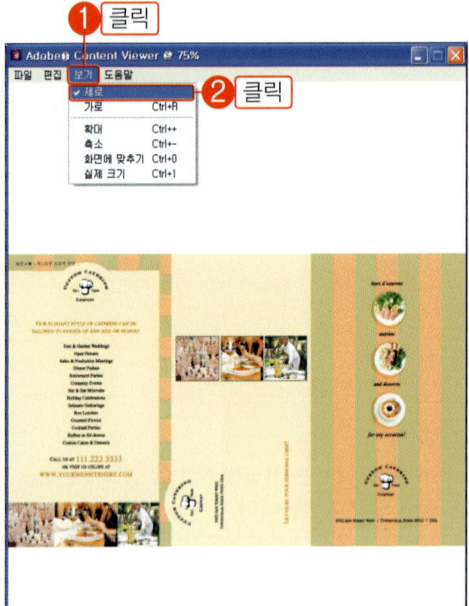

> **잠깐만!**
> "데스크 탑 뷰어"의 메뉴들을 사용하여 e-Book을 확대, 축소하고 구독할 수 있으며 복사와 붙여넣기, 종료 할 수 도 있습니다.

> **잠깐만!**
> 모든 e-Book 출판 과정이 끝났으므로 이제 "폴리오 빌 더" 패널 메뉴에서 "로그아웃"을 해도 됩니다.

앞의 과정으로 완성된 도큐멘트를 DPS의 "폴리오 빌더" 패널을 통하여 어도비 서버에 무료 e-Book으로 출판하였으면 이제 아이패드에서 공유하고 구독할 수 있습니다. 이 때 앱 스토어나 마켓에서 모바일용 "Adobe Content Viewer"를 설치하여야 합니다. 필자는 삼성의 갤럭시 스마트 폰(안드로이드)으로 아이패드를 대신하여 다룰 것이며 과정은 아이패드와 동일합니다.

▲ 모바일 디바이스에서의 e-Book

모바일용 무료 "Adobe Content Viewer" 앱 설치하기

01 자신이 소유한 아이패드나 안드로이드용 스마트 폰에서 "앱 스토어" 또는 "Play 스토어"를 터치합니다. 그리고 앱 검색을 위하여 돋보기 모양의 아이콘을 터치합니다.

02 검색 창을 터치하고 "Adobe Content Viewer"라고 입력한 후, 돋보기 모양
의 검색 아이콘을 터치합니다. 검색된 목록에서 설치를 위하여 "Adobe Content
Viewer" 항목을 터치합니다.

> **잠깐만!**
> 필자의 안드로이드 스마트 폰에는 "Adobe
> Content Viewer"가 이미 설치되어 있기 때
> 문에 "설치된 항목"으로 표시됩니다. 이 앱
> 의 설치 전에는 "무료"라고 표시됩니다.

03 자신의 모바일 디바이스에 "Adobe Content Viewer" 앱을 설치하기 위하
여 "설치" 버튼을 설치하고 안내에 따라서 설치합니다. 설치가 되었으면 실행
을 위하여 "Adobe Viewer" 앱을 터치합니다.

> **잠깐만!**
> 필자의 스마트 폰에는 이미 "Adobe Con-
> tent Viewer"가 설치되어 있기 때문에 "열
> 기"로 표시됩니다. 이 앱의 설치 전에는 버
> 튼 이름이 "설치"라고 표시됩니다.

04 "Adobe Content Viewer"의 로고 화면이 표시되고 잠시 후에 실행이 됩니다. "로그인"을 터치하고 어도비 사에 가입한 회원 아이디와 패스워드로 로그인합니다.

05 "Adobe Air" 앱을 설치하라는 메시지가 나타나면 "확인"이나 "설치" 버튼을 터치하고 설치합니다. 자신의 e-Book 이름이 표지와 함께 표시됩니다. 해당 항목의 아래에 표시되는 "다운로드" 버튼을 터치합니다. 다운로드와 설치가 완료되면 "보기" 버튼을 터치합니다.

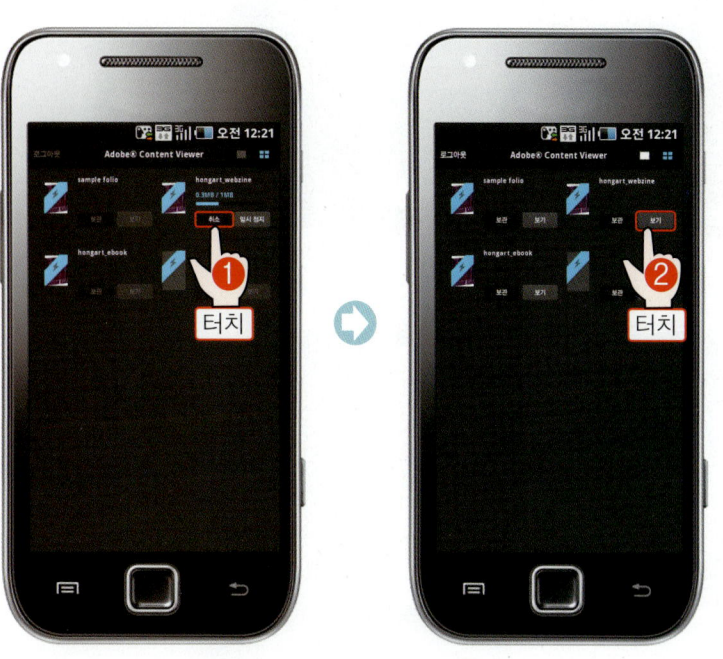

06 상하 방향의 손 제스처로 페이지를 이동해 가면서 자신의 e-Book을 구독
합니다.

07 모바일 디바이스를 가로로 눕이거나 세로로 세우면 자동으로 가로와 세로
방향의 레이아웃으로 전환됩니다. 이는 인디자인에서 "대체 레이아웃" 기능으
로 세로 판형을 생성하고 e-Book으로 출판하였기 때문에 가능한 것입니다.

아이패드 등 모바일 디바이스를 회전하여 가로와 세로 방향 레이아웃으로 전환할 수 있습니다. 손 제스처를 상하, 또는 좌우 방향으로 드래그하여 페이지를 이동하거나 동영상과 오디오 재생, 또는 이미지를 확대, 축소, 회전할 수 있습니다. "Adobe Content Viewer"의 화면에 표시되는 도구들은 각각 다음과 같은 기능을 합니다.

❶ [홈] : 터치하면 "Adobe Content Viewer"의 표지 표시 페이지로 이동합니다.

❷ [뒤로] : 터치하면 이전 페이지로 이동합니다.

❸ [목차] : 터치하면 e-Book의 목차를 표시합니다.

❹ [제목] : e-Book의 제목을 표시합니다.

❺ [검색] : 터치하면 축소판으로 e-Book의 구조를 표시합니다.

❻ [이동 막대] : 드래그하여 e-Book을 섬네일로 스크롤합니다.

❸ [목차] : 터치 화면

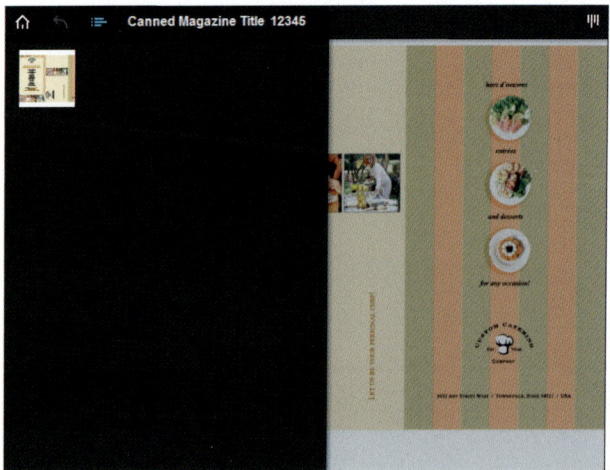

❺ [검색] : 터치 화면

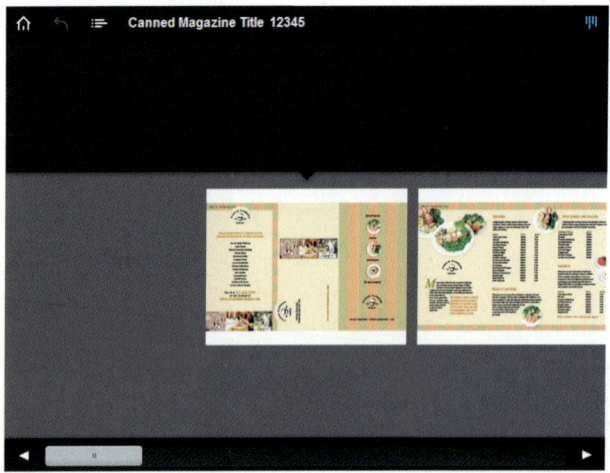

❻ [이동 막대] : 드래그 화면

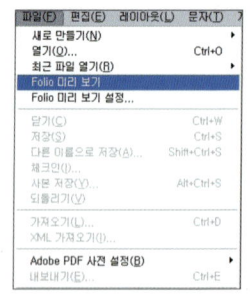

앞에서는 e-Book으로 출판할 도큐멘트를 인디자인에서 열고 출판하였지만 완성된 복수의 도큐멘트를 열지 않고 불러와서 바로 출판하는 방법을 알아보겠습니다.

e-Book으로 출판할 도큐멘트를 인디자인에서 열고 출판할 경우에는 도큐멘트의 이름 뒤에 "dps_ebook_v.indd" 나 "dps_ebook_h.indd"와 같이 "_v" 또는 "_h"와 같은 가로와 세로 방향의 레이아웃을 구분하는 구분자가 없어도 됩니다. 그러나 도큐멘트를 열지 않고 불러와서 출판할 경우에는 반드시 파일명 뒤에 "_v" 또는 "_h"와 같은 구분자 가 필요합니다. 또한 도큐멘트의 크기가 1024 px×768 px과 같이 일정해야 함을 전제로 합니다.

불러오고 e-Book으로 출판할 도큐멘트의 파일명과 크기 살펴보기

01 본 도서의 예제 파일에서 "source / import_document" 폴더를 열어보면 다음과 같이 파일명 뒤에 "-v"와 "-h"가 있는 것을 확인합니다.

> **⚠ 잠깐만!**
>
> "import_document" 폴더의 두 개 도큐멘트 크기는 1024px× 708px 입니다.

02 "폴리오 빌더" 패널의 e-Book 항목을 더블클릭과, 클릭, 또는 삼각형 아이 콘(◀)을 클릭하여 다음과 같이 "hongart_webzine" 항목이 표시되도록 합니다.

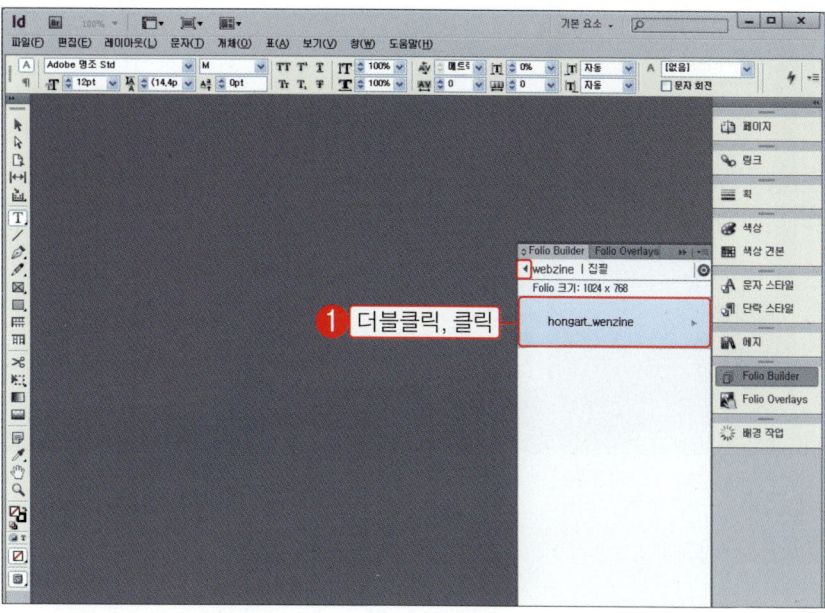

① 더블클릭, 클릭

03 "폴리오 빌더" 패널 메뉴에서 "가져오기"를 선택합니다.

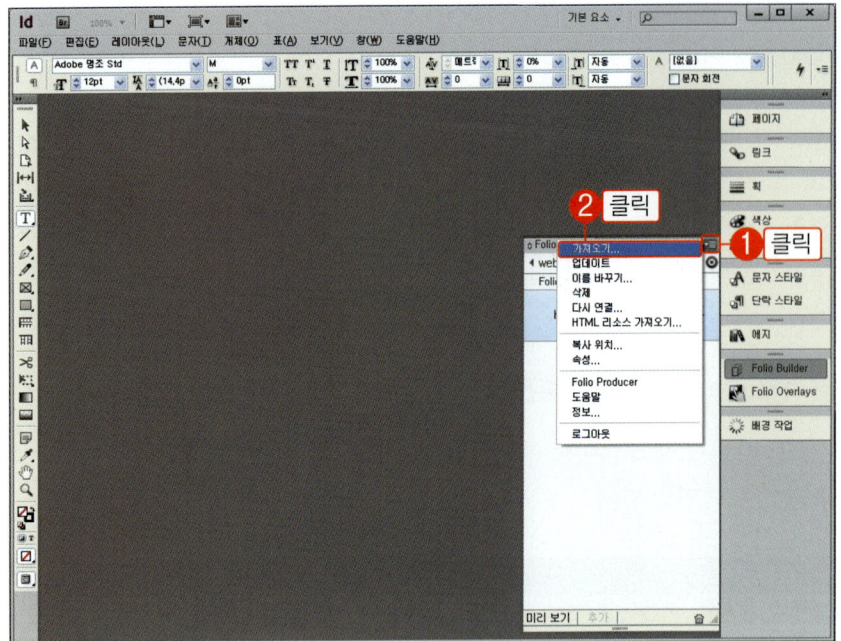

잠깐만!

패널 메뉴의 선택에 따라서 새로운 도큐멘트로 대치하거나 (다시 연결) 변경된 도큐멘트에 대하여 최신 내용으로 업데이트 할 수도 있습니다.

04 "집필 이름"에 원하는 이름을 입력하고 "위치"의 폴더 아이콘을 클릭합니다. 본 도서의 예제 파일에서 "source / import_document" 폴더를 선택하고 "확인" 버튼을 클릭합니다.

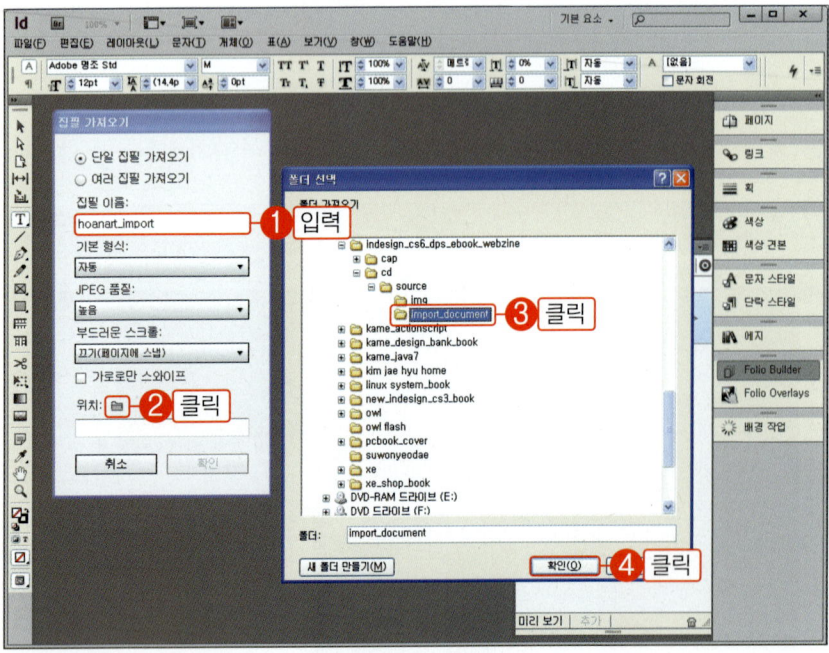

"가로로만 스와이프"로 가로 방향으로 페이지 넘기기

01 구독자가 손 제스처로 페이지를 이동할 때 가로 방향으로만 이동할 수 있도록 하려면 "가로로만 스와이프"를 클릭하여 체크 표시하고 "확인" 버튼을 클릭합니다.

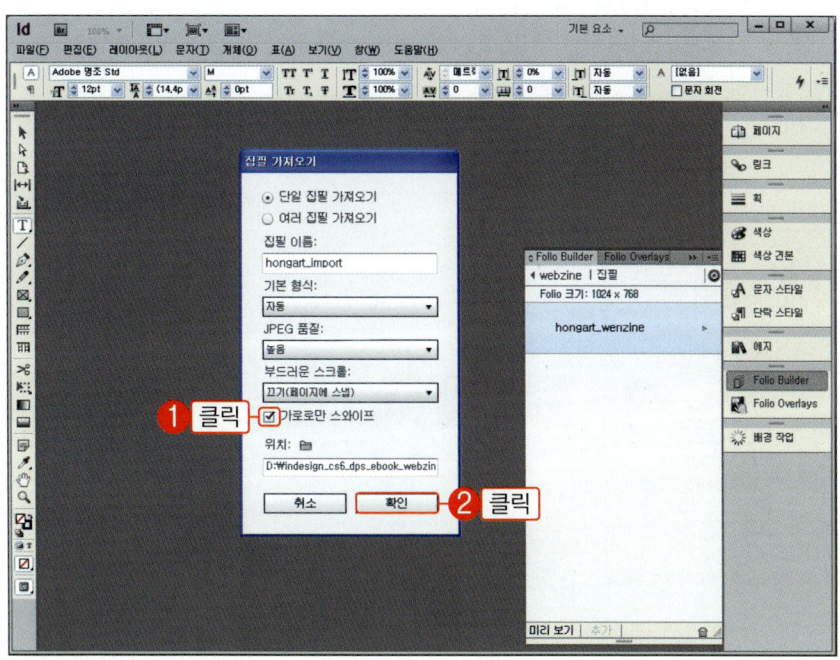

02 "폴리오 패널" 하단에서 "미리 보기−바탕 화면에서 미리보기"를 클릭하고 페이지를 이동하면서 불러오고 출판한 e_Book을 구독합니다.

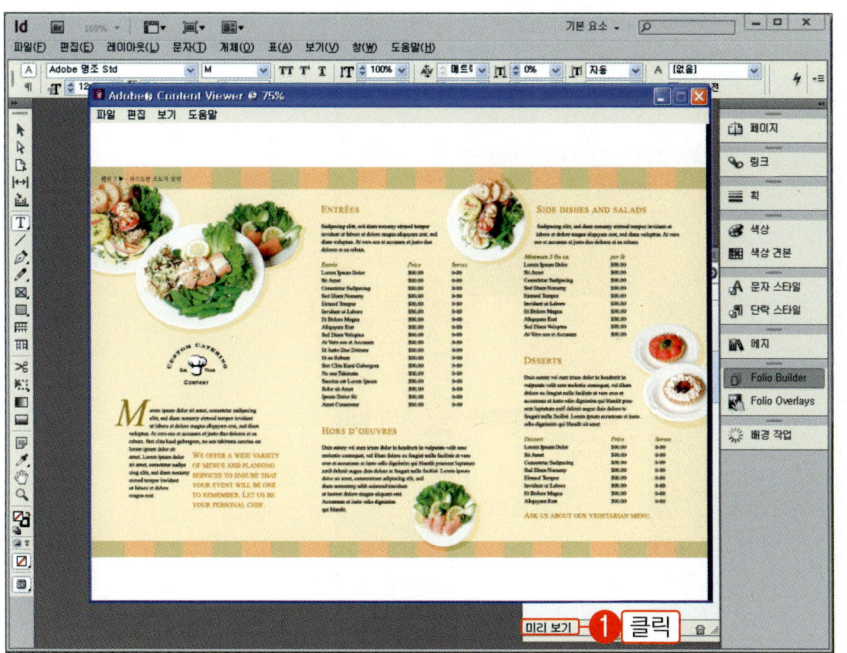

> ⚠️ **잠깐만!**
> "가로로만 스와이프"를 설정하였기 때문에 페이지를 가로 방향으로만 이동할 수 있습니다.

> ⚠️ **잠깐만!**
> 이후의 진행에서는 "미리보기−바탕 화면에서 미리 보기" 설명을 "미리 보기"로만 표현하겠습니다. 즉 "바탕 화면에서 미리 보기"는 언급을 생략할 것입니다.

기본 옵션 상태에서는 페이지를 넘기기 위하여 손 제스처를 하면 페이지 단위로 이동됩니다. 그러나 "부드러운 스크롤" 옵션을 설정하면 손 제스처에 따라서 페이지와 다음 페이지 사이에서 멈추게 할 수도 있습니다. 즉 구독자가 원하는 위치에서 페이지를 멈출 수 있는 것입니다. 여기서는 이미 출판된 e-Book의 속성을 변경하여 페이지가 부드럽게 이동하도록 설정하는 방법을 알아봅니다.

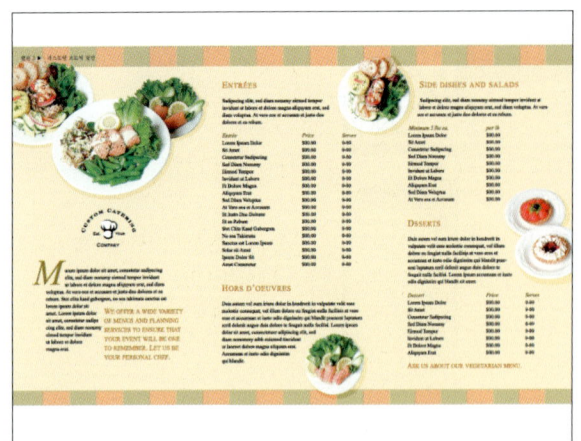

▲ 기본 옵션(왼쪽)과 "부드러운 스크롤" 옵션 설정에 따른 페이지 넘기기 모습

"부드러운 스크롤" 설정하기

01 "hongart_webzine" 항목을 클릭하고 패널 메뉴에서 "속성"을 선택합니다.

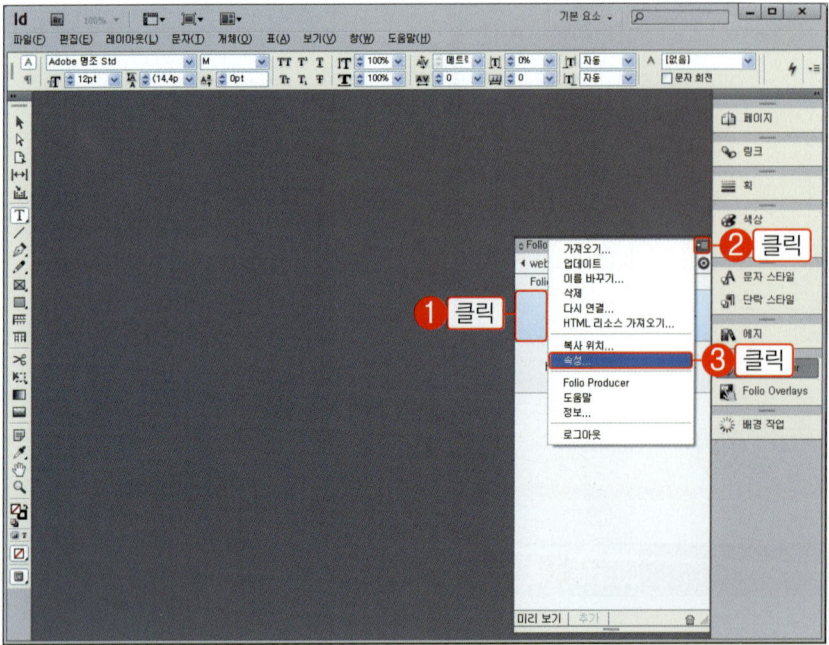

02 "부드러운 스크롤" 목록에서 "양방향"을 선택하고 "확인" 버튼을 클릭합니다.

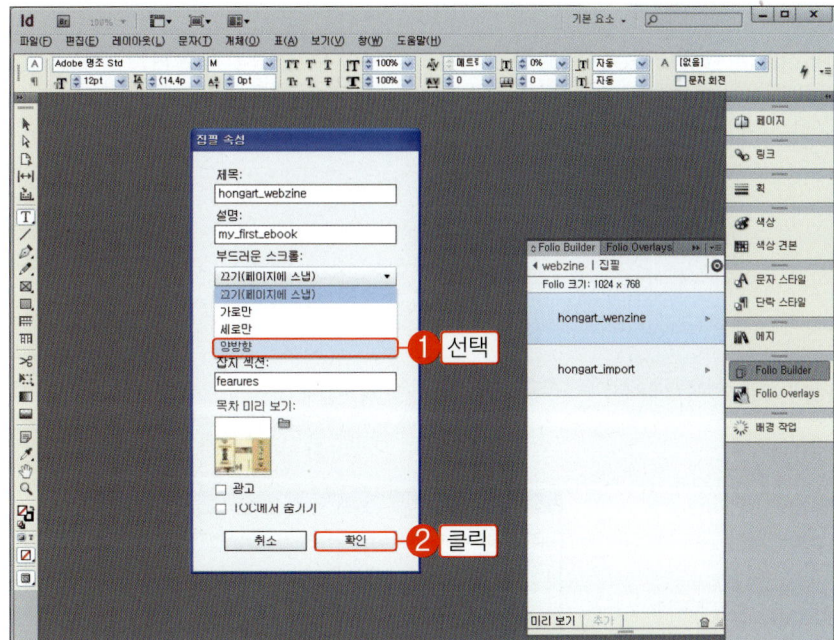

잠깐만!
"부드러운 스크롤" 목록 선택에 따라서 가로로 이동할 때만, 또는 세로로 이동할 때만 부드럽게 스크롤되도록 설정할 수 있습니다.

03 "폴리오 패널" 하단에서 "미리 보기"를 클릭하고 페이지를 넘기면 부드럽게 이동하며 원하는 위치에서 멈출 수 있게 됩니다.

09 출판된 e-Book을 공유하고 공동 집필하기

"폴리오 빌더" 패널을 사용하여 집필하고 출판한 e-Book은 원하는 사람과 공유할 수 있습니다. 출판한 e-Book을 공유하면 여러 디자이너들이 하나의 e-Book을 공동으로 집필할 수 있습니다. 여기서는 공유할 사람의 이메일 주소로 e-Book을 공유하는 방법을 알아봅니다.

e-Book 공유하기

01 공유할 e-Book 항목을 선택하고 패널 메뉴에서 "공유"를 선택합니다.

02 공유할 사람의 이메일 주소, 제목, 메시지를 입력하고 "공유" 버튼을 클릭합니다.

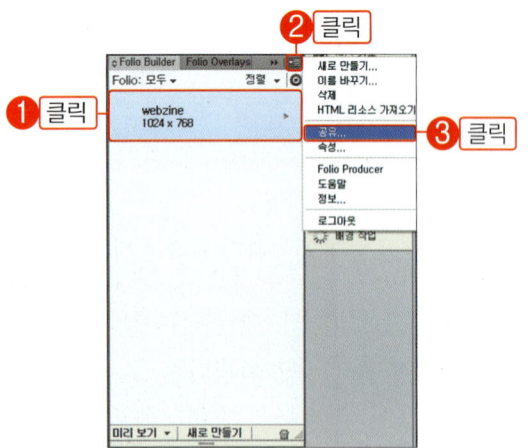

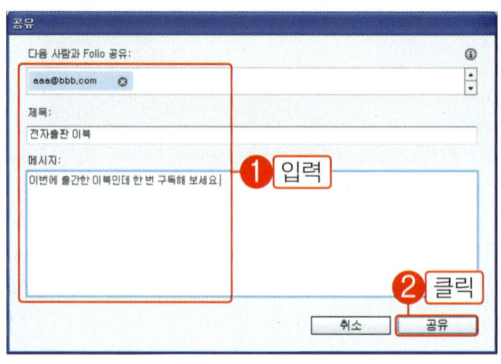

> **잠깐만!**
> 공유할 사람이 여러 명이라면 이메일 주소 뒤에 쉼표를 입력하고 다른 이메일 주소를 입력 합니다.

03 e-Book 항목의 오른쪽에 사람 모양의 공유 아이콘이 표시되고 항목에 마우스 포인터를 올리면 1 명의 공유 대상이 있다는 풍선 도움말이 표시됩니다.

> **잠깐만!**
> 공유할 사람에게 "폴리오 프로듀서"에 접근할 수 있는 안내 메일이 자동으로 발송됩니다.

04 패널 메뉴에서 "로그아웃"을 선택하고 자신의 아이디 로그인 상태를 로그아웃 합니다. 그리고 공유할 사람의 메일 주소로 로그인합니다. 이 때 "암호"는 공유자 자신의 이메일 암호와 동일합니다.

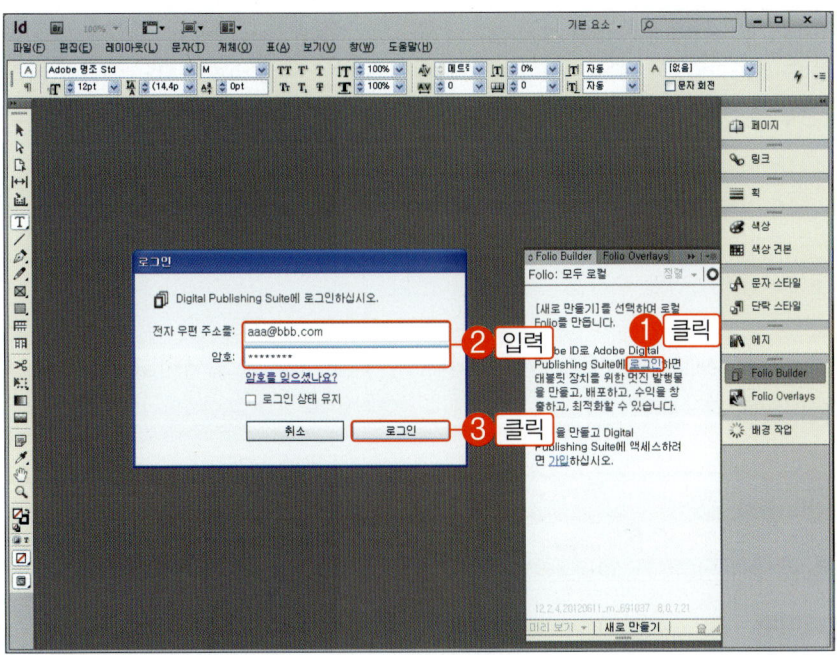

05 이제 다른 사람이 자신이 집필 중인 e-Book에 컨텐츠를 추가로 집필할 수 있습니다. 그러나 자신이 출판한 기존의 e-Book은 공유자가 수정과 편집을 할 수 없습니다.

06 공유를 취소하려면 "폴리오 빌더"에서 해제할 e-Book 항목을 선택하고 패널 메뉴에서 "공유 해제"를 선택합니다. 그러면 현재의 e-Book에 대해서는 다른 사람이 추가로 집필할 수 없는 상태가 됩니다.

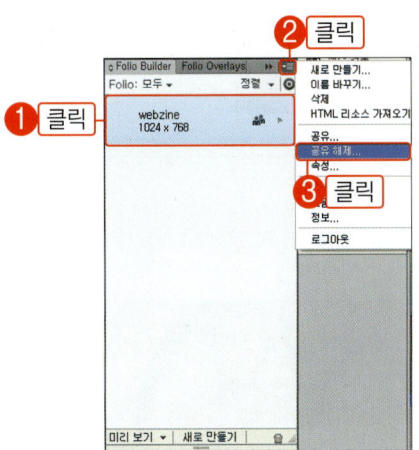

10 오프라인 상태에서 집필하고 나중에 출판하기

인터넷의 연결이 끊어진 상태이거나 어도비 서버에 문제가 생긴 상황에서는 먼저 집필하고 나중에 "폴리오 프로듀서(어도비 사의 서버)"로 업로드할 수 있습니다. 이 경우는 집필 내용이 우선 로컬에 저장되며 디자인 작업이 정해진 시간에 이루어져야 하는 e-Book일 때 사용하면 편리합니다.

▶ 예제 파일 : epub_ebook.indd

오프라인 상태에서 집필하기

01 오프라인 상태에서 "폴리오 빌더"의 "새로 만들기"를 클릭합니다. "폴리오 이름"을 입력하고 "방향"에서 가로를 선택한 후 "확인" 버튼을 클릭합니다.

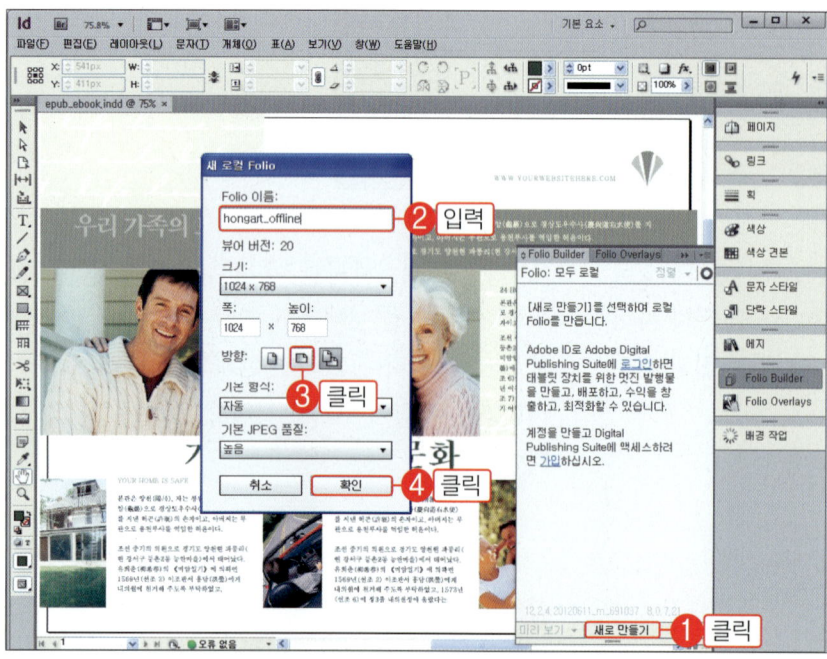

> **⚠ 잠깐만!**
> 가로 방향만 있는 도큐멘트이므로 "방향"에서 가로 방향을 선택해 주어야 미리 보기 할 때 오류가 안생깁니다.

02 "폴리오 빌더" 패널의 하단에서 "추가"를 클릭합니다.

03 "집필 이름"을 입력하고 "확인" 버튼을 클릭합니다. 현재는 집필 내용이 로컬에 저장되는 상태이며 온라인 상태와 동일한 방법으로 속성들을 설정하면 됩니다.

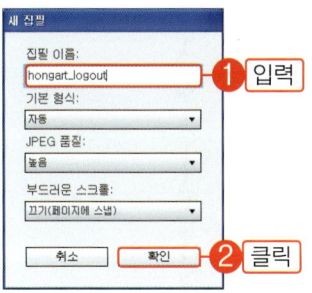

> **잠깐만!**
> "폴리오 빌더" 패널 메뉴에서 "속성"을 선택하고 표지 이미지, 필자 등의 설정을 온라인 상태와 동일하게 진행합니다.

04 인터넷 연결과 어도비 서버가 정상적인 서비스 환경이라면 로그인을 합니다. "폴리오 패널" 메뉴에서 "로그인"을 선택하고 "로그인" 창에 자신의 이메일 주소와 아이디를 입력한 후 "확인" 버튼을 클릭하여 로그인 합니다.

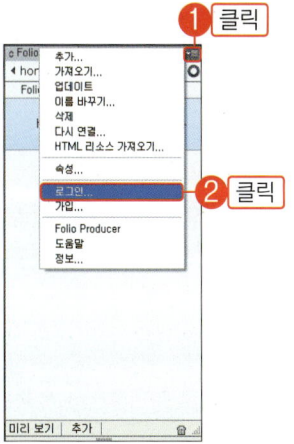

05 로그인이 되면 오프라인 상태에서 집필한 항목의 오른쪽에 로컬 집필 표시 아이콘이 생깁니다. 이제 온라인 상태이므로 어도비 서버에 출판하기 위하여 "폴리오 빌터" 패널 메뉴의 "Folio Producer에 업로드" 메뉴를 선택합니다.

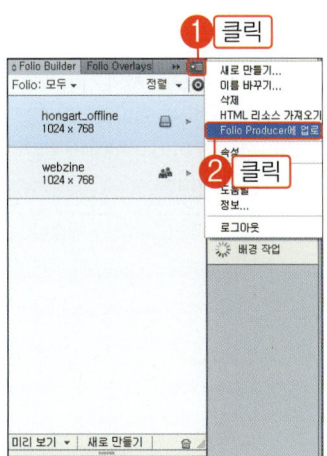

> **잠깐만!**
> "어도비 사의 서버에 업로드..."란 "폴리오 프로듀서"에 업로드..."와 동일한 의미입니다.

06 "업로드 완료" 메시지 창에서 "확인" 버튼을 클릭합니다. 이제 출판이 완료된 것이므로 "폴리오 빌더" 패널의 하단에서 "미리 보기"를 클릭하고 e-Book을 구독(확인)합니다.

> **잠깐만!**
> 오프라인 상태에서 집필한 e-Book도 "미리 보기"는 가능합니다.

> **잠깐만!**
> 업로드가 완료되면 "폴리오 빌더" 패널 항목에 로컬 표시 아이콘이 사라집니다.

"폴리오 빌더" 패널에서 e-Book을 삭제하면 해당 e-Book은 "폴리오 프로듀서(어도비 사의 서버)"에서도 완전히 삭제되는 것입니다. 따라서 신중히 삭제해야 합니다. 그러나 원본 도큐멘트는 삭제되지 않습니다. 출판한 e-Book 을 삭제하는 방법을 알아봅니다.

e-Book 삭제하기

01 "폴리오 빌더" 패널에서 삭제할 e-Book 항목을 선택하고 "휴지통" 아이콘 을 클릭합니다. 경고 메시지에서 "삭제" 버튼을 클릭합니다.

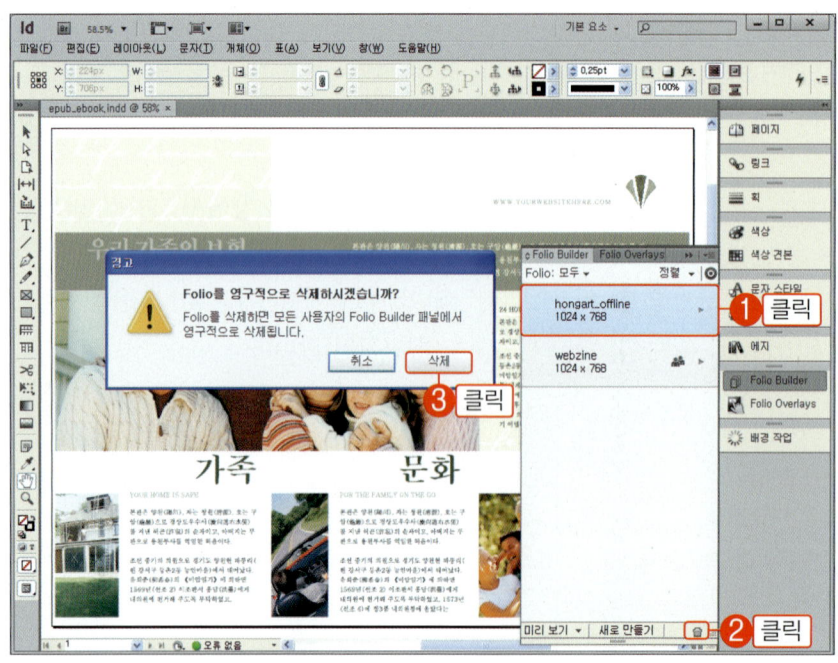

> **⚠ 잠깐만!**
>
> "출판하였다"의 의미는 "폴리오 프로듀서(어도비 사의 서버)"에 업로드되었다는 의미입니다. 그 러나 앱 스토어나 마켓에 배포된 상태는 아닙니다.

여기서는 다음 과정을 위하여 실제로 출판된 e-Book을 삭제하지는 않겠습니 다. 다만 삭제하는 방법만 알아두기 바랍니다.

"싱글 에디션" 사용자가 e-Book을 이미 앱 스토어나 마켓에 배포하고 판매 중인 것이라면 "Folio Producer Organizer"에서 "게시 취소" 버튼을 클릭하고 "Distribution Service"에서도 e-Book을 제거합니다.

"Adobe Content Viewer"에서 e-Book을 다운로드 받은 구독자는 발행자가 서 버에서 e-Book을 삭제하여도 해당 디바이스에는 내용이 남아있게 됩니다.

"폴리오 프로듀서(Folio Producer)"는 어도비 서버의 자신 계정에 엑세스해서 e-Book을 관리할 수 있는 또 하나의 "폴리오 빌더" 개념입니다. "폴리오 프로듀서"에서는 e-Book을 편리하게 관리할 수 있는 기능을 제공하며 이곳에서의 수정 사항은 인디자인의 "폴리오 빌더"에 반영됩니다. 또한 "폴리오 프로듀서"에서는 "싱글 에디션" 이상의 사용자에게 앱스토어나 마켓으로 배포할 수 있는 기능을 제공합니다.

폴리오 프로듀서에 접근하기

01 자신의 폴리오 프로듀서 계정으로 엑세스하기 위하여 "폴리오 빌더" 패널 메뉴에서 "Folio Producer"를 선택합니다.

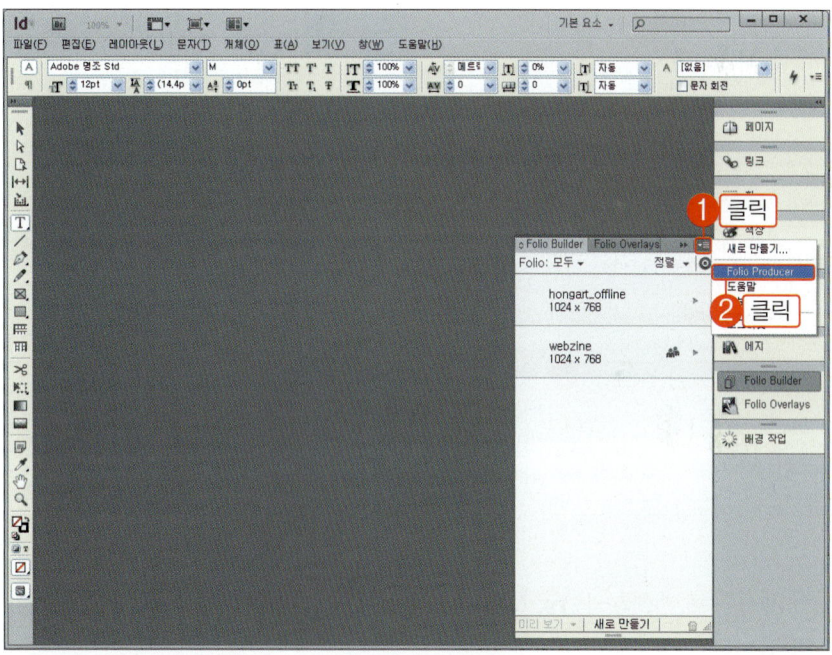

02 "Get Started" 버튼을 클릭합니다. 이후에 약관 동의 요청 페이지가 열리면 "동의"에 체크 표시하고 "OK" 버튼을 클릭합니다.

❗ 잠깐만!
동의 요청 페이지는 "폴리오 프로듀서"에 처음 접속시에만 표시되며 동의하면 이후에는 표시되지 않습니다.

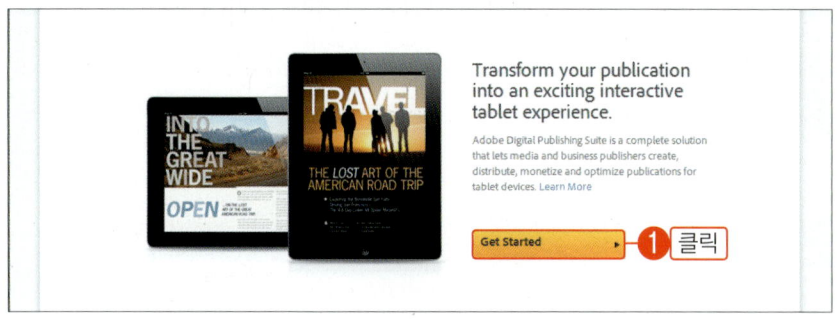

03 자신의 어도비 사 회원 아이디와 패스 워드를 입력하고 "Sign In" 버튼을 클릭합니다.

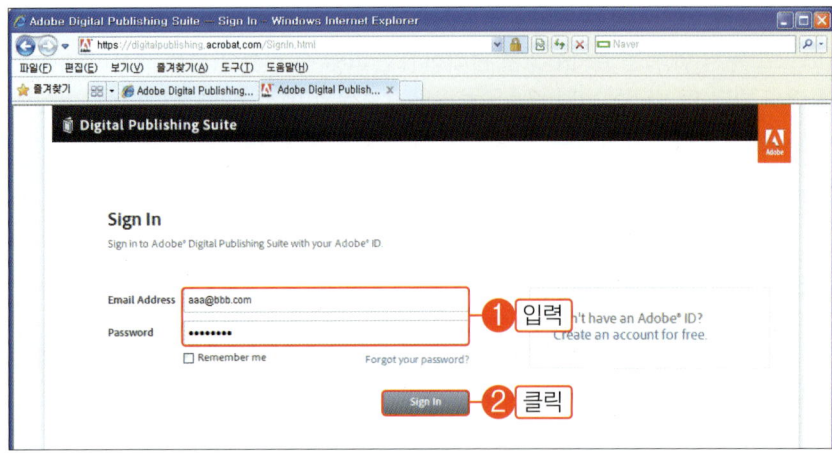

04 "Folio Producer" 메뉴를 클릭합니다.

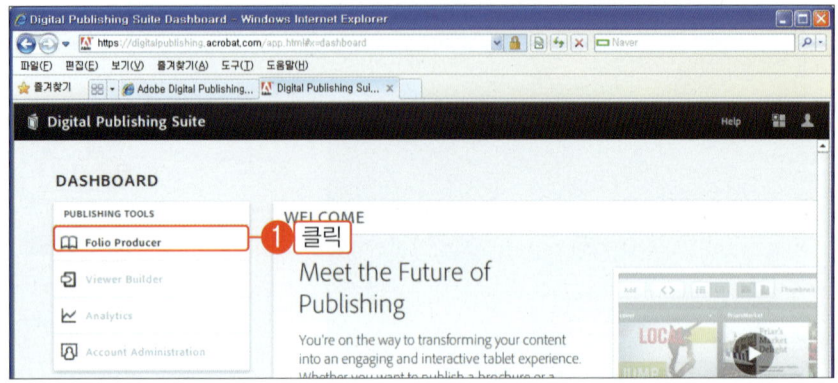

> **잠깐만!**
> 현재는 어도비 사의 무료 회원이기 때문에 앱 스토어에 배포할 수 있는 프로그램인 "뷰어 빌더(Viewer Builder)"와 기타 기능이 회색으로 표시됩니다. "뷰어 빌더"는 집필일 현재 Mac OS에서만 사용이 가능합니다.

05 자신이 출판한 e-Book 목록이 표시됩니다. 편집하려는 목록을 클릭하여 선택합니다.

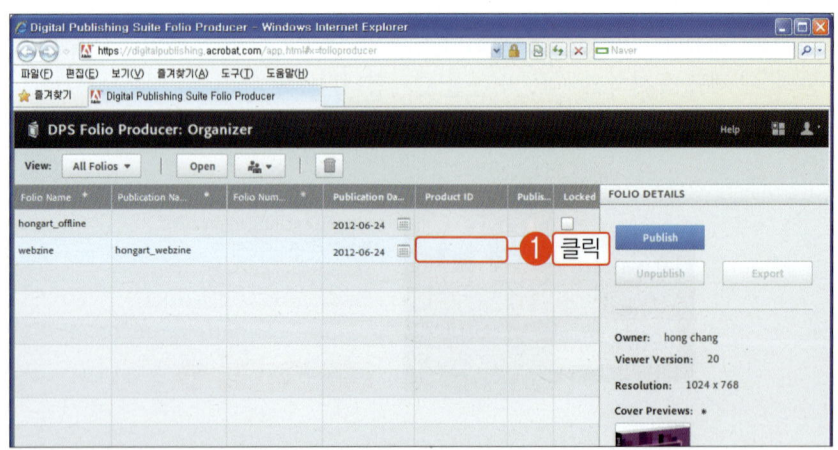

> **잠깐만!**
> 현재의 웹 페이지를 "디피에스 대시 보드(DPS Dashboard)"라고 부르기도 합니다.

e-Book 순서와 속성 변경하기

01 선택한 e-Book의 집필 순서와 속성 등을 변경하기 위하여 "Open" 버튼을 클릭합니다.

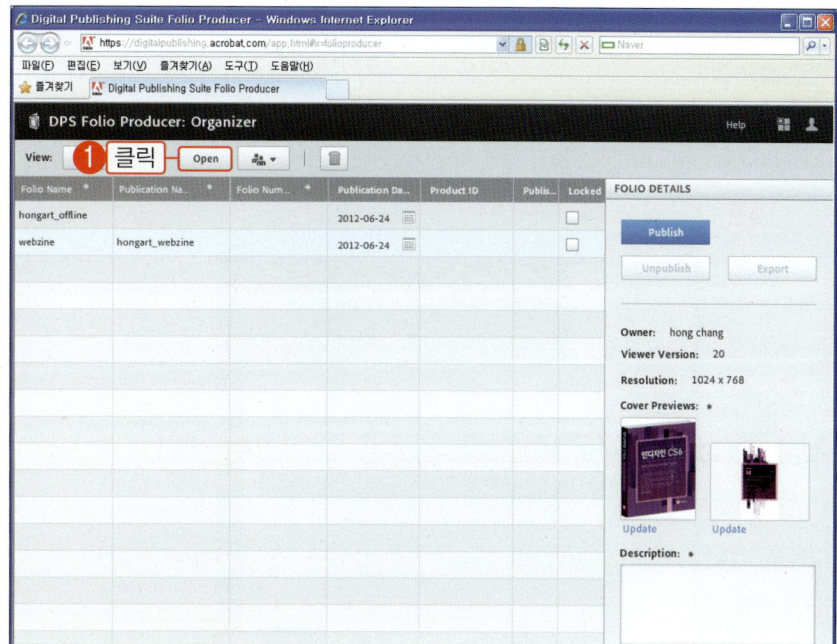

> **잠깐만!**
> "Share" 버튼을 클릭하고 다른 사람과 현재 선택한 e-Book을 공유하고 공동 집필할 수 있습니다. 휴지통 모양의 아이콘을 클릭하면 현재 선택한 e-Book이 삭제됩니다.

02 집필 항목을 드래그하여 집필의 순서를 변경합니다. "ARTICLE PROP-ERTIES" 항목에 제목과 필자, 설명을 입력합니다. 여기에 입력한 속성은 "폴리오 빌더" 패널에 반영됩니다.

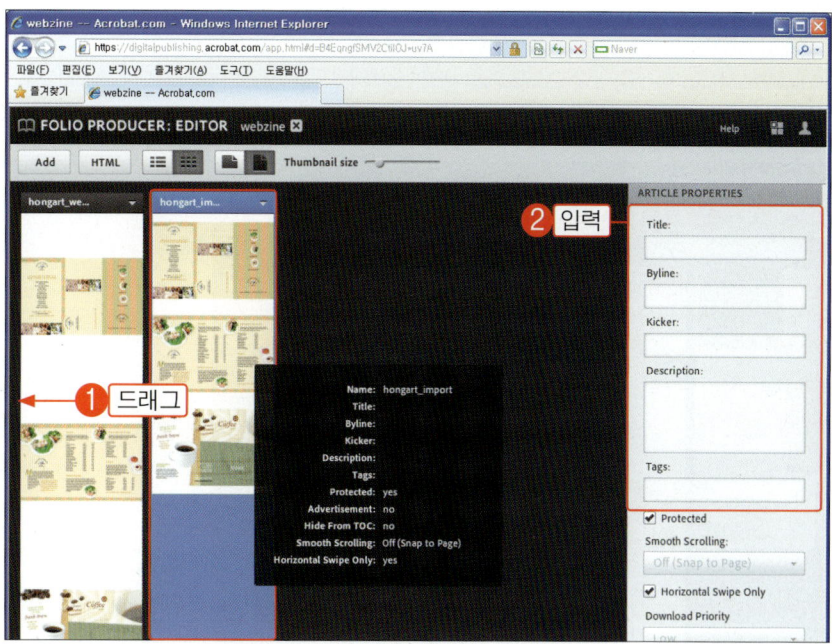

> **잠깐만!**
> 각 집필 항목에 마우스 포인터를 올리면 속성 도움말이 표시됩니다.

e-Book 추가하기

01 현재 집필에 다른 e-Book을 추가하려면 "Add" 버튼을 클릭합니다. "From Another Folio에 출판한 e-Book 목록이 표시되는데 추가하려는 e-Book 목록을 선택하고 "Add" 버튼을 클릭합니다.

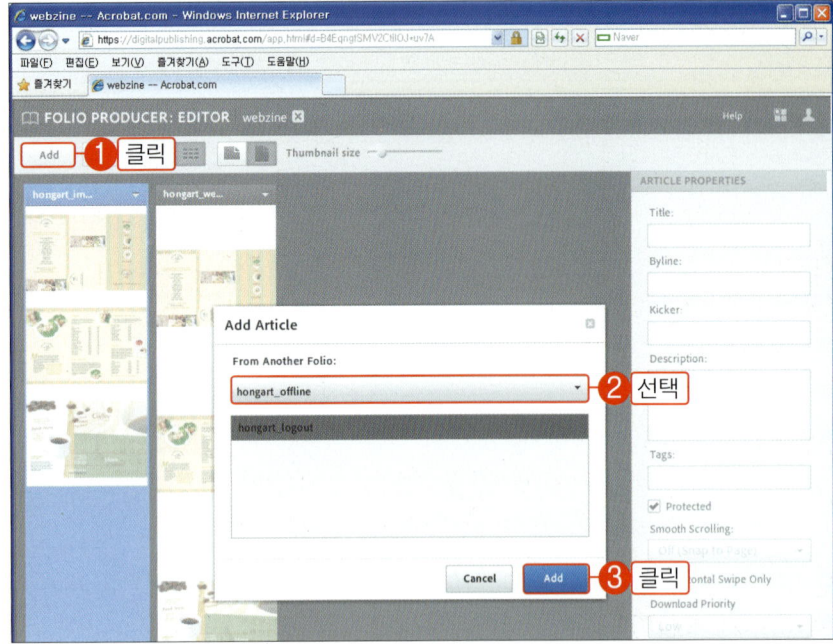

> **⚠ 잠깐만!**
> 현재 선택한 e-Book은 집필 의도가 서로 달라서 에러가 납니다. 판형과 방향 등의 속성이 동일한 e-Book을 선택하고 추가하면 됩니다.

e-Book 복사와 편집 창 환경 설정

01 e-Book을 복사하려면 집필 목록에서 역삼각형 아이콘(▼)을 클릭하고 메뉴에서 "Copy To"를 선택합니다.

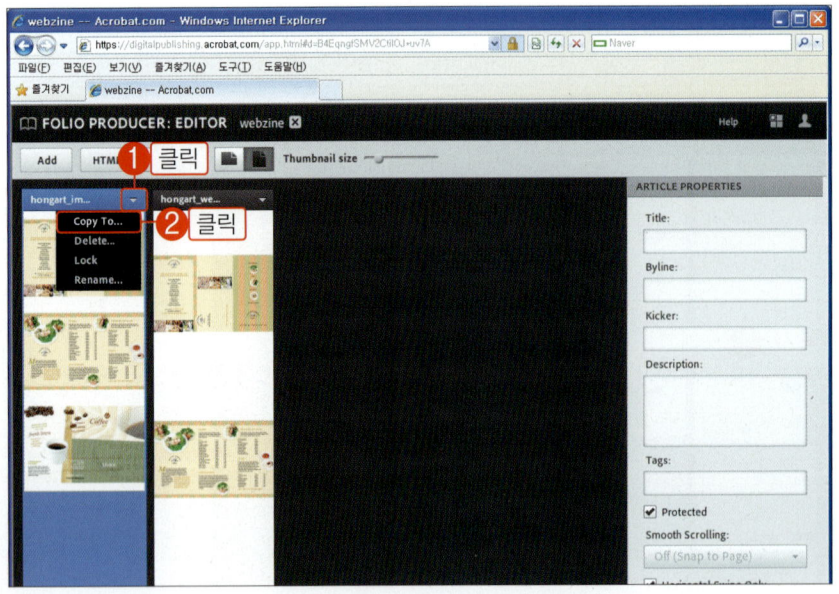

> **⚠ 잠깐만!**
> 메뉴의 선택에 따라서 현재 선택한 e-Book을 삭제하거나 이름을 변경하고 잠글 수 있습니다. "잠금(Locked)"에 체크 표시하면 e-Book을 업데이트할 수 없습니다.

02 복사할 위치를 선택하고 "Copy" 버튼을 클릭합니다. 여기서는 현재 e-Book으로 복사하기 위하여 "webzine"을 선택하였습니다.

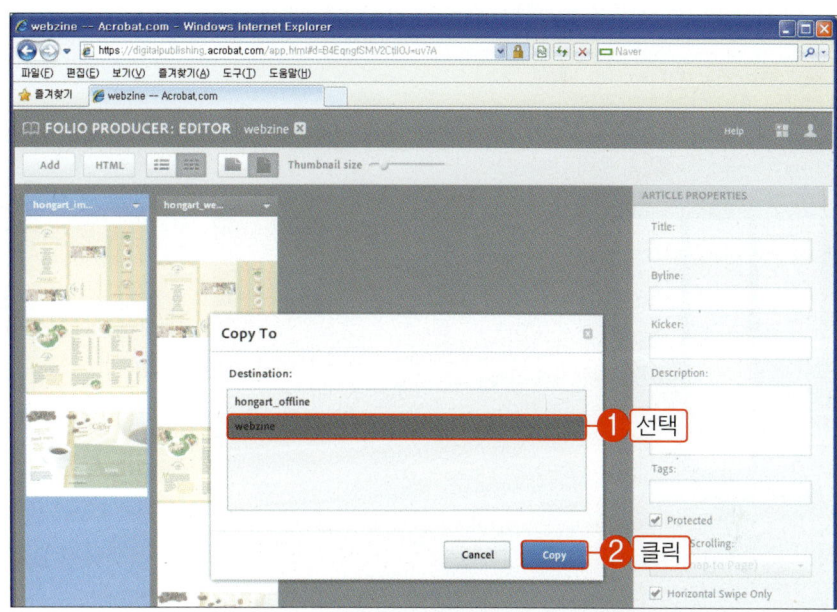

03 다음과 같이 e-Book이 복사된 것을 확인할 수 있습니다.

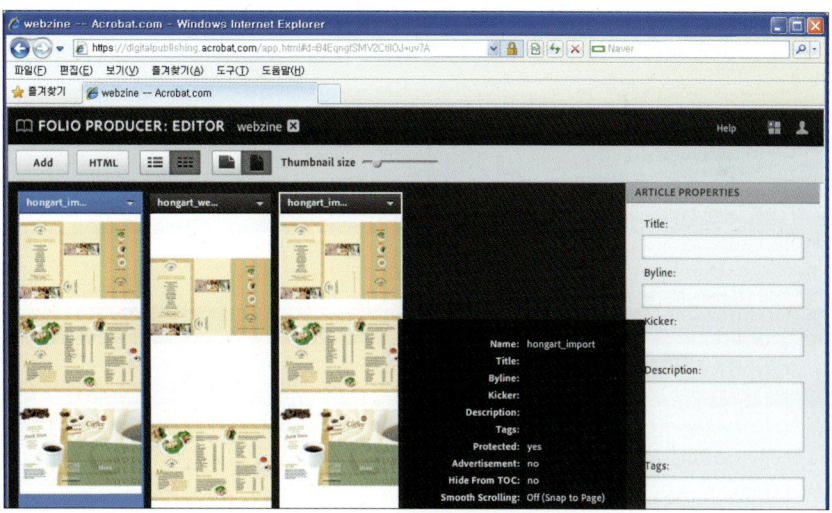

04 섬네일(축소판)의 크기를 조절하려면 슬라이더를 좌우로 드래그합니다.

05 "폴리오 프로듀서"의 편집 창을 목록 형태로 관리하고 싶다면 "List view"
버튼을 클릭합니다.

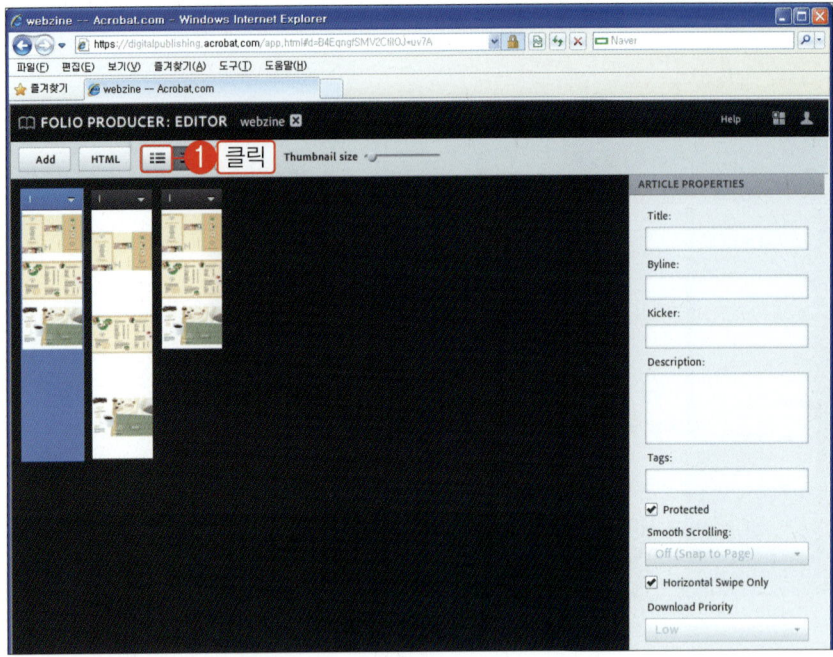

06 출판한 e-Book 항목이 많을 경우에는 다음과 같이 리스트 형식에서 관
리하는 것이 편리할 때도 있습니다. 현재는 "폴리오 프로듀서" 에디터 상태입
니다. 편집을 마치고 오거나이저(Organizer) 페이지로 돌아가려면 "POLIO
PRODUCER: EDITOR" 글자를 클릭합니다.

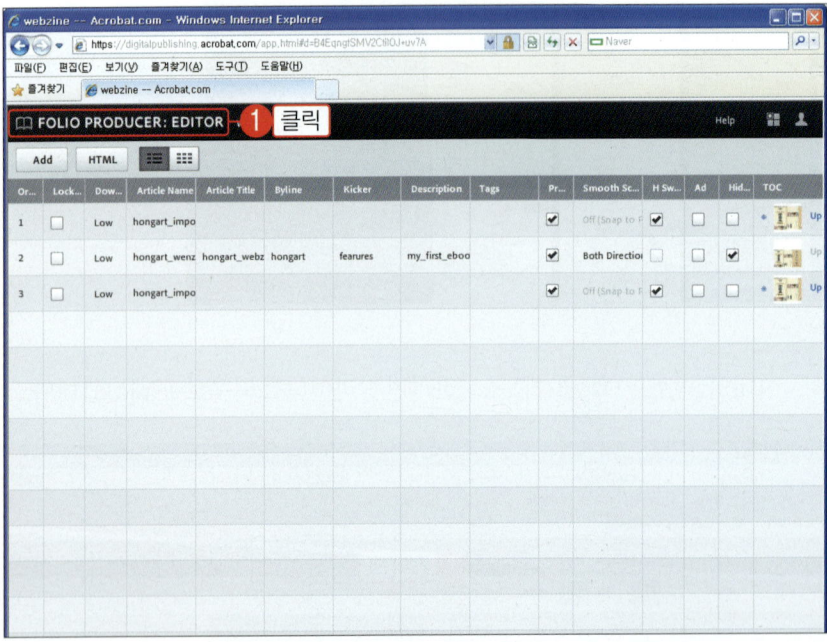

e-Book의 출판 이름과 출판일 변경하기와 표지 이미지 추가하기

01 e-Book의 이름, 출판 이름, 출판 번호, 출판일 등을 변경하고 싶으면 해당 항목을 클릭하고 새로운 이름을 입력합니다.

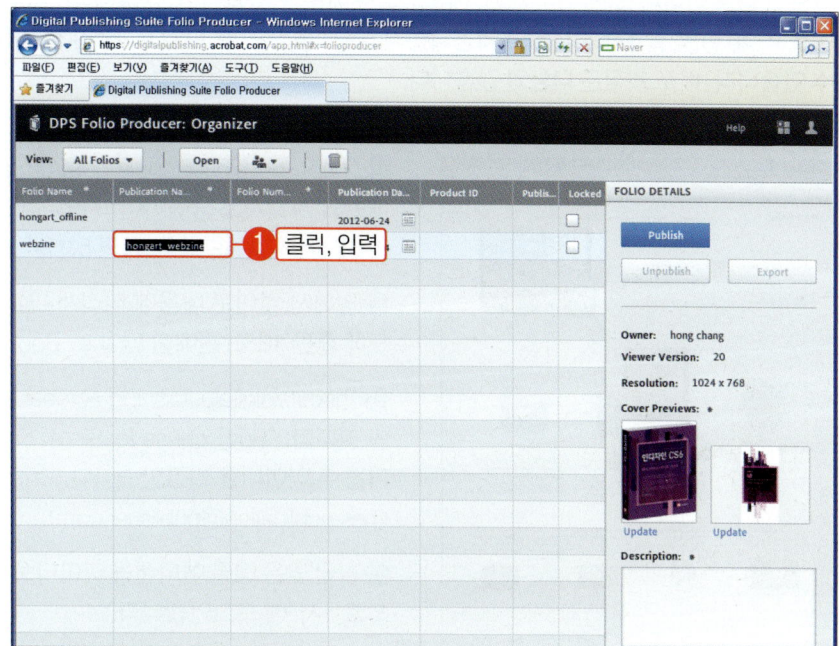

잠깐만!

"싱글 에디션" 사용자는 "Publish" 버튼을 클릭하고 안 드로이드 마켓이나 앱 스토에 배포할 수 있는 파일로 만들 수 있습니다.

02 인디자인의 "폴리오 빌더" 패널에서 표지 이미지를 등록하지 않은 e-Book이 있다면 해당 항목을 클릭하고 "Add" 버튼을 클릭하여 가로 방향과 세로 방향의 표지 이미지를 삽입할 수 있습니다.

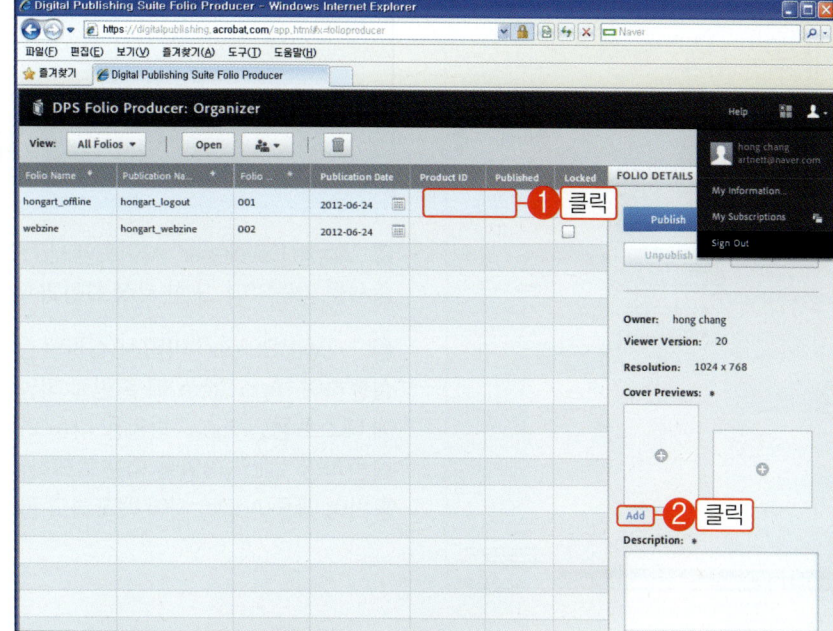

잠깐만!

"싱글 에디션" 사용자는 "Polio Producer: Organizer"에서 아 이패드로 출판, 판매하기 위한 ".zip" 파일로 내보낼 수 있습 니다.

잠깐만!

편집 작업을 모두 마쳤으면 "Sign Out"을 선택하고 "폴리 오 프로듀서" 창을 닫습니다.

DPS(Digital Publishing Suite) 싱글 에디션(Single Edition)을 사용할 경우에는 잡지, 포트 폴리오, 교육용 도서, 카탈로그 등을 아이패드(iPAD) 용으로 배포하고 판매할 수 있습니다. 싱글 에디션(Sing Edition)은 395 달러(현재 환율로 약 46 만원)를 1회 지불하고 제공하는 내장된 "폴리오"로 단일 e-Book을 만든 후, 아이패드 용으로 배포할 수 있습니다. 배포 과정은 다음과 같습니다.

❶ "http://developer.apple.com/programs/ios" 사이트에 접속하여 애플의 개발자로 등록하여야 합니다. 개발자 등록비는 연간 99달러 (현재 환율 기준 한화 약 11만 5천원) 입니다.

❷ 앞에서 알아본 내용에 따라서 "폴리오 빌더"를 사용하여 아이패드에 출판, 배포, 판매할 단일 e-Book을 만듭니다.

❸ "https://digitalpublishing.acrobat.com" 사이트에 접속하고 로그인 합니다. "Buy License for Single Edition"을 클릭하고 지불 절차를 거친 후 아이디를 발급받습니다.(DPS 싱글 에디션 전용 아이디의 예 : hcs.publication@publisher.com)

❹ 발급 받은 싱글 에디션용 아이디로 "폴리오 빌더" 패널과 "폴리오 프로듀서"에 로그인합니다.

❺ "Folio Producer Organizer"에서 출판한 e-Book을 ".zip" 파일로 내보냅니다.

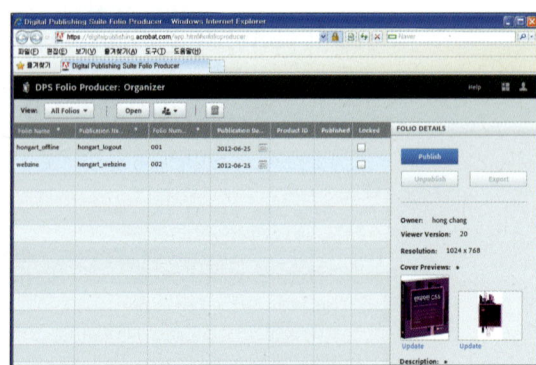

❻ "Apple Developer" 사이트에서 e-Book을 출판하는데 필요한 인증서를 만듭니다. 또한 시작 화면과 아이콘 이미지를 만듭니다.

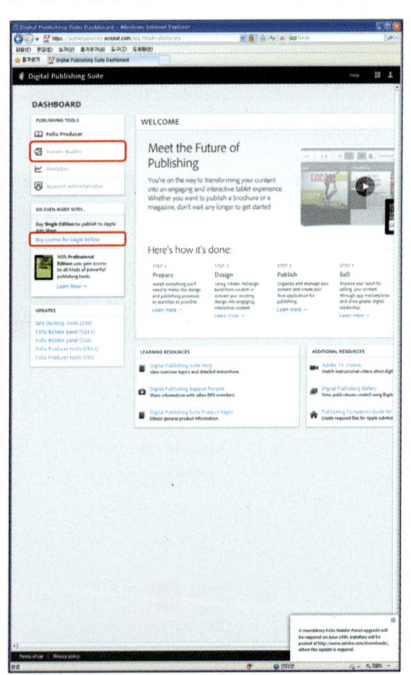

❼ "Viewer Builder" 마법사(집필일 현재 Mac OS에서만 사용 가능)를 실행하여 "App Store"에 출판할 파일을 만듭니다. 자신의 아이패드에 테스트용인 ".ipa" 파일을 다운로드 하고 테스트를 합니다. 정상 작동하면 ".zip" 파일을 다운로드하고 "iTunes Connect" 사이트를 통하여 애플(Apple) 사에 배포하고 판매합니다.

"폴리오 오버레이(Folio Overlays)" 패널을 사용하면 인디자인의 도큐멘트 위에 투명한 비닐을 씌우고 그 비닐 위에 동적인 개체를 생성할 수 있습니다. 오버레이는 포토샵의 레이어와 같은 개념입니다. "폴리오 오버레이" 패널을 호출하려면 "창−Folio Overlays" 메뉴를 선택합니다.

대화형 오버레이의 개념

도큐멘트에 배치한 개체들은 동적인 요소를 포함하지 않은 단일형 개체들이며 동적인 요소들은 "폴리오 오버레이" 패널의 기능에 의하여 도큐멘트의 위에 오버레이됩니다.

▲ Folio Overlays 개념도

대화형 개체를 만들기 위한 방법은 각 요소마다 다릅니다. 예를 들어서 슬라이드 쇼나 하이퍼링크, 비디오와 오디오, 이미지의 축소와 확대, 360도 회전은 도큐멘트에 직접 생성, 배치하고 "폴리오 오버레이" 패널에서 옵션을 설정합니다. 그러나 파노라마와 웹 내용에 대한 오버레이는 사각형 프레임으로 자리를 표시하고 "폴리오 오버레이" 패널에서 소스 개체의 경로를 설정하여 오버레이합니다. 이 때 사각형 프레임의 자리 표시는 포스터로 표시할 수 있습니다.

14 하이퍼링크 오버레이

하이퍼링크 오버레이를 통하여 선택한 개체나 텍스트에 URL을 지정하고 클릭하면 URL에 지정한 페이지가 열리도록 만들 수 있습니다.

개체에 하이퍼링크 만들기

01 하이퍼링크에 사용할 개체나 텍스트를 선택하고 "하이퍼링크" 패널 메뉴에서 "새 하이퍼링크"를 선택합니다.

02 "URL"에 주소를 입력하고 "공유 하이퍼링크 대상"을 클릭하여 체크 표시를 해제합니다. 그리고 "확인" 버튼을 클릭합니다.

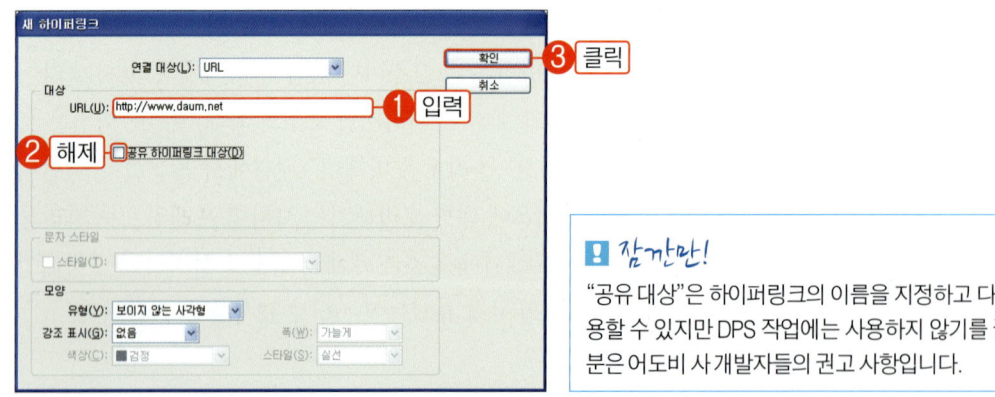

> **잠깐만!**
> "공유 대상"은 하이퍼링크의 이름을 지정하고 다른 개체에 다시 적용할 수 있지만 DPS 작업에는 사용하지 않기를 권장합니다. 이 부분은 어도비 사 개발자들의 권고 사항입니다.

03 "폴리오 오버레이" 패널을 엽니다. 기본 옵션을 유지하고 패널 하단에서 "미리 보기"를 선택합니다.

04 미리 보기 창에서 커피잔 이미지를 클릭합니다. 그러면 다음 그림과 같이 하이퍼링크에서 설정한 URL 사이트가 열립니다.

🔳 잠깐만!

"장치 브라우저에서 열기"를 선택하면 URL 사이트가 새로운 창으로 열립니다.

다른 e-Book에 대하여 하이퍼링크 만들기

01 도큐멘트의 "2" 페이지로 이동하고 음식 이미지를 클릭하면 다른 e-Book이 열리도록 하이퍼링크를 만들어 보겠습니다. 음식 이미지를 클릭하고 "단추 및 양식" 패널의 하단에서 "단추로 변환"을 클릭합니다.

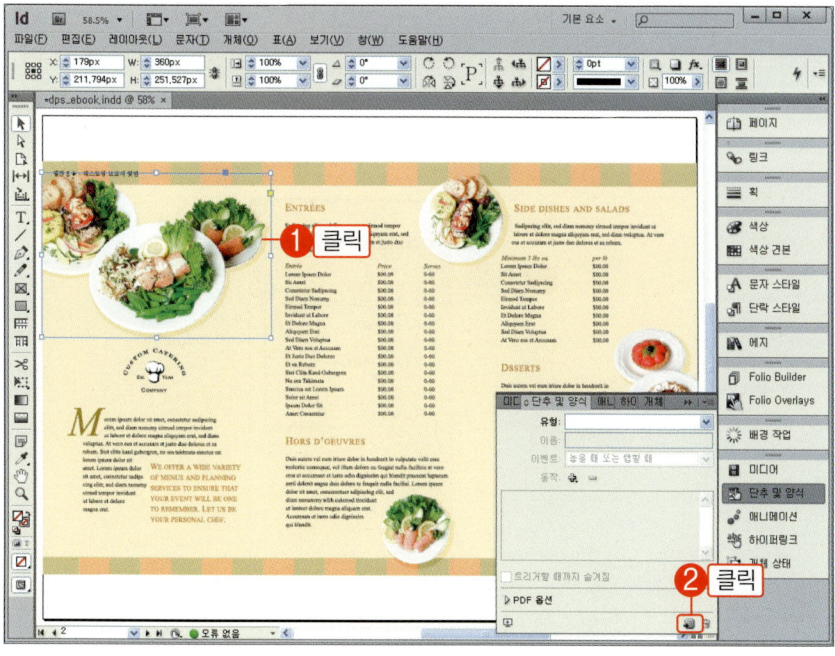

02 "동작"의 "선택한 이벤트에 새 동작 추가" 아이콘을 클릭하고 메뉴에서 "URL로 이동"을 선택합니다.

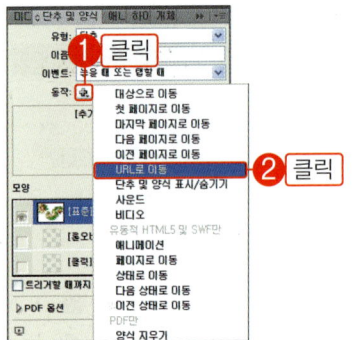

03 "URL"에 "http://" 대신에 "navto://"를 사용합니다. 그리고 그 뒤에 연결하려는 e-Book의 "집필 이름"을 입력합니다. 즉, "navto://webzine"과 같은 형식으로 입력하고 Enter 키를 누릅니다.

> **잠깐만!**
> "navto://webzine#2" 형식으로 입력하면 "webzine" e-Book의 "1" 페이지로 이동합니다. 첫 페이지가 "0" 페이지이기 때문입니다.

04 "navto://" 뒤에는 "폴리오 빌더" 패널에 표시된 "제목"을 입력하는 것이 아니라 항목에 마우스 포인터를 올리면 풍선 도움말에 "Folio 이름"에 표시되는 이름(webzine)을 입력하여야 합니다.

05 "URL" 속성이 변경되었으므로 업데이트를 합니다. "폴리오 빌더" 패널의 삼각형 표시(◀)를 클릭하여 현재 e-Book의 제목이 표시되게 하고 각 항목을 클릭한 후에 패널 메뉴에서 "업데이트"를 선택합니다.

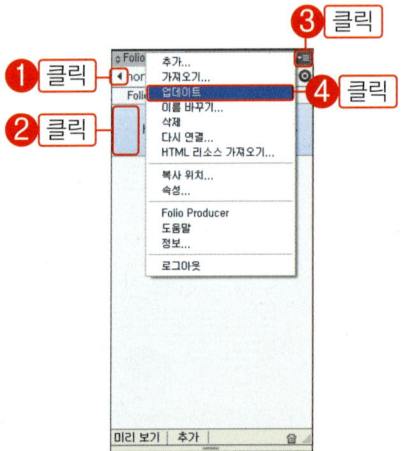

06 다른 e-Book에 대한 하이퍼링크는 모바일 디바이스에서 유효하기 때문에 현재는 "미리 보기"를 클릭하고 요리 이미지를 클릭해도 연결된 e-Book이 열리지 않습니다.

"개체 상태" 패널과 "단추 및 양식" 패널을 사용하면 이미지 세트를 만들고 슬라이드 쇼를 제작할 수 있습니다. 이 때 슬라이드 세트에는 이미지만 포함할 수 있는 것은 아니며 텍스트 프레임도 포함시킬 수 있습니다. 여기서는 이미지를 단추로 변환하고 슬라이드 쇼를 제작하는 방법을 알아봅니다. 또한 "PART 2 – SWF e–Book"편 "142" 페이지에서는 단추를 직접 제작하고 슬라이드 쇼를 제작하는 방법을 다루었으니 교차 참고하기 바랍니다.

"개체 상태"로 슬라이드 쇼에 사용할 이미지 세트 만들기

01 자판에서 Shift 키를 누른 채로 슬라이드 쇼에 사용할 이미지를 각각 클릭하여 모두 선택합니다. 컨트롤 패널이나 정렬 패널에서 "수평 가운데 정렬(🔳)"과 "수직가운데 정렬(🔳)"을 각각 클릭하여 선택한 복수의 개체를 한 위치에 중복되도록 정렬시킵니다.

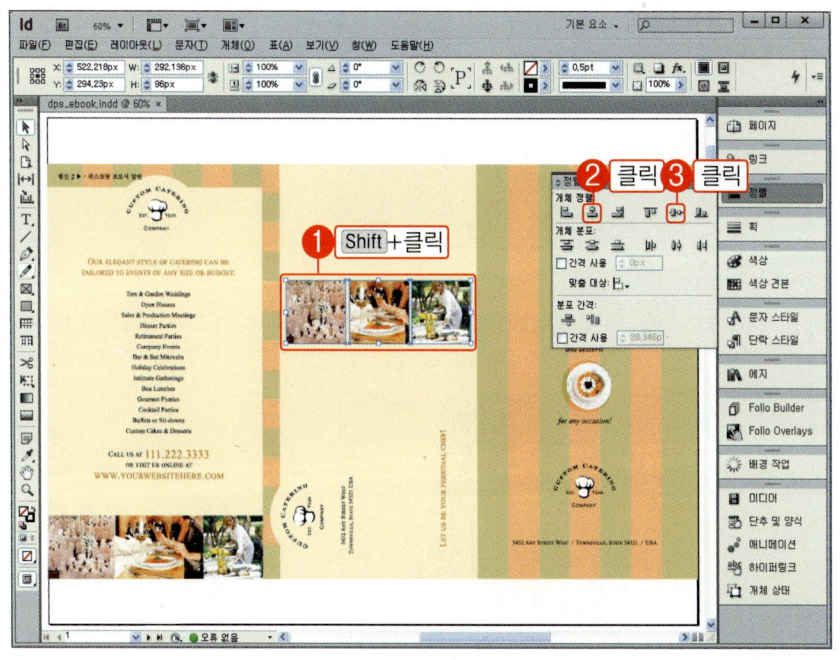

> 🔳 **잠깐만!**
>
> 컨트롤 패널에도 "정렬" 옵션이 있으며, "정렬" 패널은 "창–개체 및 레이아웃–정렬" 메뉴를 선택하고 호출할 수 있습니다.

02 "개체 상태" 패널의 하단에서 "선택한 항목을 다중 상태 개체로 변환"을 클릭합니다. 그러면 개체 이름에 "다중 상태 1"이라고 표시됩니다.

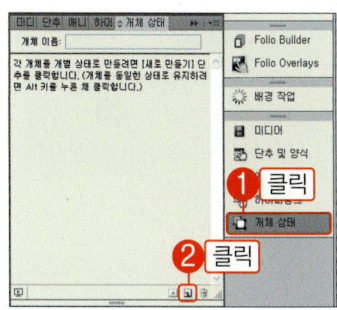

> 🔳 **잠깐만!**
>
> "다중 상태 1"의 이름을 변경하려면 구두점이나 확장된 문자를 사용하지 말아야 합니다. 그래야만 오류가 발생하지 않습니다.

이미지를 단추로 변환하고 동작 추가하기

01 자판에서 [Shift] 키를 누른 채로 단추로 사용할 이미지를 각각 클릭하여 모두 선택하고 "단추 및 양식" 패널을 엽니다.

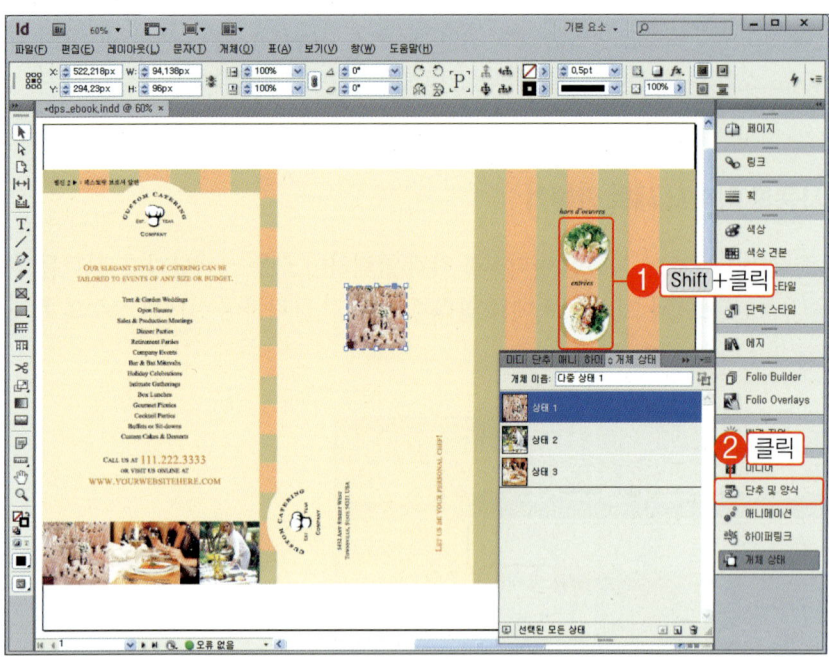

02 "단추 및 양식" 패널의 하단에서 "단추로 변환"을 클릭합니다. 그러면 선택한 개체가 단추로 변환됩니다.

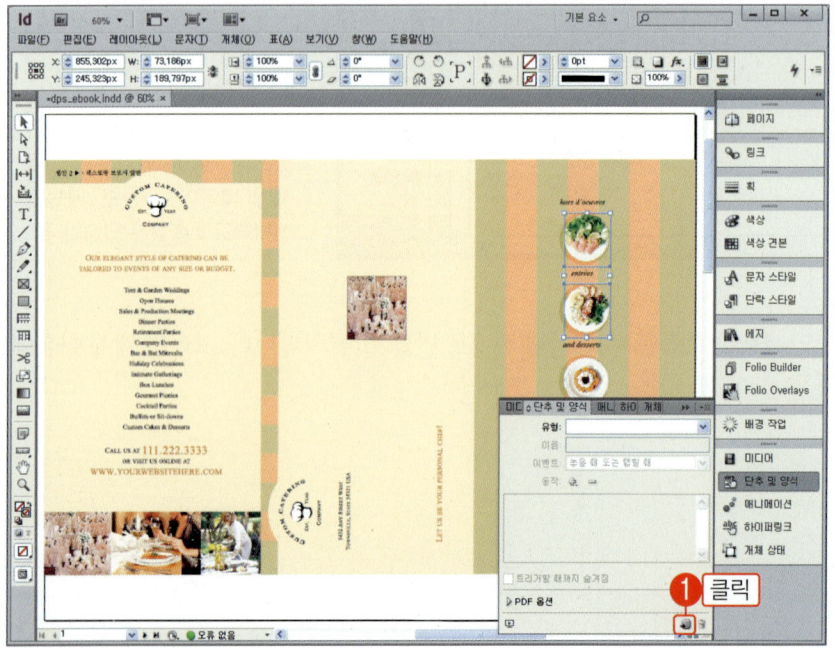

> **잠깐만!**
> 일반 개체는 파란색의 실선으로 표시되며, 단추로 변환된 개체는 가장자리가 파란색의 점선으로 표시됩니다.

03 단추로 변환된 이미지를 다음 그림과 같이 "다중 상태 1" 개체의 좌우로 각각 배치합니다. 왼쪽의 단추 이미지를 클릭하여 선택하고 "단추 및 양식" 패널을 엽니다. 패널에서 "동작" 항목의 플러스 기호(+)를 클릭하고 메뉴에서 "다음 상태로 이동"을 선택합니다.

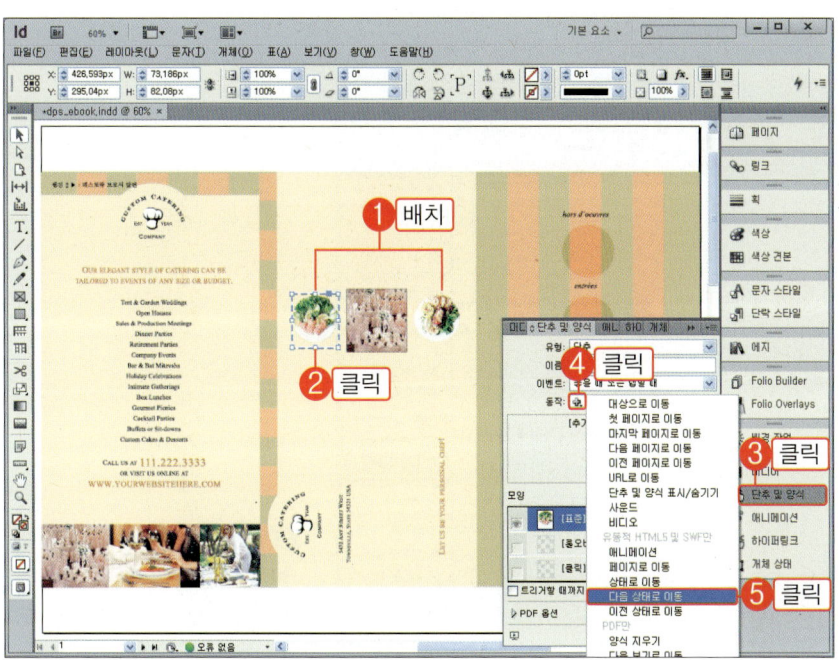

04 오른쪽의 단추 이미지를 선택하고 "단추 및 양식" 패널의 "동작" 항목에서 플러스 기호(+)를 클릭한 후 메뉴에서 "이전 상태로 이동"을 선택합니다.

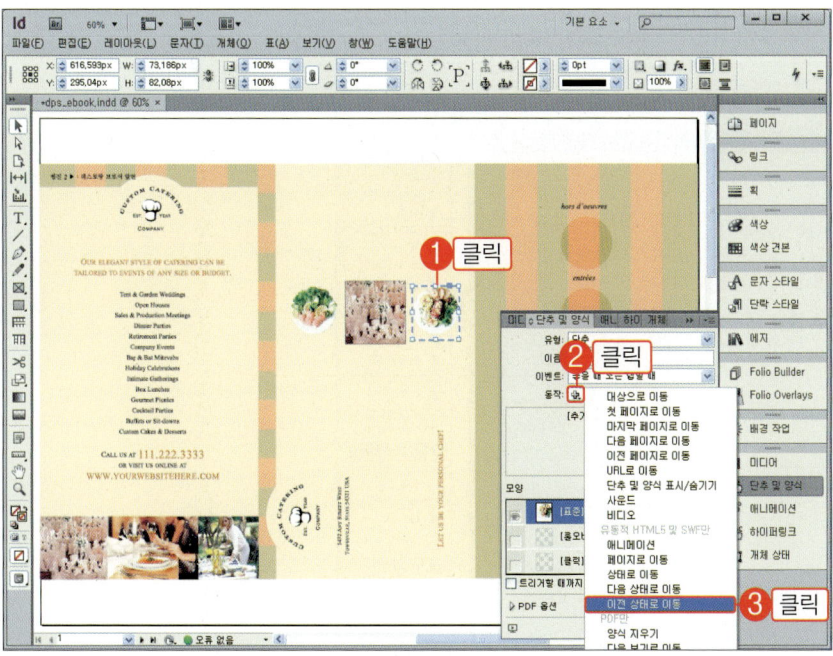

"폴리오 오버레이"에서 슬라이드 쇼 옵션 설정하고 미리 보기

01 다중 개체를 선택하고 "폴리오 오버레이" 패널을 엽니다. 슬라이드 쇼에 필요한 각종 옵션을 제공하는데 옵션에 대하여는 이후에 알아 보겠습니다. 옵션에서 기본 값을 유지하고 패널 하단에서 미리 보기를 클릭합니다.

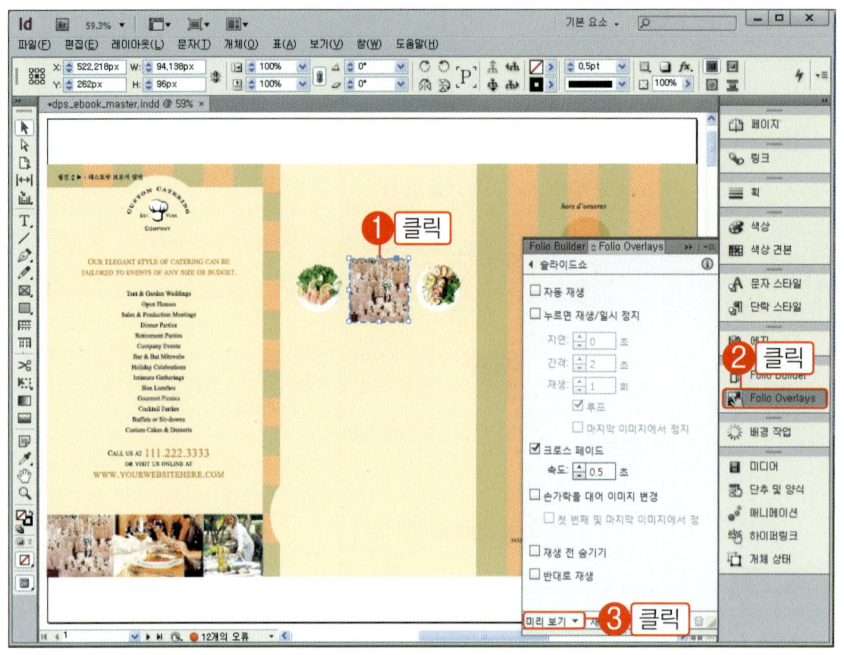

> **⚠ 잠깐만!**
>
> "미리 보기"를 클릭하고 표시되는 "바탕 화면에서 미리 보기" 메뉴 선택에 대한 동작은 생략하겠습니다.

02 왼쪽과 오른쪽의 단추 이미지를 각각 클릭하고 슬라이드 쇼를 확인합니다. "미리 보기"에서 클릭하는 동작은 아이패드에서 터치하는 동작과 동일합니다.

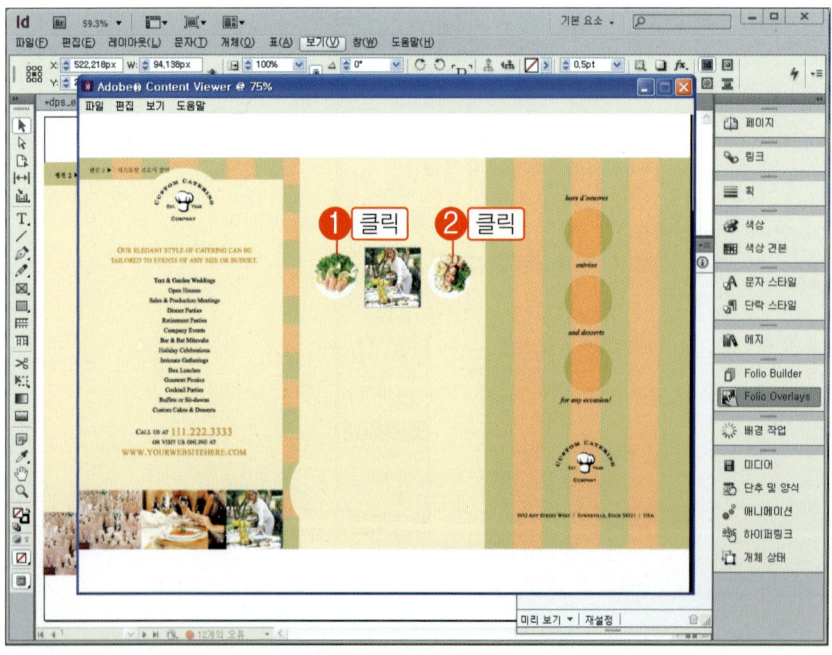

슬라이드 쇼의 옵션을 설정하려면 도큐멘트에서 다중 개체를 클릭하여 선택합니다. 그러면 "폴리오 오버레이" 패널의 "슬라이드 쇼"에 옵션이 표시되는데 선택에 따라서 다음과 같은 기능을 합니다.

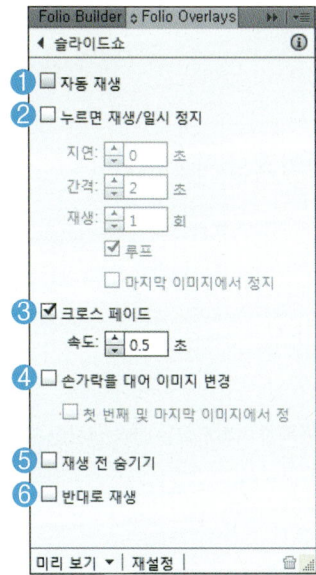

❶ [자동 재생] : 독자가 슬라이드 쇼 페이지를 열면 슬라이드 쇼가 자동으로 재생됩니다.

❷ [누르면 재생 / 일시 정지] : 독자가 자동 실행 슬라이드 쇼를 재생하거나 정지시킬 수 있습니다. 이 때 두 번 누르면(터치하면) 슬라이드 쇼가 초기 상태로 재설정됩니다.

[지연]에서는 "자동 재생"을 선택한 경우에 페이지를 불러온 이후에 어느 정도 시간이 경과한 다음 재생될 것인지를 성정하며 "0"초에서 "60"초 사이의 값을 설정할 수 있습니다.

[간격]에서는 "자동 재생"이나 "누르면 재생 / 일시 정지" 옵션을 설정하였을 경우에 슬라이드와 다음 슬라이드 간의 전환 간격을 설정할 수 있습니다.

[재생]에서는 "자동 재생" 옵션을 설정하였을 경우에 슬라이드 쇼를 몇회 재생할 것인지를 설정합니다.

[루프]에 체크 표시하면 다른 페이지로 전환하기 전까지 슬라이드 쇼가 무한 반복하여 재생됩니다.

[마지막 이미지에서 정지]는 "자동 재생"이나 "누르면 재생 / 일시 정지" 옵션을 설정하였을 경우에 마지막 이미지에서 슬라이드 쇼를 멈춥니다.

❸ [크로스 페이드] : 이 옵션을 선택하면 이미지가 다음 이미지로 전환할 때 페이드 인과 페이드 아웃 형태로 투영되면서 전환합니다. "0.125"초와 "60"초 사이에서 설정할 수 있습니다.

❹ [손가락을 대어 이미지 변경] : 독자가 슬라이드 쇼를 터치하여 슬라이드 쇼를 실행할 수 있습니다. "첫 번째 및 마지막 이미지에서 정지"에 체크 표시를 하면 첫 번째 이미지나 마지막 이미지까지 슬라이드 쇼가 실행되었을 때 슬라이드 쇼를 계속할 지, 정지할 지를 결정합니다.

❺ [재생 전 숨기기] : 슬라이드 쇼 진행에 대한 단추를 설정하였을 때 독자가 단추를 터치하기 전까지 숨겨집니다.

❻ [반대로 재생] : 슬라이드 쇼가 역순으로 재생됩니다.

16 이미지 시퀀스(3D 360도 회전) 오버레이

이미지 시퀀스는 연속된 2D 이미지를 360도로 회전시키는 기능입니다. 이 때 연속된 이미지는 01.JPG, 02.JPG, 03.JPG와 같이 오름 차순으로 파일명을 지정해 주어야 합니다. 이 때 이미지 시퀀스에서 사용할 360도 회전 이미지는 포토샵이나 플래시 또는 애프터 이펙트와 같은 프로그램에서 제작하고 준비해 둡니다. 여기서는 로드뷰의 이미지를 연속으로 캡처하여 예제 파일에 수록하고 제공합니다.

예제 파일에 수록된 360도 회전 이미지의 구성 살펴보기

01 본 도서의 예제 파일에서 "source / 3d_img" 폴더를 열고 다음과 같이 오름 차순 파일명으로 된 연속 이미지가 수록된 것을 확인합니다.

> **잠깐만!**
> 예제 파일에 수록한 이미지들은 연속 캡처한 이미지입니다.

이미지 시퀀스 오버레이 만들기

01 도구상자에서 "사각형 도구(▢)"를 선택하고 도큐멘트에서 드래그하여 직사각형을 그립니다. 그리고 "폴리오 오버레이" 패널을 엽니다.

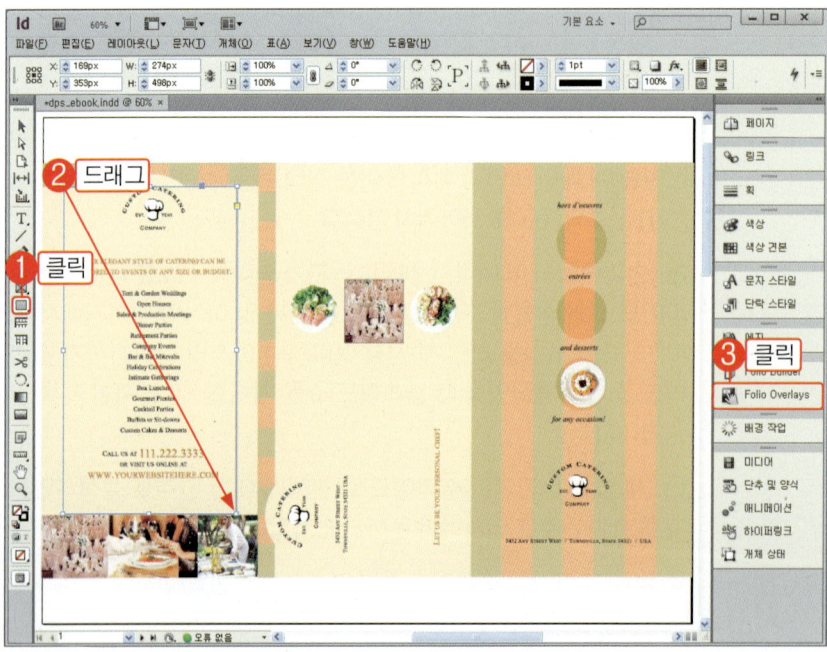

02 직사각형 프레임이 선택된 상태에서 "이미지 시퀀스" 항목을 클릭합니다.

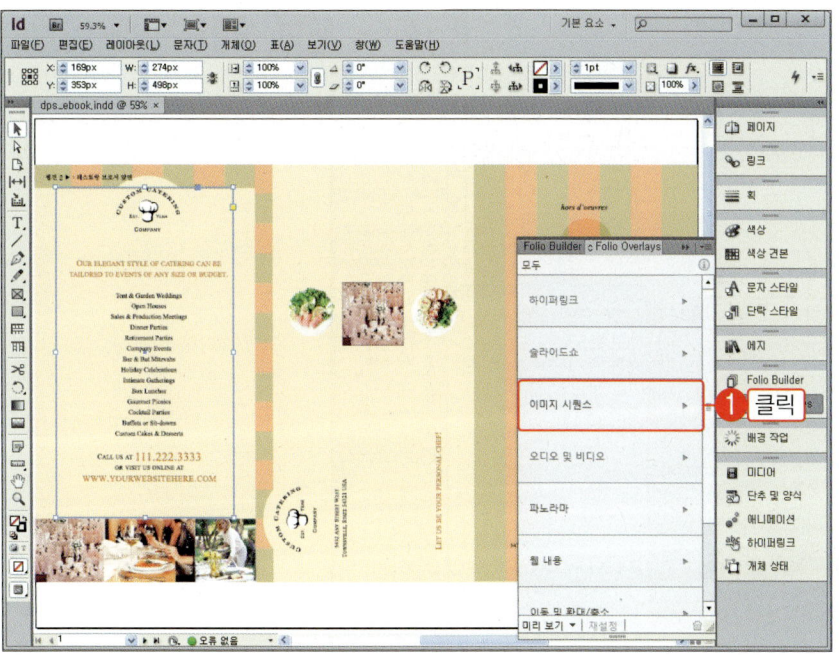

03 "이미지 불러오기"의 폴더 아이콘을 클릭합니다. 본 도서의 예제 파일에서 "source / 3d_img" 폴더를 선택하고 "확인" 버튼을 클릭합니다.

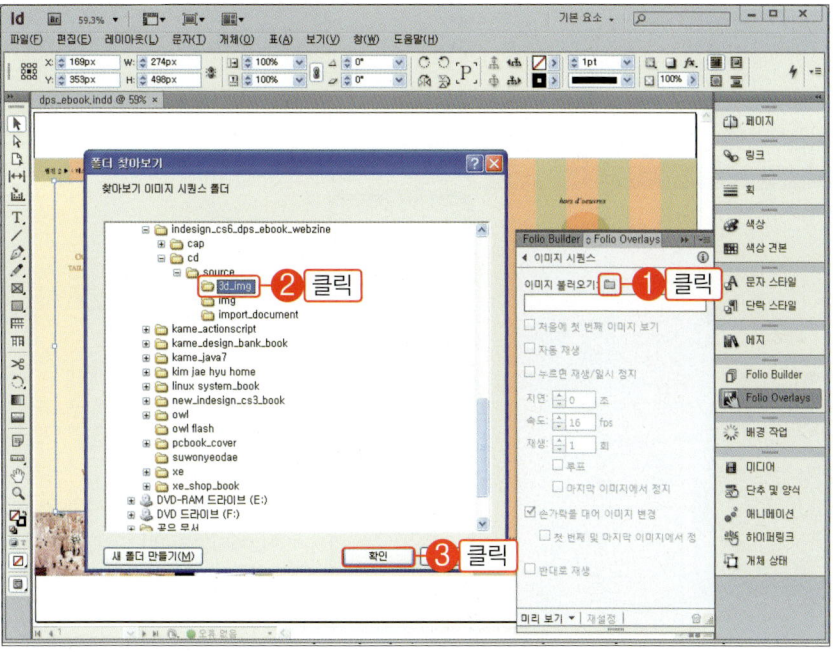

04 도구상자에서 "자유 변형 도구(▦)"를 선택하고 다음 그림과 같이 불러온 이미지의 크기를 조절한 후 원하는 위치로 드래그하여 배치합니다. 그리고 "미리 보기"를 클릭합니다.

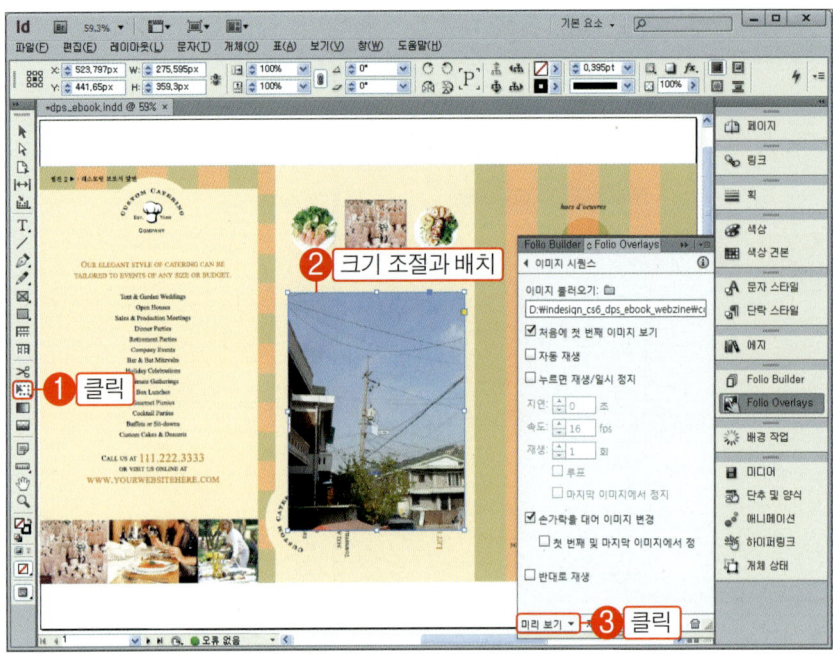

05 이제 이미지 시퀀스 오버레이를 드래그하여 회전 상태를 확인합니다. 여기서는 학습이므로 준비된 이미지가 11개입니다. 좀 더 효과적인 3D 회전의 결과를 얻으려면 보다 세분화되고 많은 개수의 이미지를 준비합니다.

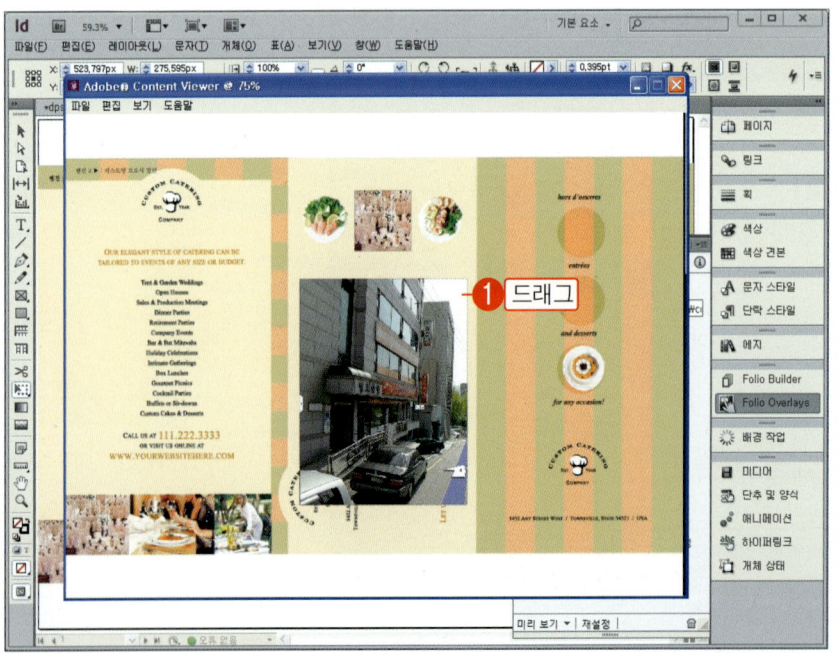

> 🔲 **잠깐만!**
>
> 본 도서의 예제 파일에서 "source / 3d_car_img" 폴더에는 19개의 3D 자동차 이미지를 수록하고 제공합니다. 이와 같이 "이미지 시퀀스(3D 360도 회전) 오버레이"를 사용하여 360도 회전하는 3D 자동차를 제작해 보기 바랍니다.

이미지 시퀀스에 사용하는 이미지 포맷은 png 또는 jpg 형식입니다. 이미지들은 폴더에 미리 준비되어 있어야 하며 효과적인 3D, 360도 회전을 하려면 30개 정도의 준비된 이미지가 필요합니다. 이 때 배경이 투명도한 PNG 이미지를 사용하면 시퀀스 중에도 포스터 이미지가 계속 표시된다는 점에 유의합니다. 이미지 시퀀스의 오버레이 옵션에 대한 기능은 다음과 같습니다.

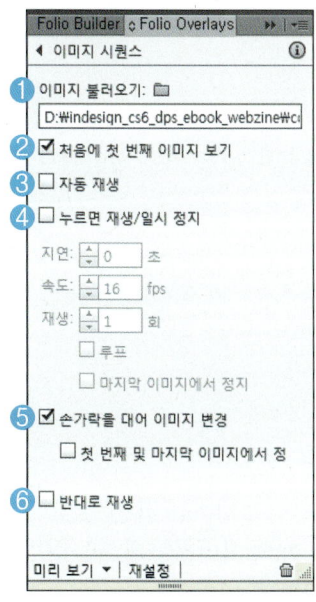

① [이미지 불러오기] : 이미지 시퀀스를 적용시킬 소스 이미지가 포함된 폴더를 선택합니다. 이미지는 포토샵, 3D 프로그램 등에서 제작하고 미리 준비해 둡니다.

② [처음에 첫 번째 이미지 보기] : 첫 번째 이미지를 포스터로 사용하게 됩니다. 만약 "반대로 재생" 옵션을 적용하였다면 마지막 이미지가 포스터로 됩니다. 포스터란 페이지에 처음으로 보여지는 기본 상태의 이미지를 말합니다.

③ [자동 재생] : 독자가 페이지를 넘기면 자동으로 이미지 시퀀스가 작동하게 됩니다.

④ [누르면 재생/일시 정지] : 독자가 이미지 시퀀스를 터치하여 재생시키거나 정지시킬 수 있습니다.

[지연]에서는 "자동 재생"을 선택한 경우에 페이지를 불러온 이후에 어느 정도 시간이 경과한 이후에 재생될 것인지를 성정하며 "0"초에서 "60"초 사이의 값을 설정할 수 있습니다.

[속도]에서는 개체 이미지의 진행 속도를 초당 프레임으로 계산하여 결정합니다. 이 때 최소값은 초당 "1" 프레임이고 최대값은 초당 "30" 프레임입니다.

[재생]에서는 "자동 재생" 옵션을 설정하였을 경우에 슬라이드 쇼를 몇회 재생할 것인지를 설정합니다.

[루프]에 체크 표시하면 다른 페이지로 전환하기 전까지 슬라이드 쇼가 무한 반복하여 재생됩니다.

[마지막 이미지에서 정지]에 체크 표시하면 "자동 재생"이나 "누르면 재생/일시 정지" 옵션을 설정하였을 때 시퀀스의 첫 번째 이미지가 아닌 마지막 이미지에서 정지됩니다.

⑤ [손가락을 대어 이미지 변경] : 독자가 이미지 시퀀스에서 손가락으로 앞, 뒤의 이미지로 이동할 수 있습니다. "첫 번째 및 마지막 이미지에서 정지"에 체크 표시하면 이미지 시퀀스의 마지막 이미지에 도달하였을 때 정지됩니다.

⑥ [반대로 재생] : 이미지 시퀀스가 역순으로 재생됩니다.

17 파노라마 오버레이

파노라마 오버레이를 활용하면 모델 하우스의 내부를 둘러보는 듯한 효과를 만들 수 있습니다. 파노라마 오버레이에서 중요한 점은 포토샵 등에서 이미 준비된 6개의 정육면체 이미지가 있어야 한다는 것입니다. 이 때 정육면체의 이미지 파일명과 순서는 스텝 "02"의 파노라마 개념도 순서와 규칙에 의하여 준비합니다.

예제 파일에 수록된 파노라마 이미지의 구성 살펴보기

01 본 도서의 예제 파일에서 "source / panorama" 폴더를 열고 다음과 같이 오름 차순 파일명으로 된 연속 이미지가 수록된 것을 확인합니다.

02 본 도서의 예제 파일에서 준비된 6개의 정육면체 이미지는 원래 한 개의 이미지인데 파노라마 오버레이를 위하여 포토샵에서 다음과 같이 잘라내고 파일명을 오름 차순으로 입력한 후 저장한 것입니다.

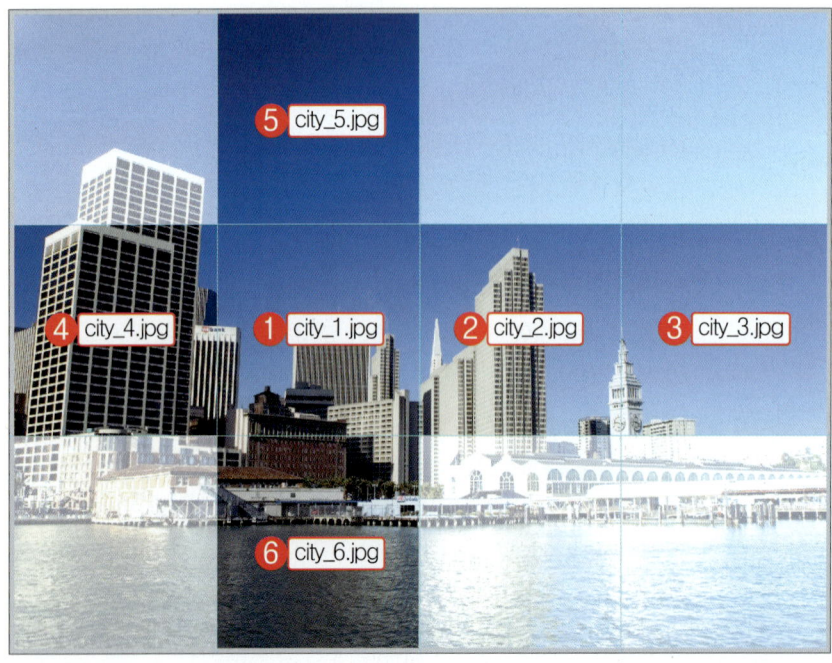

> **⚠ 잠깐만!**
> 흐리게 표시된 부분의 이미지는 사용하지 않았습니다.

파노라마 오버레이 만들기

01 도큐멘트의 "2" 페이지로 이동합니다. 도구상자에서 "사각형 도구(▣)"를 선택하고 도큐멘트에서 드래그하여 직사각형을 그립니다. 그리고 "폴리오 오버레이" 패널을 열고 "파노라마" 항목을 클릭합니다.

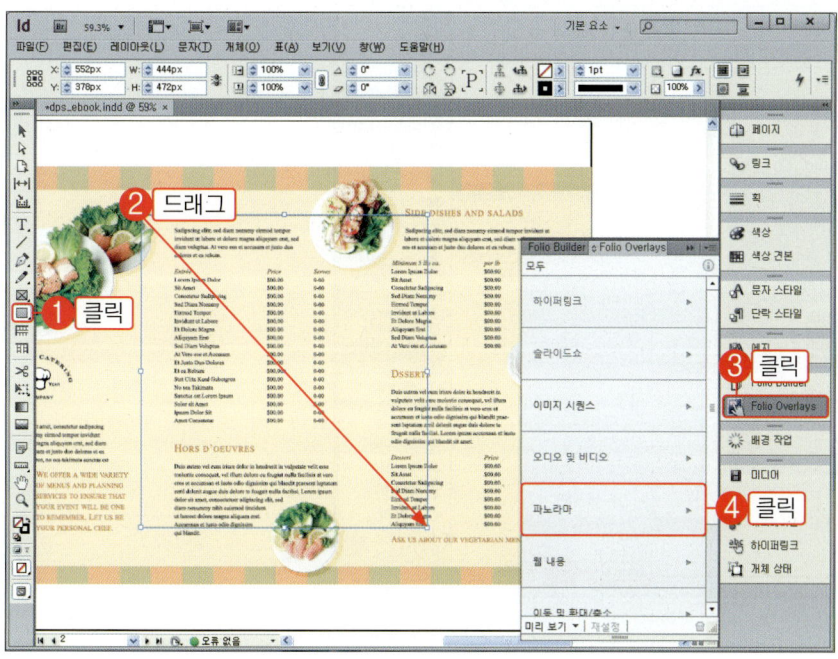

02 "이미지 불러오기"의 폴더 아이콘을 클릭합니다. 본 도서의 예제 파일에서 "source / panorama" 폴더를 선택하고 "확인" 버튼을 클릭합니다.

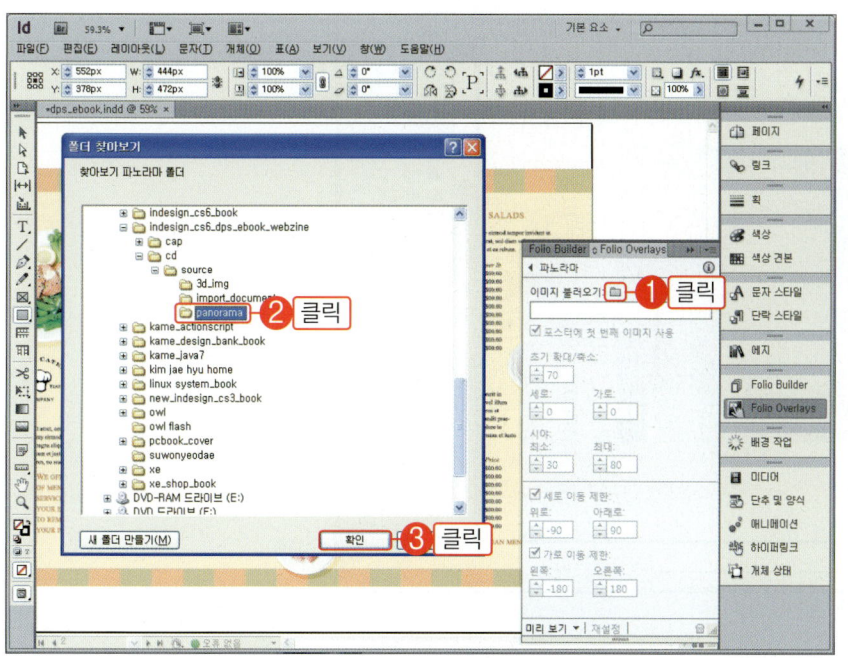

> ❗ *잠깐만!*
> 여기까지는 "이미지 시퀀스 오버레이" 만들기 과정과 동일합니다.

03 "파노라마 오버레이"에서 옵션을 기본으로 유지하고 그대로 "미리 보기"를 클릭하여 뷰어에 실행시킵니다.

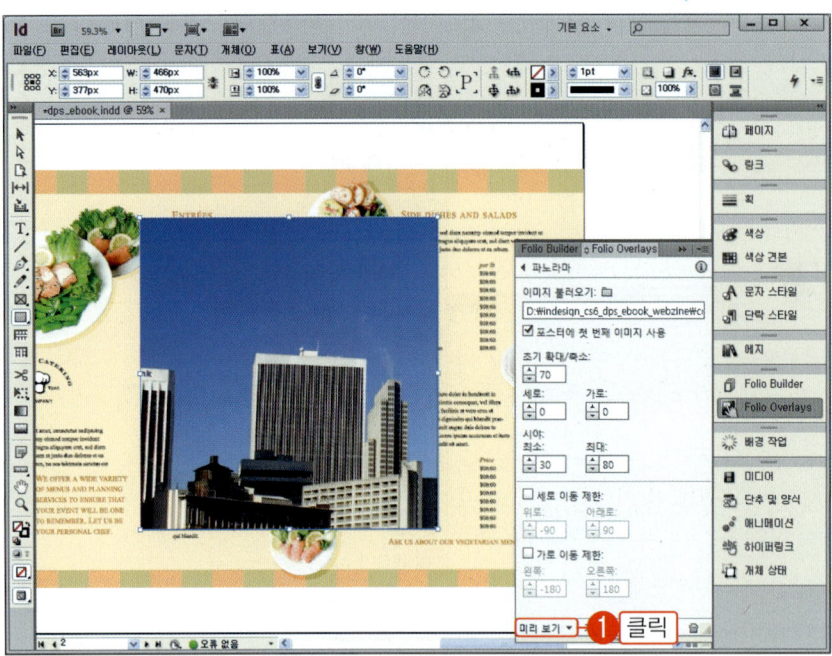

04 뷰어에서 파노라마를 클릭하면 전체 화면으로 변경됩니다. 이제 상하좌우로 드래그하여 파노라마를 확인하면 다음과 같이 실제 상황을 보는 듯한 환상적인 효과를 만나게 됩니다.

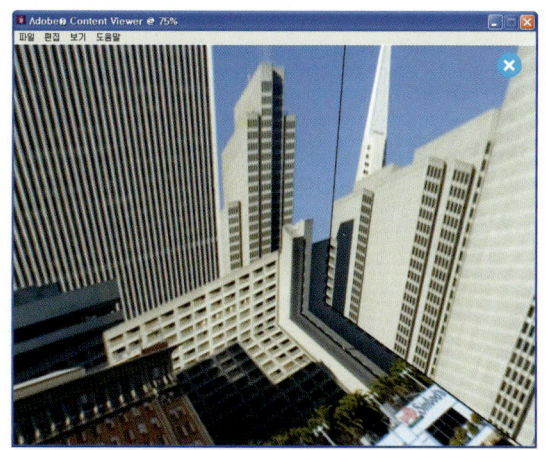 

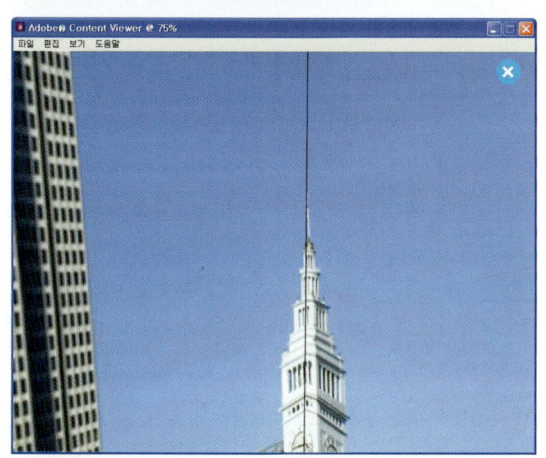 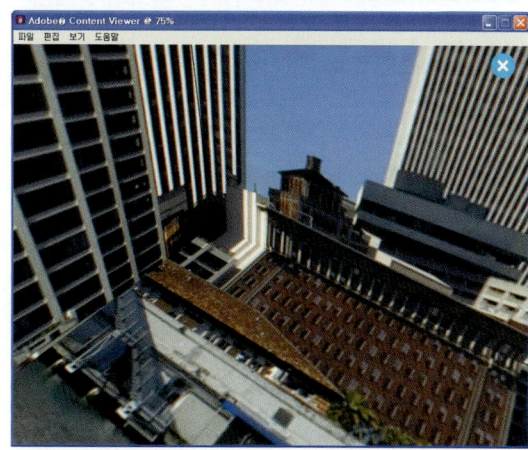

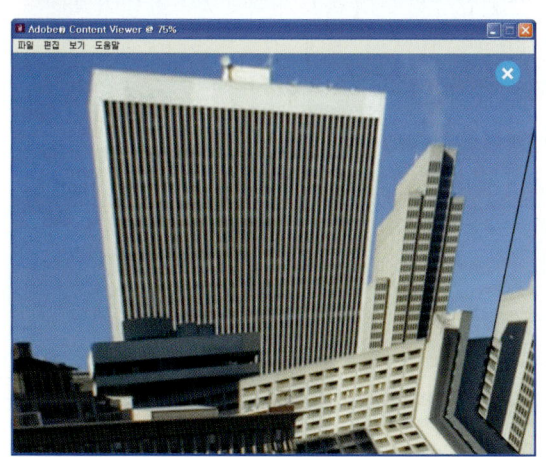 

포토샵이나 화면 캡처 프로그램을 이용하여 여섯 개의 6각형 파노라마 소스 이미지를 만들 때, 최상의 결과를 얻으려면 해상도를 72dpi로 하고 JPEG(JPG) 이미지 포맷으로 저장합니다. 너무 고해상도 이미지를 사용하면 독자가 아이패드와 같은 모바일 디바이스에서 파노라마를 실행할 때 자원을 많이 소비할 수 있기 때문입니다.

파노라마 오버레이의 소스 이미지를 제작할 때는 앞에 제시한 개념도 순서와 규칙에 의하여 준비합니다. 파노라마 오버레이 옵션의 기능은 다음과 같습니다.

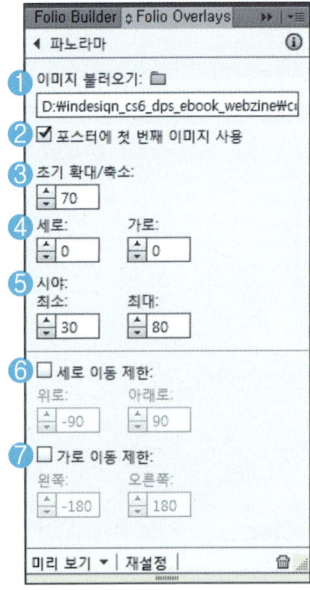

❶ [이미지 불러오기] : 파노라마 오버레이를 적용시킬 소스 이미지가 포함된 폴더를 선택합니다. 이미지는 포토샵 등에서 육면체 6개를 준비합니다.

❷ [포스터에 첫 번째 이미지 사용] : 페이지를 불러오면 보여질 파노라마의 포스터 이미지를 첫 번째 이미지로 설정합니다.

❸ [초기 확대 / 축소] : 초기 이미지의 확대와 축소값을 설정합니다.

❹ [세로 / 가로] : 파노라마의 영역을 정하는 곳입니다. "세로"의 값이 "−90"일 때 위쪽 방향으로 완전히 기울고 양수 "90"일 때 아래쪽 방향으로 완전히 기울어집니다. "가로"의 값은 "−180"일 때 왼쪽 방향에서 완전히 회전하며, 양수 "180"일 때는 오른쪽 방향으로 완전히 회전합니다. "세로"에 "−90"에서 "90" 사이의 값을, "가로"에 "−180"에서 "180" 사이의 값으로 설정해야 합니다.

❺ [시야] : 기본값은 "30"과 "80"이며 독자가 특정 영역을 넘어 확대나 축소하지 못하게 하려면 "최소"와 "최대" 값을 변경하여 설정합니다. 수치를 조금씩 변경해 보고 미리 보기에서 확인한 후 결정합니다.

❻ [세로 이동 제한] : 파노라마의 상하 방향 기울기를 제한합니다. 위쪽 방향 기울기를 "2/3"만 허용하려면 "위로"에 "−60"을 지정하면 됩니다. 아래쪽 방향 기울기를 "2/3"만 허용하려면 "아래로"에 "60"을 지정합니다.

❼ [가로 이동 제한] : 파노라마의 좌우 방향 기울기를 제한합니다. 좌우 방향으로 기울기를 "2/3"만 허용하려면 "왼쪽"에 "−120"을, "오른쪽"에는 양수 "120"을 지정하면 됩니다.

e-Book에 오디오나 비디오를 삽입하려면 "오디오 및 비디오" 오버레이를 사용합니다. 이 때 아이패드에서 정상 작동하는 비디오를 삽입하려면 M4 형식을 사용합니다. 여기서는 FLV 형식의 비디오로 진행하고 MP4 형식에 대한 비디오는 별도로 설명합니다. 오디오 파일인 경우에는 MP3 형식을 사용하면 됩니다.

오디오 삽입하기

01 도큐멘트의 "3" 페이지로 이동합니다. "미디어" 패널을 열고 패널 하단에 위치한 "비디오 또는 오디오 파일을 배치합니다."를 클릭합니다.

> ■ *잠깐만!*
> 현재 버전까지는 웹 상의 오디오나 비디오를 URL로 포함할 수는 없습니다.

02 본 도서의 예제 파일 "source" 폴더에서 "kility.mp3" 파일을 선택하고 "열기" 버튼을 클릭합니다.

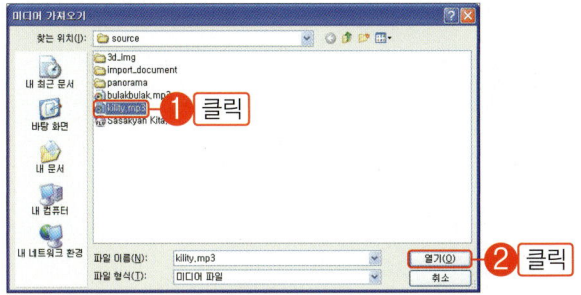

03 도큐멘트의 임의의 위치에서 클릭하여 오디오 파일을 배치합니다. 페이지를 이동하면 오디오가 정지되도록 "페이지 전환시 정지"를 클릭하여 체크 표시합니다. "포스터" 목록에서 "표준"을 선택하여 기본 포스터를 사용합니다.

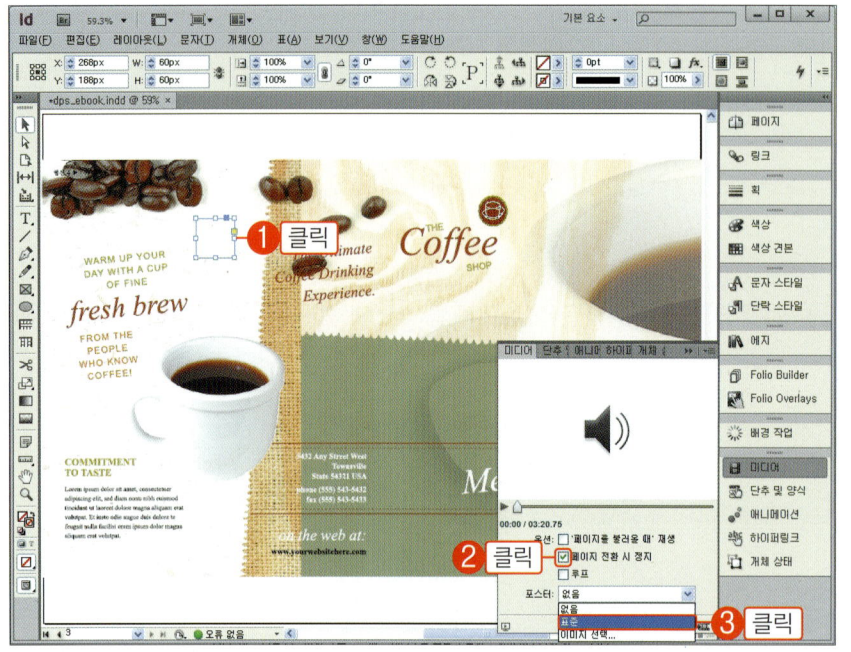

잠깐만!

"페이지를 불러올 때 재생"에 체크 표시하면 현재 페이지가 열릴 때 자동으로 오디오가 실행됩니다.
준비된 오디오용 포스터 이미지가 있다면 "포스터" 목록에서 "이미지 선택"을 선택하고 포스터 이미지를 불러올 수 있습니다.

04 "폴리오 오버레이" 패널을 열고 옵션에서 기본값을 유지한 채로 패널 하단에 위치한 "미리 보기"를 클릭합니다. "오디오 포스터"를 클릭하여 오디오를 재생합니다. 다시 클릭하면 오디오가 정지합니다.

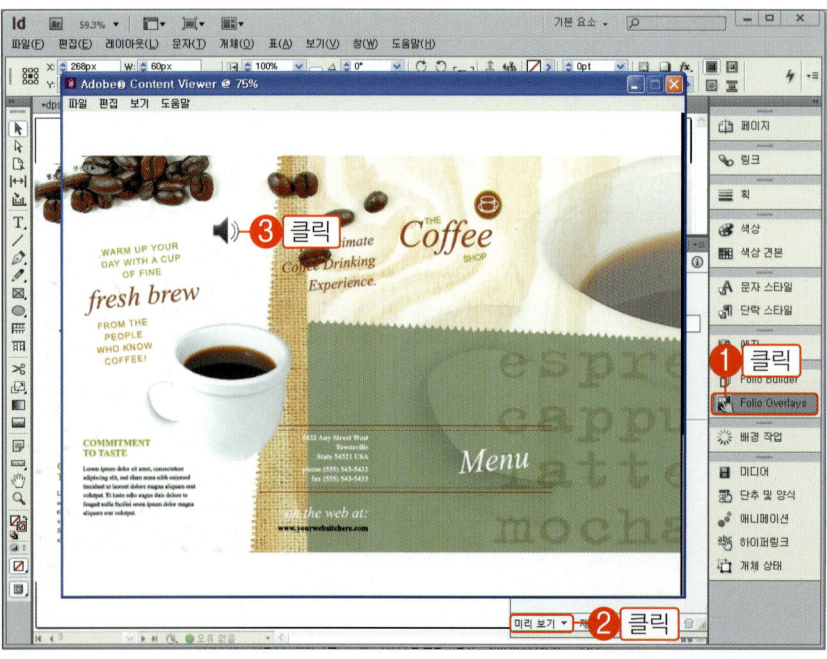

비디오 삽입하기

01 "미디어" 패널을 열고 패널 하단에 위치한 "비디오 또는 오디오 파일을 배치합니다."를 클릭합니다.

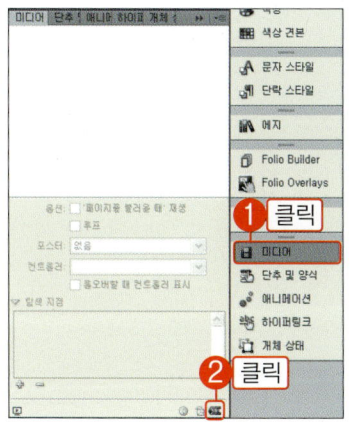

02 본 도서의 예제 파일 "source" 폴더에서 "Sasakyan Kita.flv" 파일을 선택하고 "열기" 버튼을 클릭합니다.

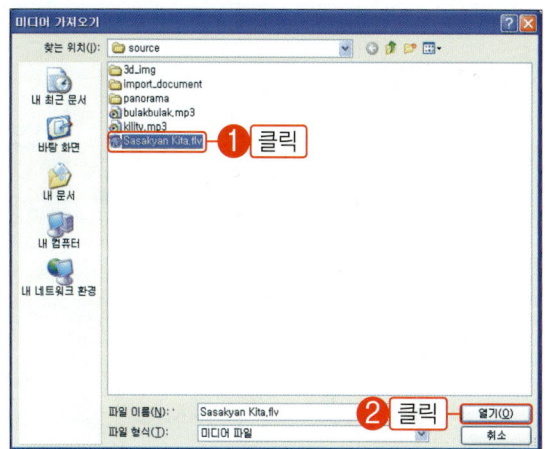

> **잠깐만!**
>
> 여기서는 "FLV" 형식을 사용하지만 아이패드에서 정상 작동하게 하려면 "MP4" 형식의 비디오 파일을 사용합니다.

03 임의의 위치에서 클릭하여 비디오 파일을 배치합니다. 도구상자에서 "자유 변형 도구(◫)"를 선택하고 다음 그림과 같이 불러온 비디오의 크기를 조절한 후 원하는 위치로 드래그하여 재배치합니다.

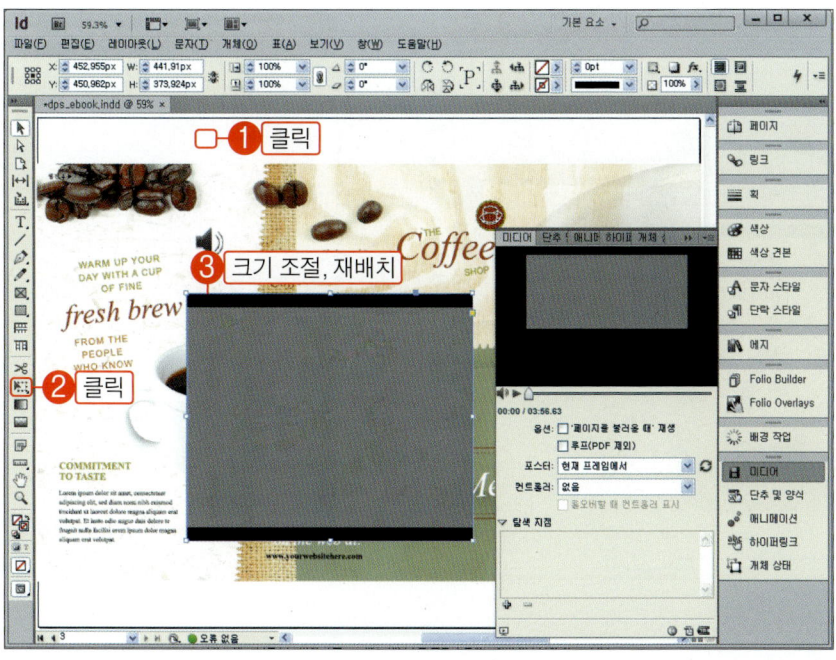

04 미리 보기 창에서 "재생"을 클릭하여 비디오를 재생시키고 포스터로 사용하고 싶은 장면이 나타날 때 "현재 프레임을 포스터로 사용"을 클릭합니다. 그리고 "정지"를 클릭하여 비디오 재생을 정지시킵니다.

05 "선택 도구(⬆)"를 선택하고 배치한 비디오를 클릭하여 선택합니다. 자판에서 Ctrl + X 키를 눌러서 비디오를 오려냅니다.

> **잠깐만!**
> "MP4" 형식의 비디오를 불러왔다면 스탭 "05"와 스탭 "06"의 과정을 생략하고 스탭 "07" 과정으로 건너갑니다.

06 도구상자에서 "사각형 도구(▣)"를 선택하고 도큐멘트에서 드래그하여 직사각형을 그립니다. 그리고 메뉴에서 "편집-안쪽에 붙이기"를 선택합니다. 그러면 "오리기"한 비디오 파일이 직사각형의 안쪽에 붙이기됩니다.

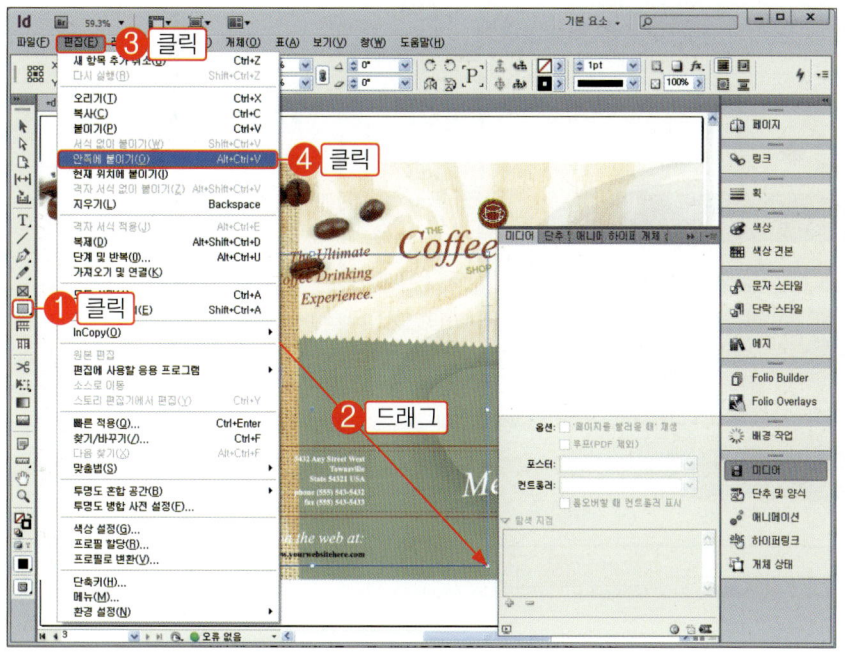

잠깐만!
이와 같이 개체를 오려내고 직사각형을 그린 후 붙여넣는 과정이 "오버레이" 입니다. "MP4" 형식의 비디오를 가져오면 이러한 오버레이 작업이 생략되며 바로 도큐멘트에 불러오면 됩니다.

07 "색상 견본" 패널을 열고 "칠" 아이콘을 클릭한 뒤 색상 목록에서 원하는 색상을 클릭하여 그래픽 프레임의 안쪽을 채웁니다. 또는 그래픽 프레임의 외곽선을 삭제하거나 프레임의 크기를 원하는 크기로 조절합니다.

잠깐만!
현재 진행은 비디오 재생 기능과는 관계 없으며 단순히 비디오 프레임을 디자인하는 과정입니다.

08 "폴리오 오버레이" 패널을 열고 옵션에서 기본값을 유지한 채로 패널 하단에 위치한 "미리 보기"를 클릭합니다. "비디오 포스터"를 클릭하여 비디오를 재생합니다.

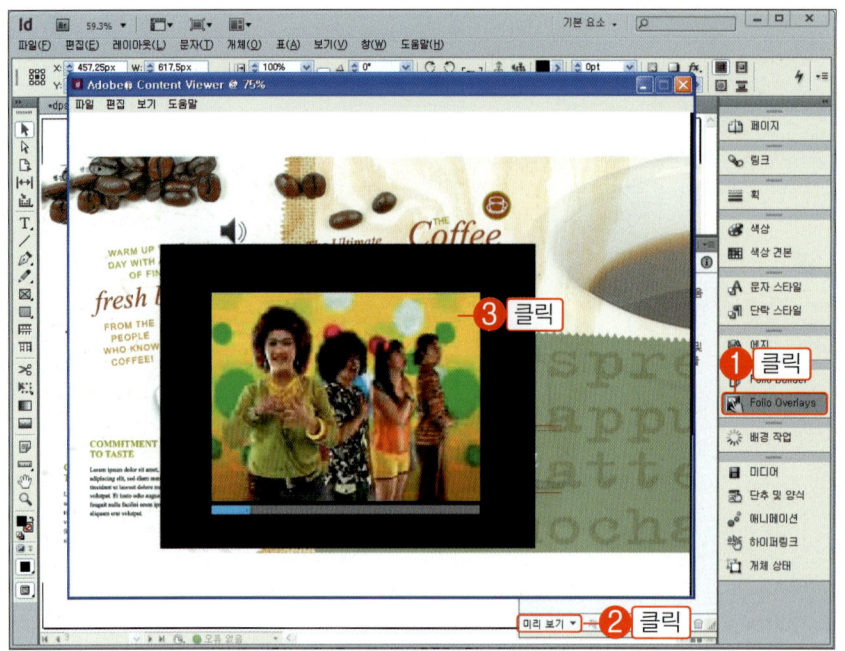

잠깐만!
재생 중인 비디오를 클릭하면 비디오 하단에 컨트롤러가 표시됩니다. 컨트롤러에 표시되는 도구를 클릭하여 비디오를 일시 중지시키거나 음소거를 할 수 있습니다.

잠깐만!
"FLV" 형식의 비디오는 "폴리오 오버레이" 패널의 "오디오 및 비디오" 옵션을 사용할 수 없습니다.

TIP 오디오 및 비디오 오버레이 옵션 살펴보기

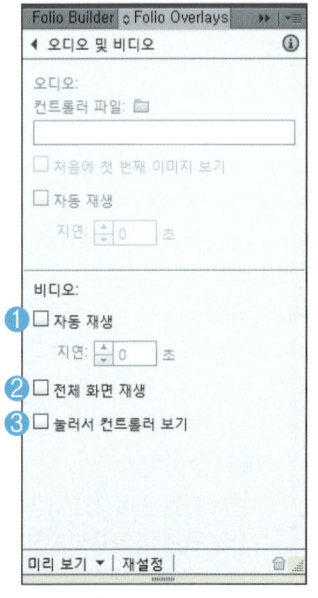

"MP4" 형식의 비디오를 사용하면 아이패드에서 정상 작동하며 직사각형을 그리고 안쪽에 붙여넣는 오버레이 과정이 생략됩니다. "MP4" 형식의 비디오는 도큐멘트로 바로 불러와서 배치하면 됩니다. 그러면 "폴리오 오버레이" 패널의 "오디오 및 비디오" 옵션도 사용할 수 있는데 각 옵션에 대한 기능은 다음과 같습니다.

❶ 자동 재생 : 아이패드 등의 모바일 디바이스에서 페이지를 불러오면 비디오가 자동으로 재생됩니다.

❷ 전체 화면 재생 : 독자가 비디오 포스터를 터치하면 전체 화면에서 재생됩니다.

❸ 눌러서 컨트롤 보기 : 재생 중인 비디오를 터치하면 컨트롤러가 표시되고 컨트롤러에서 비디오를 일시 정지하거나 음소거를 할 수 있습니다.

19 웹 내용 오버레이

웹 내용 오버레이 기능을 사용하면 웹 페이지의 내용을 오버레이 영역 안에서 표시할 수 있습니다. 웹 내용 오버레이의 장점은 별도의 브라우저 없이 웹 페이지의 내용을 볼 수 있다는 것입니다. 웹 내용 오버레이 영역에는 URL을 지정할 수 있으며 HTML 파일을 직접 지정할 수도 있습니다.

▲ 뷰어에 표시된 URL 웹 페이지

URL로 웹 페이지 오버레이 하기

01 도구상자에서 "사각형 도구(■)"를 선택하고 도큐멘트에서 드래그하여 직사각형을 그립니다. 그리고 "폴리오 오버레이" 패널을 열고 "웹 내용" 항목을 클릭합니다.

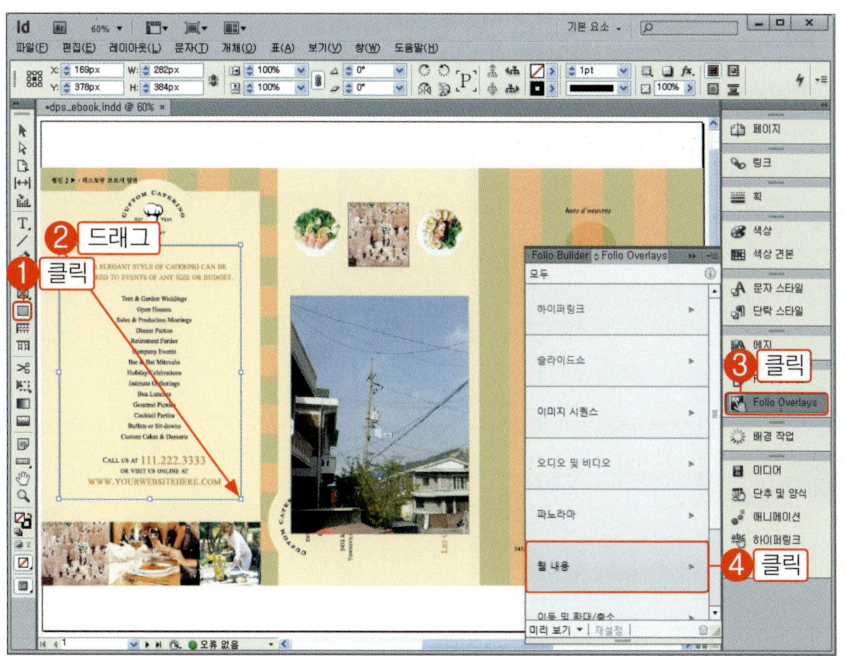

> 🔲 *잠깐만!*
> 사각형 도구로 그린 직사각형 안에 웹 내용이 표시될 것입니다.

02 "URL 또는 파일"에 오버레이 할 웹 사이트의 주소를 입력합니다. 자동으로 웹 사이트를 표시하기 위하여 "자동 재생"에 체크 표시하고 그려진 직사각형의 크기에 웹 페이지를 맞추기 위하여 "대상에 맞게 내용 크기 조정"에도 체크 표시 합니다. 그리고 "미리 보기"를 클릭합니다.

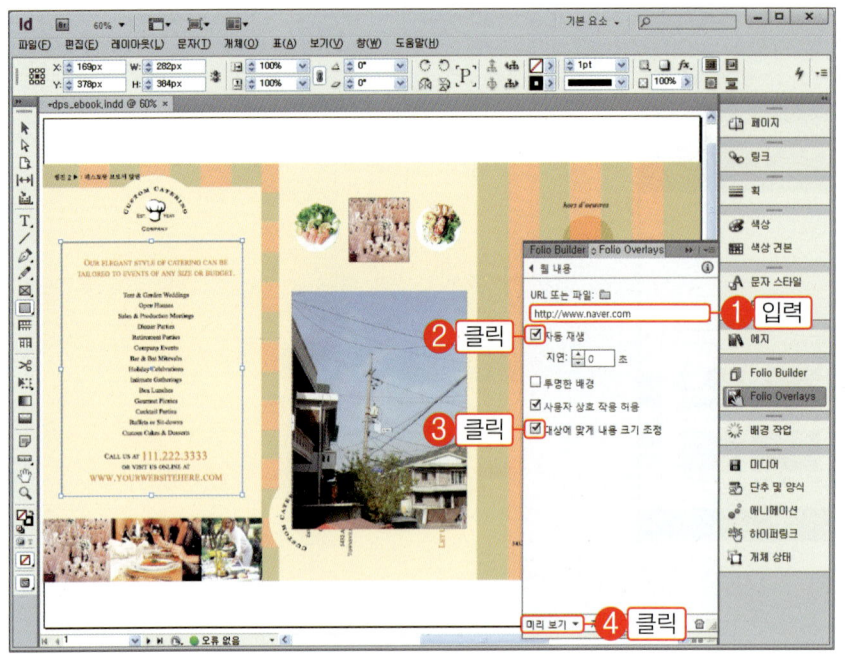

> ⏺ **잠깐만!**
> "URL 또는 파일"의 폴더 아이콘을 클릭하고 자신의 HTML 파일을 직접 오버레이 할 수도 있습니다.

03 입력한 URL 웹 페이지가 표시됩니다. 이동 막대를 드래그하여 웹 페이지를 볼 수 있습니다. 웹 페이지의 URL을 클릭합니다.

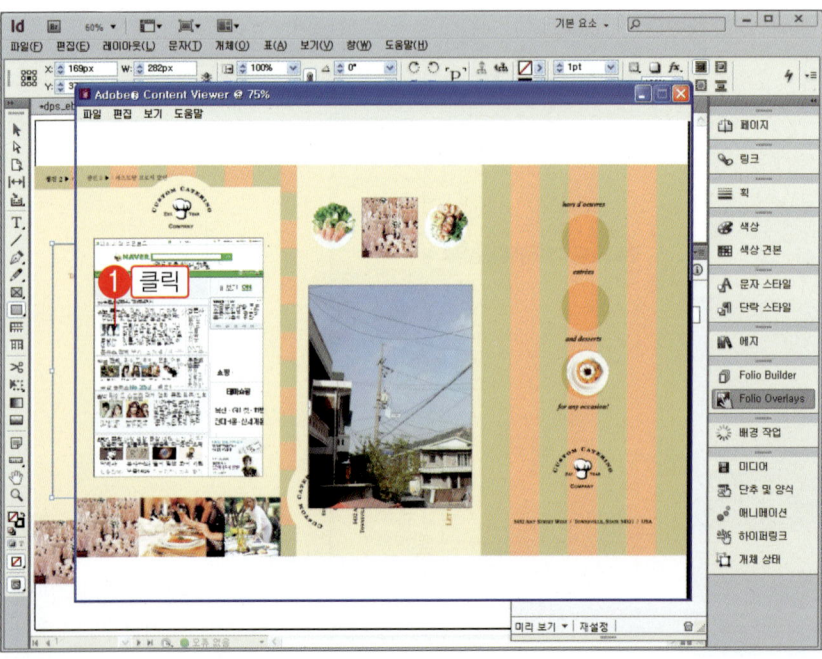

04 URL에 지정된 웹 페이지가 뷰어에 전체 화면으로 표시되고 웹 사이트와 동일하게 서핑할 수 있습니다. 뷰어의 오른쪽 하단에 표시된 원형 화살표들을 클릭해서 새로운 창으로 열 수도 있습니다. "완료" 버튼을 클릭하여 초기의 뷰어 상태로 돌아갑니다.

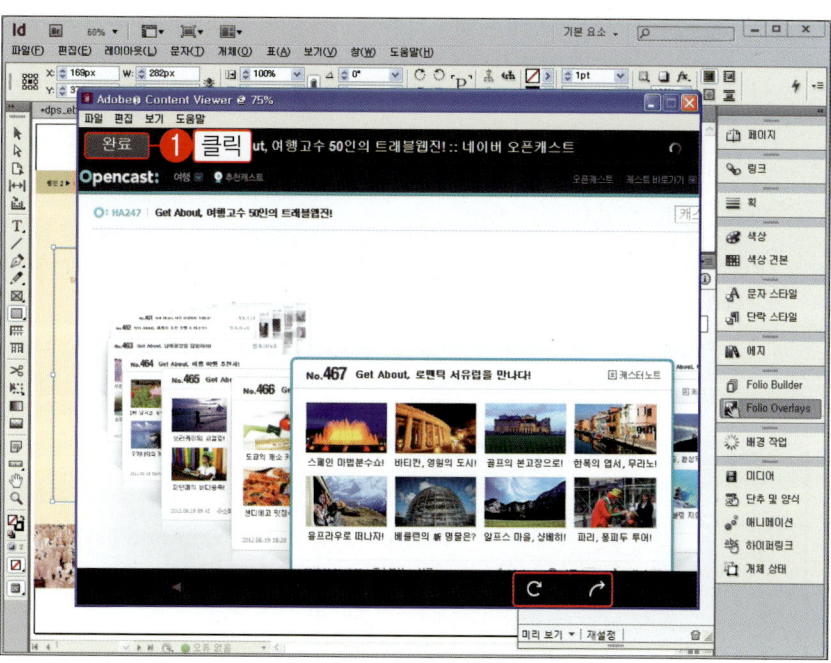

TIP 웹 내용 오버레이 옵션 살펴보기

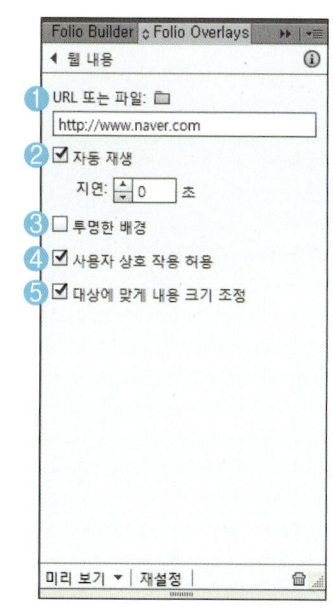

❶ URL 또는 파일 : 오버레이 할 웹 사이트의 URL을 입력하거나 폴더 모양의 아이콘을 클릭하고 HTML 파일을 직접 오버레이 합니다.

❷ 자동 재생 : 아이패드 등의 모바일 디바이스에서 현재 페이지를 불러오면 오버레이된 웹 사이트가 바로 실행됩니다.

❸ 투명한 배경: 웹 페이지의 투명 배경이 유지됩니다.

❹ 사용자 상호 작용 허용: 웹 페이지에 지정된 하이퍼링크를 클릭하여 해당 페이지로 이동할 수 있도록 허용합니다.

❺ 대상에 맞게 내용 크기 조정 : 도큐멘트에 그린 직사각형(오버레이)의 크기에 웹 페이지의 크기를 맞춥니다.

20 이동 및 확대 / 축소 오버레이

"이동 및 확대 / 축소" 오버레이는 독자가 손가락을 오므리거나 펴는 제스처로 오버레이 내에서 큰 이미지를 축소하거나 확대하면서 구독할 수 있는 기능입니다. 또는 드래깅 제스처로 이미지를 원하는 위치로 이동해 가면서 볼 수도 있습니다.

01 이미지를 가져오기 위하여 메뉴에서 "파일-가져오기"를 선택합니다. 본 도서의 예제 파일 "source" 폴더에서 "img_5.jpg" 파일을 선택하고 "열기" 버튼을 클릭합니다.

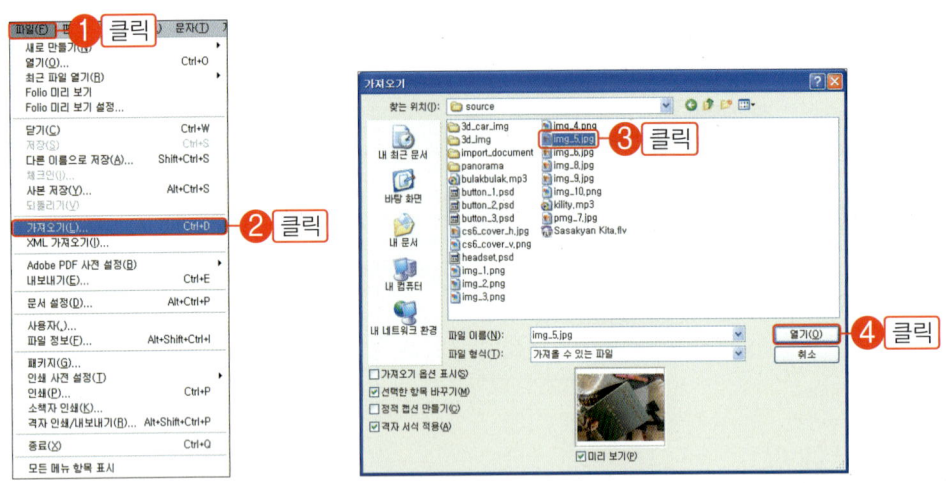

02 도큐멘트의 빈 영역에서 클릭하고 불러온 이미지를 배치합니다. 도구상자에서 "선택 도구 [↖]"를 선택하고 이미지의 주변에 표시된 조절점을 이미지의 안쪽으로 드래그하여 상하좌우 방향으로 잘라냅니다.

> **잠깐만!**
> 이미지를 축소하는 것이 아니고 자르기한다는 것에 유의합니다.

03 "폴리오 빌더" 패널을 열고 "이동 및 확대 / 축소" 항목을 클릭합니다. 옵션이 표시되면 "켬"을 선택하고 "미리 보기"를 클릭합니다.

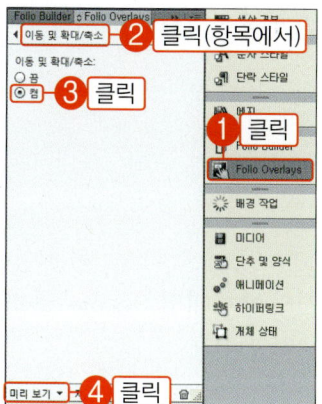

04 미리 보기 상태에서 마우스 동작으로는 손 제스처와 같게 사용할 수 없기 때문에 손가락을 오므리거나 펴는 제스처로 확대, 축소하는 동작은 구현할 수 없습니다.

아이패드 소유자는 e-Book으로 출판하고 직접 실행해 보기 바랍니다. 다만 미리 보기 창에 표시된 이미지를 드래그하면 이동은 확인할 수 있습니다. 이때 이미지를 더블클릭한 후 빠르게 드래그하는 동작으로 이동합니다.

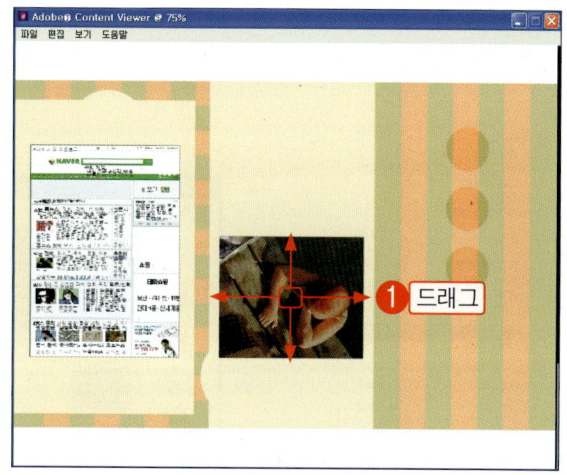

TIP 이동 및 확대 / 축소 오버레이에서 최상의 결과 얻기

❶ "이동 및 확대 / 축소" 오버레이에서 아이패드를 기준으로 최상의 결과를 얻으려면 JPEG(JPG) 이미지 포맷을 사용합니다. 이 때 보기 영역은 모서리가 둥근 사각형 등 변형된 모양을 사용하지 말고 직사각형을 사용합니다.

❷ 이미지의 크기와 해상도가 너무 높으면 아이패드 등 모바일 디바이스의 메모리를 많이 차지할 수 있습니다. 따라서 1024 x 1024 픽셀을 넘지 않으며 72dpi로 작업하기를 권장합니다.

❸ 투명한 배경 이미지는 "이동 및 확대 / 축소" 오버레이가 작동하지 않는다는 것에 유의해야 합니다.

21 스크롤 프레임 오버레이

오버레이 영역 안에 많은 이미지들을 배치하고 이동하면서 필요한 내용을 볼 수 있도록 하는 것이 "스크롤 가능 프레임" 오버레이 입니다. "스크롤 가능 프레임" 오버레이에는 MP4 형식의 비디오도 포함할 수 있습니다. 여기서는 이미지에 캡션을 달고 스크롤 되도록 만드는 방법을 알아보겠습니다.

복수의 이미지를 균등 배치하기

01 이미지를 가져오기 위하여 메뉴에서 "파일-가져오기"를 선택합니다. 본 도서의 예제 파일 "source" 폴더에서 "img_1.jpg" ~ "img_6.jpg" 파일을 드래그하여 모두 선택하고 "열기" 버튼을 클릭합니다.

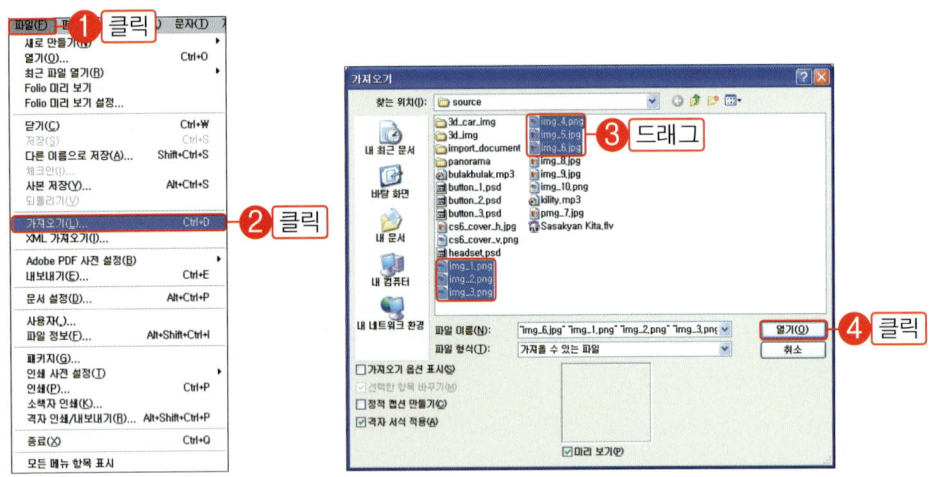

02 지금부터의 동작을 천천히 따라하기 바랍니다.

❶ 먼저 도큐멘트의 빈 영역을 클릭, 드래그한 채로 마우스 버튼을 계속 누르고 있습니다.

❷ 자판에서 오른쪽 방향 화살표 키(→)를 다섯 번 누릅니다. 그러면 프레임이 6개로 분할됩니다. 현재 마우스 버튼을 계속 누르고 있는 상태입니다.

❸ 다시 마우스를 드래그하여 다음 그림과 같은 크기로 만들고 완성이 되면 마우스 버튼에서 손을 뗍니다.

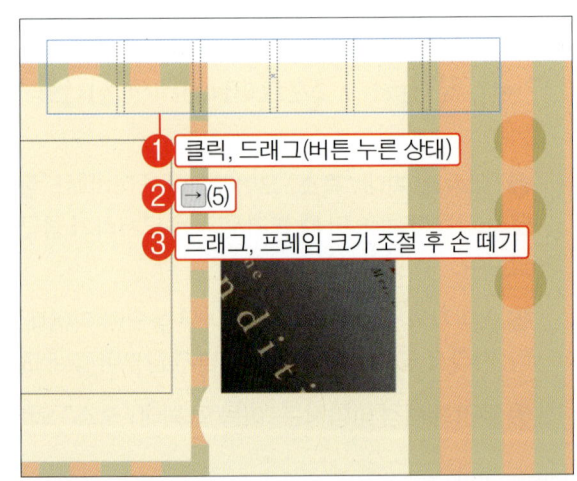

실시간 캡션 달기

01 배치한 이미지에 캡션을 달기 전에 캡션 설정을 하겠습니다. 메뉴에서 "개체-캡션-캡션 설정"을 선택합니다.

02 "이전 텍스트"에 "그림"을, "오프셋"에 "10"을 입력하고 "단락 스타일"에서 "웹진 차례"를 선택한 후 "확인" 버튼을 클릭합니다.

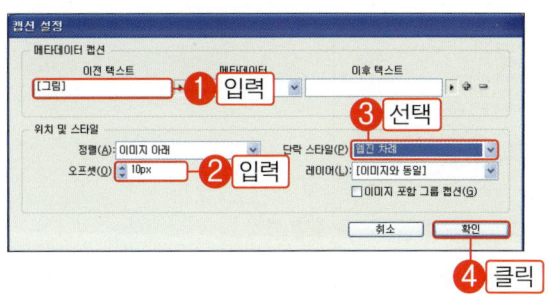

> **! 잠깐만!**
> "이전 텍스트"는 캡션의 왼쪽에 일괄적으로 삽입될 텍스트이며 "오프셋"은 이미지와 캡션 간의 간격을 설정하는 곳입니다.

03 앞에서 설정한 값으로 실시간 캡션을 달기 위하여 메뉴에서 "개체-캡션-실시간 캡션 생성"을 선택합니다.

04 다음 그림과 같이 개체의 하단에 캡션이 생성됩니다. "실시간 캡션"은 이미지의 위치에 따라서 실시간으로 자동 변경되는 캡션입니다.

> **! 잠깐만!**
>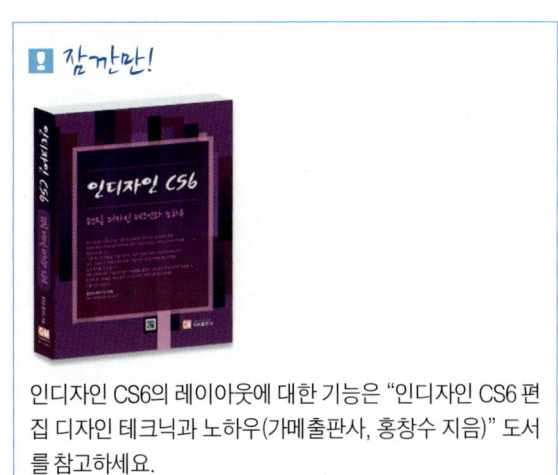
> 인디자인 CS6의 레이아웃에 대한 기능은 "인디자인 CS6 편집 디자인 테크닉과 노하우(가메출판사, 홍창수 지음)" 도서를 참고하세요.

스크롤에 비디오 삽입하기

01 스크롤에 이미지 뿐만 아니라 비디오도 포함할 수 있습니다. 비디오를 포함하기 위하여 "파일−가져오기" 메뉴를 선택합니다.

02 본 도서의 예제 파일 "source" 폴더에서 "Sasakyan.flv" 파일을 선택하고 "열기" 버튼을 클릭합니다.

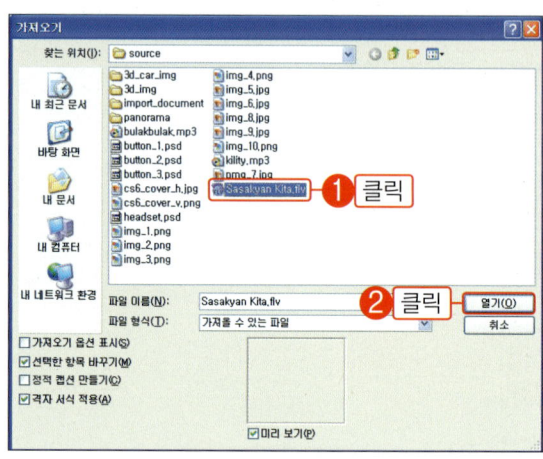

> 🔔 *잠깐만!*
>
> 도큐멘트에서 특정 프레임이 선택되어 있으면 해당 프레임으로 개체가 포함되기 때문에 아무런 개체도 선택되지 않은 상태에서 "파일−가져오기" 메뉴를 선택합니다.

> 🔔 *잠깐만!*
>
> 여기서는 "FLV" 형식으로 진행하지만 아이패드에서 비디오를 정상 작동하려면 "MP4" 형식을 사용합니다.

03 배치된 이미지들의 오른쪽에서 드래그하여 불러온 비디오를 배치합니다.

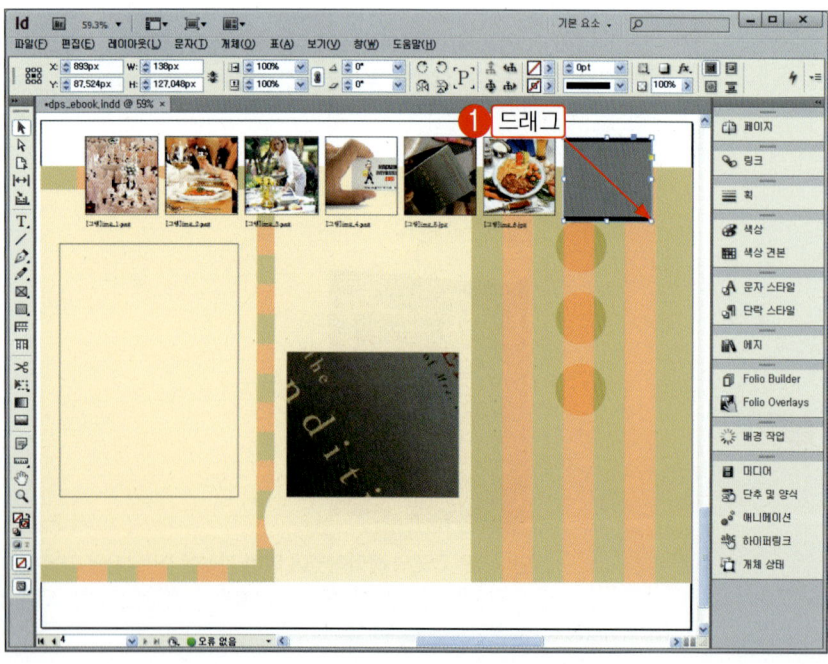

04 불러오고 균등 분할 배치한 이미지들과 캡션, 비디오를 그룹으로 묶기 위하여 모두 선택하고 "개체-그룹" 메뉴를 선택합니다. 그리고 자판에서 Ctrl + X 키를 눌러서 그룹으로 묶인 개체를 오려냅니다.

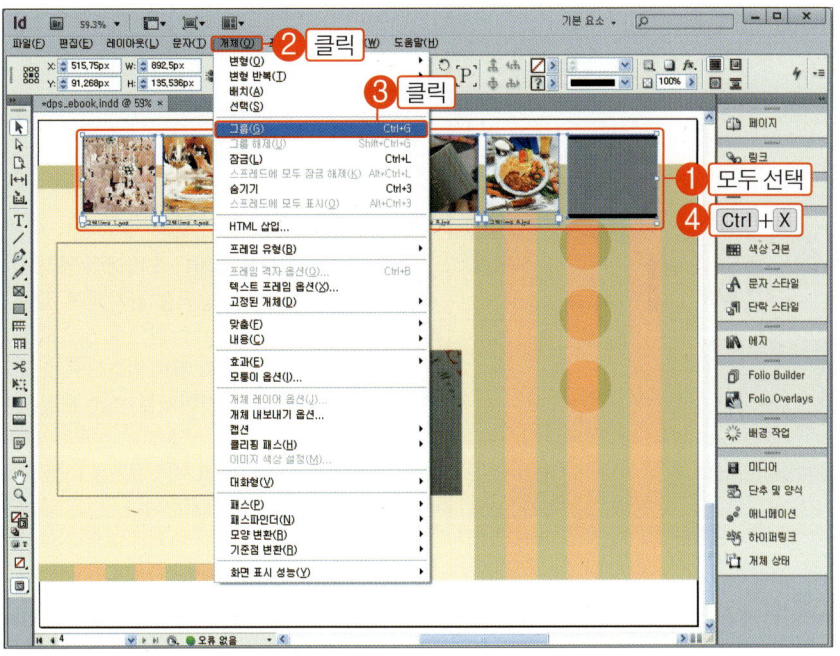

스크롤 프레임 오버레이 하기

01 도구상자에서 "사각형 도구(▦)"를 선택하고 도큐멘트에서 드래그하여 직사각형을 그립니다. 그리고 메뉴에서 "편집-안쪽에 붙이기"를 선택합니다. 그러면 앞에서 오려낸 그룹 이미지가 직사각형의 안쪽에 붙이기 됩니다.

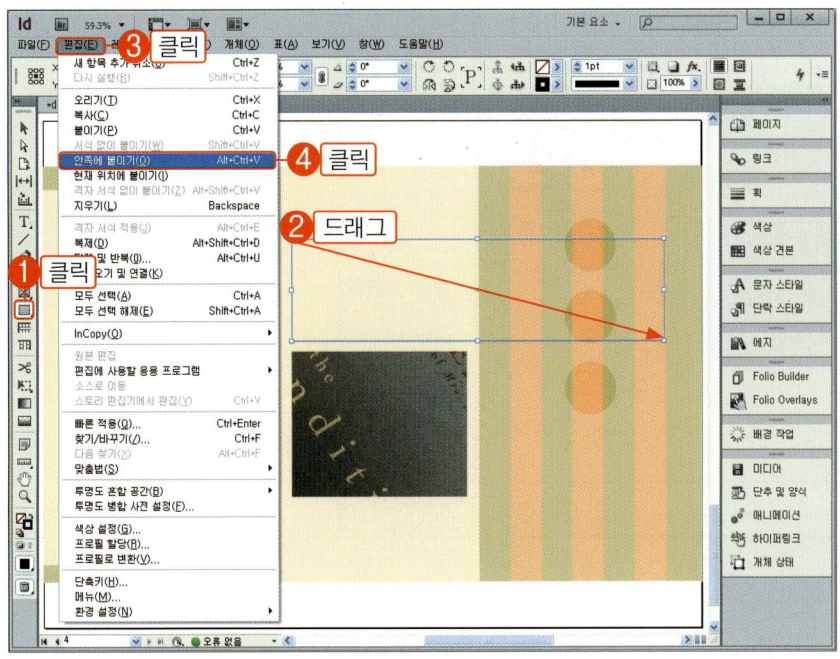

02 "폴리오 오버레이" 패널을 열고 "스크롤 가능 프레임" 항목을 클릭합니다. "스크롤 방향" 목록에서 "자동 감지"를 선택합니다.

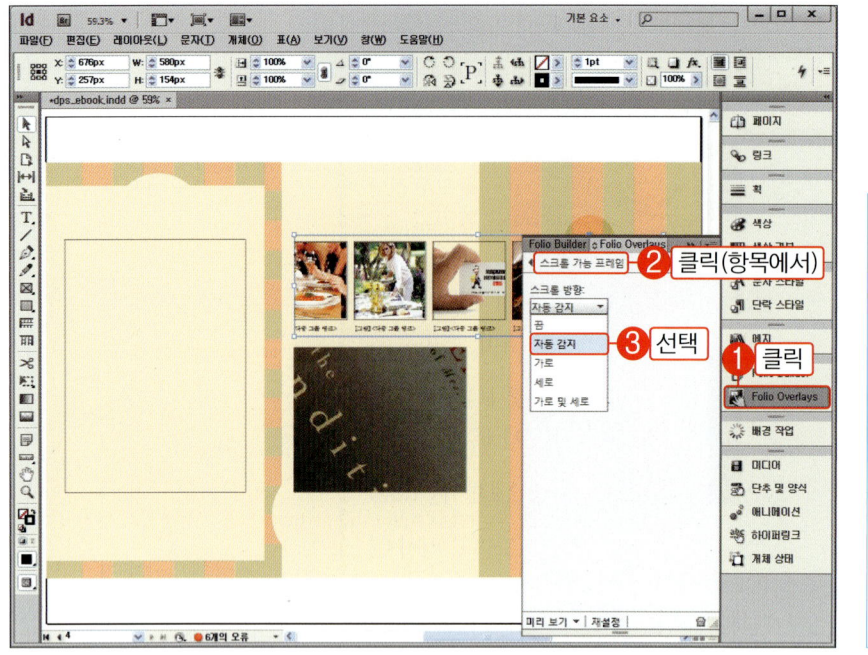

잠깐만!
[자동 감지] : 오버레이 영역의 너비와 높이를 감지하여 자동으로 세로 방향으로 스크롤링 할 것인지 가로 방향으로 스크롤링할 것인지를 스스로 결정합니다.
[스크롤 표시] : 스크롤 바를 숨기거나 표시합니다.
[초기 내용 위치] : 내용을 오버레이 프레임의 어느 위치에 정렬할 것인지를 선택합니다.

03 "미리 보기"를 클릭합니다. 스크롤 오버레이에서 좌우로 드래그하여 스크롤링을 확인합니다. 오른쪽 끝에 배치하였던 비디오를 클릭하면 재생되는 것을 확인할 수 있습니다. 물론 컨트롤 바도 표시됩니다.

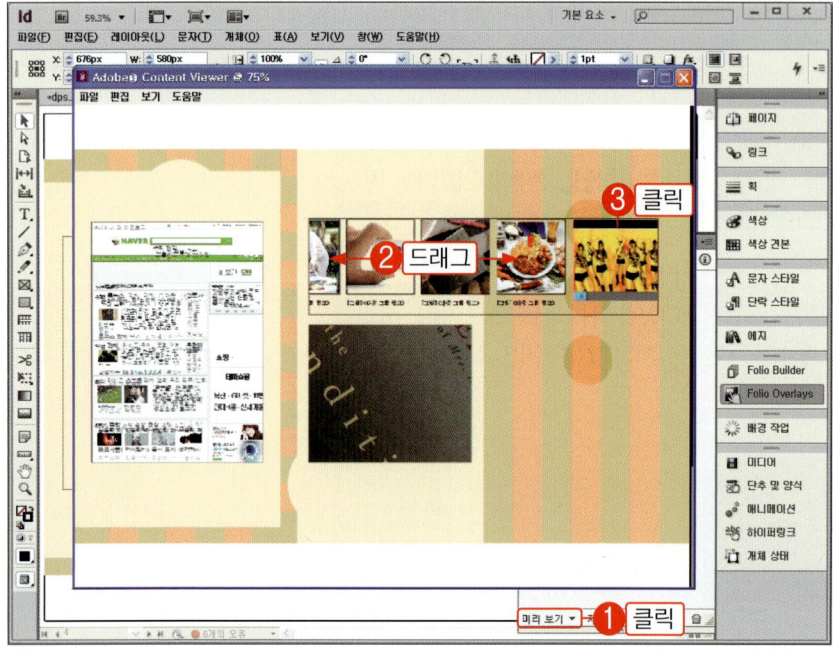

04 스크롤 오버레이 영역의 외곽선을 삭제하거나 바탕색을 채우려면 "색상 견본" 패널을 사용합니다. 선택 도구(⬉) 선택 상태에서 프레임의 크기를 조절하고 표시될 영역의 크기를 조절할 수 있습니다.

에지(Edge)는 인디자인을 배포한 어도비 사의 제품으로 HTML과 CSS 그리고 자바스크립트(Javascript) 기반의 애니메이션 제작 프로그램입니다. 에지는 플래시(Flash)를 대체할 수 있는 프로그램이며 인디자인과도 호환됩니다. 따라서 에지에서 제작한 애니메이션을 인디자인 도큐멘트에 포함시키고 DPS로 디지털 출판을 하면 아이패드와 같은 모바일 디바이스에서 애니메이션을 구현할 수 있습니다. 여기서는 에지에서 제작한 애니메이션을 인디자인의 e-Book에 포함시키는 방법을 알아보겠습니다.

▲ DPS로 아이패드에서 실행되는 에지(Edge) 애니메이션

에지(Edge)에서 인디자인으로 출판하기

01 에지 스테이지에서 애니메이션이 완성되었으면 메뉴에서 "File-publish settings"을 선택합니다.

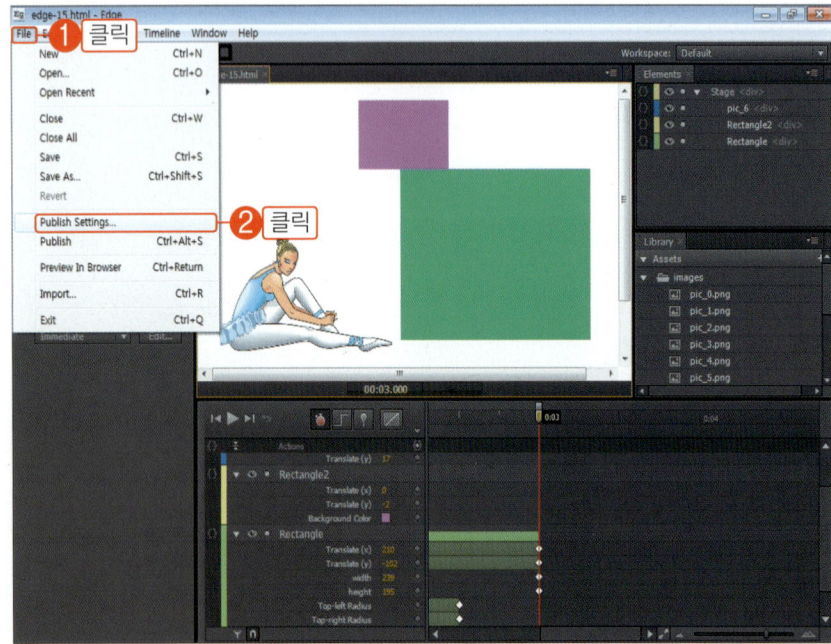

> 🔋 잠깐만!
> 현재의 에지(Edge)는 프리뷰 6 버전을 기준으로 작성한 내용입니다.

02 "publish settings" 대화상자의 옵션에서 "InDesign / DPS"를 클릭하여 체크 표시합니다. 그리고 "publish" 버튼을 클릭합니다.

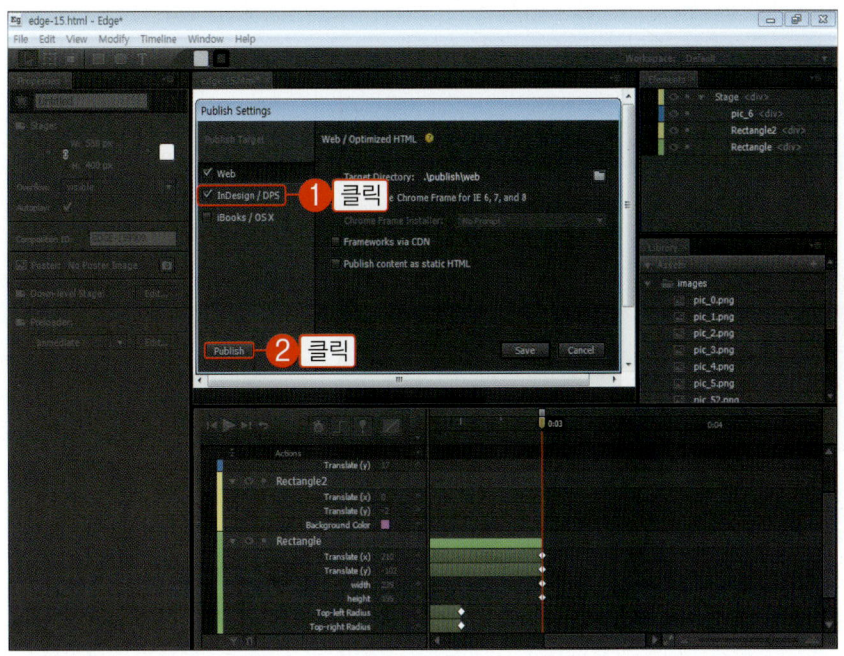

03 에지에서 출판한 경로의 폴더를 열고 ".oam" 파일이 생성되어 있는 것을 확인합니다. ".oam" 파일이 인디 자인을 위한 파일이며 이 파일을 인디자인 도큐멘트로 가져오면 됩니다.

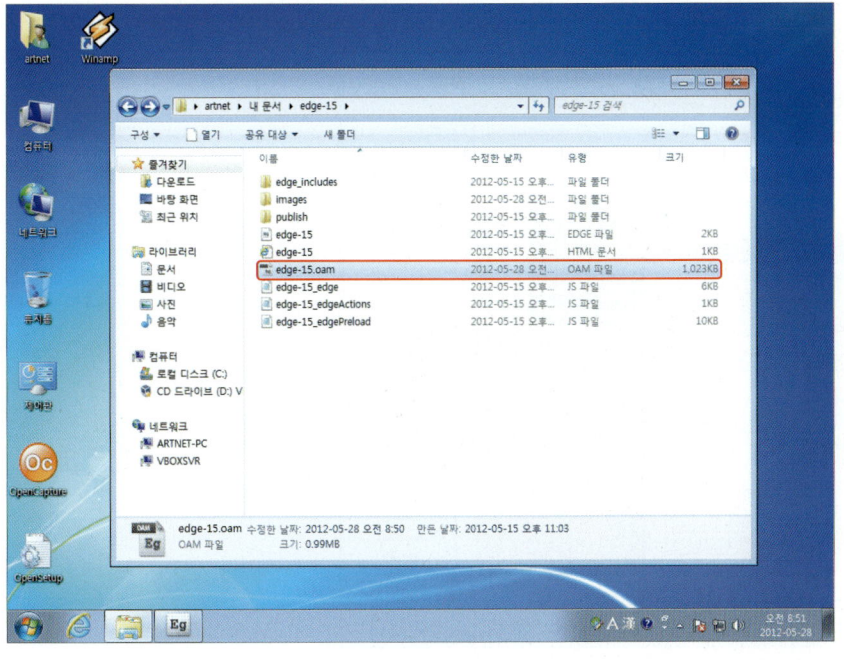

> 🔔 잠깐만!
>
> 에지(Edge)는 윈도우 XP를 지원하지 않기 때문에 XP 환경의 인디자인에서 "파일−가져오기" 메뉴를 선택하고 열리는 창에서 ".oam" 파일이 보이지 않을 수도 있습니다. 그러나 윈도우 상의 폴더에서는 ".oam" 파일이 표시됩니다.(에지 프리뷰 6버전 기준)

인디자인으로 에지(Edge)의 ".oam" 파일 가져오기

01 "파일−가져오기" 메뉴를 선택하고 에지에서 생성된 ".oam" 파일을 가져온 후 인디자인 도큐멘트에 배치합니다. 그러면 에지(Edge)에서 지정한 애니메이션의 포스터가 인디자인의 도큐멘트에 표시됩니다.

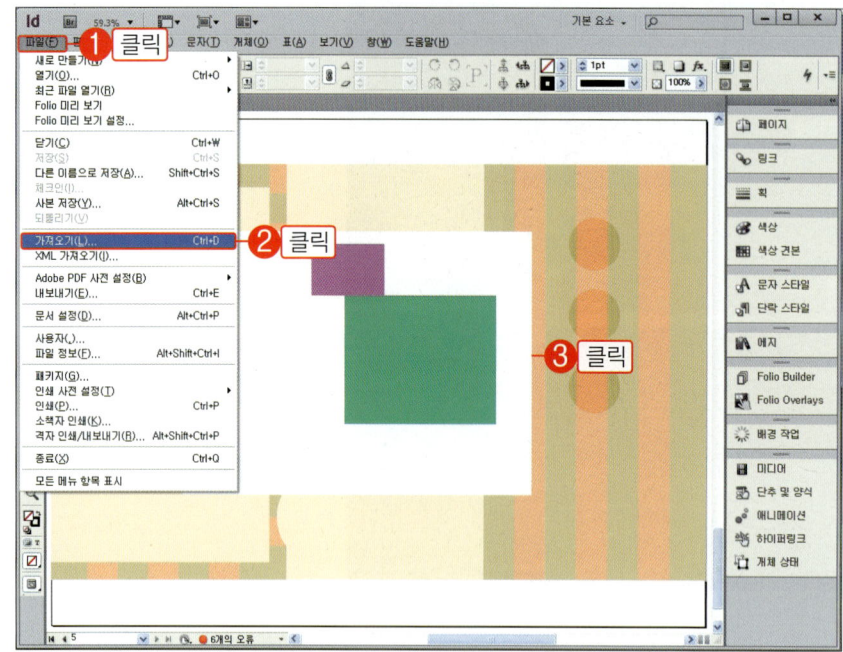

> **🔔 잠깐만!**
> 에지(Edge) 애니메이션 예제는
> 본 도서의 예제 파일 "source /
> edge-15" 폴더에 제공합니다.

02 윈도우 XP 환경이라면 ".oam"을 도큐멘트로 드래그하여 배치합니다.

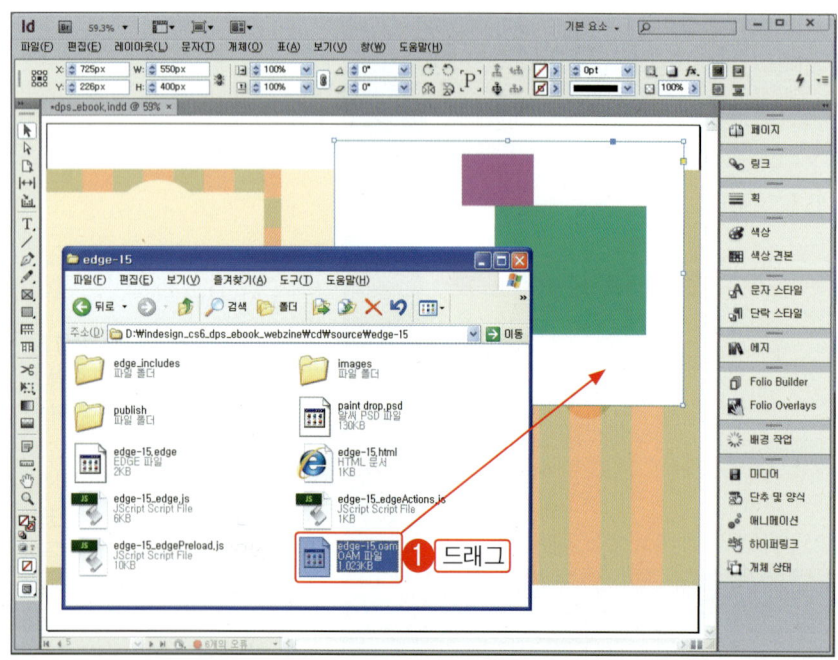

폴리오에서 에지 애니메이션 실행하기

01 "폴리오 오버레이" 패널을 열고 "웹 내용" 항목을 클릭합니다. 옵션에서 에지 애니메이션이 자동으로 재생되도록 "자동 재생"을 클릭하여 체크 표시한 후 "미리 보기"를 클릭합니다.

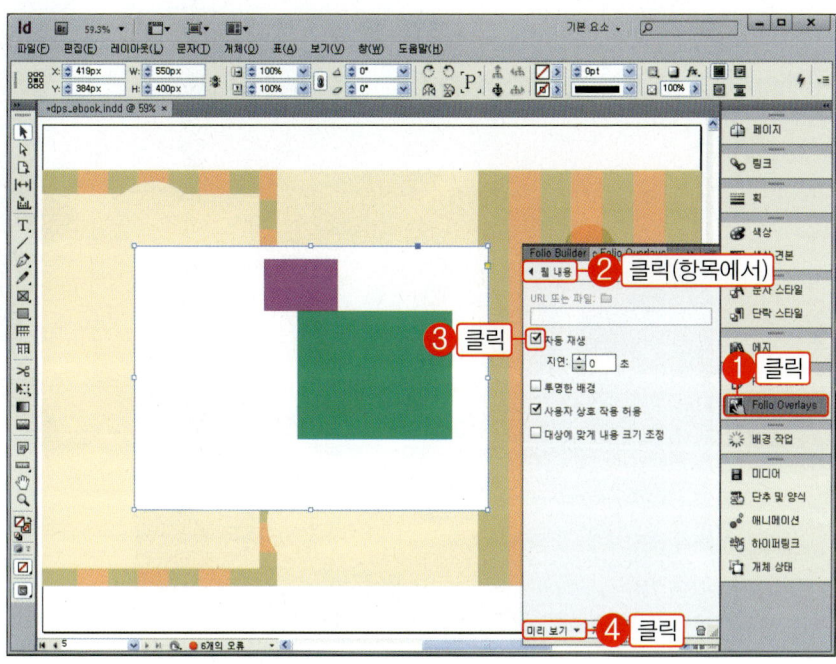

02 에지에서 제작한 애니메이션이 실행되는 것을 확인할 수 있습니다.

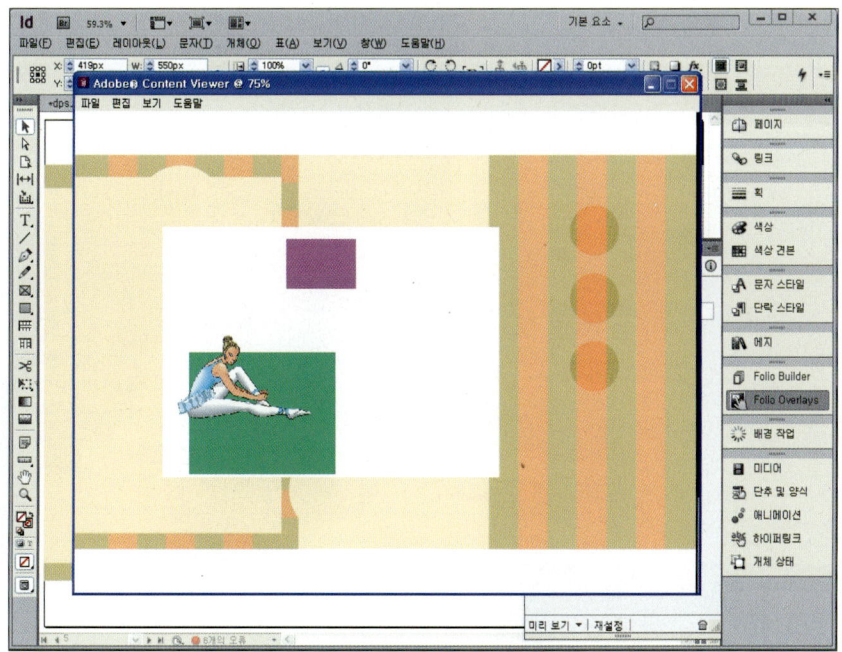

WE OFFER MORE THAN SOUND LEGAL ADVICE.

WE OFFER A PARTNER TO SHARE YOUR VISION.

AREAS OF PRACTICE

Experienced attorneys well versed in a specific area of practice to help realize your success.

Antitrust and Trade Regulation

Business Counseling

Business Restructuring

Class Action Defense

Emerging Company/Venture Capital

Employee Benefits/Executive Compensation

Entertainment and Media

Environmental Law and Natural Resources

Financial Institutions

Financing

Government Relations/Regulatory Practices

Health Care

Intellectual Property and Technology

International Practice

International Trade

Labor and Employment Law

Litigation

Mergers and Acquisitions

Project Finance

Real Estate

Tax and Estate Planning

Taxation

Telecommunications

White-collar Criminal Defense

2

SWF e-Book

"SWF" 형식의 e-Book은 인디자인에서 편집 디자인한 도큐멘트의 레이아웃을 완벽하게 유지하면서 애니메이션, 비디오, 사운드 클립, 이벤트 버튼을 사용하여 동적인 e-Book을 만들 수 있습니다.

인디자인에서 제작하는 "SWF" 형식의 e-Book은 "SWF"와 "HTML"로 구성되며 대화형의 플래시 파일이므로 용량이 큽니다. "SWF" 형식의 e-Book은 서버에 업로드하고 웹 상에 출판하여 웹이나 안드로이드용 모바일 디바이스에서 구독할 수 있습니다. 그러나 아이패드에서 구독하려면 플래시를 대체할 수 있는 어플리케이션을 설치해야 합니다.

여기서 알아보는 "대화형" 패널들의 일부 기능(단추, 오디오, 비디오 등)은 DPS의 "폴리오 오버레이" 기능과 연동하여 사용되며 애니메이션 등의 일부 기능은 "SWF" 형식의 e-Book에만 사용됩니다.

01 SWF 형식의 e-Book 출판과 파일 구성

SWF e-Book은 "HTML"과 "SWF"로 구성되며 이 때 생성되는 "Resources" 폴더와 함께 3개의 파일은 서버와 로컬에서 항상 동일한 폴더 내에 존재하여야 정상 작동을 합니다. "SWF" 파일은 e-Book을 실행하는 동영상 파일이며 이를 "HTML" 파일이 브라우저에 구동하는 방식입니다. "Resources" 폴더에는 도큐멘트에 삽입한 비디오와 오디오 파일이 자동으로 포함되게 되는데 여기서는 인디자인에서 제작한 SWF e-Book 파일의 구성을 알아봅니다.

▶ 예제 파일 : swf_ebook.indd

▲ 완성된 SWF e-Book 모습

SWF e-Book 출판하기

01 편집 디자인된 도큐멘트를 "대화형" 패널에서 제공하는 기능을 활용하고 SWF e-Book으로 출판하려면 "파일-내보내기" 메뉴를 선택합니다.

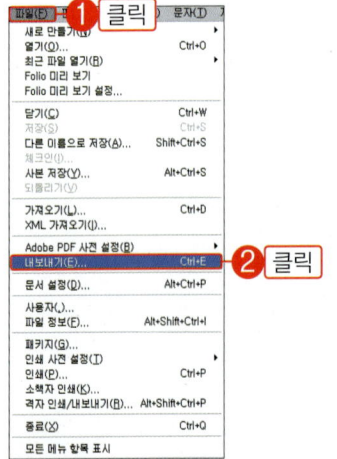

02 "내보내기" 대화상자의 "저장 위치"에서 SWF e-Book을 출판할 폴더를 선택합니다. "파일 형식"에서 "Flash Player(SWF)"를 선택한 후, "저장" 버튼을 클릭합니다.

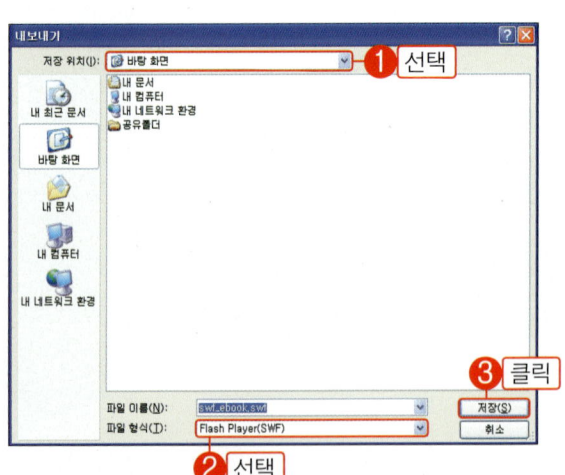

03 "SWF 내보내기" 대화상자에 여러가지 옵션이 표시되는데 각 옵션들의 기능은 이후에 자세히 알아보겠습니다. 기본 옵션을 유지하고 "확인" 버튼을 클릭합니다.

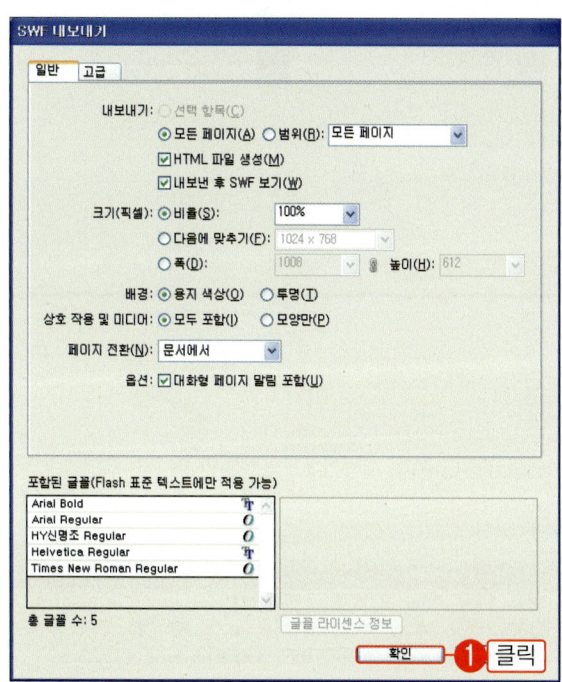

04 "도큐멘트에서 사용한 CMYK 색상을 RGB 색상으로 변환한다"는 경고 메시지가 나타나면 "확인" 버튼을 클릭합니다.

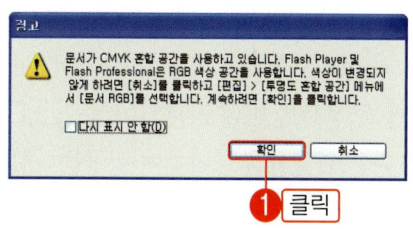

05 SWF e-Book을 내보내는 동안에 진행률이 표시되고 잠시 후에 자동으로 브라우저에 SWF e-Book이 열립니다. 페이지의 모서리 부분을 드래그하여 책장을 넘기면서 구독합니다.

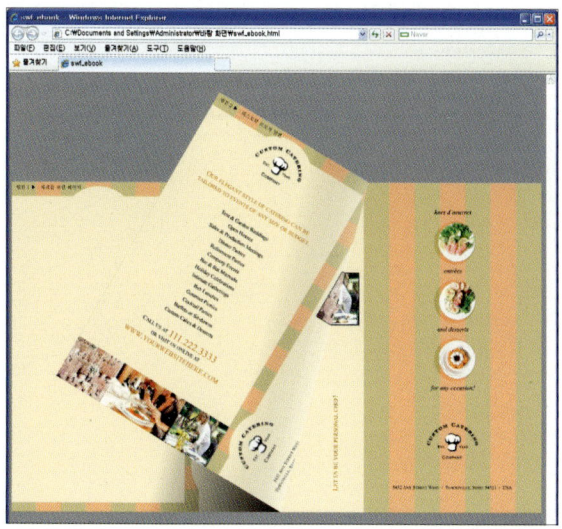

> **잠깐만!**
> 현재는 기본 페이지 넘김 애니메이션 설정 상태이므로 페이지의 모서리를 클릭하면 애니메이션 없이 바로 다음 페이지로 이동하며 드래그하면 그림과 같이 페이지 넘김 애니메이션이 작동합니다.

> **잠깐만!**
> SWF e-Book을 출판하는 방법은 지면 활용을 위하여 이후에는 언급하지 않을 것입니다. "SWF e-Book을 출판…"이나 "SWF 내보내기" 과정에서는 이 방법을 따르도록 합니다.

SWF e-Book 파일의 구성

01 출판된 폴더를 열어 보면 4개의 파일이 생성되어 있습니다. ".indd"는 도큐멘트 파일이며, "Resources" 폴더에는 도큐멘트에 포함한 비디오 파일과 오디오 파일이 포함되어 있습니다. "swf" 파일은 e-Book을 구성하는 비디오 파일이며 "html" 파일이 생성된 다른 파일들을 브라우저에 구동시킵니다.

생성된 e-Book 파일 중에서 도큐멘트 파일(.indd)을 제외한 3개의 파일은 항상 같은 위치(경로)에 존재하여야만 e-Book이 정상 작동합니다.

🔔 *잠깐만!*

도큐멘트 파일이 있는 폴더가 아닌 다른 폴더로 내보내기 하였다면 도큐멘트 파일(.indd)을 제외한 3개의 파일만 표시됩니다.

---

02 "Resources" 폴더를 열어 보면 다음과 같이 도큐멘트에 포함된 멀티미디어 요소(오디오와 비디오 파일)들이 포함되어 있는 것을 확인할 수 있습니다.

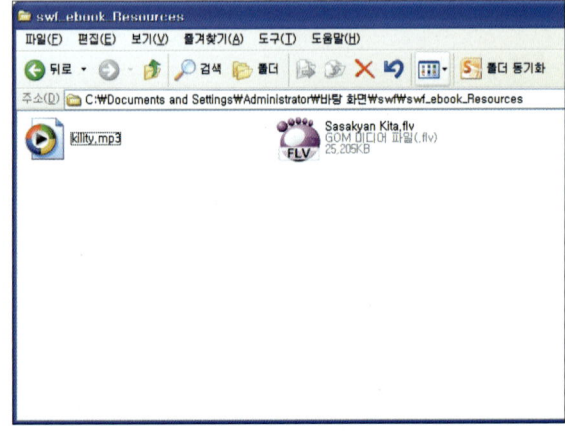

🔔 *잠깐만!*

"PDF", "EPUB", "TXT" 형식의 e-Book은 각각 한 개의 파일만 생성됩니다.

---

02 페이지 전환 표시용 버튼 제작하기

"페이지 전환" 기능을 적용하면 자동으로 페이지가 넘어가는 애니메이션 형태로 됩니다. 그러나 일부 독자들은 페이지를 넘기는 방법을 모르는 경우가 있기 때문에 페이지 넘김 표시용 버튼을 양쪽 페이지의 하단에 제작하여 쉽게 알아볼 수 있도록 합니다. 이 때 페이지 넘김 표시용 버튼은 새로운 레이어에 제작할 것이며 레이어의 사용법과 기능도 알아봅니다.

레이어에 도형으로 버튼 제작하기

01 페이지 패널을 열고 "A-마스터" 페이지 섬네일을 더블클릭하여 마스터 페이지로 전환합니다.

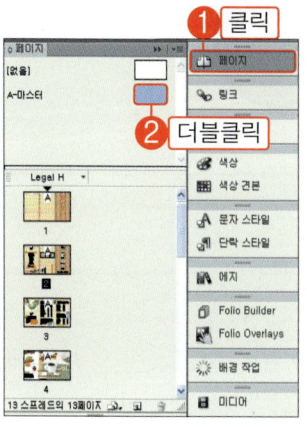

02 메뉴에서 "창-레이어"를 선택하고 레이어어 패널을 호출한 후, 패널을 도크로 드래그하여 배치합니다.

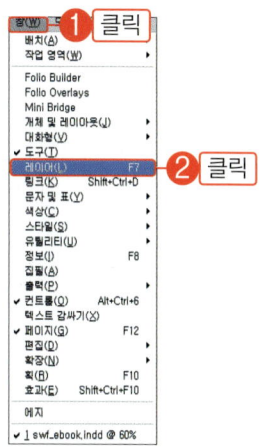

03 새로운 레이어를 만들고 버튼을 제작할 것입니다. 레이어 패널에서 "새 레이어 만들기(🔲)"를 클릭합니다.

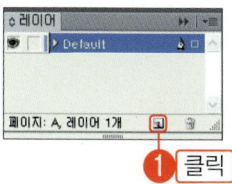

> **⚠ 잠깐만!**
>
> 마스터 페이지에서 레이어를 만들고 버튼을 제작하는 이유는 편집 페이지에 배치된 개체의 뒤로 버튼이 숨겨지는 현상을 방지하기 위함입니다. 이와 같이 레이어를 만들고 개체를 만들면 편집 페이지에 배치된 다른 개체의 앞쪽에 표시됩니다.

04 지금부터 생성된 "레이어 2"에 페이지 넘김 표시용 버튼을 제작할 것입니다. 도구상자에서 "타원 도구(◎)"를 선택하고 페이지 왼쪽 하단에서 Shift 키를 누른 채로 드래그하여 정원을 그립니다.

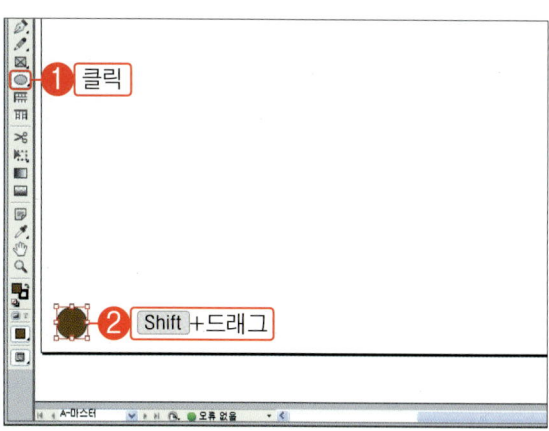

05 화면을 확대하고 작업하기 위하여 도구상자에서 "확대/축소 도구(🔍)"를 선택하고 그려진 정원을 감싸도록 드래그 하여 확대시킵니다.

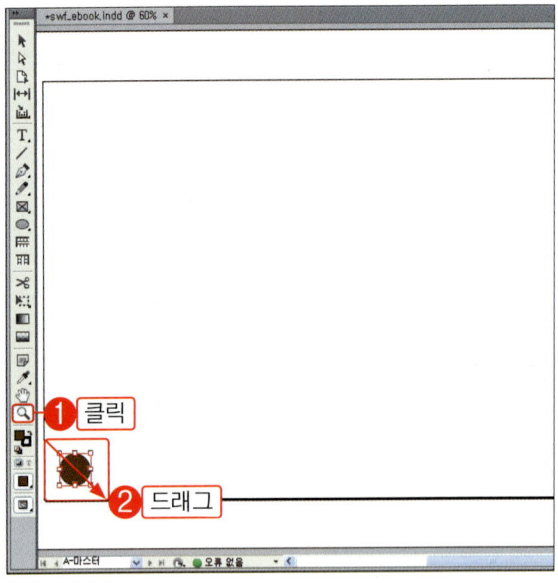

06 "선택 도구(▶)"를 선택하고 도큐멘트의 빈 영역을 클릭하여 원 선택 상태를 해제합니다. 그려진 정원 위에 다시 삼각형을 그려서 버튼 모양으로 만들기 위하여 도구상자에서 "다각형 도구(⬡)"를 더블클릭합니다.

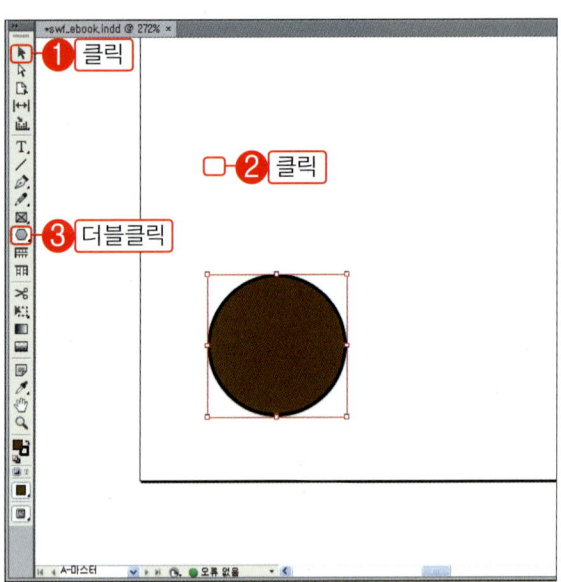

07 "면 수"에 "3"을 입력하고 "별 모양 인세트"에는 "0"을 입력한 후, "확인" 버튼을 클릭하여 대화상자를 닫습니다.

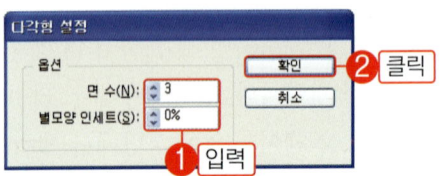

> **❗ 잠깐만!**
> "면 수"에는 삼각형을 그리기 위하여 "3"을 입력한 것이고 "별모양 인세트"에는 별모양을 그리고 싶을 때 바깥쪽과 안쪽 꼭지점의 깊이를 입력하는 곳입니다.

08 자판에서 Shift 키를 누른 채로 정원의 가운데 부분에서 드래그하여 정 삼각형을 그립니다.

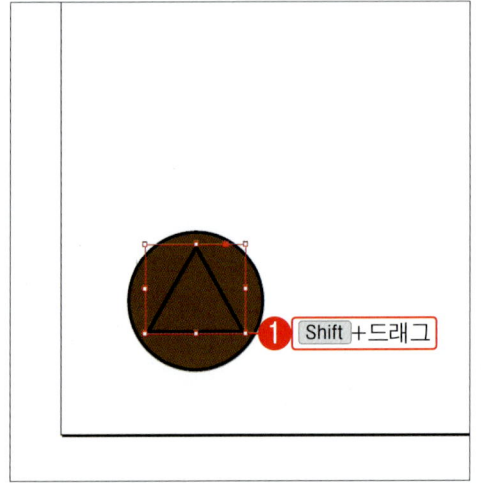

09 컨트롤 패널에서 "시계 방향으로 90도 회전(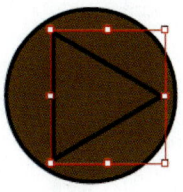)"을 클릭하여 삼각형을 회전시키고 "선택 도구( )"를 선택한 후, 삼각형을 드래그하여 정원의 중심에 배치합니다.

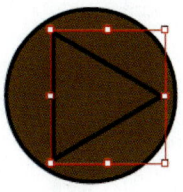

버튼의 색상 변경과 효과 적용

01 도큐멘트에서 삼각형이 선택된 상태에서 "색상 견본" 패널을 엽니다. "획( )"을 클릭하고 색상 목록에서 "없음"을 선택합니다. 그러면 삼각형의 외곽선이 삭제됩니다.

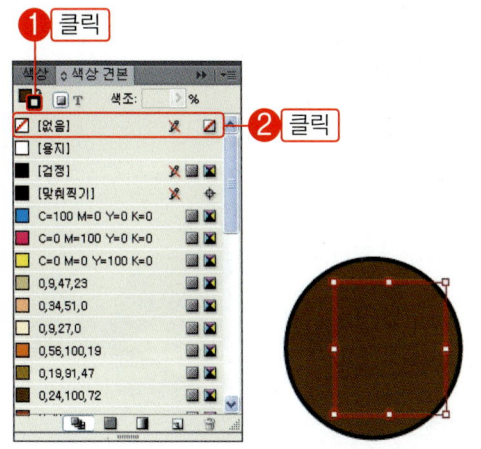

02 이번에는 "칠( )"을 클릭하고 색상 목록에서 "용지"를 선택합니다. 그러면 삼각형의 면이 하얀색으로 채워집니다.

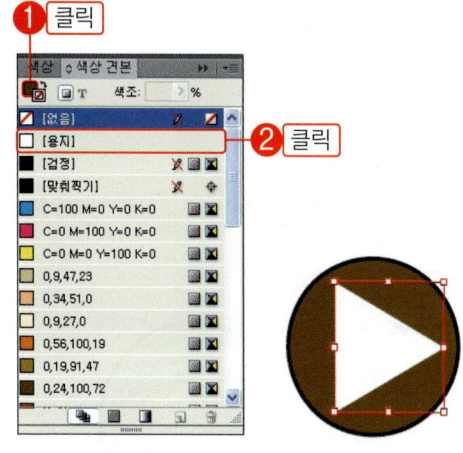

03 이번에는 삼각형에 입체 효과를 내기 위하여 그림자 효과를 적용해 보겠습니다. 메뉴에서 "개체-효과-그림자"를 선택합니다.

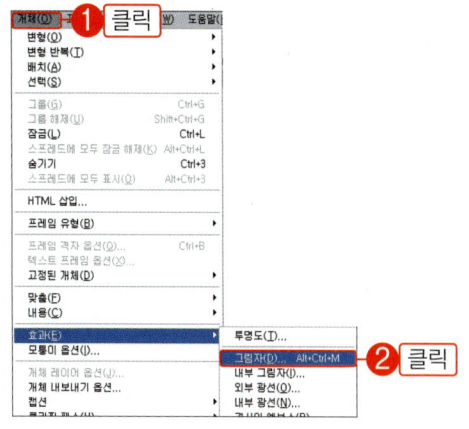

04 "미리 보기"를 클릭하여 체크 표시하고 "거리"에는 "0.707"을, "X 오프셋"과 "Y 오프셋"에는 각각 "0.5"을 입력한 후, "확인" 버튼을 클릭하여 대화상자를 닫습니다. 그러면 삼각형에 그림자 효과가 적용됩니다.

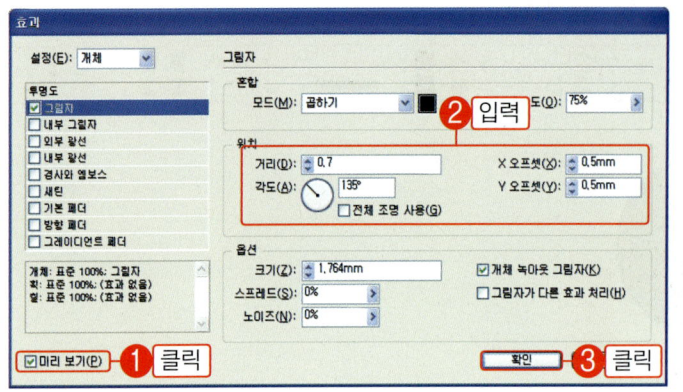

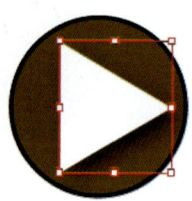

잠깐만!
그림자 효과의 수치는 도큐멘트에서 결과를 확인해 가면서 자신이 마음에 드는 수치를 대입시킵니다.

05 이번에는 정원의 색상을 변경해 보겠습니다. "선택 도구(▶)" 선택 상태에서 정원을 클릭하여 선택하고 색상 견본 패널에서 "칠(□)"을 클릭합니다. 색상 목록에서 "하늘색"을 선택하여 삼각형의 면을 하늘색으로 채웁니다.

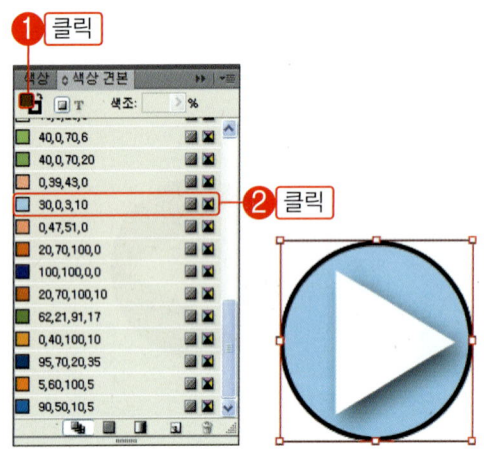

06 정원의 외곽선을 하얀색으로 지정하기 위하여 "획(□)"을 클릭하고 색상 목록에서 "용지"를 선택합니다. 그러면 정원의 외곽선이 다음 그림과 같이 하얀색으로 채워집니다.

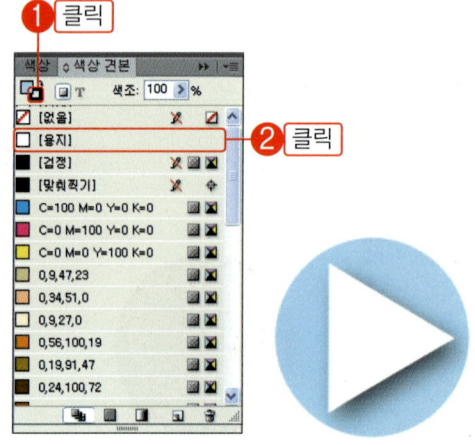

07 삼각형과 정원을 그룹으로 묶어서 관리하겠습니다. "선택 도구(▶)" 선택 상태에서 삼각형과 정원을 감싸도록 드래그하여 모두 선택합니다. 메뉴에서 "개체-그룹"을 선택하여 그룹 상태로 만듭니다.

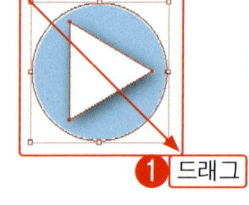

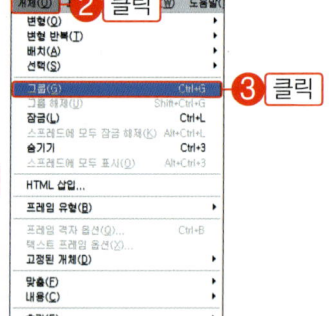

잠깐만!
그룹으로 묶인 개체를 선택하면 프레임 가장자리가 점선으로 표시되어 현재 선택된 개체는 그룹 상태임을 표시합니다.

08 이번에는 완성된 버튼을 페이지 오른쪽으로 복사하고 배치하겠습니다. 먼저 도구상자에서 "손 도구(✋)" 를 더블클릭하여 도큐멘트를 화면 크기에 맞춥니다. "선택 도구(▶)"를 선택하고 자판에서 Alt + Shift 키를 누른 채로 버튼 개체를 페이지 오른쪽으로 드래그하여 복제합니다.

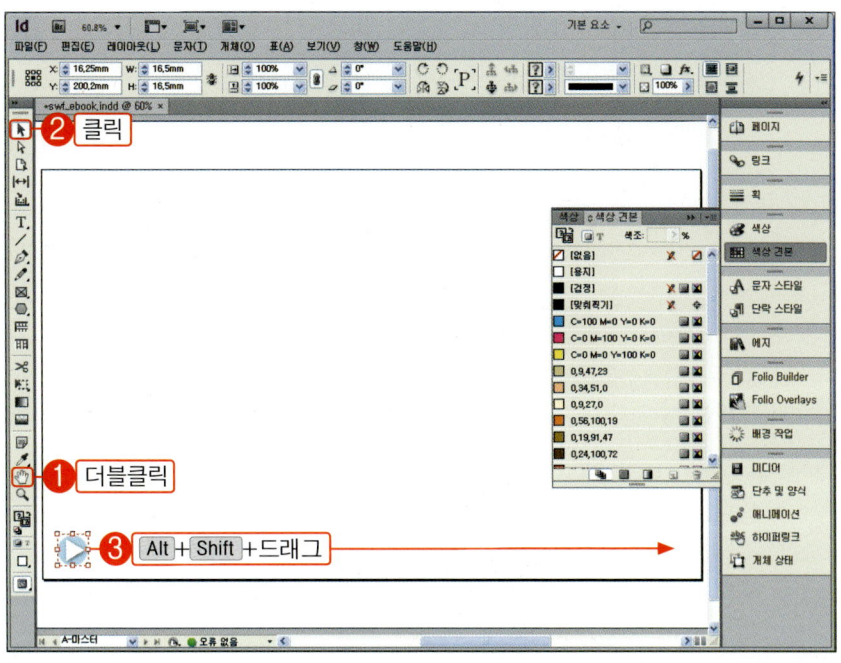

09 컨트롤 패널에서 "가로로 뒤집기(🔁)"를 클릭하여 오른쪽에 복제된 버튼을 왼쪽에 배치된 버튼과 대면 처 리되도록 합니다.

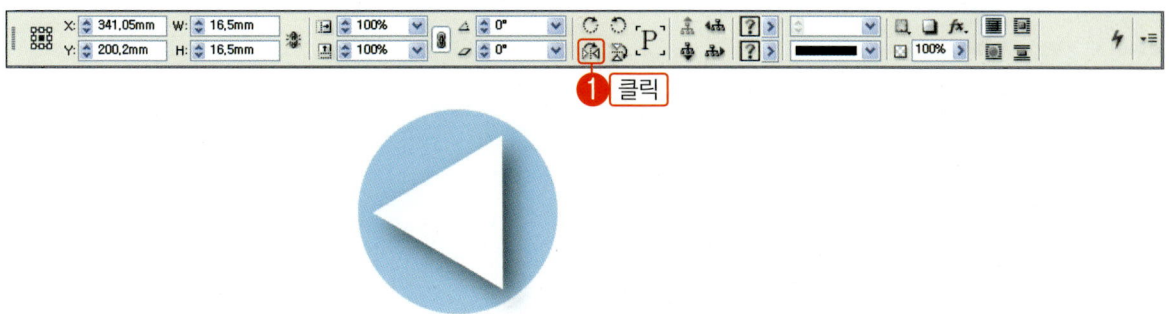

10 페이지 패널을 클릭하여 열고 편집 페이지 섹션에서 "1" 페이지 섬네일을 더블클릭하여 편집 페이지로 전환합니다.

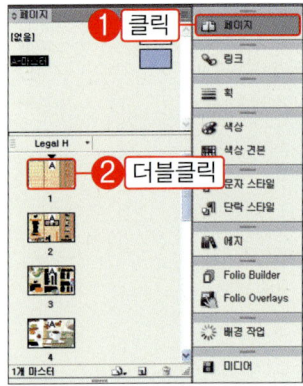

11 각 페이지로 이동하면서 모든 페이지에 다음 그림과 같이 페이지의 왼쪽과 오른쪽 하단에 버튼이 표시되었는지 확인합니다.

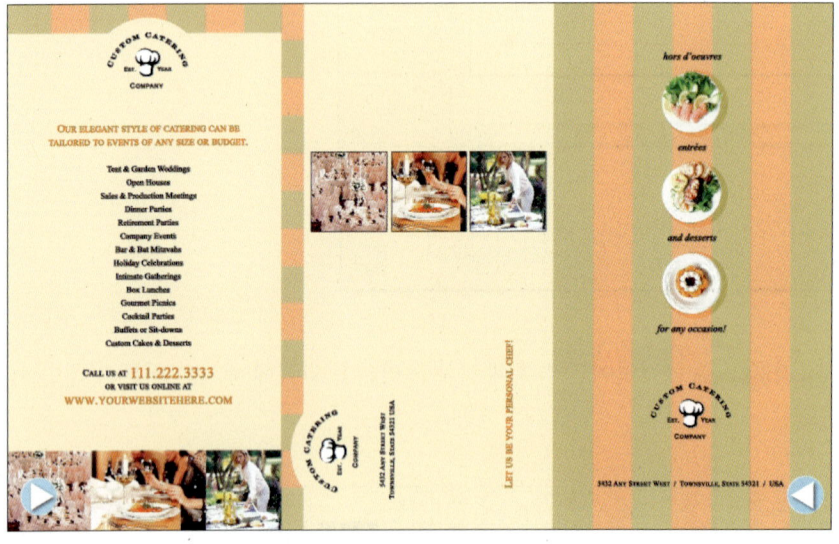

> 🔋 *잠깐만!*
> 현재의 버튼은 액션을 지정하지 않았기 때문에 마우스 포인터에 반응하지 않습니다. "페이지 전환"을 적용하면 자동으로 페이지 넘김 애니메이션이 적용되기 때문에 단순히 페이지 넘김 위치만을 표시하기 위한 버튼입니다.

03 페이지 전환 애니메이션 적용하기

e-Book은 종이 책과 같이 각 페이지를 넘기면서 구독할 수 있습니다. 페이지 넘김 애니메이션을 인디자인에서는 "페이지 전환"이라고 부르며 책장을 넘기는 형태와 "블라인드", "상자", "빗질" 등 모두 12가지의 애니메이션 형태를 제공합니다. 여기서는 특정 페이지마다 다른 페이지 전환 형태를 적용하는 방법을 알아 봅니다.

페이지 전환

"페이지 넘기기"는 페이지가 말리면서 넘어가는 형태이며 "1"에서 "5" 페이지까지는 다음 그림과 같은 페이지 전환 애니메이션을 적용해 보겠습니다.

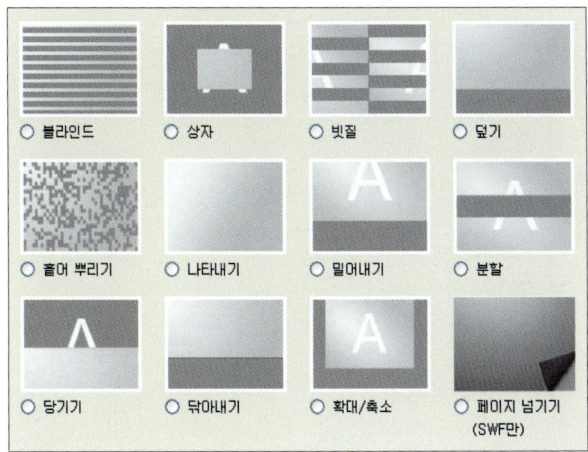

▲ 인디자인에서 제공하는 "12" 가지의 페이지 전환 애니메이션 목록

01 페이지 패널을 열고 "1" 페이지 섬네일을 클릭합니다. 자판에서 Shift 키를 누른 채로 "5" 페이지 섬네일을 클릭하여 "1"에서 "5" 페이지 사이의 모든 페이지 섬네일을 선택합니다.

02 복수로 선택된 다섯 개의 섬네일 중에서 임의의 섬네일을 마우스 오른쪽 버튼으로 클릭합니다. 단축 메뉴가 나타나면 "페이지 특성-페이지 전환-선택"을 선택합니다.

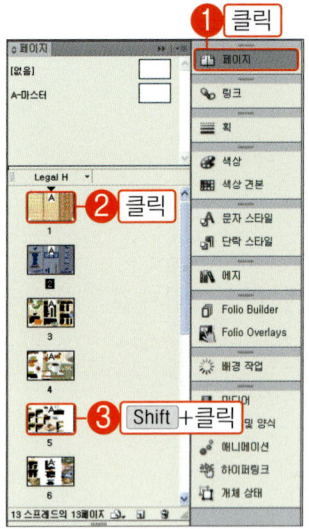

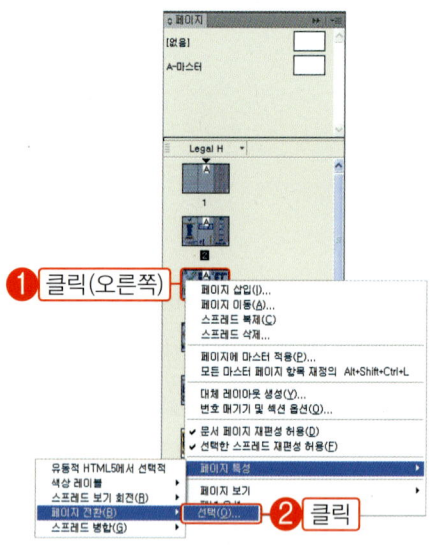

03 "페이지 전환" 대화상자의 각 미리 보기 상자에 마우스 포인터를 올리면 어떤 형태로 페이지가 넘어가는지 미리 확인할 수 있습니다.
먼저 "모든 스프레드에 적용"을 클릭하여 체크 표시를 해제합니다. "페이지 넘기기(SWF만)"을 클릭하여 선택하고 "확인" 버튼을 클릭하여 대화상자를 닫습니다.

04 "페이지 전환" 적용 후, 페이지 패널의 "1"에서 "5" 페이지 섬네일을 보면 섬네일의 오른쪽 하단에 작은 사각형 표시가 된 것을 확인할 수 있습니다. 이 표시는 "1"에서 "5" 페이지에는 "페이지 전환"이 적용되었고 나머지 페이지에는 "페이지 전환"이 적용되지 않았다는 표시입니다.

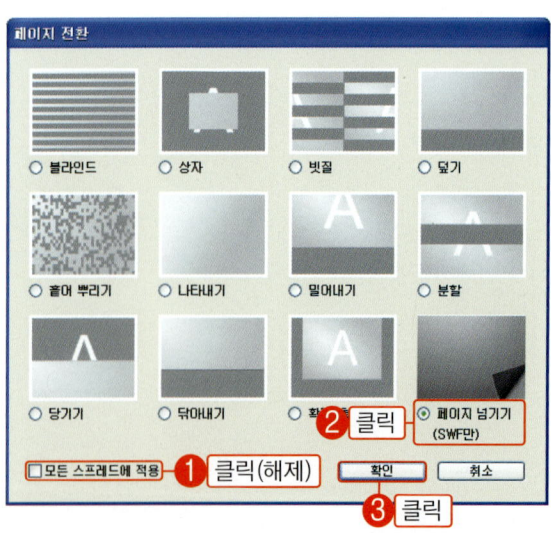

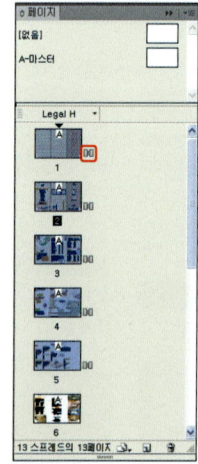

04 이번에는 "6"에서 "9" 페이지에 다른 형태의 페이지 넘김 애니메이션을 적용하겠습니다. 페이지 패널에서 "6" 페이지 섬네일을 클릭합니다. 자판에서 Shift 키를 누른 채로 "9" 페이지 섬네일을 클릭하여 "6"에서 "9" 페이지 사이의 모든 페이지 섬네일을 선택합니다.

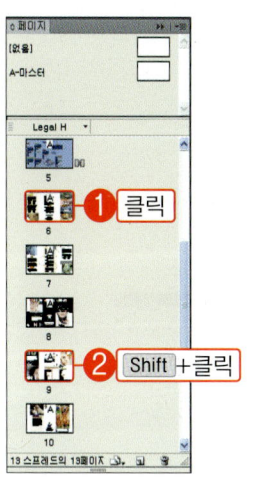

05 네 개의 섬네일 중에서 임의의 섬네일을 마우스 오른쪽 버튼으로 클릭합니다. 단축 메뉴가 나타나면 "페이지 특성−페이지 전환−선택"을 선택합니다.

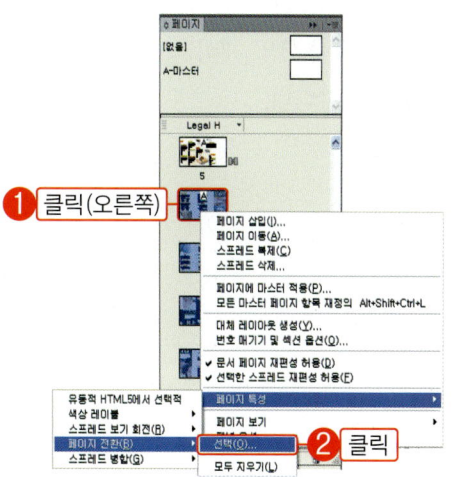

06 "모든 스프레드에 적용"이 체크 해제되어 있는지 확인하고 "블라인드"를 클릭하여 선택한 후, "확인" 버튼을 클릭하여 대화상자를 닫습니다.

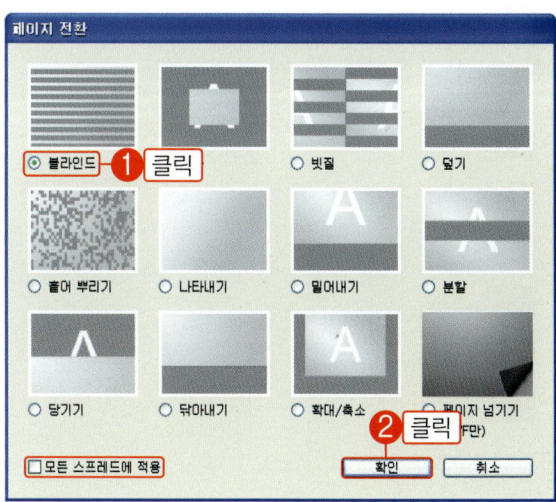

07 다음 그림과 같이 페이지 패널의 "6"에서 "9" 페이지 섬네일 오른쪽 하단에 작은 사각형 표시가 되어 있는지 확인합니다.

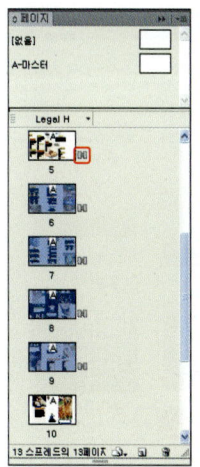

08 마지막으로 "10"에서 "13" 페이지에는 또 다른 형태의 페이지 넘김 애니메이션을 적용하겠습니다. 페이지 패널에서 "10" 페이지 섬네일을 클릭합니다. 자판에서 Shift 키를 누른 채로 "13" 페이지 섬네일을 클릭하여 "10"에서 "13" 페이지 사이의 모든 페이지 섬네일을 선택합니다.

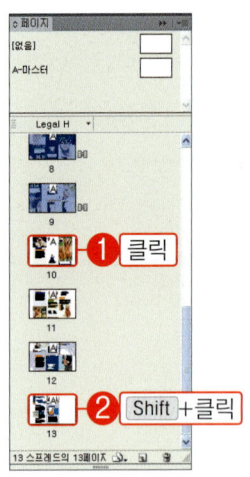

09 네 개의 섬네일 중에서 임의의 섬네일을 마우스 오른쪽 버튼으로 클릭합니다. 단축 메뉴가 나타나면 "페이지 특성-페이지 전환-선택"을 선택합니다.

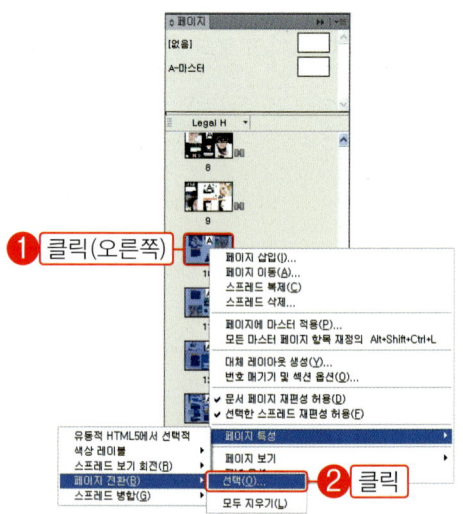

10 "모든 스프레드에 적용"이 체크 해제되어 있는지 확인하고 "확대/축소"를 클릭하여 선택한 후, "확인" 버튼을 클릭하여 대화상자를 닫습니다.

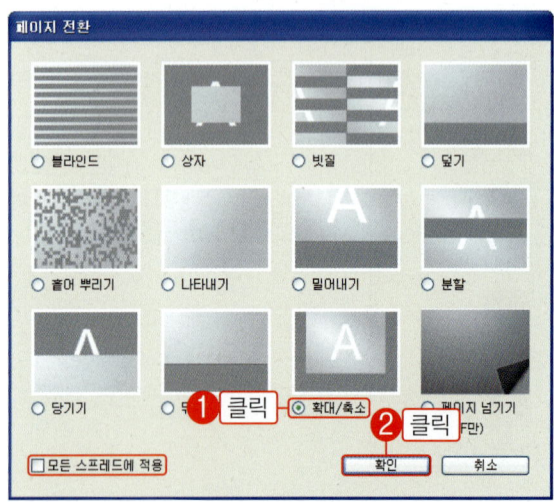

11 다음 그림과 같이 페이지 패널의 "10"에서 "13" 페이지 섬네일 오른쪽 하단에 작은 사각형 표시가 되어 있는지 확인합니다.

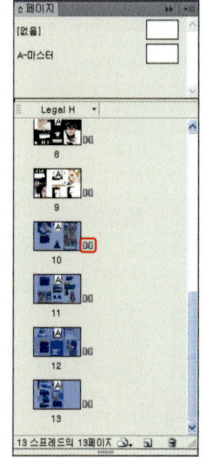

> ！
> 각 미리보기 상자에 마우스 포인터를 올려서 애니메이션 형태를 확인하고 사용하고 싶은 형태를 선택해도 됩니다.

페이지 전환 옵션과 지우기

01 "페이지 전환"은 "페이지 전환" 패널에서 진행 방향을 변경하거나 특정 페이지나 전체 페이지의 페이지 전환 효과를 지울 수도 있습니다. "페이지 전환" 패널을 호출하기 위하여 메뉴에서 "창-대화형-페이지 전환"을 선택하고 "페이지 전환" 패널이 열리면 패널 도크로 드래그하여 배치합니다.

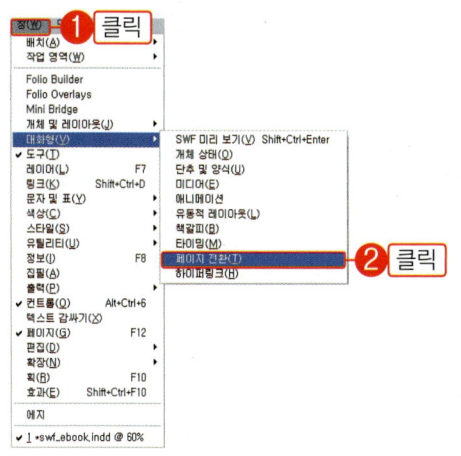

TIP 페이지 전환 패널의 옵션

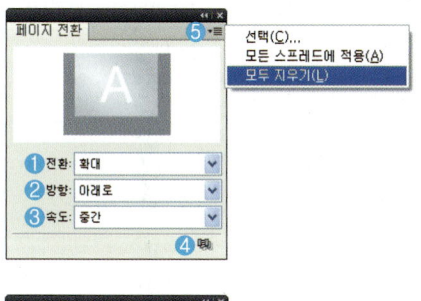

❶ [전환] : 목록에서 페이지 넘기기 애니메이션의 형태를 선택합니다. 넘김 형태의 미리보기는 제공하지 않습니다.

❷ [방향] : 페이지가 넘어갈 때 어떤 방향으로 애니메이션이 진행될 것인지를 목록에서 선택합니다.

❸ [속도] : 페이지 전환 애니메이션의 속도를 선택합니다. 목록의 선택에 따라서 "느리게", "중간", "빠르게" 진행할 수 있습니다.

❹ [모든 스프레드에 적용] : 이 아이콘을 클릭하면 현재 선택된 전환 형태를 도큐멘트에 존재하는 모든 페이지에 일괄 적용합니다.

❺ [패널 메뉴] : 모두 세 가지의 메뉴를 제공하는데 선택에 따라서 페이지 전환 대화상자를 열거나(선택), 현재 선택된 전환 형태를 도큐멘트에 존재하는 모든 페이지에 일괄 적용합니다(모든 스프레드에 적용). 또 "모두 지우기"를 선택하면 현재 도큐멘트에 적용된 "페이지 전환"을 모두 삭제합니다.

02 단축 메뉴로 페이지 전환을 지우려면 페이지 패널에서 지우려는 페이지 섬네일을 클릭하고 다시 마우스 오른쪽 버튼으로 클릭합니다. 단축 메뉴에서 "페이지 특성−페이지 전환−모두 지우기"를 선택합니다.

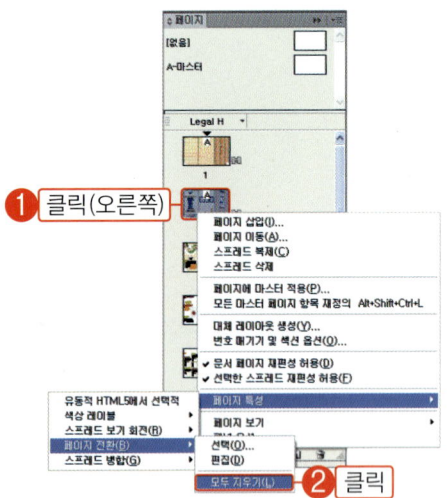

SWF 내보내기와 페이지 전환 확인하기

01 "Flash Player(SWF)"로 내보내고 앞에서 지정한 페이지 전환 애니메이션을 확인하기 위하여 메뉴에서 "파일−내보내기"를 선택합니다.

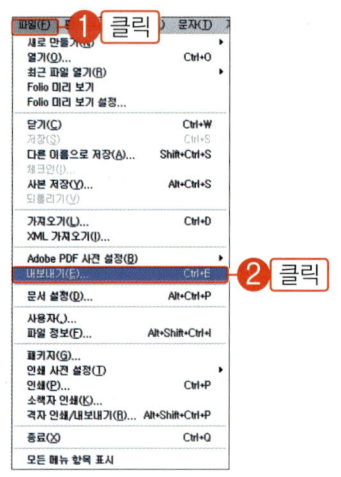

> **잠깐만!**
> 제작이 완료된 SWF e−Book은 현재와 같은 과정으로 내보내기 합니다. 이후에는 별도의 언급이 없더라도 이 과정을 통하여 SWF e−Book을 내보내기 합니다.

02 "저장 위치"에서 e−Book 파일이 저장될 폴더를 지정하고 "파일 형식"에서 "Flash Player(SWF)"를 선택한 후, "저장" 버튼을 클릭합니다.

> **잠깐만!**
> 파일 이름은 자동으로 도큐멘트 이름으로 됩니다. 원하는 파일 이름으로 변경하여 입력해도 됩니다.

> **잠깐만!**
> 기존의 파일을 덮어씌울 것인지 묻는 메시지에서 "예" 버튼을 클릭합니다.

03 "다음에 맞추기"를 선택하고 목록에서 "1024×768"을 선택합니다. "다음에 맞추기"는 e-Book의 크기를 선택하는 곳이며 수치가 높을수록 e-Book이 커집니다. 나머지 선택 사항은 기본 값을 유지합니다. 그리고 e-Book의 텍스트 변환 방법을 선택하기 위하여 "고급" 탭을 클릭합니다.

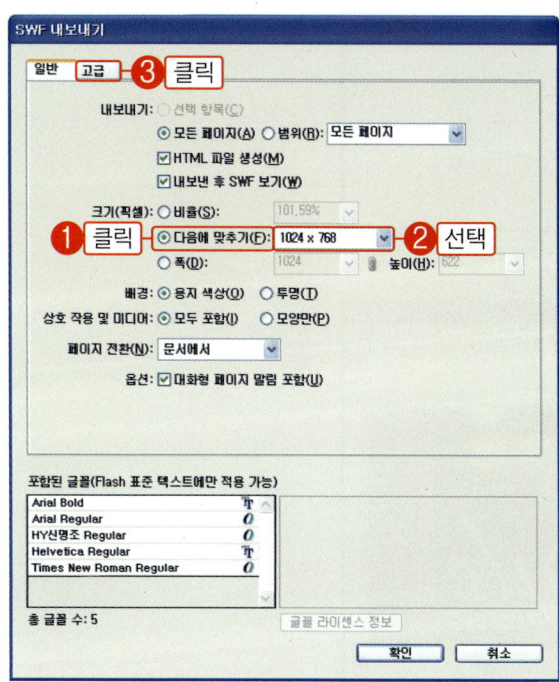

04 "텍스트" 목록에서 "윤곽선으로 변환"을 선택하고 "확인" 버튼을 클릭합니다. "CMYK" 색상 경고 메시지가 열리면 "확인" 버튼을 클릭합니다.

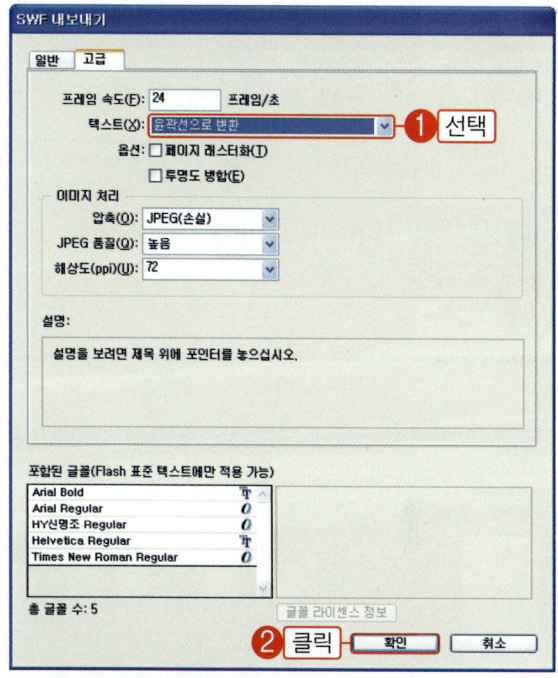

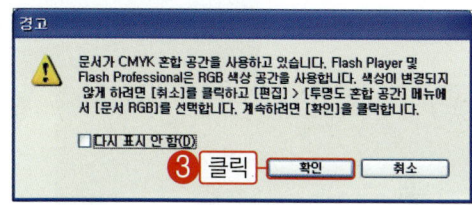

📘 *잠깐만!*
웹 상에서는 "RGB"모드이기 때문에 e-Book을 제작할 때는 "RGB" 모드로 사용하기를 권장합니다. "RGB" 모드를 사용하였다면 이 경고 메시지는 표시되지 않습니다.

05 "Flash Player(SWF) 생성" 대화상자에 진행률 표시가 나타나고 잠시 기다리면 자동으로 브라우저에 e-Book이 열립니다.

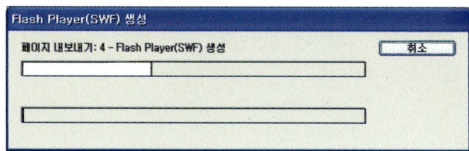

06 앞에서 제작한 페이지 넘김 표시용 버튼에 마우스 포인터를 올리면 종이가 말리는 형태로 나타납니다. 이 때 드래그하거나 클릭하여 페이지를 넘기면서 확인합니다.

SWF e-Book 실행하기

01 앞에서 "Flash Player(SWF)"로 내보내고 저장하였던 폴더를 열어 보면 다음과 같은 파일들이 생성되어 있습니다. e-Book을 다시 실행시킬 때는 언제든지 "HTML" 파일을 더블클릭하여 엽니다.

02 "SWF 내보내기" 대화상자에는 여러 가지 선택 사항이 있는데 e-Book의 크기를 선택하거나 도큐멘트의 텍스트를 어떤 방식으로 변환할 것인지를 선택할 수 있습니다. 다음의 "TIP" 내용에서 "SWF 내보내기" 대화상자의 옵션을 참고하기 바랍니다.

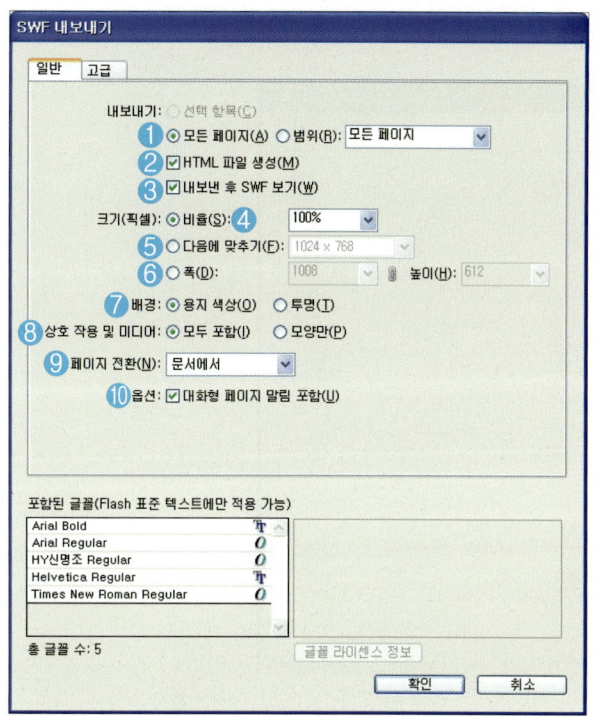

❶ [모든 페이지/범위] : 현재 도큐멘트에 존재하는 페이지 전체를 e-Book으로 만들 것인지, "범위"에 입력한 페이지만 e-Book으로 만들 것인지를 선택합니다.

❷ [HTML 파일 생성] : 생성된 e-Book을 브라우저에 구동시키는 HTML 파일을 만들 것인지를 선택합니다. 반드시 선택하기를 권장합니다.

❸ [내보낸 후 SWF 보기] : e-Book 내보내기가 완료되면 자동으로 브라우저에 실행시킬 것인지를 선택합니다.

❹ [비율] : e-Book의 크기를 완료된 도큐멘트의 크기를 기준으로 확대, 또는 축소시킬 것인지를 퍼센트로 지정합니다.

❺ [다음에 맞추기] : 목록 선택에 따라서 e-Book의 크기를 결정합니다.

❻ [폭] : 입력하는 수치에 따라서 임의로 e-Book의 폭과 높이를 지정하고 만들 수 있습니다.

❼ [배경] : e-Book 용지의 색상을 흰색으로 할 것인지 투명하게 할 것인지를 선택합니다.

❽ [상호 작용 및 미디어] : "모두 포함"을 선택하여야만 애니메이션, 비디오, 단추, 사운드, 하이퍼링크 등을 클릭할 때 반응이 있는 대화형으로 됩니다.

<table>
<tr><td>

❗ 잠깐만!

"포함된 글꼴" 목록에는 SWF e-Book에 포함된 글꼴 목록을 표시합니다. 이때 "고급" 탭에서 "Flash 표준 텍스트" 옵션을 선택한 상태에서만 글꼴이 포함됩니다. 여기에 포함된 글꼴은 플래시에서 열고 사용할 수 있습니다.

</td></tr>
</table>

⑨ 페이지 전환 : "페이지 전환" 패널을 사용하여 페이지 전환 형태를 지정하였다면 "문서에서"를 선택합니다.

⑩ 대화형 페이지 말림 포함 : 체크 표시하면 기본으로 실제 책장을 넘기는 것처럼 페이지 모퉁이를 드래그하여 말림 형태로 넘길 수 있도록 합니다.

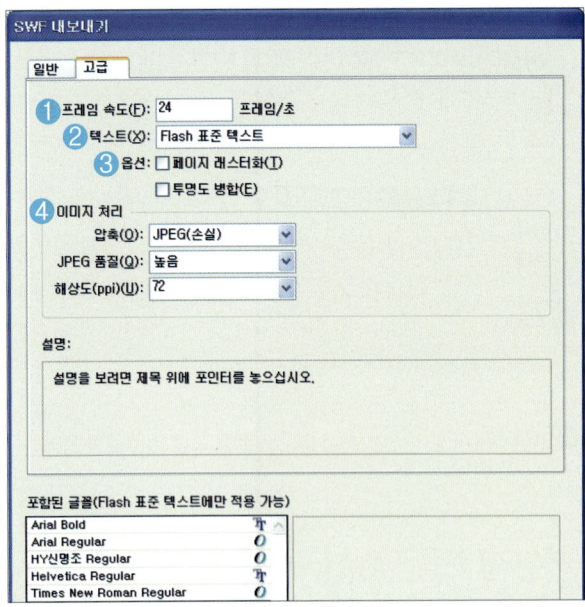

❶ 프레임 속도 : 초당 애니메이션의 프레임 수를 설정합니다. 여기에 입력한 수치가 높을수록, 즉 프레임 수가 많을수록 애니메이션은 더욱 자연스럽게 진행됩니다. 이 때 e-Book의 용량은 커짐에 유의합니다.

❷ 텍스트 : "Flash 표준 텍스트"를 선택하면 파일의 크기가 작으면서 검색이 가능한 텍스트 상태로 변환됩니다. "윤곽선으로 변환"을 선택하면 텍스트가 매끄럽게 보입니다. e-Book의 가독성을 중요시 한다면 이 옵션을 사용하기를 권장합니다. "픽셀로 변환"을 선택하면 비트맵 이미지화 되면서 텍스트가 매끄럽게 보이지 않습니다.

❸ 옵션 : "페이지 레스터화"를 선택하면 도큐멘트를 비트맵으로 변환하면서 "SWF" 파일의 용량이 커집니다. "투명도 병합"을 선택하면 모든 투명도를 유지하지만 액션이나 이벤트, 즉 상호 작용이 사라집니다.

❹ 이미지 처리 : "압축"에서 "자동"을 선택하면 최적의 품질로 이미지를 내보냅니다. 이 옵션을 사용하기를 권장합니다. 기타 목록의 선택에 따라서 압축률의 영향을 받으며 파일이 커지거나 해상도가 떨어질 수 있습니다.

"해상도" 목록 선택에 따라서 "SWF"의 비트맵 이미지 해상도를 지정합니다. 만약 픽셀 기반으로 e-Book을 만들었을 때 독자가 e-Book을 확대하여 볼 경우가 생긴다면 고해상도를 사용하기 바랍니다. 당연히 고해상도를 사용하면 용량이 커지는 것을 감안해야 합니다.

04 e-Book의 목차 만들기

특정 페이지의 e-Book을 구독하다가 맨 앞의 목차 페이지로 이동하고 원하는 목차 항목을 클릭하면 해당 페이지로 바로 이동하는 기능을 가진 목차를 만들어 보겠습니다. 인디자인의 e-Book은 인쇄용 레이아웃과 동일한 목차 기능을 제공하는데 여기서는 e-Book의 목차를 만들고 목차 항목을 클릭하면 해당 페이지로 바로 이동할 수 있도록 만들어 보겠습니다.

e-Book 목차 추출하기

01 먼저 필자가 목차 추출을 위하여 각 페이지의 왼쪽 상단에 미리 만들어 놓은 단락 스타일 구조를 살펴 보겠습니다.
각 페이지의 왼쪽 상단에는 목차로 추출하기 위한 텍스트를 입력해 놓았는데 "문자 도구(T.)" 선택 상태에서 해당 텍스트를 클릭하고 "단락 스타일" 패널을 엽니다. 그러면 목차를 추출하기 위한 텍스트가 "e-Book 차례"라는 이름의 스타일로 등록된 것을 확인할 수 있는데 지금부터 "e-Book 차례" 스타일을 목차로 추출할 것입니다.

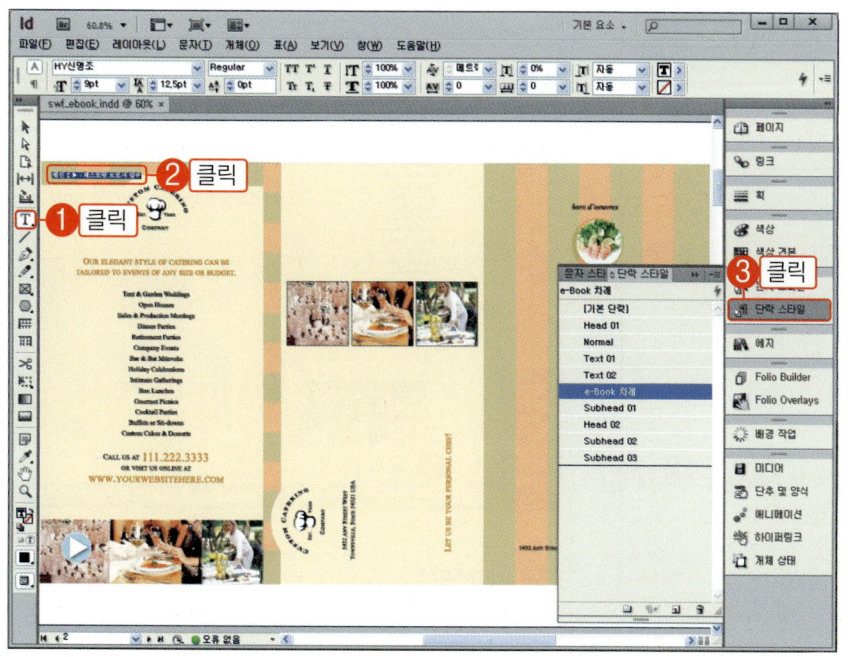

> 🔲 *잠깐만!*
> 예제 e-Book의 "1" 페이지는 목차를 만들기 위하여 빈 페이지로 비워두었습니다.

02 "e-Book 차례" 스타일을 목차로 추출하기 위하여 메뉴에서 "레이아웃-목차"를 선택합니다.

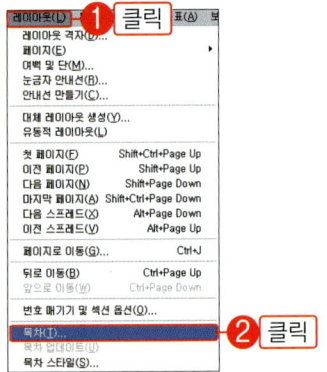

03 "기타 스타일" 항목에서 앞에서 확인한 "e-Book 차례"를 선택하고 "추가" 버튼을 클릭합니다. 그러면 "e-Book 차례" 스타일이 "단락 스타일 포함" 항목으로 포함됩니다.

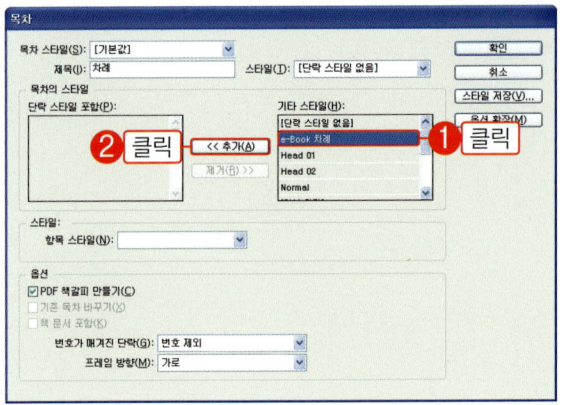

> ⚠ **잠깐만!**
> "단락 스타일 포함" 항목에 "e-Book 차례" 스타일이 이미 포함되어 있다면 "제거" 버튼을 클릭하고 진행합니다.

04 "단락 스타일 포함"에 "e-Book 차례"가 포함되면 "확인" 버튼을 클릭합니다.

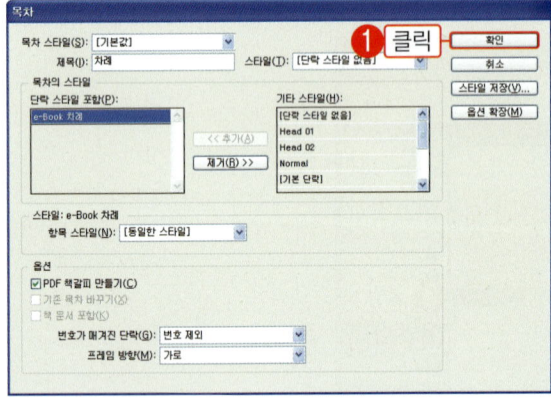

> ⚠ **잠깐만!**
> 현재는 최상위 목차만 추출하였으나 목차 스타일을 여러 개 만들면 하위 항목의 목차도 추출할 수 있습니다.

05 화면 왼쪽의 하단에 위치한 페이지 이동 버튼을 클릭하고 목록에서 "1"을 선택하여 "1" 페이지로 이동합니다.

> ⚠ **잠깐만!**
> 현재 목차가 추출된 상태이므로 다른 부분을 클릭하면 안됩니다. 반드시 페이지 이동 버튼과 목록을 클릭합니다.

06 "1" 페이지의 빈 영역을 클릭하면 추출된 차례가 배치됩니다. "선택 도구(⬆)"를 선택하고 텍스트 프레임의 크기를 조절한 후, 목차를 다음 그림과 같은 위치로 배치시킵니다.

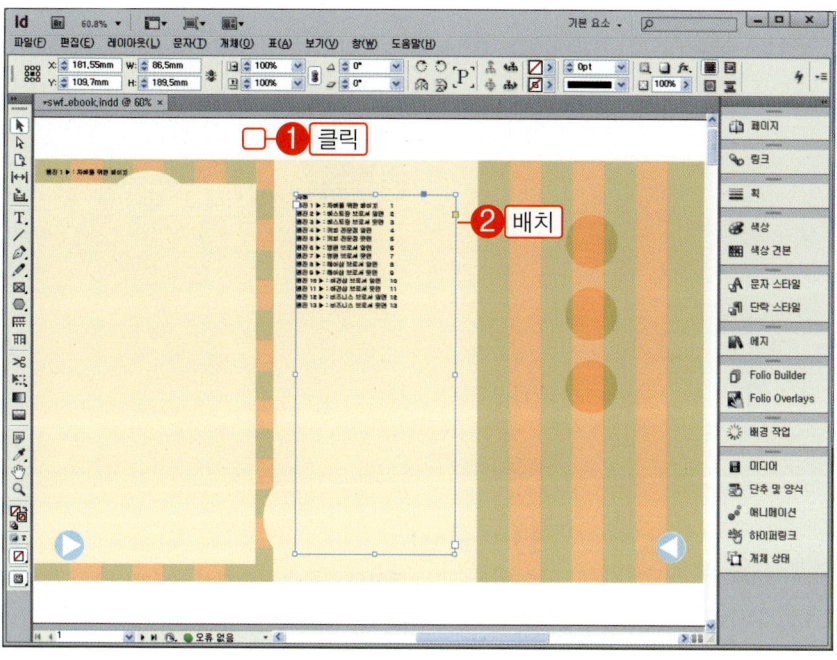

목차 편집하기

01 이제 추출된 목차의 제목과 페이지 번호 사이에 점선을 삽입하고 탭으로 정렬 편집해 보겠습니다. "문자 도구(T.)"를 선택하고 추출된 목차의 마지막 글자(13) 뒤를 클릭하여 커서를 위치시킵니다.

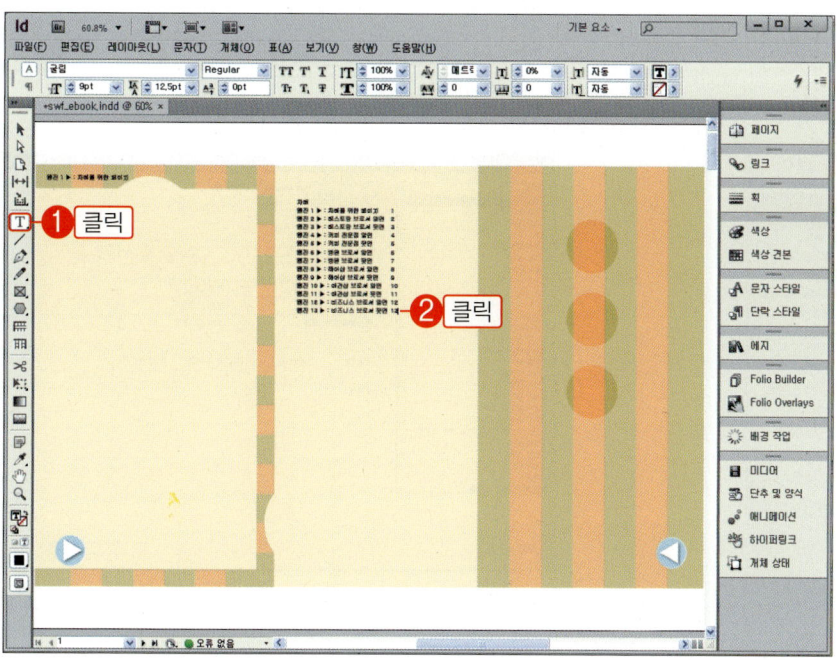

02 한/영 키를 눌러서 한글 입력 상태로 전환하고 "ㄱ"을 타자합니다. 그리고 한자 키를 눌러서 특수 문자 패널이 나타나면 가운데 말줄임표를 클릭합니다. 그러면 커서가 위치하였던 곳에 특수 문자(…)가 삽입됩니다.

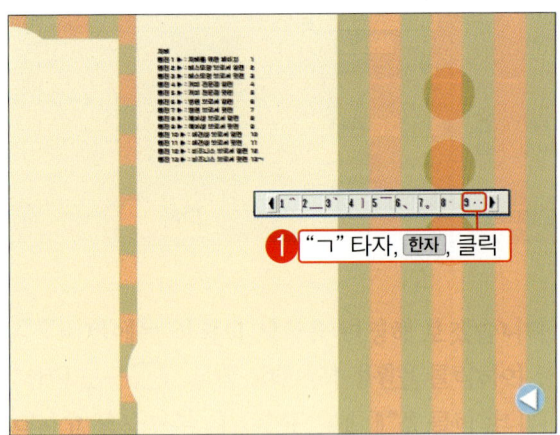

1 "ㄱ" 타자, 한자, 클릭

ℹ️ 잠깐만!
"…"는 패널의 오른쪽 이동 버튼(▶)을 클릭하면 "9"번 목록에 표시됩니다.

03 입력된 특수 문자 "…"을 드래그하여 역상으로 블록 지정하고 자판에서 Ctrl + X 키를 눌러서 오려 냅니다.

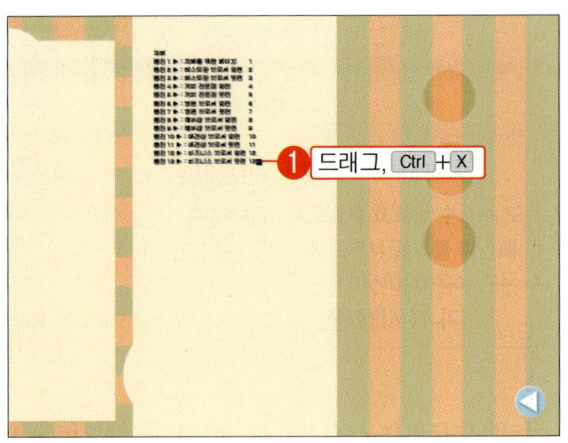

1 드래그, Ctrl + X

ℹ️ 잠깐만!
오려낸 "…"는 목차의 제목과 페이지 번호 사이에 중간점으로 삽입할 것입니다.

04 서체와 행간, 글꼴 크기 변경, 탭을 설정하기 위하여 "단락 스타일" 패널을 열고 "e-Book 차례" 항목을 더블클릭하여 "단락 스타일 옵션" 대화상자를 호출합니다.

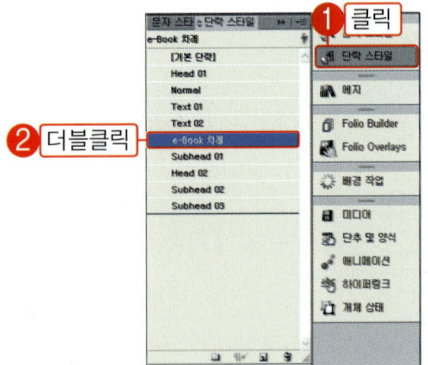

1 클릭
2 더블클릭

05 목차의 글꼴과, 크기, 행간을 변경하기 위하여 "기본 문자 서식"을 클릭하고 "글꼴 모음"에서는 "태고딕"을, "크기"는 "12pt"를, "행간"은 "24pt"를 각각 선택합니다.

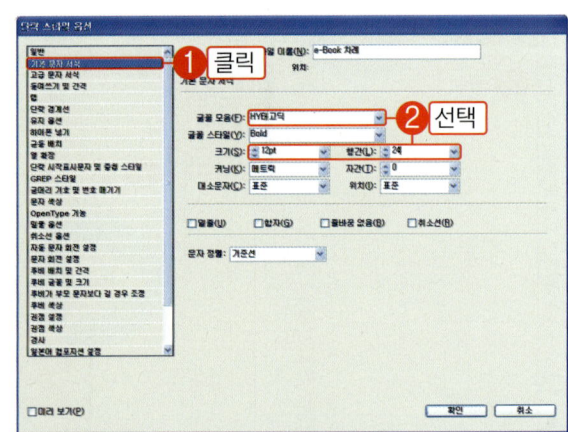

1 클릭
2 선택

06 목차의 제목과 페이지 번호 사이를 탭으로 정렬하기 위하여 "탭"을 클릭하고 "X"에 "85"를 입력합니다. 그리고 "채움 문자" 입력란을 클릭하고 커서가 반짝이면 Ctrl + V 키를 눌러서 앞에서 오려낸 "…"을 붙여넣습니다.

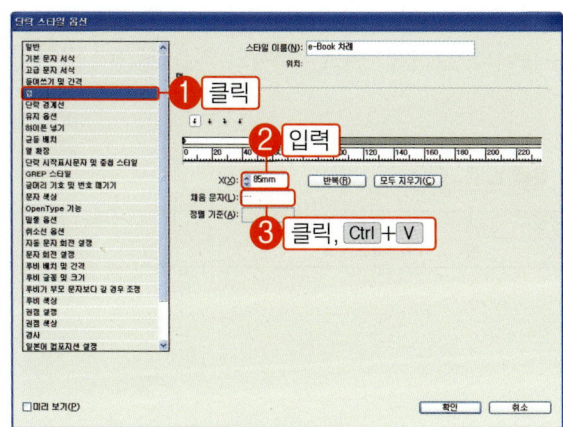

> ⚠️ **잠깐만!**
> "채움 문자"에 "…"를 입력하면 탭에 채워집니다. 즉 목차 제목과 페이지 번호 사이에 채워집니다.

08 탭 설정까지 완료하였으면 "확인" 버튼을 클릭합니다.

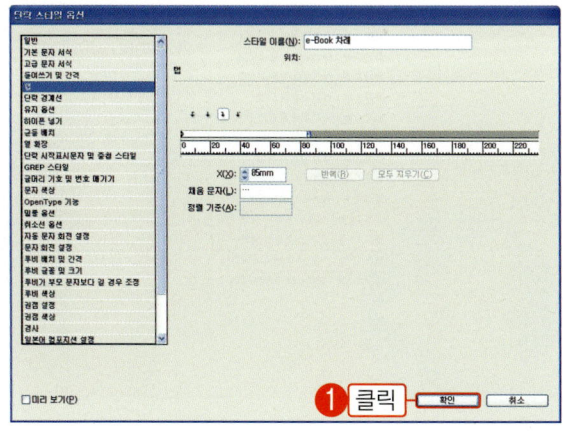

07 눈금자의 가장 오른쪽에 위치한 탭 표시를 클릭하고 "오른쪽 균등 배치 탭"을 클릭하여 페이지 번호가 오른쪽을 기준으로 정렬되도록 합니다.

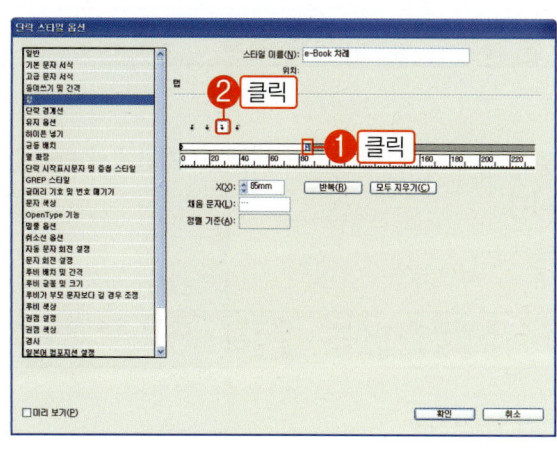

09 다음 그림과 같이 목차가 수정, 편집되었으면 "차례" 글자를 편집하기 위하여 드래그하고 역상으로 블록 지정합니다.

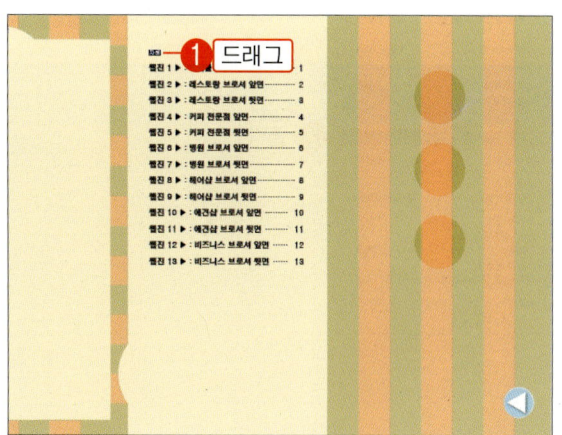

10 컨트롤 패널의 글꼴 크기 목록에서 "18pt"를 선택하고 "단락 서식 컨트롤" 아이콘을 클릭하여 "단락 서식 컨트롤" 상태로 전환합니다.

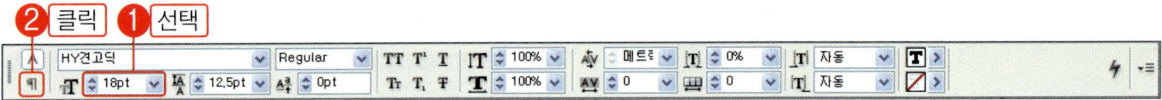

11 "이후 공백"에 "8"을 입력하고 자판에서 Enter 키를 누릅니다. 그러면 "차례" 글자의 다음 행간이 넓어집니다.

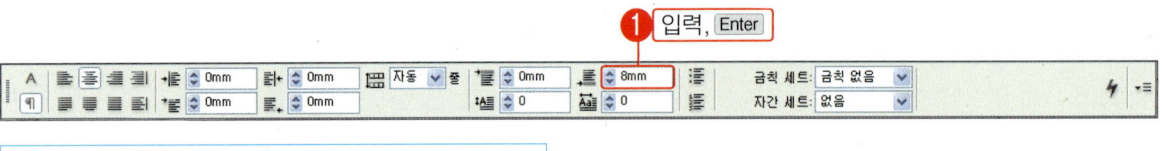

> **⚠ 잠깐만!**
> 이 외에도 효과 기능을 사용하거나 목차의 색상, 글꼴을 마음에 드는 글꼴로 지정하고 디자인합니다.

12 목차 편집이 완료되었으므로 확인을 위하여 내보내기를 하겠습니다. 메뉴에서 "파일-내보내기"를 선택한 후 "Flash Player(SWF)" 형식으로 내보내기 합니다.

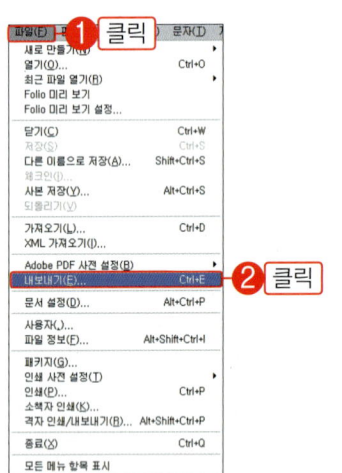

13 브라우저에 e-Book이 열리면 목차에서 특정 목차 항목을 클릭합니다. 그러면 해당 페이지로 이동됩니다.

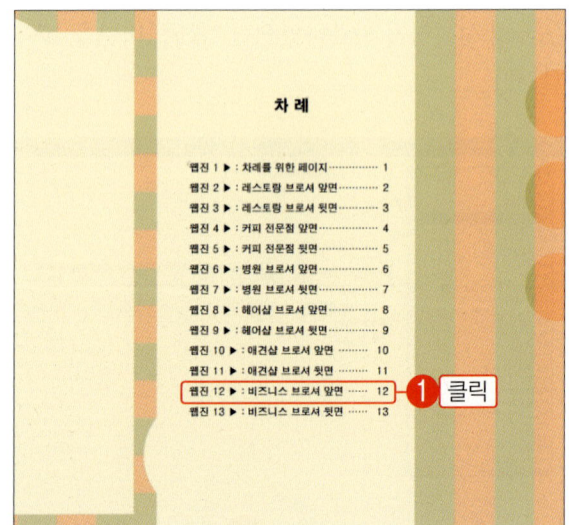

05 목차 페이지로 이동하는 앵커 만들기

앞에서는 e-Book의 첫 페이지에 목차를 만들어서 목차 항목을 클릭하면 해당 페이지로 편리하게 이동할 수 있도록 만들었습니다. 그러나 e-Book을 구독하다가 어느 정도 페이지가 넘어간 상태에서 다시 목차 페이지로 이동하려면 일일히 한 페이지씩 이전 페이지로 이동해야 하는 번거로움이 있습니다. 여기서는 각 페이지에 앵커 버튼을 만들고 현재 어떤 페이지에 있든지 앵커 버튼을 클릭하면 바로 목차 페이지로 이동할 수 있도록 제작하는 방법을 알아봅니다.

앵커 버튼 제작하기

다음 그림과 같이 앵커 버튼을 제작하고 각 페이지에 표시되게 합니다. 그리고 어느 페이지에 있든지 앵커 버튼을 클릭하면 목차로 이동되게 합니다.

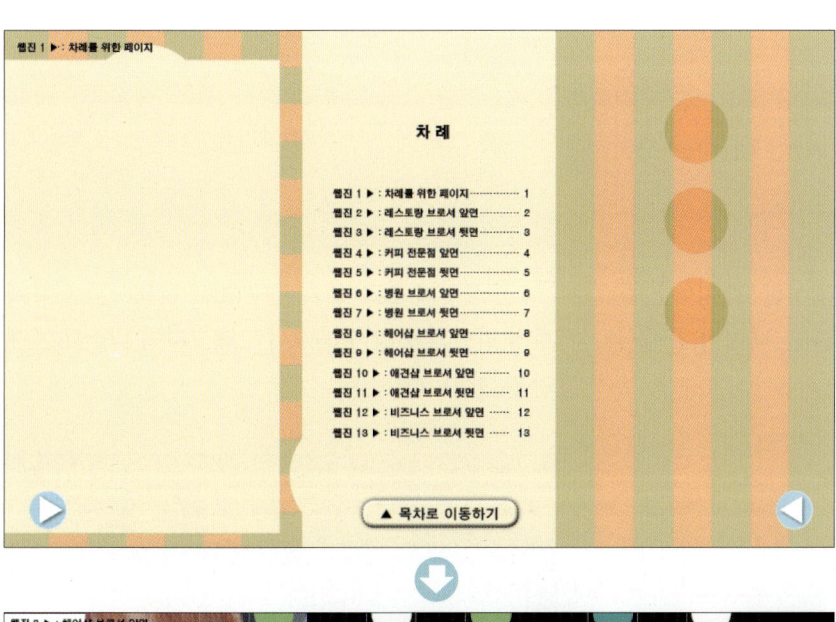

01 마스터 페이지에 버튼을 만들기 위하여 "페이지" 패널을 열고 "A−마스터" 페이지 섬네일을 더블 클릭하여 마스터 페이지로 전환합니다.

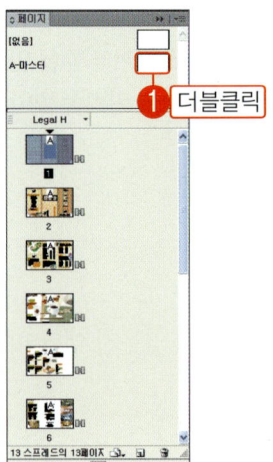

> **☑ 잠깐만!**
> 편집 페이지에 공통으로 일괄 적용될 사항은 항상 마스터 페이지에 작성합니다.

03 "레이어" 패널에서 앞에서 생성한 "레이어 2"를 클릭합니다. 그러면 이후의 작업은 "레이어 2"에서 제작됩니다.

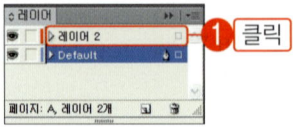

> **☑ 잠깐만!**
> "레이어 2"는 이전에 페이지 전환용 표시 버튼을 제작한 레이어입니다. 같은 레이어에 텍스트 버튼을 제작할 것입니다.

02 제작하려는 버튼이 편집 페이지에 배치한 다른 개체의 뒤로 숨겨지지 않도록 앞에서 생성한 레이어(레이어 2)에서 작업하겠습니다. 메뉴에서 "창−레이어"를 선택하고 "레이어" 패널을 호출합니다.

04 도구상자에서 "문자 도구(T.)" 선택하고 도큐먼트의 하단의 중앙 부분에서 드래그하여 텍스트 프레임을 그립니다.

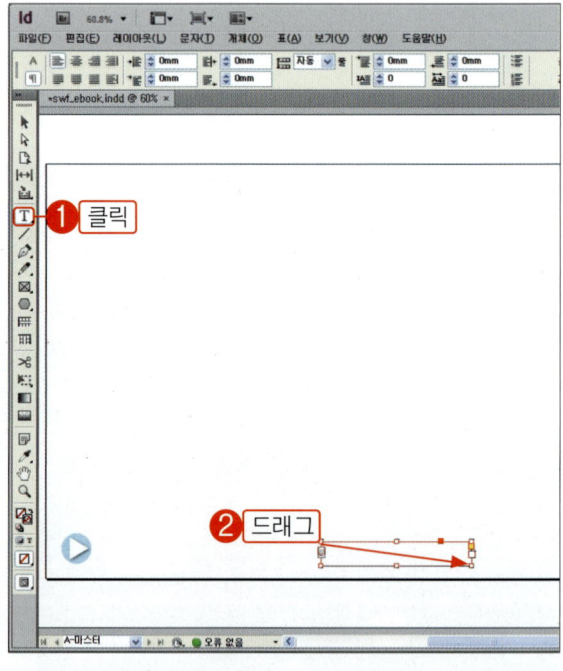

05 한영 키를 눌러서 한글 입력 상태로 전환하고 "ㅁ"을 타자합니다. 그리고 한자 키를 눌러서 특수 문자 패널이 나타나면 "▲"를 찾아서 클릭합니다. 그러면 커서가 위치하였던 곳에 특수 문자 "▲"가 삽입됩니다.

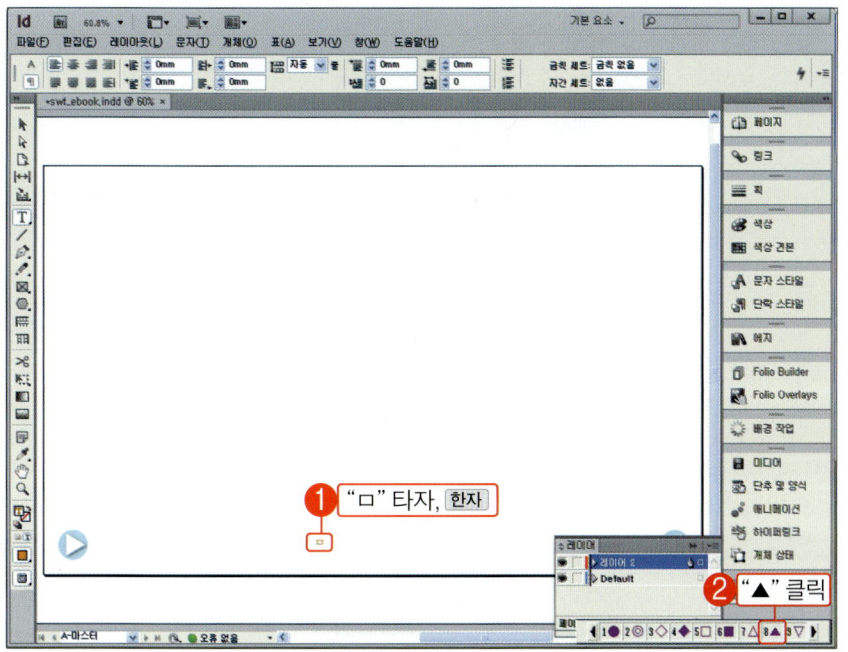

① "ㅁ" 타자, 한자
② "▲" 클릭

⚠ **잠깐만!**

"문자–글리프" 메뉴를 선택하고 "글리프" 패널에서 특수 문자를 입력해도 됩니다.

06 삽입한 특수 문자 "▲"의 오른쪽에 "목차로 이동하기"라고 입력합니다. 물론 자신이 입력하고 싶은 문안을 입력해도 됩니다.

▲ 목차로 이동하기 ① 입력

07 입력한 텍스트에 커서가 반짝이는 채로 컨트롤 패널에서 "단락 서식 컨트롤(¶)"을 클릭하고 "가운데 정렬(≡)"을 클릭하여 글자를 텍스트 프레임의 가운데로 정렬합니다.

② 클릭

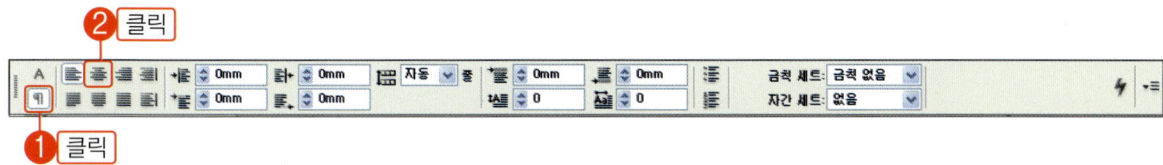

① 클릭

08 도구상자에서 "선택 도구(▶)" 선택하고 텍스트 프레임을 클릭합니다. 컨트롤 패널의 "선 굵기" 목록에서 "1pt"를 선택하여 텍스트 프레임에 외곽선을 만듭니다.

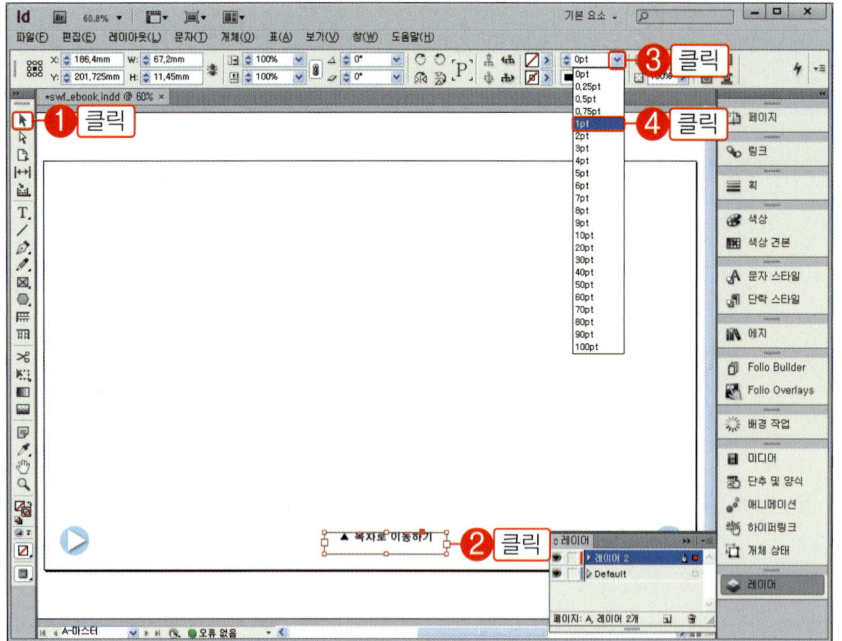

❗ *잠깐만!*
컨트롤 패널에서 입력한 글자의 서체 종류와 크기, 색상을 원하는 모양으로 지정합니다.

09 텍스트 프레임을 마우스 오른쪽 버튼으로 클릭하고 단축 메뉴에서 "텍스트 프레임 옵션"을 선택합니다.

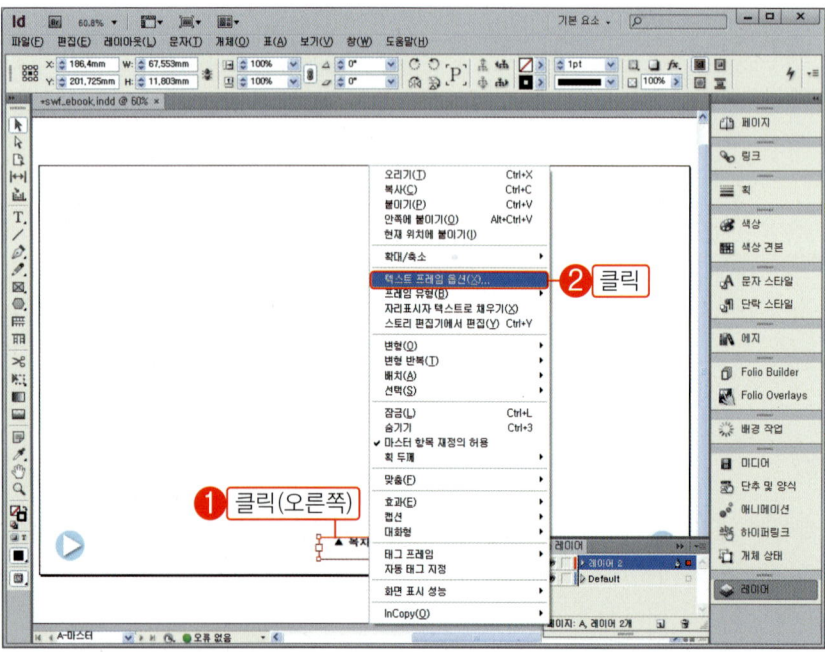

10 "인세트 간격"의 네 군데 수치 입력란에 각각 "3"을 입력합니다. "정렬" 목록에서 "가운데"를 선택하여 글자를 텍스트 프레임의 상하 기준으로 가운데 정렬되도록 합니다. 그리고 "확인" 버튼을 클릭합니다.

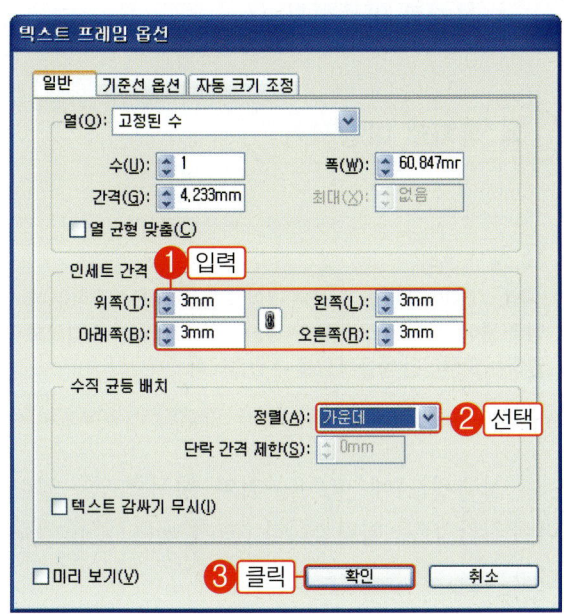

> 📘 **잠깐만!**
> "인세트 간격"은 텍스트 프레임과 텍스트 사이의 안쪽 여백이며 수치가 높을수록 여백이 넓어집니다.

12 텍스트 프레임의 외곽선을 점선으로 만들기 위하여 "획" 패널을 열고 "유형" 목록에서 "파선"을 선택합니다.

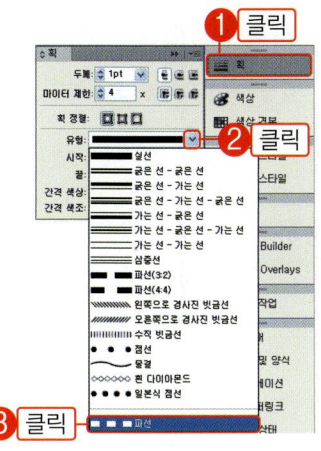

11 "색상 견본" 패널에서 "칠(□)"을 클릭하고 색상 목록에서 원하는 색상을 클릭하여 텍스트 프레임의 면을 채웁니다.

13 "파선"과 "간격" 입력란에 각각 "2"를 입력하고 임의의 빈 수치 입력란을 클릭하여 개체에 적용시킨 후, 점선과 간격을 조절합니다.

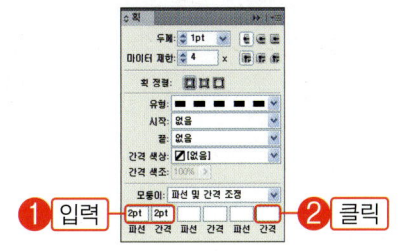

> 📘 **잠깐만!**
> "파선"은 하나의 점선 길이이며 "간격"은 파선과 다음 파선의 사이를 의미합니다. 이곳의 수치 입력에 따라서 좀 더 조밀한 파선이나 이점 쇄선도 만들 수 있습니다.

14 텍스트 프레임을 둥근 사각형 모양으로 만들기 위하여 오른쪽 변에 노란색 사각형으로 표시되는 "모퉁이 편집 조절점"을 클릭합니다.

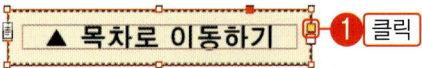

15 "모퉁이 편집 조절점"이 네 귀퉁이에 표시되면 오른쪽 상단 조절점을 왼쪽 상단의 대각 방향으로 드래그하여 둥근 사각형으로 만듭니다.

> 🔲 *잠깐만!*
> Shift 키를 누른 채로 "모퉁이 편집 조절점"을 드래그하면 해당 모퉁이만 곡률을 조절할 수 있습니다. 이와 같은 방법으로 원하는 모퉁이만 둥글게 만들 수 있습니다.

16 텍스트 프레임에 그림자 효과를 적용하고 입체감 있는 버튼으로 만들기 위하여 "개체-효과-그림자" 메뉴를 선택합니다.

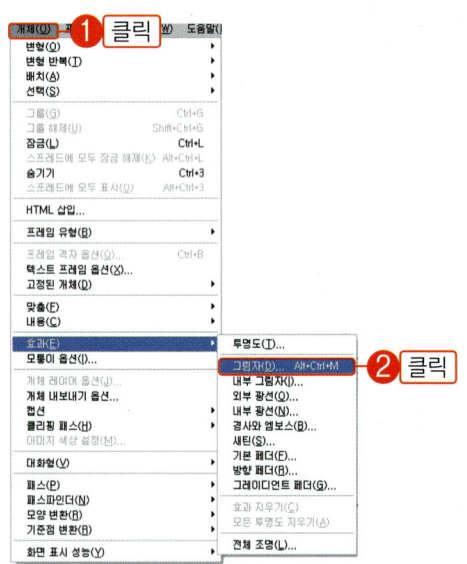

17 "불투명도"에 "90"을, "위치" 항목의 모든 입력란에 각각 "0"을 입력합니다. "크기"에는 "2"를 입력하고 "확인" 버튼을 클릭합니다.

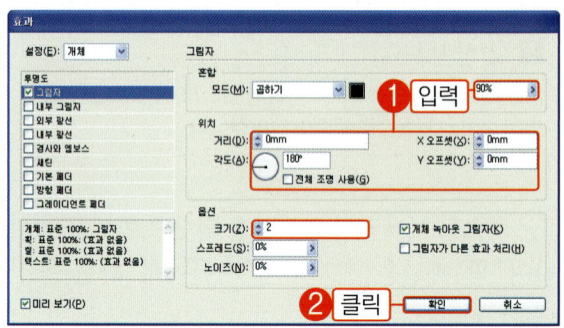

18 다음 그림과 같이 버튼에 그림자가 생성되었으면 이제 양각 효과를 적용하여 더욱 입체적인 버튼으로 만들어 보겠습니다.

19 양각 효과를 적용하여 더욱 입체적인 버튼으로 만들기 위하여 "개체-효과-경사와 엠보스" 메뉴를 선택합니다.

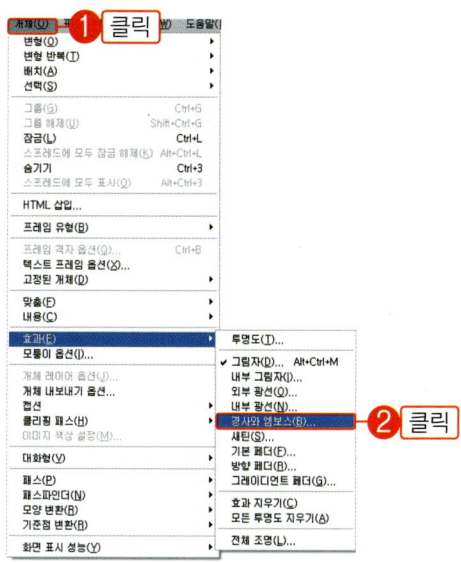

21 다음 그림과 같이 버튼에 그림자가 생성되고 양각 효과가 적용됩니다. "효과" 기능을 활용하여 좀 더 멋진 버튼을 만들어 보기 바랍니다. 이제 완성된 버튼에 동작(액션)을 지정하겠습니다.

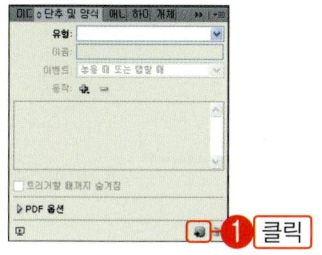

02 "단추" 패널의 하단에 위치한 "개체를 단추로 변환(圓)"을 클릭합니다. 그러면 그려진 버튼이 액션을 지정할 수 있는 버튼으로 변환됩니다.

20 모든 수치를 기본값으로 유지하고 그대로 "확인" 버튼을 클릭합니다.

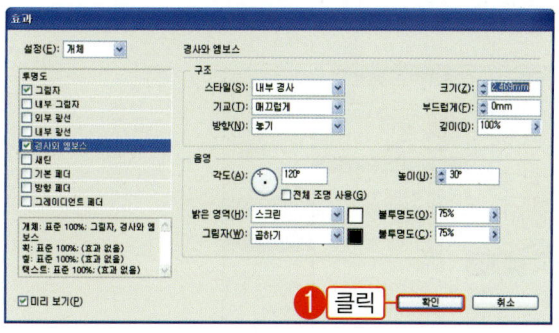

> 🔒 *잠깐만!*
> 돌출 두께를 줄이려면 "크기"에 낮은 수치를 입력하면 됩니다.

텍스트 버튼에 첫 페이지로 이동하는 액션 지정

01 앞에서 제작한 버튼이 선택된 상태에서 메뉴의 "창-대화형-단추 및 양식"을 선택하고 "단추 및 양식" 패널을 도크로 드래그하여 배치합니다.

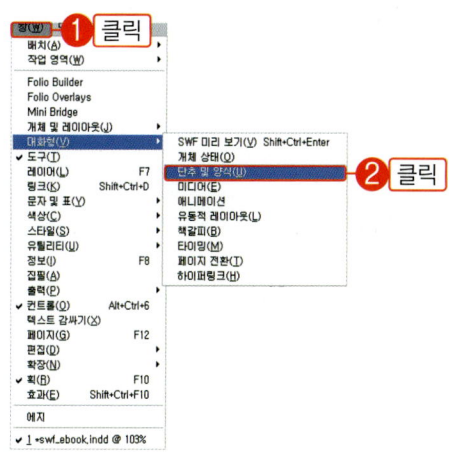

03 "동작" 항목의 플러스 기호(선택한 이벤트에 새 동작 추가)를 클릭하고 패널 메뉴에서 "첫 페이지로 이동"을 선택합니다.

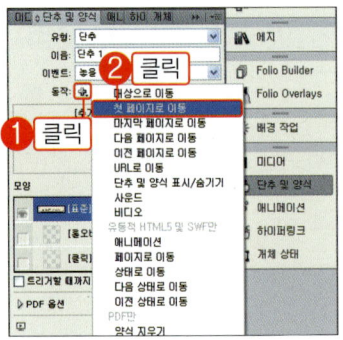

> ⚠️ *잠깐만!*
> "새 동작 추가" 메뉴의 선택에 따라서 단추로 변환된 개체에 다양한 동작을 추가할 수 있습니다.

04 이제 편집 페이지로 전환하고 내보내기 한 후, "목차로 이동하기" 버튼이 정상 작동하는지 확인해 보겠습니다. "페이지" 패널을 열고 임의의 편집 페이지 섬네일을 더블클릭하여 편집 페이지로 전환합니다.

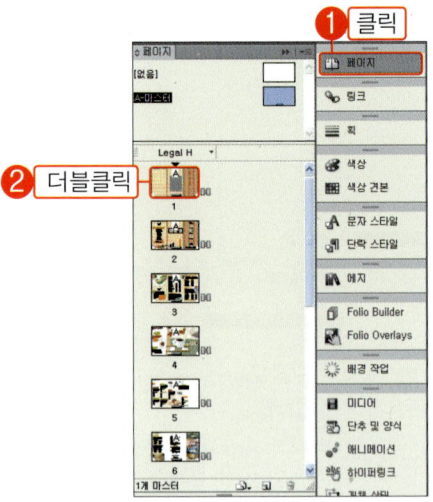

> ⚠️ *잠깐만!*
> 편집 페이지와 마스터 페이지 간의 전환은 해당 페이지 섬네일을 더블클릭하는 것을 기억하세요.

05 메뉴에서 "파일-내보내기"를 선택한 후 "Flash Player(SWF)" 형식으로 내보내기 합니다.

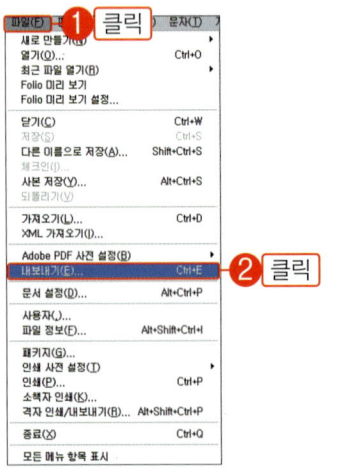

06 브라우저에 e-Book이 열립니다. 목차에서 임의의 항목을 클릭하여 해당 페이지로 이동한 후, "목차 페이지로 이동하기" 버튼을 클릭하면 어느 페이지에 있든지 다시 목차 페이지로 바로 이동하는 것을 확인할 수 있습니다.

앞에서는 사용자가 원하는 모양의 버튼을 직접 제작하는 방법을 알아보았습니다. 만약 버튼을 직접 제작하기가 어렵다면 인디자인에서 제공하는 플래시 버튼을 사용하면 됩니다. 인디자인의 플래시 버튼은 모두 "152"개의 모양을 제공하며 이벤트 속성이 있는 플래시 형식의 버튼입니다. 버튼들 중에서 일부는 SWF 용이며 일부는 대화형 PDF 용인데 샘플 버튼은 인디자인이 설치된 응용 프로그램 폴더의 "Presets/Button Library" 폴더에 "ButtonLibrary.indl" 파일로 저장되어 있습니다.

플래시 이벤트 버튼 활용하기

01 인디자인에서는 다음과 같은 모양의 플래시 버튼을 제공하는데 활용을 위하여 메뉴에서 "창-대화형-단추 및 양식"을 선택합니다.

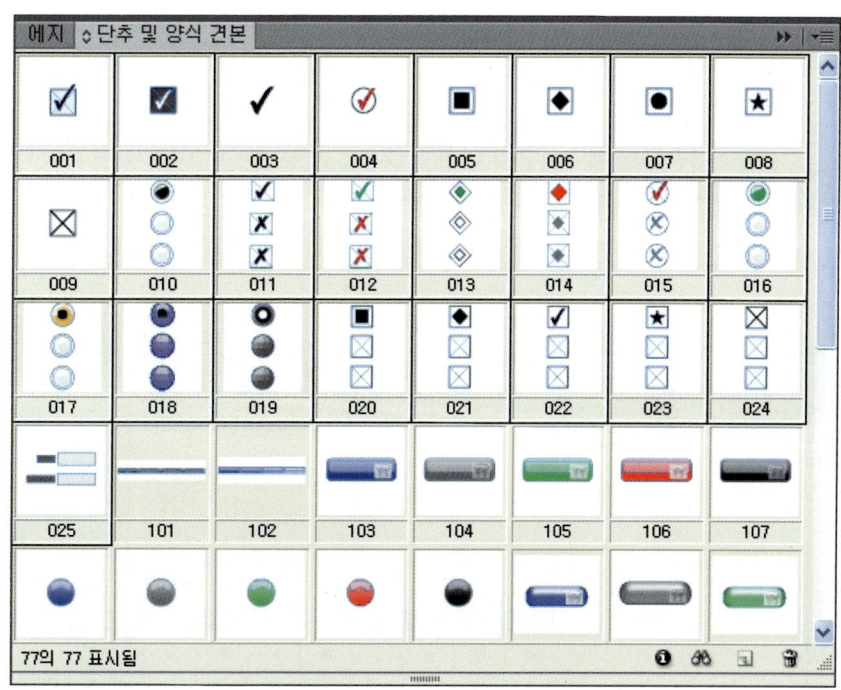

02 패널 메뉴 아이콘(≡)을 클릭하고 메뉴에서 "단추 및 양식 견본"을 선택합니다. 그러면 플래시 버튼 목록이 열립니다.

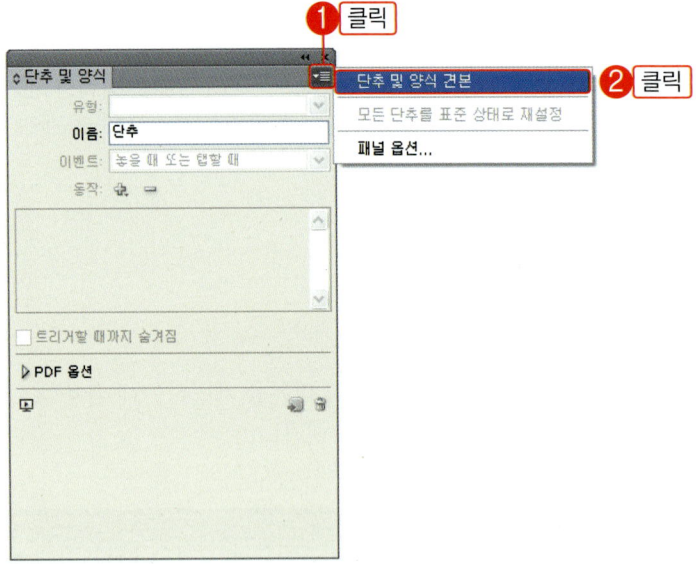

03 "샘플 단추" 목록에서 사용하고 싶은 단추를 도큐멘트로 드래그합니다. 여기서는 "113"번 단추를 예제 도큐멘트의 "1" 페이지로 드래그하여 삽입해 보겠습니다.

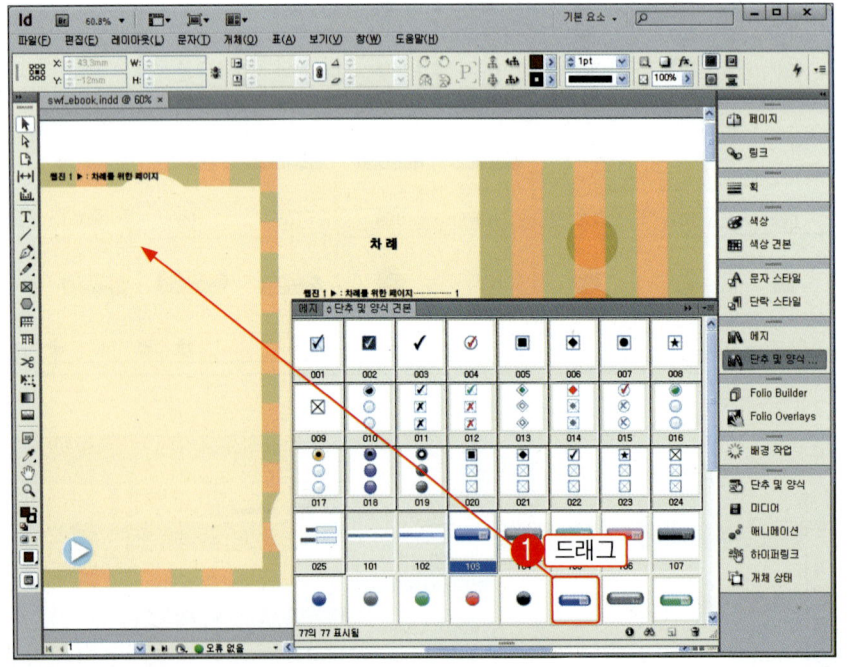

잠깐만!
단추는 주로 SWF 용이며 양식(라디오 버튼, 목록 버튼, 텍스트 필드 등)은 대화형 PDF 용입니다.

잠깐만!
호출한 "단추 및 양식" 패널은 e-Book 제작에서 사용 빈도가 높으니 패널 도크의 대화형 패널 그룹에 배치하고 사용합니다.

04 "샘플 단추"는 "선택 도구"로 크기를 조절할 수 있습니다. "선택 도구(▶)" 선택 상태에서 도큐멘트에 포함한 단추의 조절점을 드래그하여 가로 길이를 확대시킵니다.

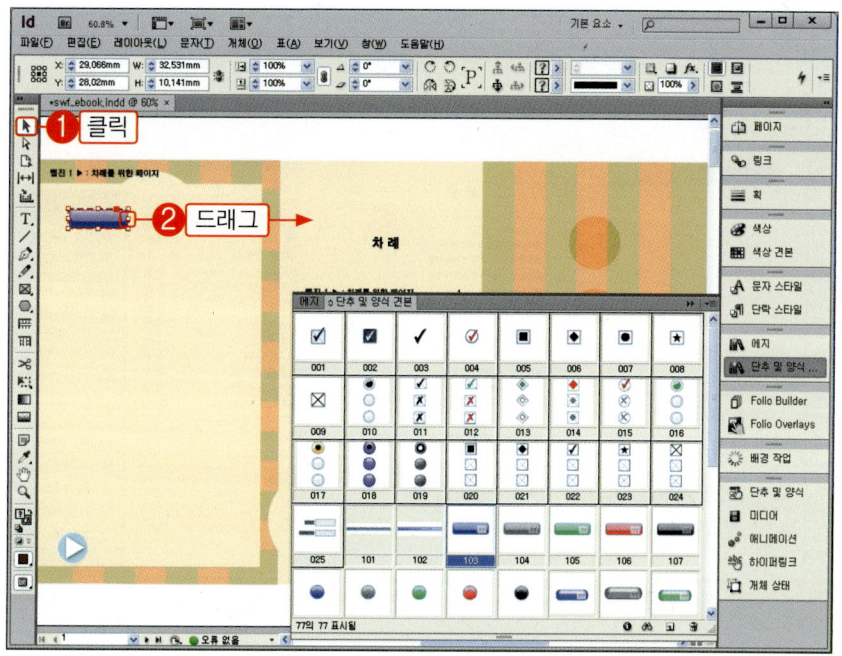

05 "문자 도구(T.)"를 선택한 후, 샘플 버튼을 클릭한 후 커서가 반짝이면 버튼에 표시할 글자를 입력합니다.

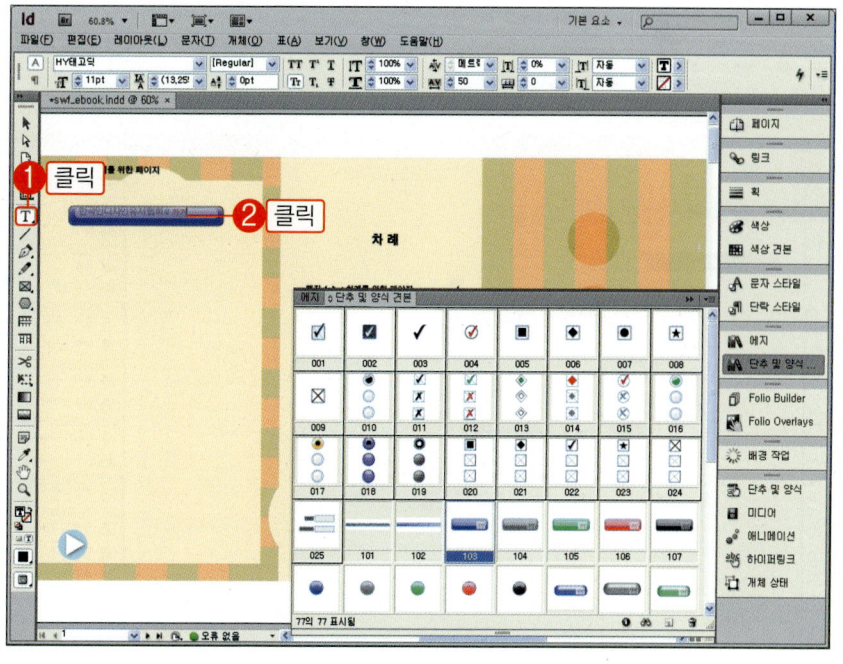

06 입력한 글자를 드래그하여 역상으로 블록 지정하고 컨트롤 패널에서 원하는 글꼴과 크기, 자간과 행간을, 색상 견본 패널에서 글자의 색상을 지정합니다.

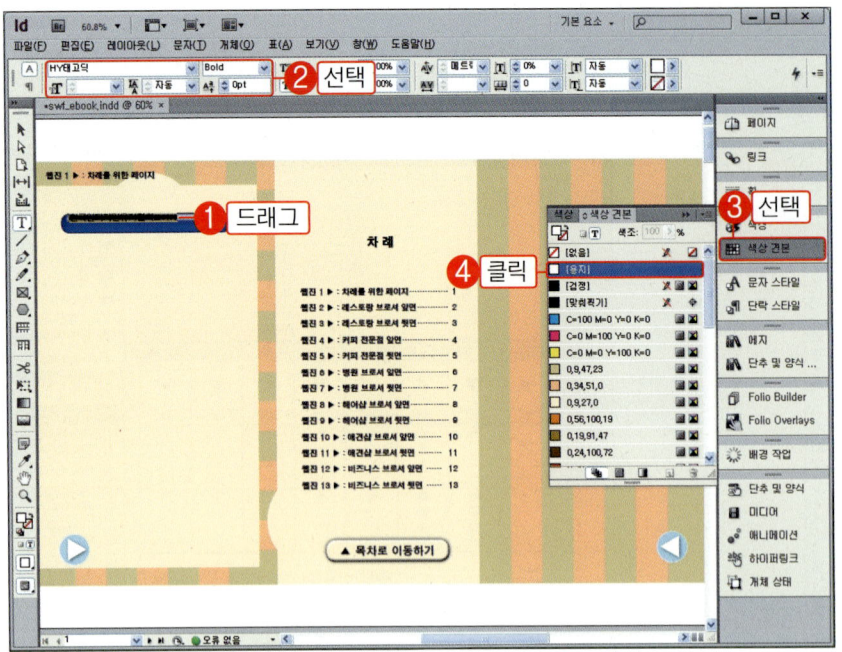

07 단락 서식 컨트롤 패널에서 "가운데 정렬"을 클릭하여 단추 글자가 단추의 가로 방향으로 가운데로 정렬되도록 합니다. 이번에는 단추의 세로 방향으로 가운데 정렬하기 위하여 단추 글자를 마우스 오른쪽 버튼으로 클릭하고 "텍스트 프레임 옵션" 메뉴를 선택합니다.

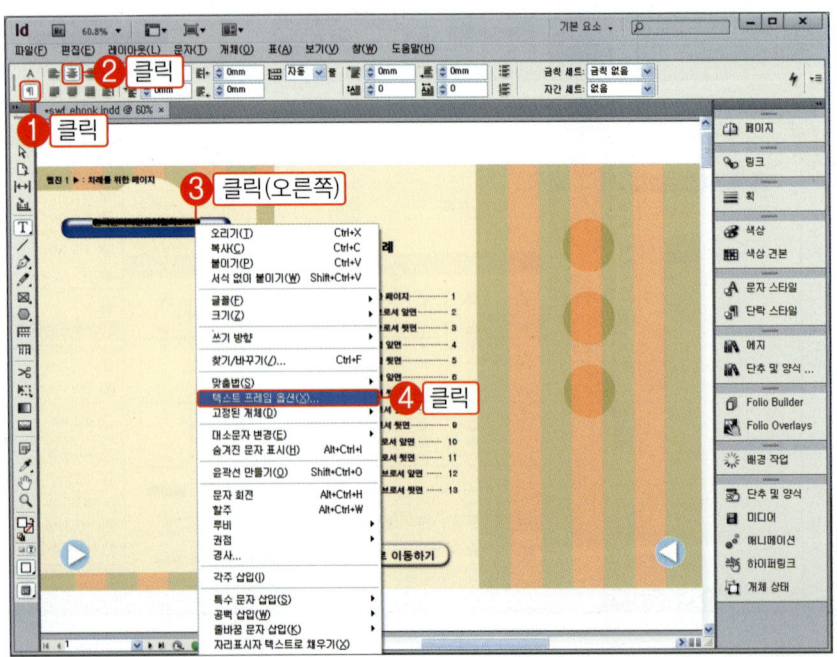

08 "정렬" 목록에서 "가운데"를 선택하고 "확인" 버튼을 클릭합니다. 그러면 단추 글자가 단추의 세로 방향으로 가운데 정렬됩니다.

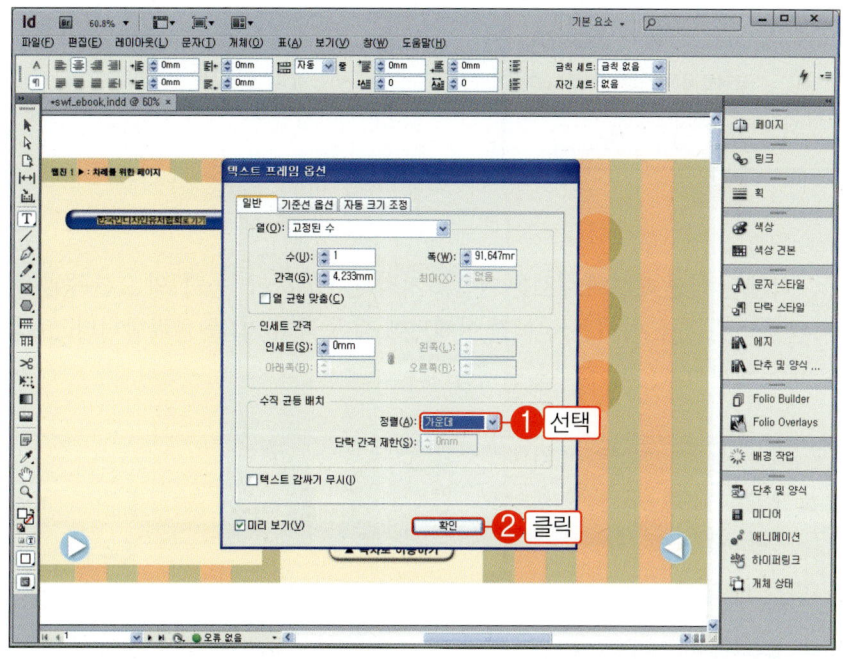

플래시 이벤트 버튼의 액션 삭제와 추가

01 "선택 도구(▶)" 선택 상태에서 단추를 클릭하여 선택합니다. "단추 및 양식" 패널의 마이너스 기호(−) 아이콘을 클릭합니다.

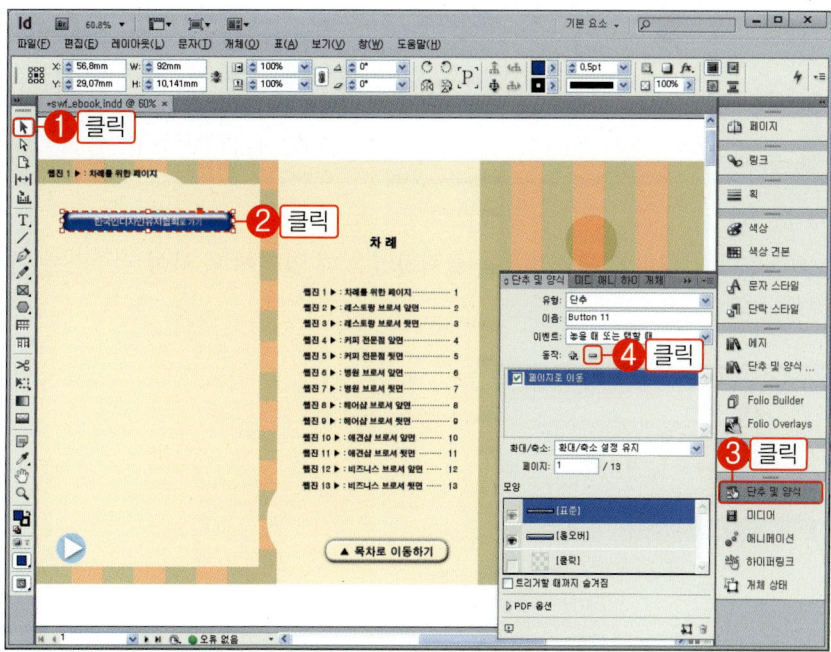

> ⚠ **잠깐만!**
> 샘플 단추에는 기본으로 한
> 개의 액션이 포함되어 있는
> 데 이 액션을 삭제하고 자신
> 이 필요한 액션을 지정하기
> 위한 과정입니다.

02 경고 메시지가 나타나면 "확인" 버튼을 클릭합니다. 그러면 사전 설정되어 있는 "페이지로 이동" 액션이 삭제됩니다.

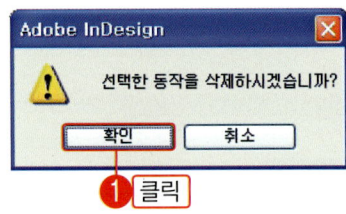

03 삭제된 액션 대신에 새로운 액션을 지정하기 위하여 "동작"의 오른쪽에 표시된 플러스 기호 아이콘(선택한 이벤트에 새 동작 추가)를 클릭합니다. 그리고 메뉴에서 "URL로 이동"을 선택합니다.

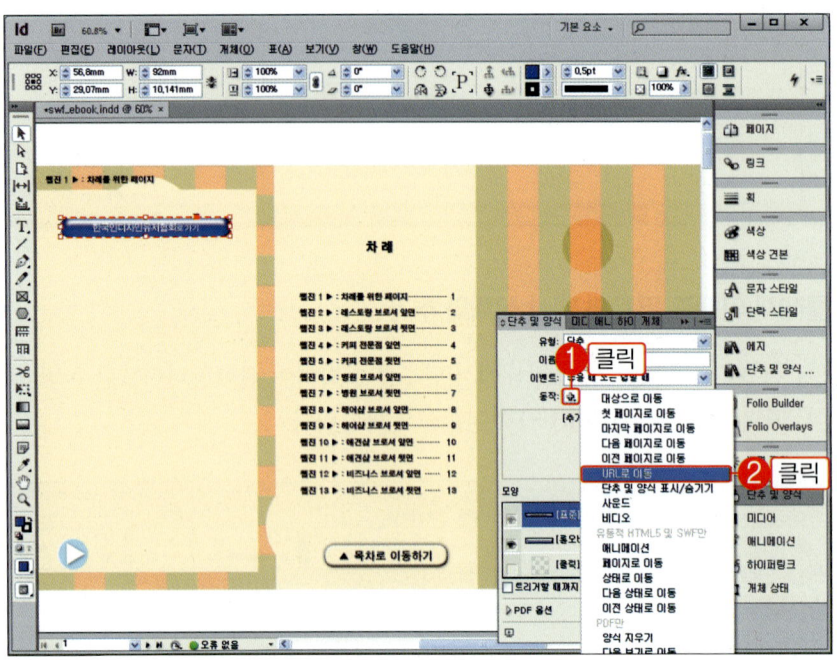

04 "URL" 입력란에 샘플 버튼을 클릭하였을 때 열리게 될 사이트 주소를 입력합니다.

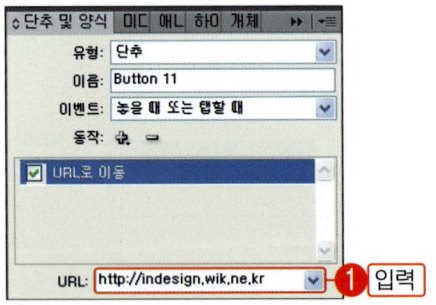

05 플래시 버튼과 액션이 정상 작동하는지 확인하기 위하여 "단추 및 양식" 패널의 하단에 있는 "스프레드 미리 보기()"를 클릭합니다.

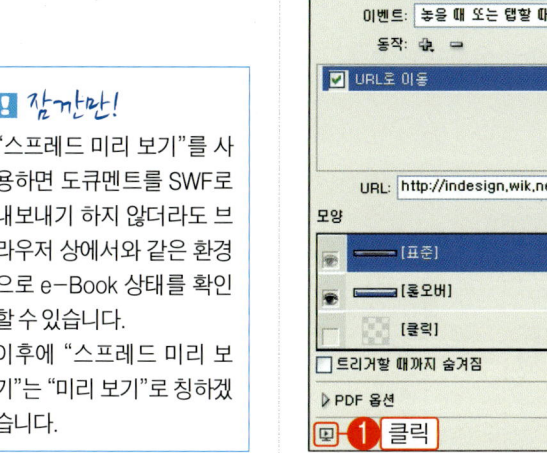

! *잠깐만!*

"스프레드 미리 보기"를 사용하면 도큐멘트를 SWF로 내보내기 하지 않더라도 브라우저 상에서와 같은 환경으로 e-Book 상태를 확인할 수 있습니다.

이후에 "스프레드 미리 보기"는 "미리 보기"로 칭하겠습니다.

06 플래시 버튼에 마우스 포인터를 올리면 그림자 효과 이벤트가 발생하는 것을 확인할 수 있으며 버튼을 클릭하면 "URL"에 지정한 사이트가 열립니다.

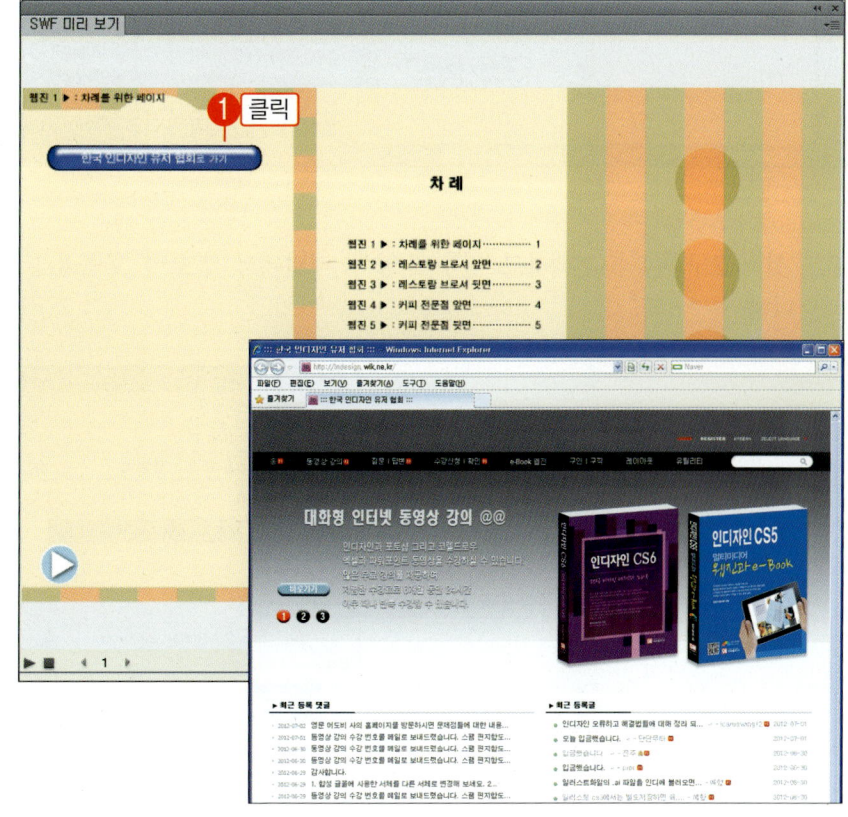

롤오버시 텍스트 이벤트 적용하기

앞에서 제작한 플래시 단추는 "표준" 상태의 단추에만 텍스트가 표시되고 마우스 포인터를 버튼 위에 올리면 텍스트가 표시되지 않습니다. 여기서는 롤오버시에도 텍스트가 표시되도록 만드는 방법을 알아 보겠습니다.

01 "문자 도구(T.)"를 선택하고 단추의 글자를 드래그하여 역상으로 블록 지정한 후 자판에서 Ctrl + C 키를 눌러서 복사합니다.

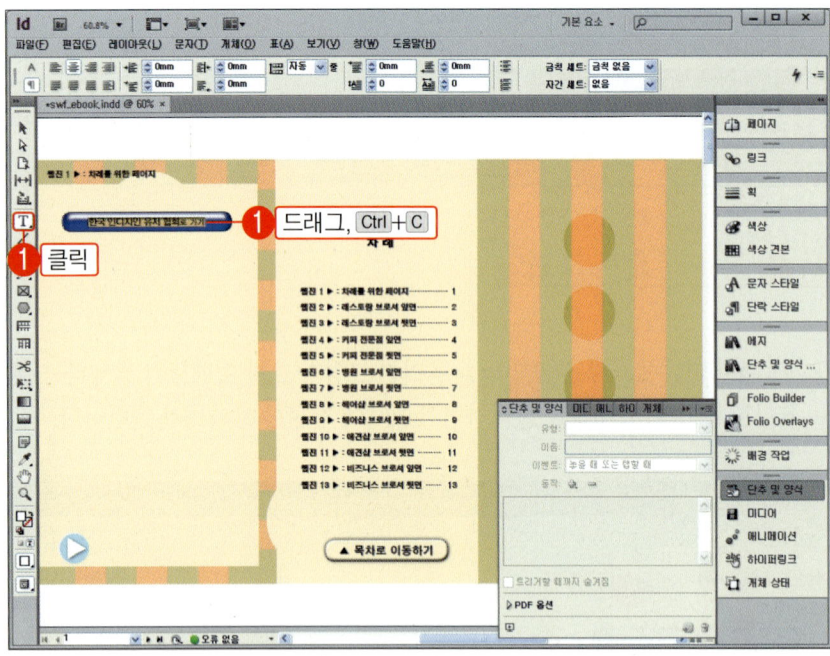

02 "선택 도구(▶.)"를 선택하고 "단추 및 양식" 패널에서 "롤오버" 항목을 클릭합니다.

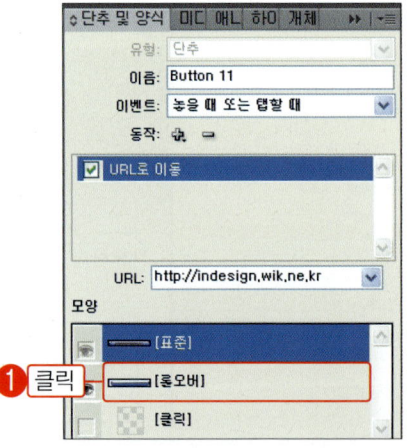

03 "문자 도구(**T.**)"를 선택하고 단추를 클릭하여 커서를 위치시킵니다. 자판
에서 **Ctrl** + **V** 키를 눌러서 앞에서 복사한 텍스트를 붙여넣습니다.

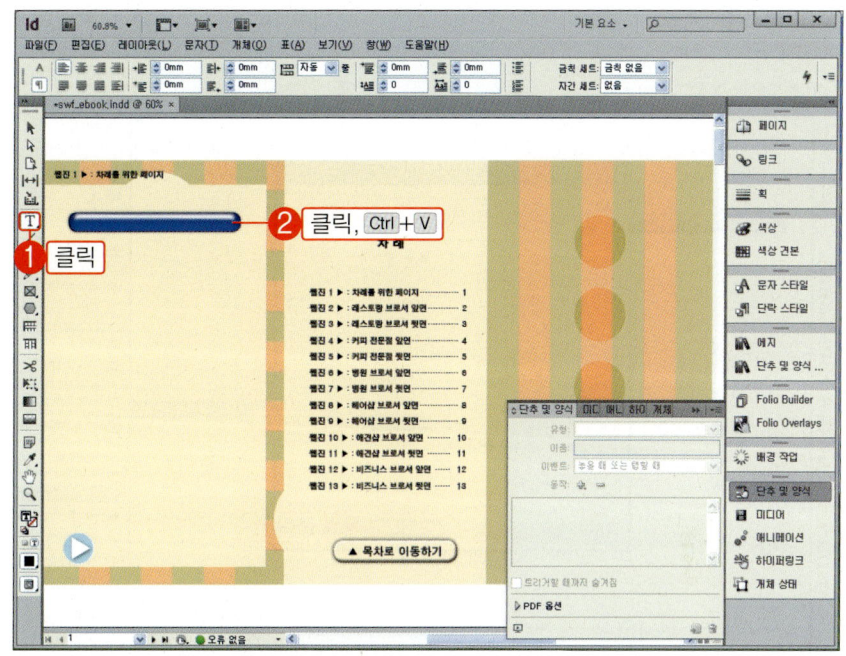

04 붙여 넣기 한 글자를 롤오버 단추의 세로 방향으로 가운데 정렬하기 위하
여 단추 글자를 마우스 오른쪽 버튼으로 클릭하고 "텍스트 프레임 옵션" 메뉴
를 선택합니다.

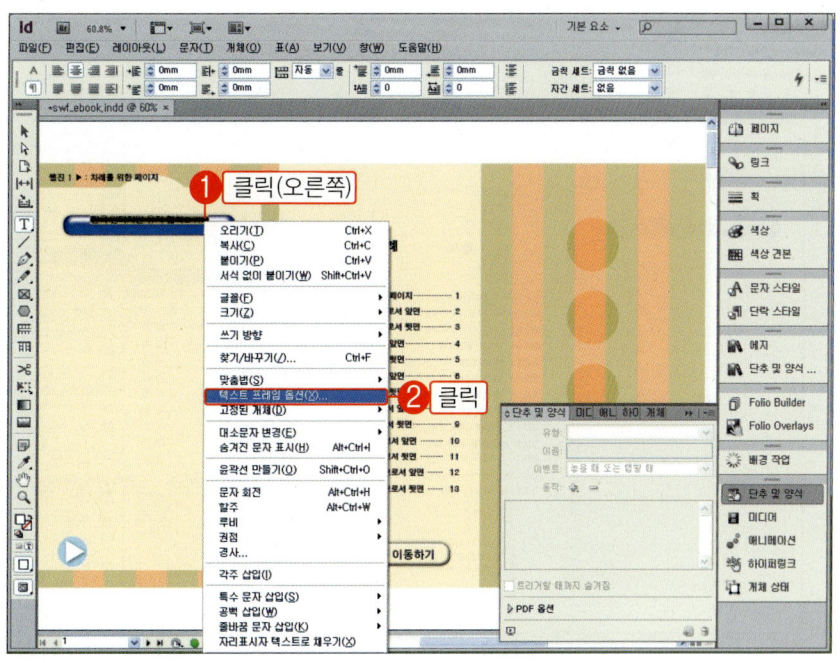

05 "정렬" 목록에서 "가운데"를 선택하고 "확인 버튼을 클릭합니다. 그러면 단추 글자가 롤오버 단추의 세로 방향으로 가운데 정렬됩니다.

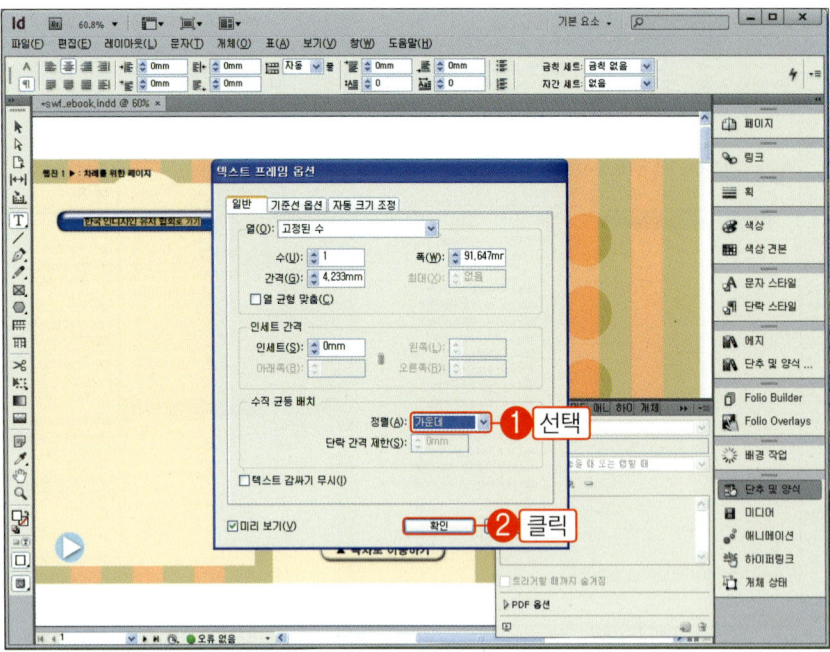

06 마우스 포인터를 단추 위에 올렸을 때 롤오버 단추 글자는 다른 색상으로 표시되도록 만들어 보겠습니다. "색상 견본" 패널에서 원하는 색상을 선택하고 지정합니다.

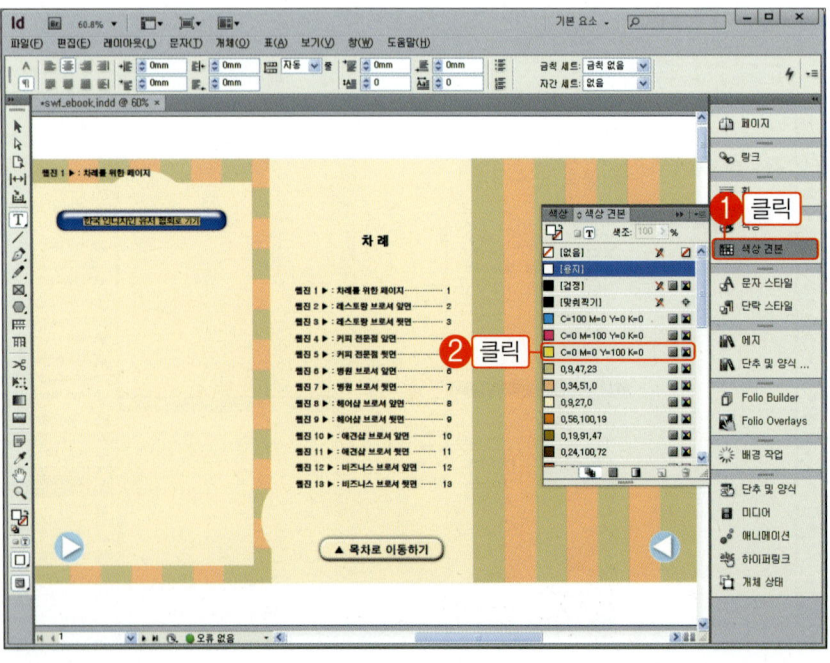

07 플래시 버튼의 텍스트 액션이 정상 작동하는지 확인하기 위하여 "단추 및 양식" 패널을 열고 패널의 하단에 있는 "미리 보기(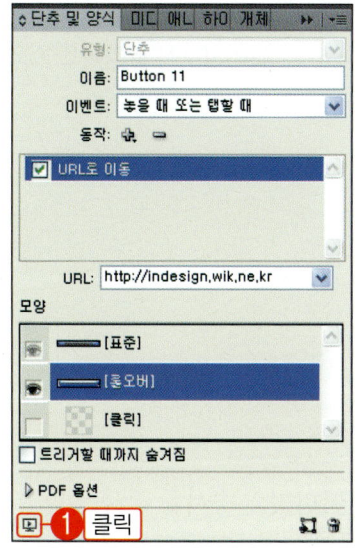)"를 클릭합니다.

08 플래시 버튼에 마우스 포인터를 올리면 다른 색의 단추 텍스트가 표시되고 버튼을 클릭하면 "URL"에 지정한 사이트가 열립니다.

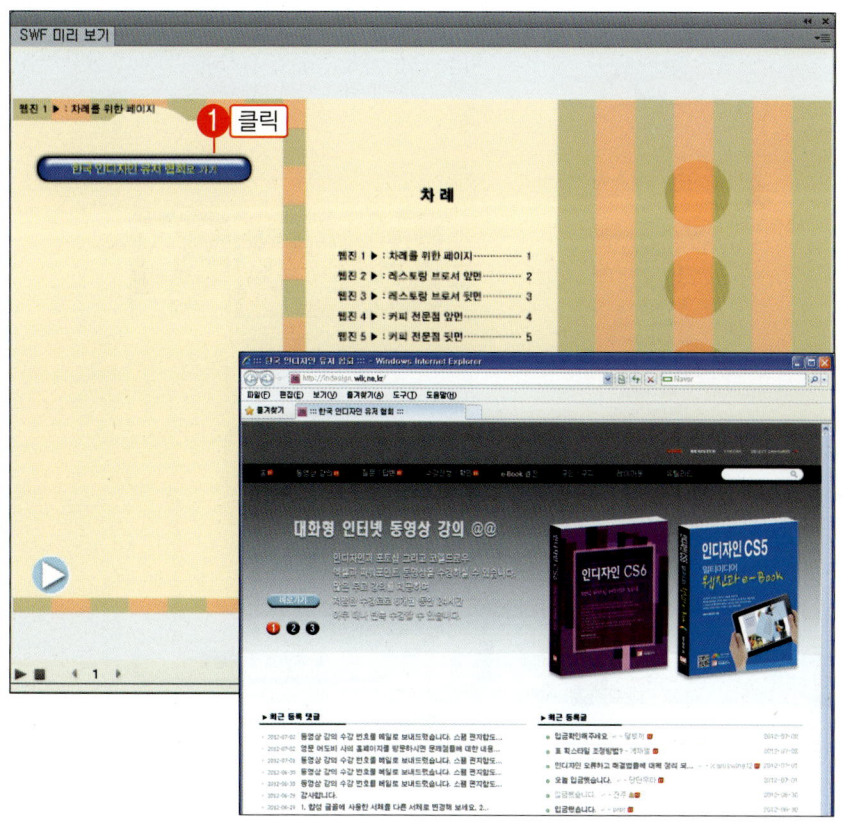

06 슬라이드 쇼와 모션 애니메이션

앞에서는 "1" 페이지에 e-Book의 목차를 생성하였고 플래시 이벤트 버튼을 만들어서 액션을 지정하는 방법까지 알아 보았습니다. 지금부터는 작성한 콘티에 따라서 "2" 페이지부터 슬라이드 쇼와 모션을 활용한 애니메이션을 설정하는 방법을 알아 보겠습니다.

슬라이드 쇼 이미지의 순서 정하기

01 콘티를 살펴보고 슬라이드 쇼에 보여질 이미지의 순서를 정하는 방법을 알아봅니다. 슬라이드 쇼는 "PART-1"의 "DPS e-Book" 편에서 다룬 내용과 교차 참고하기 바랍니다.

마크와 로고가 360도 회전되도록함

버튼을 만들어서 버튼을 클릭하면 3개의 이미지가 차례로 슬라이딩 되도록 함

요리 이미지가 위나 아래에서 부터에서 차례대로 오른쪽에서 왼쪽으로 이동하여 위치하게함

02 슬라이드 쇼에서 가장 먼저 보여질 이미지와 다음에 보여질 이미지의 순서를 정합니다. 여기서는 오른쪽 이미지부터 왼쪽 이미지의 순서로 보여지도록 제작해 보겠습니다. 먼저 "선택 도구(▶)"를 선택하고 가운데 배치된 이미지를 선택한 후, 메뉴에서 "개체-앞으로 가져오기"를 선택합니다.

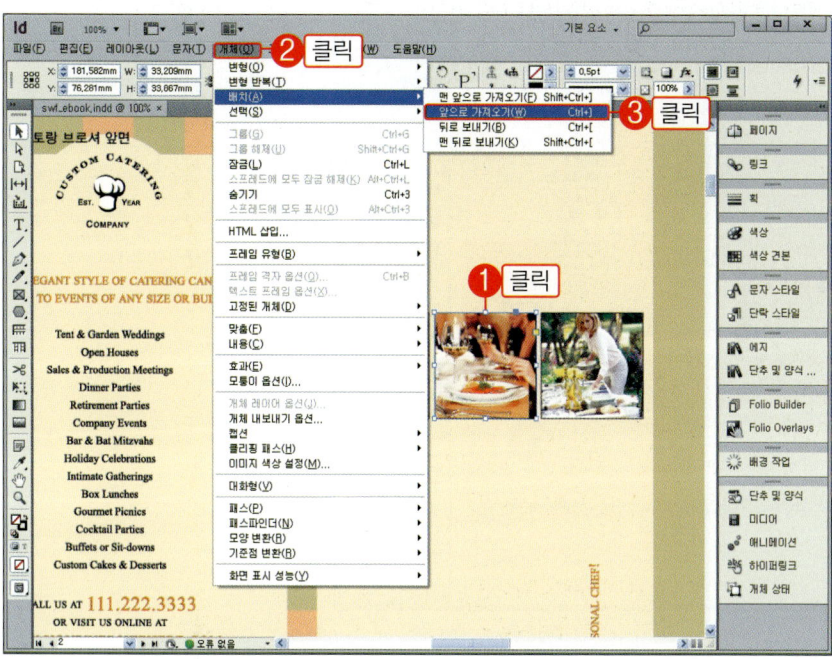

03 이번에는 가장 오른쪽에 배치된 이미지를 선택한 후, 메뉴에서 "개체-맨 앞으로 가져오기"를 선택합니다.

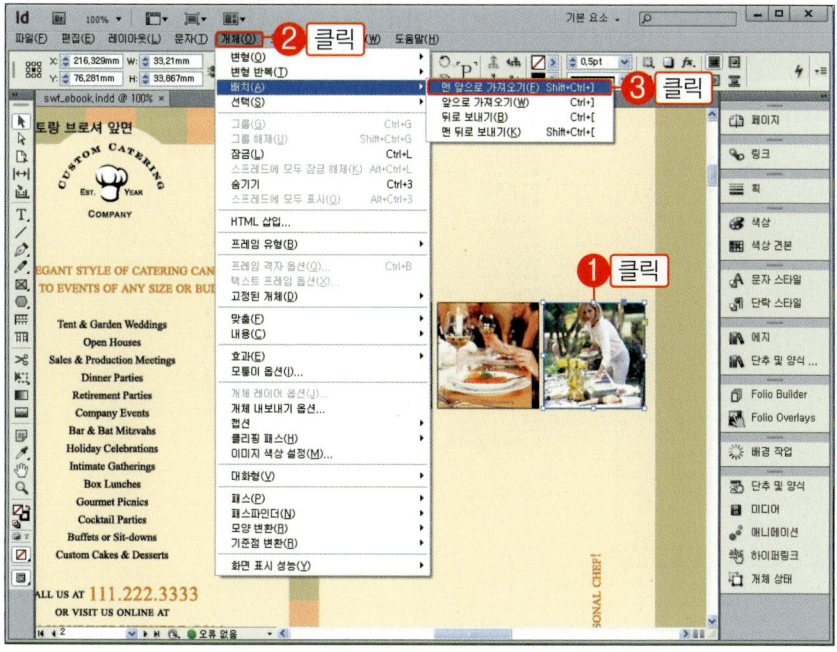

04 자판에서 Shift 키를 누른 채로 세 개의 이미지를 각각 클릭하여 모두 선택합니다. 그리고 정렬 패널에서 "수평 가운데 정렬(▣)"과 "수직 가운데 정렬(▦)"을 각각 클릭합니다.

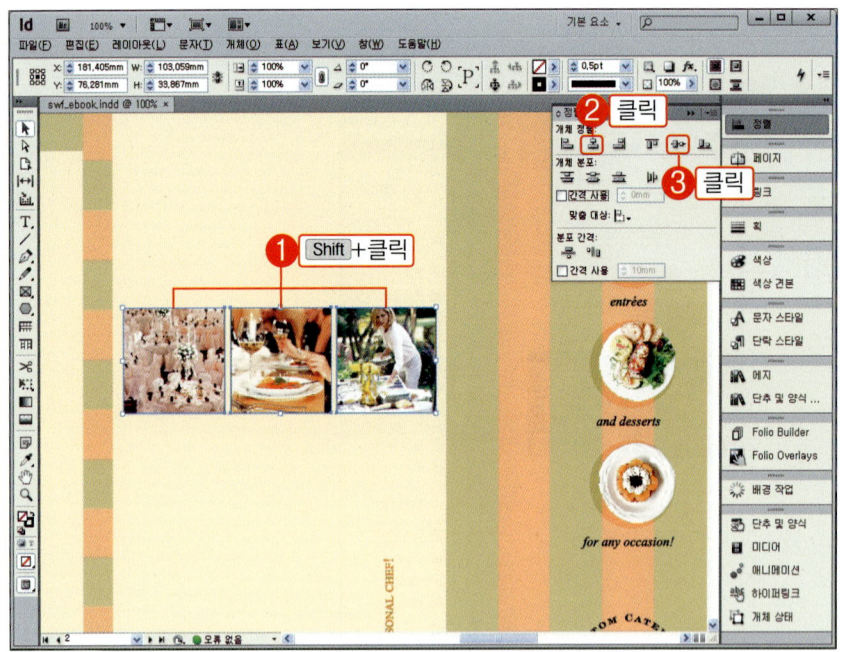

🔒 잠깐만!

컨트롤 패널에도 "수평 가운데 정렬"과 "수직 가운데 정렬" 도구가 있습니다.

05 다음 그림과 같이 세 개의 이미지가 한 영역에 겹쳐지게 배치됩니다. 이 때 앞의 "스탭 02"와 "스탭 03" 과정에서 배치한 순서대로 앞쪽에 표시됩니다.

06 메뉴에서 "창–대화형–개체 상태"를 선택하고 패널을 엽니다.

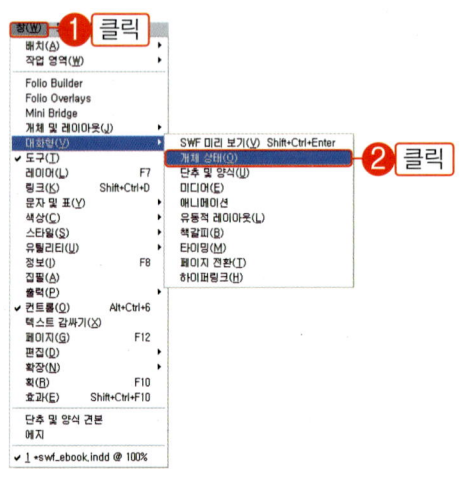

07 개체 상태 패널 하단에서 "선택 항목을 다중 상태 개체로 변환(■)"을 선택합니다.

슬라이드 쇼에 반응하는 버튼 제작하기

01 도구상자에서 "사각형 도구(■)"를 선택하고 정렬된 이미지의 왼쪽에서 드래그하여 다음 그림과 같이 직사각형을 그립니다.

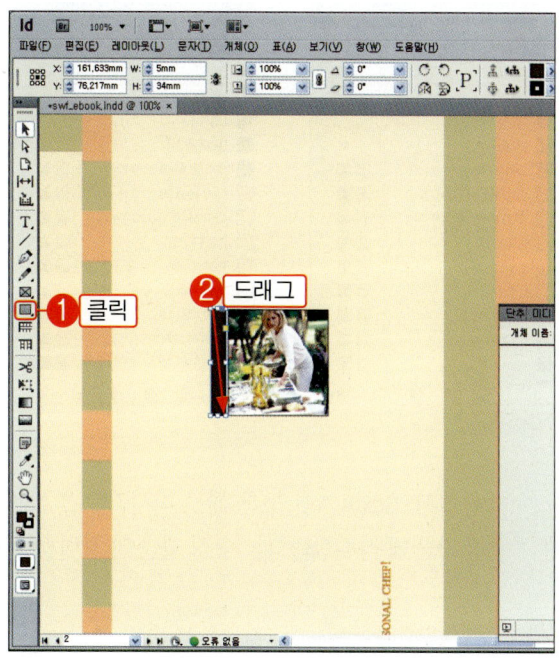

02 직사각형에 검정색을 채워 보겠습니다. "색상 견본" 패널을 열고 "획" 아이콘을 클릭한 후, 목록에서 "검정"을 선택합니다. 다시 "칠" 목록을 클릭하고 "없음"을 선택합니다.

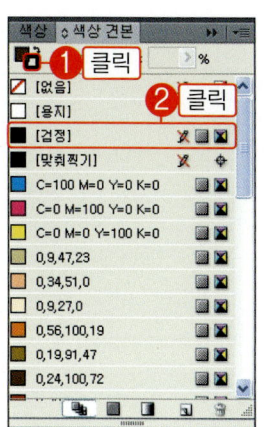
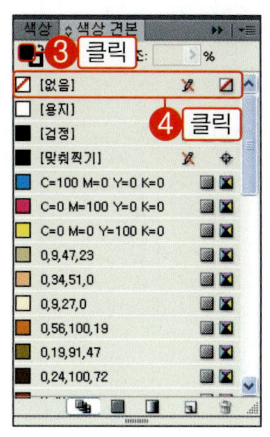

03 도구상자에서 "다각형 도구(●)"를 선택하고 직사각형 위에서 드래그하여 다음 그림과 같이 삼각형을 그립니다.

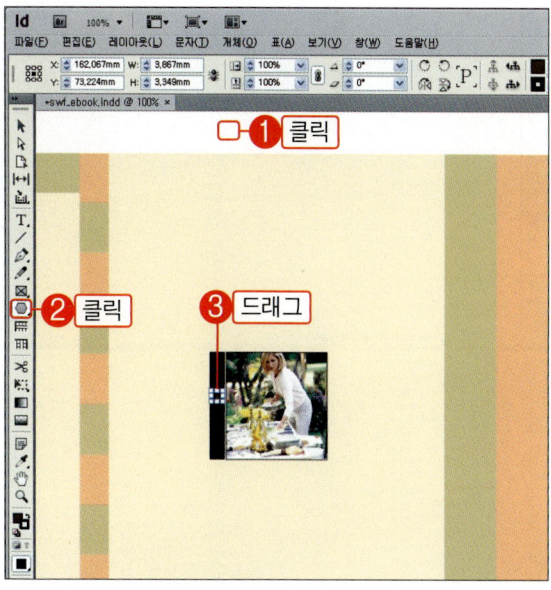

04 삼각형에 하얀색을 채워 보겠습니다. "색상 견본" 패널을 열고 "획" 아이콘을 클릭한 후, 색상 목록에서 "용지"를 선택합니다. 다시 "칠" 아이콘을 클릭하고 색상 목록에서 "용지"를 선택합니다.

05 현재 버튼을 클릭하면 "이전 슬라이드로 되돌린다"는 의미로 삼각형을 회전시키겠습니다. 컨트롤 패널에서 "시계 방향으로 90도 회전(⟳)"을 선택합니다.

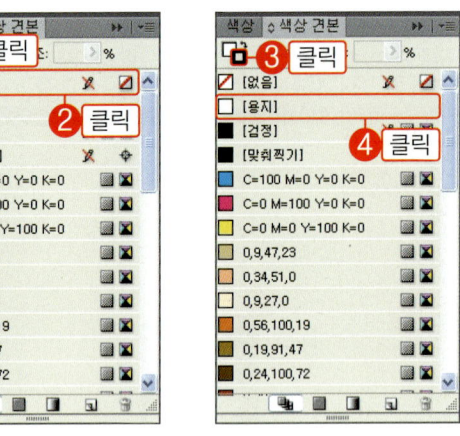

06 자판에서 Shift 키를 누른 채로 직사각형을 클릭하여 삼각형과 복수로 선택합니다. 그리고 컨트롤 패널에서 "수평 가운데 정렬(🔳)"과 "수직 가운데 정렬(🔳)"을 선택합니다.

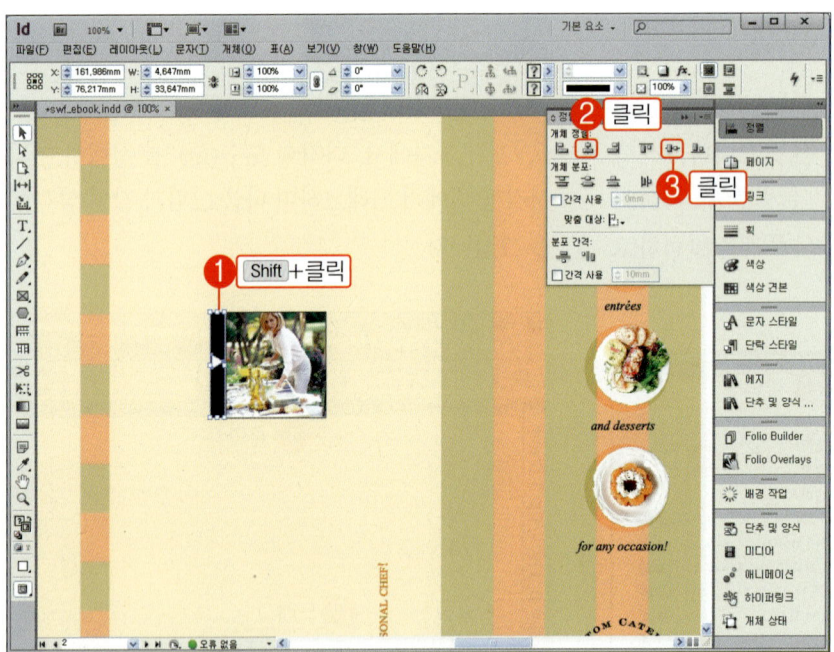

07 삼각형과 직사각형을 그룹으로 묶어서 관리하기 위하여 메뉴에서 "개체−그룹"을 선택합니다. 그리고 복사하기 위하여 자판에서 Shift + Alt 키를 누른 채로 오른쪽 방향으로 드래그합니다.

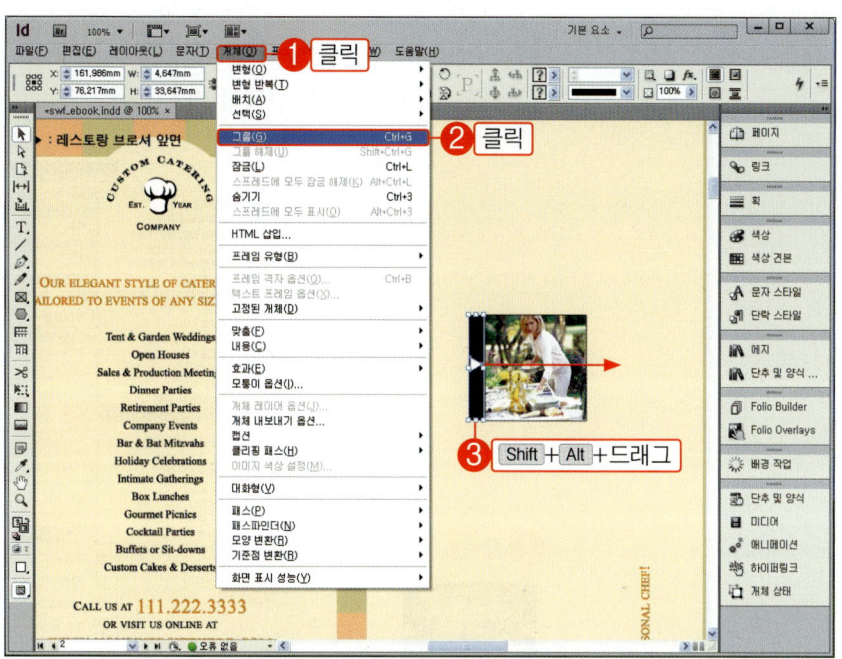

08 이미지의 오른쪽으로 복사된 버튼을 클릭하면 "이후 슬라이드를 표시한다"는 의미로 뒤집겠습니다. 컨트롤 패널에서 "가로로 뒤집기(🔁)"를 클릭합니다. 그러면 왼쪽의 버튼과 대면 처리됩니다.

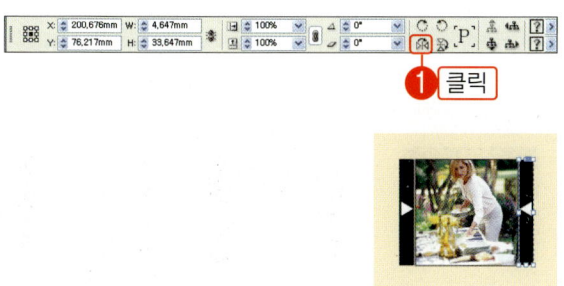

09 이제 복사된 버튼을 클릭하면 다음 이미지로 슬라이딩되도록 액션을 지정하기 위하여 메뉴에서 "창−대화형−단추 및 양식"을 선택합니다.

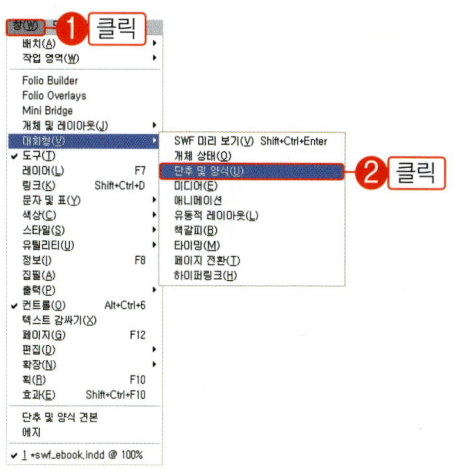

10 단추 및 양식 패널의 "동작" 오른쪽에 표시된 플러스 기호의 "선택한 이벤트에 새 동작 추가"를 클릭합니다. 그리고 메뉴에서 "다음 상태로 이동"을 선택합니다.

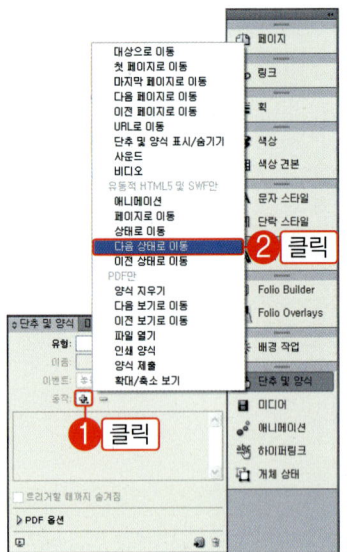

11 이번에는 왼쪽의 버튼에 액션을 지정하기 위하여 왼쪽에 위치한 버튼을 클릭합니다. 그리고 단추 패널의 "동작" 오른쪽에 표시된 플러스 기호의 "선택한 이벤트에 새 동작 추가"를 클릭합니다. 메뉴에서 "이전 상태로 이동"을 선택합니다.

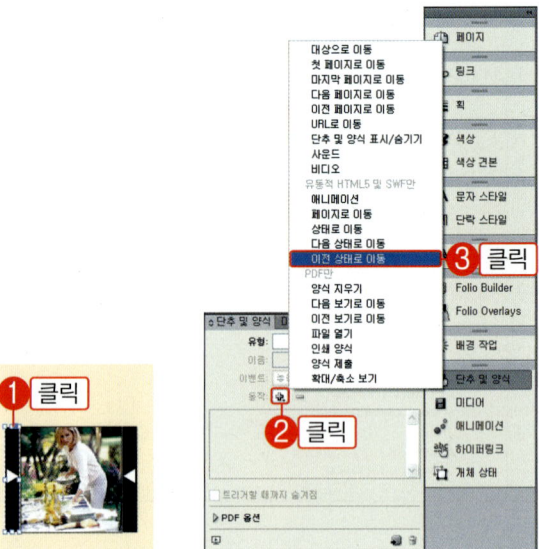

12 슬라이드 쇼의 모든 작업이 완료되었습니다. 정상적으로 작동하는지 확인하기 위하여 단추 패널의 하단 왼쪽에 위치한 "미리 보기(▣)"를 클릭합니다.

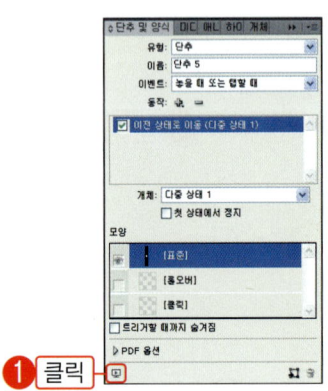

13 슬라이드 쇼의 버튼을 클릭하면 슬라이드 쇼가 실행되는 것을 확인할 수 있습니다.

모션 애니메이션 설정

01 이번에는 왼쪽 상단에 이미지와 텍스트로 구성된 마크와 로고를 회전시키는 애니메이션을 만들어 보겠습니다. 메뉴에서 "창-대화형-애니메이션"을 선택합니다.

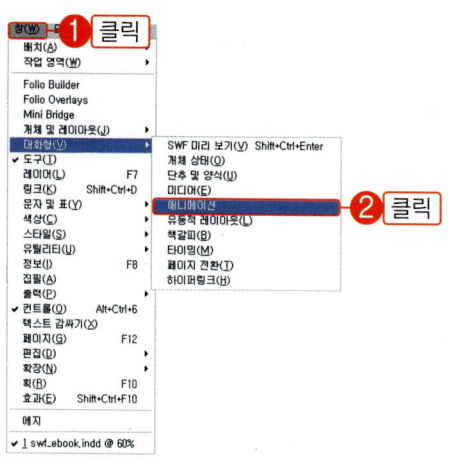

02 도구상자에서 "선택 도구(▶)"를 선택하고 마크와 로고 개체를 클릭하여 선택합니다.

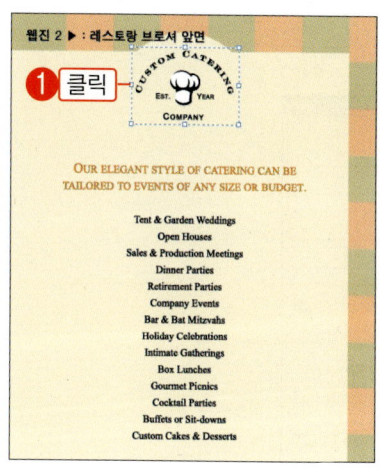

> **⚠ 잠깐만!**
>
> 현재 선택한 마크와 로고 개체는 그룹 상태입니다. 개별 개체를 그룹으로 묶고 애니메이션을 지정하면 하나의 개체 상태로 애니메이션 됩니다.

03 "애니메이션" 패널의 "사전 설정" 목록에서 "회전-시계 방향으로 180도 회전"을 선택합니다.

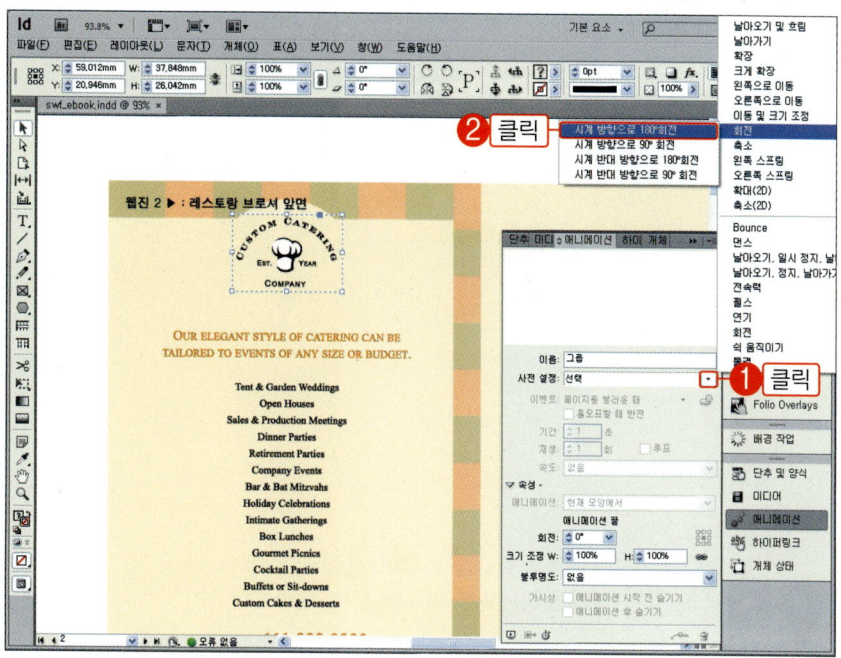

04 "애니메이션 미리 보기"에 표시되는 나비 이미지의 모션을 보면 "사전 설정" 목록에서 선택한 애니메이션이 어떤 형태로 진행될지 미리 확인할 수 있습니다. 이제 마크와 로고 애니메이션을 확인하기 위하여 "미리 보기(🖿)"를 클릭합니다.

05 마크와 로고 개체가 시계 방향으로 180도 회전되는 애니메이션을 확인합니다. 그리고 미리 보기 창을 닫습니다.

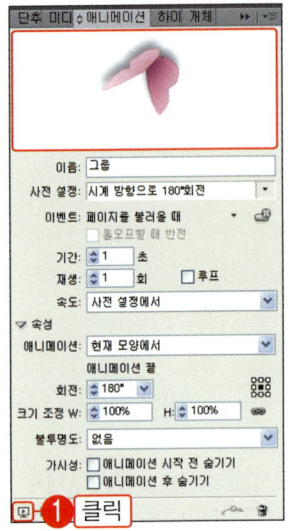

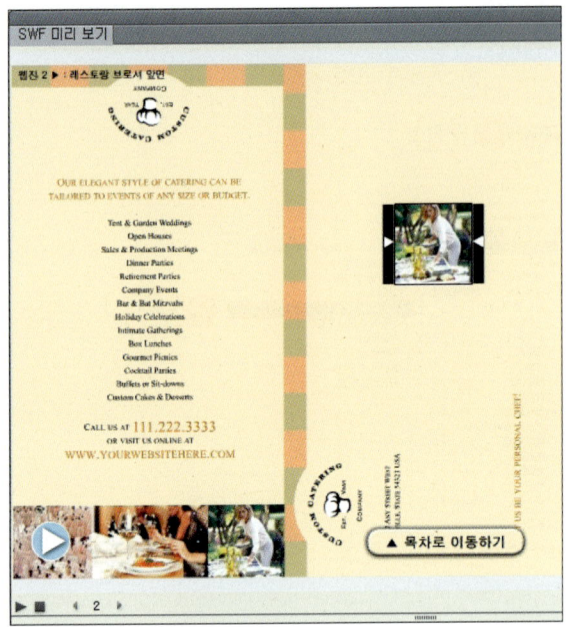

> ⚠ **잠깐만!**
> 위의 그림과 달리 애니메이션 패널의 옵션이 숨겨져 있다면 "속성▷"을 클릭하여 패널을 확장시킵니다.

이벤트 설정

01 이번에는 "이벤트" 목록에서 "페이지를 불러올 때"를 선택하여 체크 표시를 해제합니다. 다시 "이벤트" 목록에서 "롤오버 할 때(자체)"를 선택하고 결과를 확인하기 위하여 "미리 보기(🖿)"를 클릭합니다.

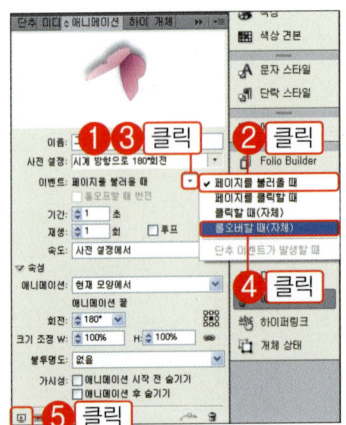

> ⚠ **잠깐만!**
> "이벤트" 목록은 복수로 선택할 수 있습니다. 따라서 하나의 목록만 선택할 때는 반드시 이전에 선택되어 있는 목록을 클릭하여 체크 표시를 해제하여야 합니다.

02 "미리 보기" 창에서 마크와 로고 위에 마우스 포인터를 올리면 회전하는 애니메이션이 진행됩니다. 확인이 되었으면 미리 보기 창을 닫습니다.

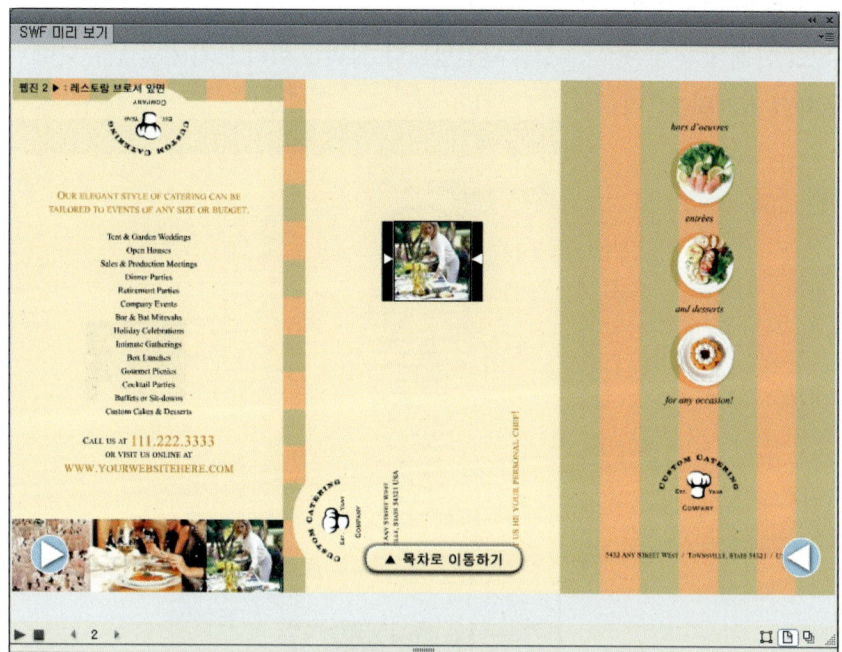

잠깐만!

"미리보기" 창의 왼쪽 하단에 위치한 단축 도구(▶■)를 사용하여 애니메이션을 다시 재생하거나 중지할 수 있습니다.

TIP 애니메이션 이벤트 옵션

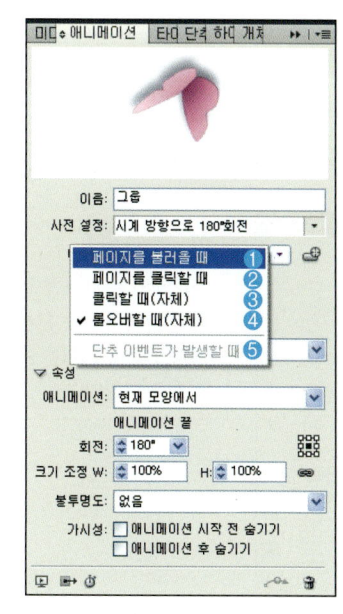

"사전 설정" 목록에서 모션 애니메이션을 선택하면 "이벤트" 목록에서 애니메이션의 세부 동작을 지정할 수 있습니다. "이벤트" 목록에는 다섯 가지의 세부 옵션을 제공하는데 각각 다음과 같은 기능을 합니다.

① [페이지를 불러올 때] : e-Book이 브라우저에 실행되는 순간 자동으로 지정한 애니메이션이 실행됩니다.

② [페이지를 클릭할 때] : e-Book이 브라우저에 실행된 이후, 페이지에서 임의의 위치를 클릭하면 애니메이션이 실행됩니다.

③ [클릭할 때(자체)] : e-Book이 브라우저에 실행된 이후, 지정된 애니메이션 항목을 클릭하면 애니메이션이 실행됩니다.

④ [롤오버할 때(자체)] : e-Book이 브라우저에 실행된 이후, 지정된 애니메이션 항목에 마우스 포인터를 올리면 애니메이션이 실행됩니다.

⑤ [단추 이벤트가 발생할 때] : e-Book이 브라우저에 실행된 이후, 액션이 지정된 버튼을 클릭하면 애니메이션이 실행됩니다.

롤오프 때 반전하는 애니메이션

01 이번에는 애니메이션 개체에서 마우스 포인터를 내리면 원래의 상태로 되돌리는 애니메이션을 지정해 보겠습니다. "이벤트" 항목의 아래에 위치한 "롤오프할 때 반전"을 클릭하여 체크 표시하고 "미리 보기(▣)"를 클릭합니다.

02 이제 애니메이션 개체에 마우스 포인터를 올리면 진행이 되고 포인터를 내리면 반대로 진행되는 것을 확인합니다. 그리고 미리 보기 창을 닫습니다.

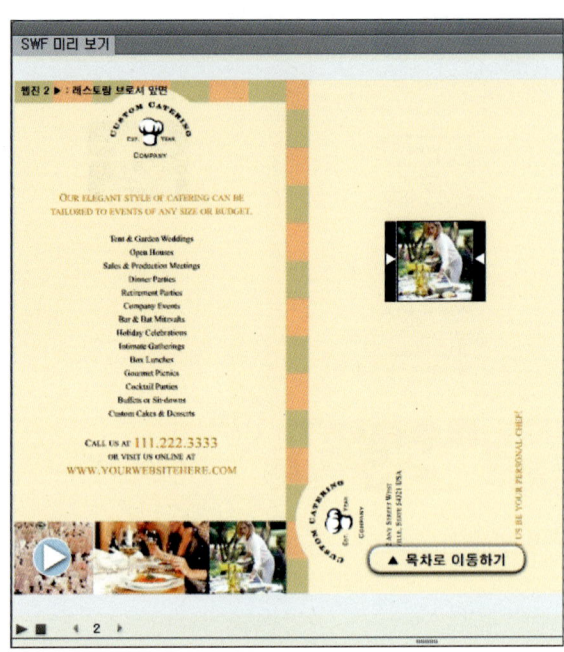

> 🔲 **잠깐만!**
>
> "롤오프할 때 반전"옵션은 "이벤트" 목록에서 "롤오버할 때 (자체)"와 "클릭할 때(자체)"를 선택하였을 경우에만 활성화 되고 사용이 가능합니다.

애니메이션의 재생 속도와 반복 횟수

01 "기간"에는 애니메이션의 재생 속도를 설정하는 곳입니다. 여기에 "10"을 입력합니다. "재생"에는 반복 횟수를 설정하는 곳입니다. 여기에는 "2"를 입력하고 "미리 보기(▣)"를 클릭합니다.

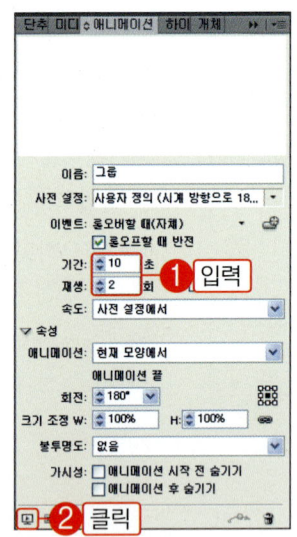

> 🔲 **잠깐만!**
>
> "기간"의 수치가 높을수록 애니메이션이 천천히 재생됩니다. 단위는 초당 "1"회 진행입니다.

02 이제 애니메이션 개체에 마우스 포인터를 올리거나 내리면 "10"초당 한 동작씩 천천히 "2"회 진행됩니다. 미리 보기 창을 닫습니다.

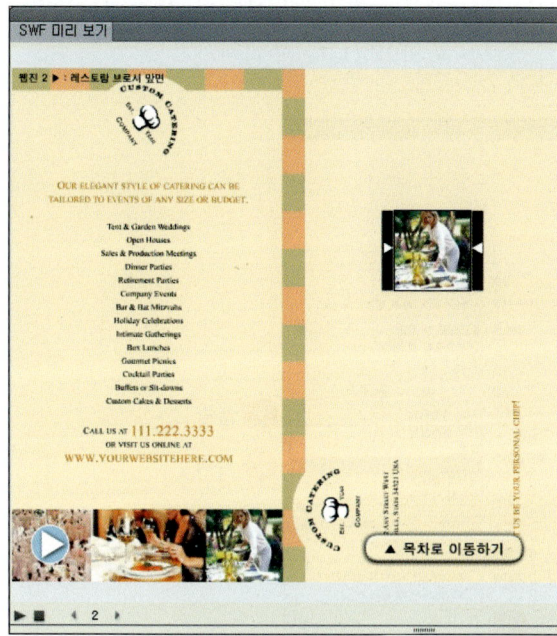

무한 반복하는 애니메이션

01 이번에는 애니메이션이 무한 반복하여 재생되도록 지정해 보겠습니다. "루프" 항목을 클릭하여 체크 표시하고 "미리 보기(🖼)"를 클릭합니다.

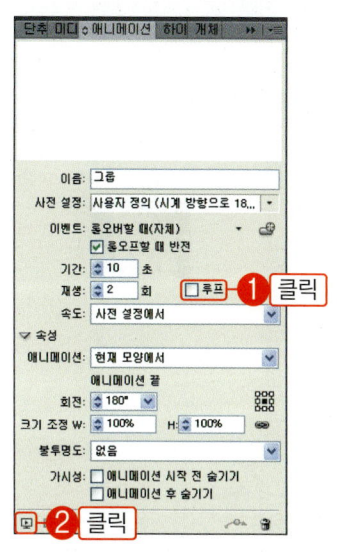

TIP 이벤트 옵션과 재생의 우선 순위

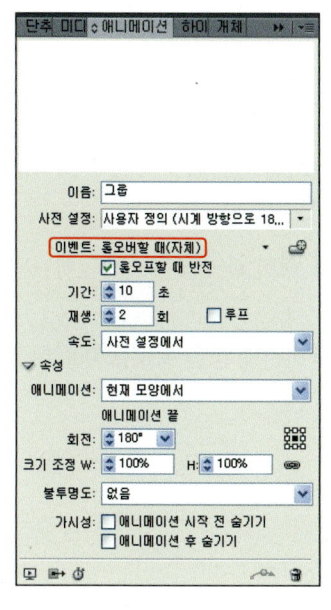

이전 작업에서 "재생"에 "2"를 입력하였음에도 불구하고 애니메이션 개체에 마우스 포인터를 올리거나 내리기를 반복해 보면 "2"회 이상 계속해서 애니메이션이 진행되는 것을 확인할 수 있습니다.

현재는 "이벤트" 목록에서 "롤오버할 때(자체)"를 선택하였기 때문입니다. 즉 "재생" 설정은 "이벤트"에서 선택한 목록에 따라서 유효하며 "롤오버할 때(자체)"와 "클릭할 때(자체)"를 선택한 경우는 이벤트가 재생보다 우선 순위를 갖게 되는 것입니다.

"이벤트" 목록에서 "페이지를 불러올 때"나 "페이지를 클릭할 때"를 선택한다면 정확히 "재생"에 입력한 횟수 만큼만 애니메이션이 재생되고 멈추는 것을 확인할 수 있습니다.

02 애니메이션 개체에 마우스 포인터를 올리면 재생이 되고 포인터를 내리면 반대로 무한 반복 재생되는 것을 확인합니다. 그리고 미리 보기 창을 닫습니다.

애니메이션의 시작과 끝 재생 속도 설정

01 애니메이션의 시작 부분과 끝 부분만의 재생 속도를 조절하려면 "속도" 목록에서 선택합니다. 여기서는 "서서히 시작하기"를 선택하고 "미리 보기(▣)"를 클릭한 후 확인합니다.

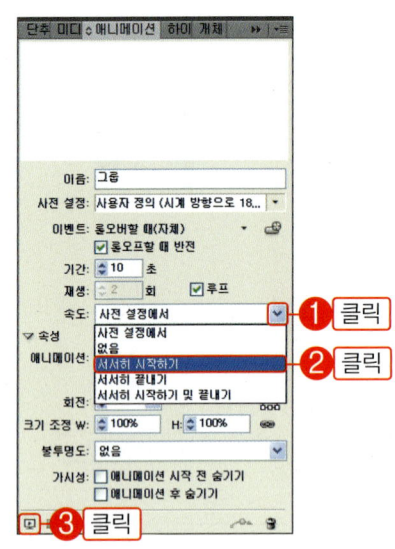

TIP 애니메이션의 속도 옵션

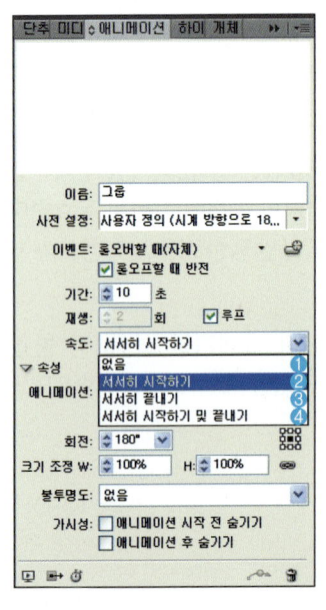

"속도" 목록의 선택에 따라서 각각 다음과 같은 속도로 애니메이션이 재생됩니다.

❶ [없음] : 인디자인의 표준 속도 값으로 애니메이션을 재생합니다.

❷ [서서히 시작하기] : 애니메이션이 서서히 시작되다가 점차 빨라집니다.

❸ [서서히 끝내기] : 애니메이션이 "기간"에서 설정한 값으로 진행되다가 점차 느려집니다.

❹ [서서히 시작하기 및 끝내기] : 애니메이션의 중간 부분을 제외하고 시작과 끝 부분에서 서서히 재생됩니다.

애니메이션의 끝 부분에서 확대와 축소하기

01 이번에는 애니메이션의 끝 부분에서 개체가 확대되거나 축소되도록 설정해 보겠습니다. "크기 조정"에 "130"을 입력하고 쇠사슬 모양의 연결 아이콘(을 클릭합니다. 그리고 "미리 보기( )"를 클릭합니다.

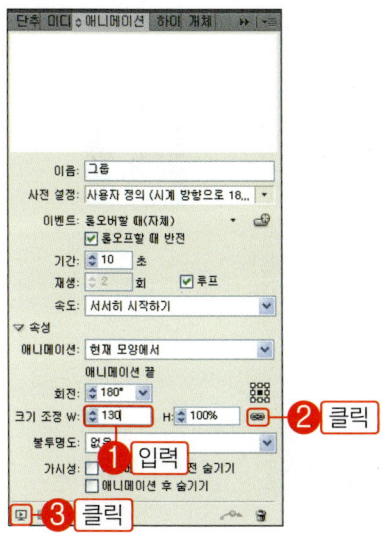

02 애니메이션 개체에 마우스 포인터를 올리거나 내리면 끝 부분에서 개체가 점차 130%까지 확대되는 것을 확인할 수 있습니다.

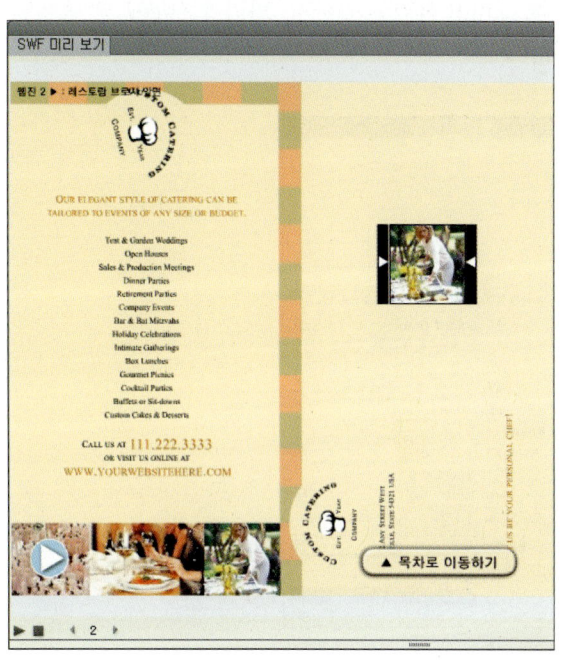

> **잠깐만!**
>
> 인디자인의 수치 입력란에서 한 곳에만 수치를 입력하고 쇠사슬 모양의 연결 아이콘을 클릭하면 다른 수치 입력란에는 자동으로 동일한 수치가 입력됩니다. 즉 "W"에 "130"을 입력하고 연결 아이콘을 클릭하면 "H"에는 자동으로 "130"이 입력됩니다.

03 "애니메이션" 패널의 "크기 조정"에 "100%" 이하의 수치를 입력하면 애니메이션의 끝 부분에서 개체가 점차 축소가 됩니다.

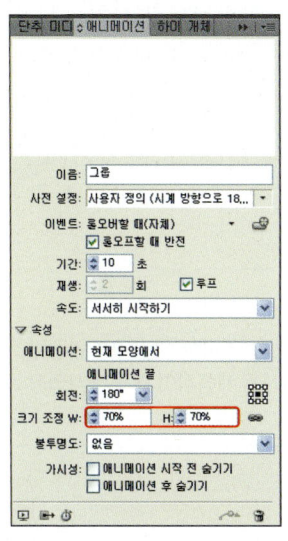

애니메이션의 끝 부분에서 점차 사라지게 하기

01 이번에는 애니메이션의 끝 부분에서 개체가 점차적으로 흐려지면서 사라지도록 설정해 보겠습니다. "불투명도" 목록에서 "페이드 아웃"을 선택합니다. 그리고 확인을 위하여 "미리 보기(▣)"를 클릭합니다.

02 애니메이션 개체에 마우스 포인터를 올리거나 내리면 다음과 같이 끝 부분에서 점차 사라지는 것을 확인할 수 있습니다.

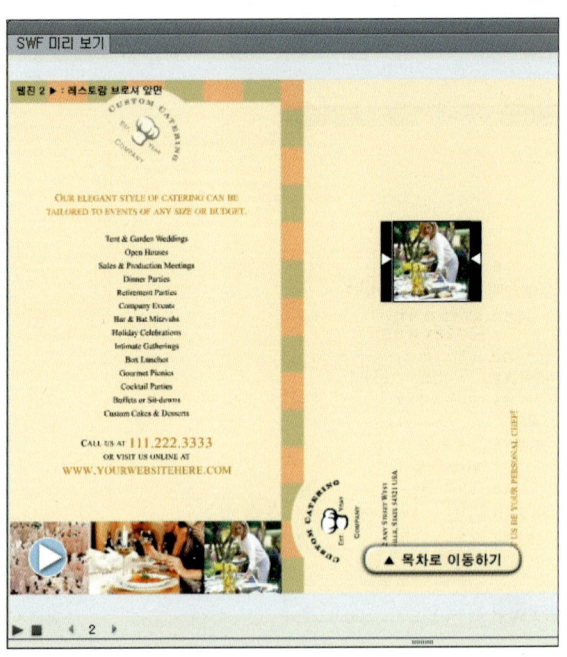

> **잠깐만!**
> "불투명도" 목록에서 "페이드 인"을 선택하면 애니메이션 개체가 흐린 상태에서 점차 진하게 됩니다.

애니메이션 시작 전후에 개체 숨기기

01 애니메이션의 끝 부분에서 개체가 사라지도록 설정해 보겠습니다. 먼저 "루프"를 클릭하여 체크 표시를 해제하고 "가시성"에서 "애니메이션 후 숨기기"를 클릭하여 체크 표시합니다. "미리 보기(▣)"를 클릭하고 확인합니다.

> **잠깐만!**
> "루프"의 체크 표시를 해제한 것은 "가시성" 옵션과는 연관이 없으며 단지 "1"회만 애니메이션을 재생하여 개체가 사라지는 결과를 확인하기 위함입니다.

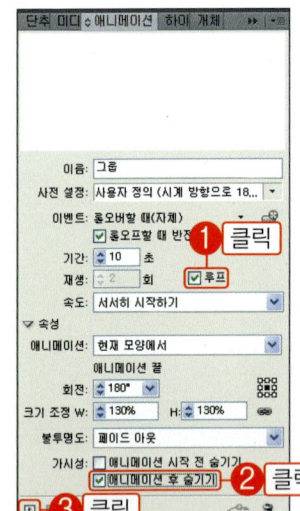

> **잠깐만!**
> "가시성"에서 "애니메이션 시작 전 숨기기"를 선택하면 애니메이션 개체가 숨겨져서 시작됩니다.

방향 이동 애니메이션

01 음식 이미지가 오른쪽에서 왼쪽 방향으로 이동하는 애니메이션을 만들겠습니다. 먼저 자판에서 Shift 키를 누른 채로 세 개의 음식 이미지를 각각 클릭하여 복수로 선택합니다.

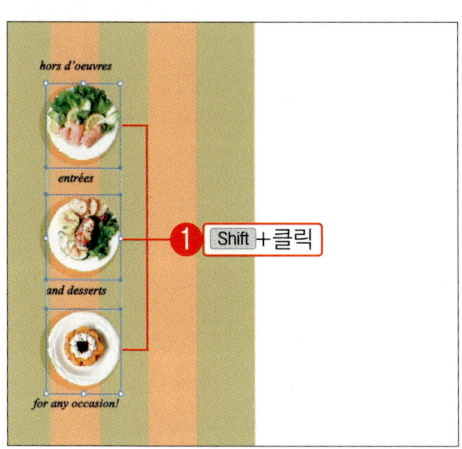

02 "애니메이션" 패널의 "사전 설정"에서 "왼쪽으로 이동"을 선택합니다. 그러면 복수로 선택된 모든 개체에 선택한 애니메이션이 적용됩니다.

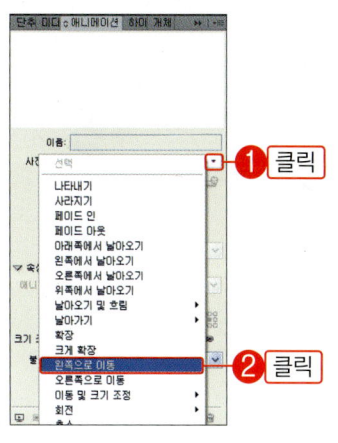

03 도큐멘트의 임의의 위치를 한 번 클릭하여 복수 선택을 해제하고 가장 상단의 음식 이미지만 클릭하여 선택합니다. 그러면 선택한 개체에 초록색의 애니메이션 패스가 표시됩니다.

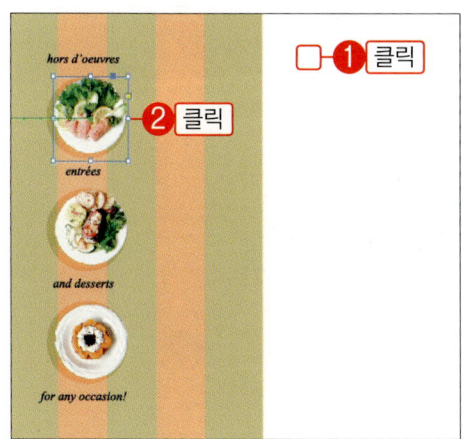

04 작업 영역을 확보하기 위하여 "애니메이션" 패널을 잠시 닫아 놓습니다. 그리고 선택된 상단의 음식 이미지를 오른쪽 방향으로 드래그하여 위치를 변경합니다.

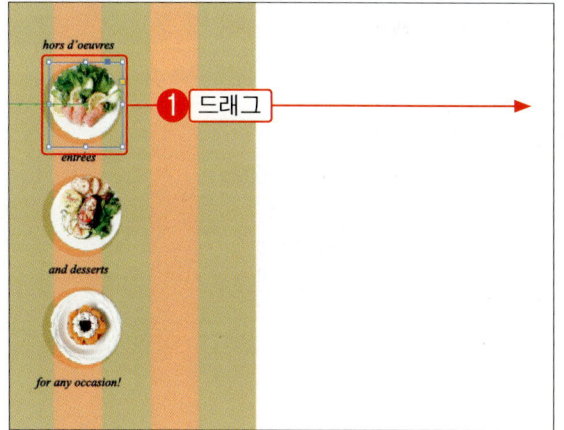

> **잠깐만!**
> 개체를 복수로 선택한 상태에서는 애니메이션의 패스가 표시되지 않기 때문에 한 개의 개체만 선택하고 애니메이션 패스를 확인하기 위함입니다.

05 이제 오른쪽으로 이동 배치한 상단 음식 이미지와 같은 위치로 나머지 두 개의 음식 이미지를 이동 배치하기 위하여 자판에서 Shift 키를 누른 채로 두 개의 음식 이미지를 각각 클릭하여 복수로 선택합니다.

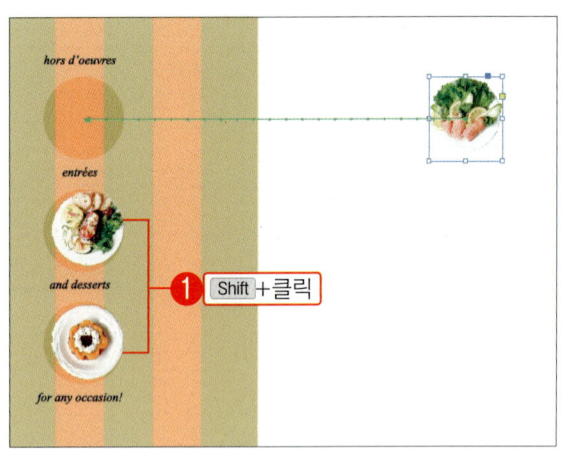

06 컨트롤 패널에서 "오른쪽 가장자리 정렬"을 클릭합니다. 그러면 두 개의 음식 이미지가 상단의 음식 이미지와 같은 위치로 이동하고 정렬됩니다.

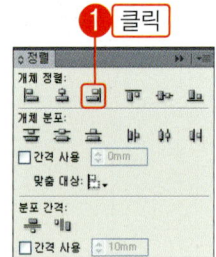

07 이제 애니메이션을 확인하기 위하여 "애니메이션" 패널을 열고 "미리 보기(▣)"를 클릭합니다.

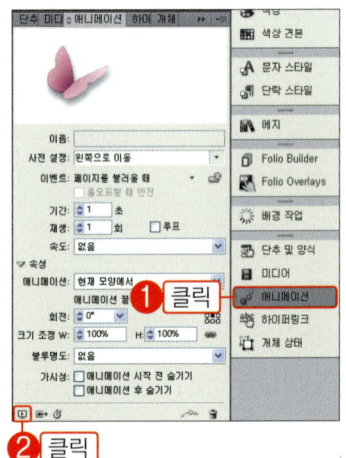

08 다음 그림과 같이 음식 이미지가 오른쪽에서 왼쪽으로 이동되는 애니메이션을 확인할 수 있습니다.

07 애니메이션 재생 순서 변경과 동시 재생

앞에서 제작한 음식 이미지의 애니메이션 재행 순서는 상단 이미지부터 중간 이미지, 하단 이미지 순으로 실행됩니다. 하단 이미지, 중간 이미지, 상단 이미지 순으로, 즉 역순으로 재생되도록 재생 순서를 변경하는 방법과 동시에 재생되도록 하는 방법을 알아봅니다.

애니메이션의 재생 순서 변경하기

01 앞에서 제작한 e-Book에서 하단의 음식 이미지 애니메이션이 가장 마지막에 재생되는 것을 확인할 수 있는데, 하단 이미지부터 역순로 실행되도록 변경해 보겠습니다. 애니메이션 재생 순서는 "타이밍" 패널에서 정합니다. 메뉴에서 "창-대화형-타이밍"을 선택하고 "타이밍" 패널을 호출합니다.

02 "타이밍" 패널 목록을 보면 애니메이션의 재생 순서가 "button_1.psd", "button_3.psd", "button_2.psd"로 표시된 것을 확인하고 "애니메이션" 패널을 엽니다.

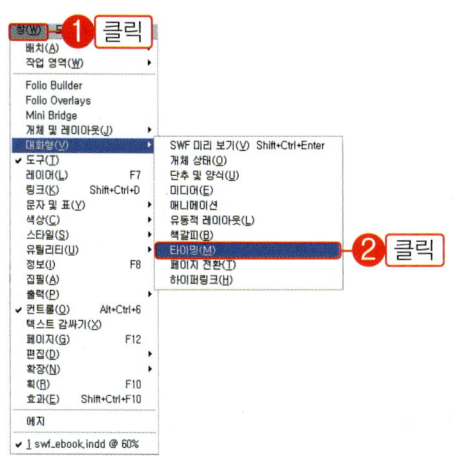

03 가장 상단에 배치된 음식 이미지부터 중간, 하단 이미지 순서로 클릭하면서 "애니메이션" 개체의 "이름"을 확인합니다. 그러면 "button_1.psd", "button_3.psd", "button_2.psd" 순서로 표시됩니다.

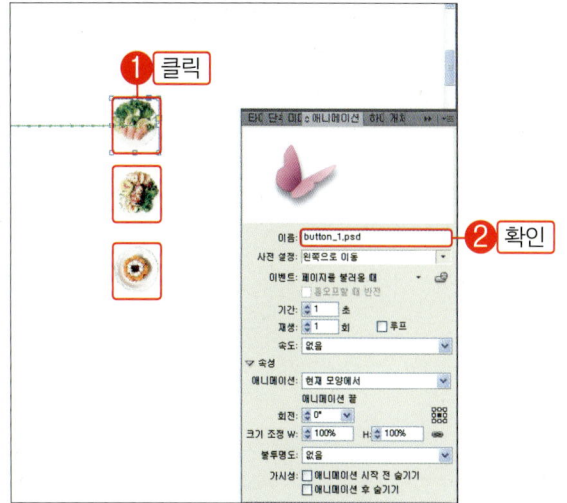

04 다시 "타이밍" 패널을 엽니다. "애니메이션" 패널의 "이름"에 표시되었던 순서인 "button_1.psd", "button_3.psd", "button_2.psd"를 "button_2.psd", "button_3.psd", "button_1.psd" 순서로 변경하기 위하여 "button_2.psd" 항목을 "button_3.psd" 항목의 위로 드래그하여 상단으로 이동시킵니다. 그리고 "button_1.psd" 항목을 하단으로 드래그하여 위치시킵니다.

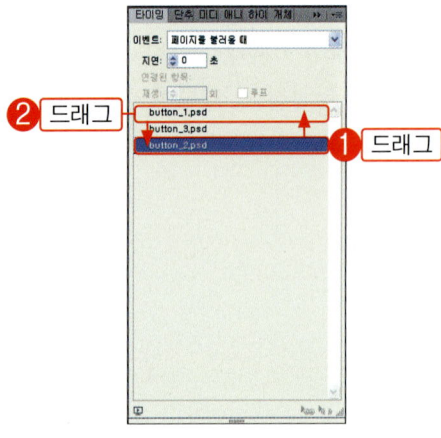

05 "타이밍" 패널의 애니메이션 항목이 다음 그림과 같은 순서로 변경되었으면 확인을 위하여 "미리보기(▣)"를 클릭합니다.

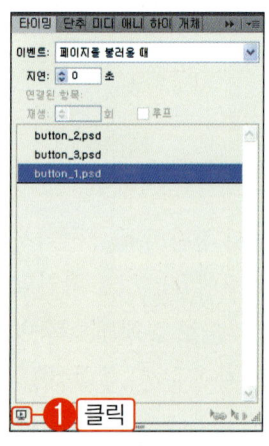

> **⚠ 잠깐만!**
>
> 상단 항목과 하단 항목의 위치를 드래그하여 항목을 반대로 배치하면 됩니다. 이 때 가운데 항목은 제자리에 위치합니다.

06 음식 이미지의 애니메이션이 하단에서부터 차례 대로 상단 이미지 순서로 재생되는 것을 확인할 수 있습니다. "미리 보기" 창을 닫습니다.

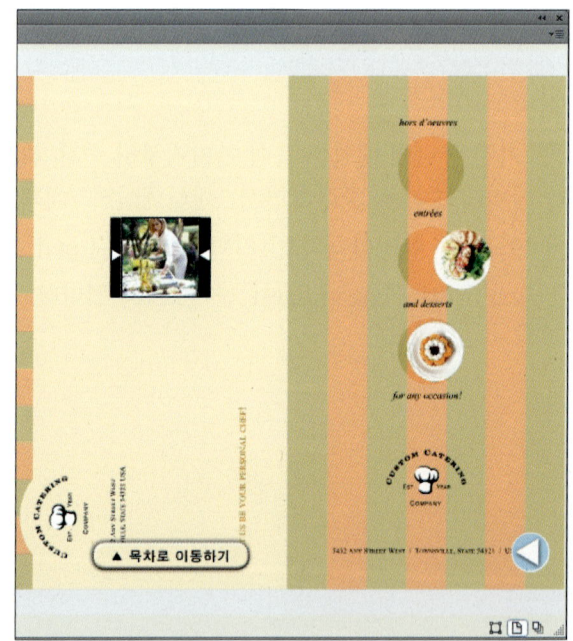

동시에 재생되는 애니메이션

01 자판에서 Ctrl 키를 누른 채로 동시에 재생하려는 항목을 각각 클릭하여 선택합니다. 여기서는 "button_2.psd", "button_1.psd"를 각각 클릭하여 선택합니다. 그리고 "함께 재생(🔄)"을 클릭한 후, "미리 보기(💻)"를 클릭합니다.

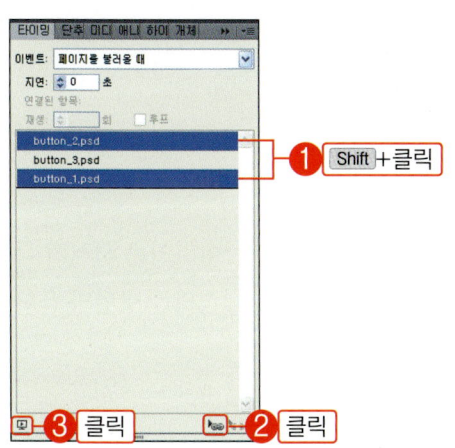

> **⏸ 잠깐만!**
> "함께 재생"을 클릭하면 "타이밍" 패널에서 선택한 항목에 연결선이 표시됩니다.

02 가장 상단과 하단에 위치한 음식 이미지가 동시에 재생되고 중간의 음식 이미지는 나중에 재생되는 것을 확인할 수 있습니다. "미리 보기" 창을 닫습니다.

동시에 재생되는 애니메이션 해제

01 동시 재생 애니메이션을 해제하려면 "함께 재생"을 적용한 항목 중에서 한 항목을 선택하고 "개별 재생(🔄)"을 클릭합니다. "미리 보기(💻)"를 클릭하고 확인하면 동시 재생 에니메이션이 해제 된 것을 확인할 수 있습니다.

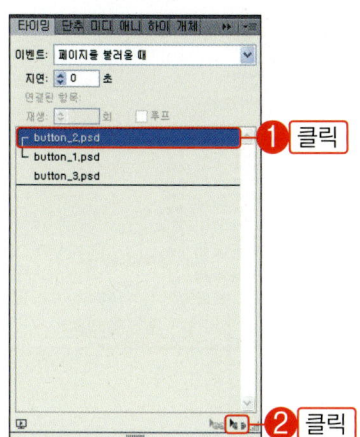

08 사전 설정의 모션 애니메이션 활용

앞에서 "2" 페이지의 e-Book이 완성되었습니다. 여기서는 콘티에 따라서 "3" 페이지에 개체가 서서히 나타났다가 사라지는 애니메이션과 이동 후, 흔들리는 애니메이션, 확대되는 애니메이션을 설정하는 방법을 알아봅니다.

페이드 인과 페이드 아웃 애니메이션

미리 작성한 "3" 페이지의 콘티를 살펴보고 설정해야 할 애니메이션을 미리 계획합니다. 여기서는 서서히 나타났다가 사라지는 애니메이션, 이동 후, 흔들리는 애니메이션, 확장되는 애니메이션을 설정하는 방법과 옵션 사항에 대하여 알아봅니다.

음식 이미지가 서서히 나타나도록 함(페이드 인, 2회)

이동 후, 흔들리는 애니메이션(스프링, 회전, 모션 패스 수정)

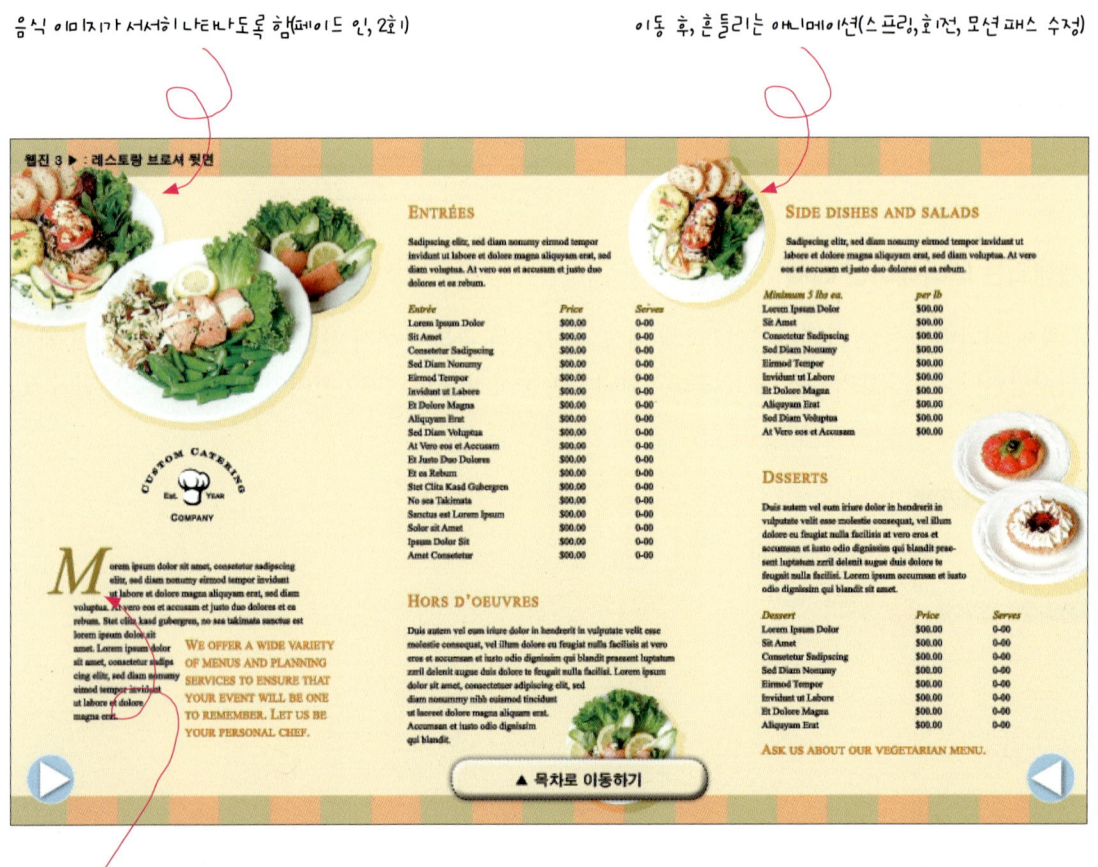

"M" 글자가 확대되도록 함(확장)

01 도큐멘트의 "3" 페이지로 이동하고 "선택 도구(▶)" 선택 상태에서 왼쪽 상단에 위치한 음식 이미지를 선택합니다.

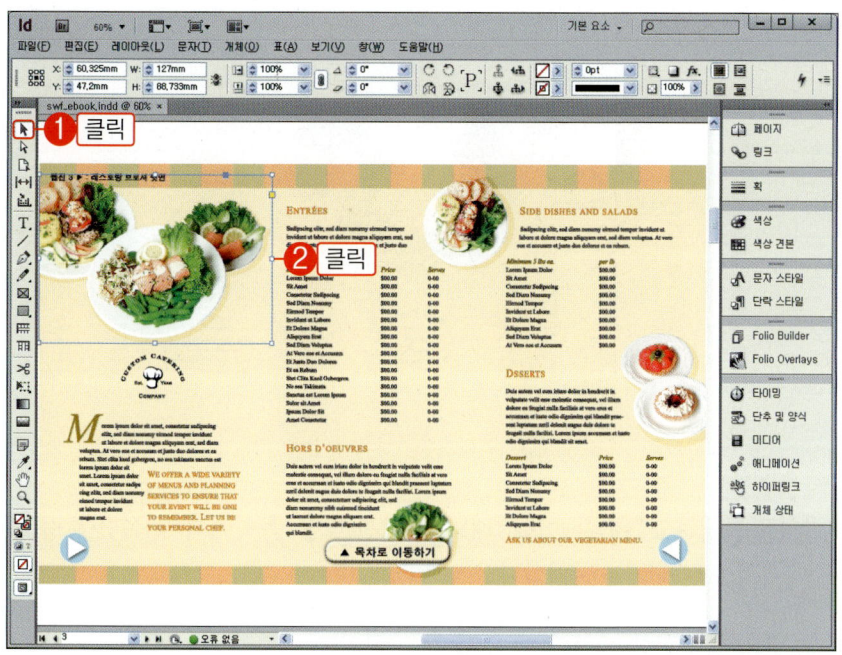

02 "애니메이션" 패널을 클릭하여 열고 "사전 설정" 목록에서 "페이드 인"을 선택합니다.

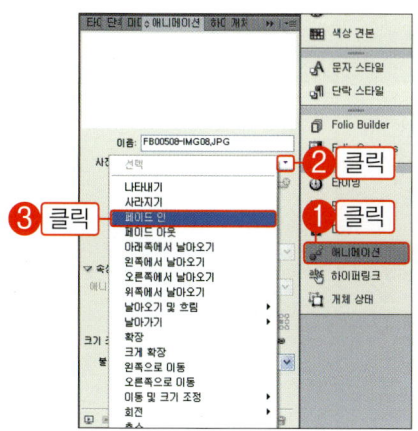

03 애니메이션 재생 시간을 회당 "5"초씩 "2"회 반복하기 위하여 "기간"에 "5"를, "재생"에 "2"를 입력하고 "미리 보기(▣)"를 클릭합니다.

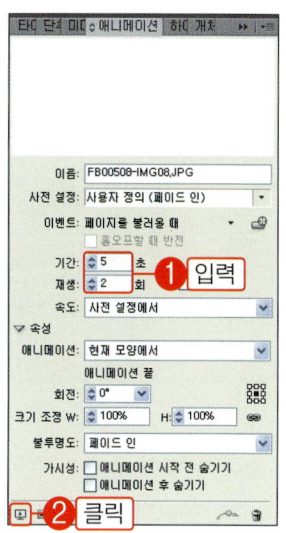

04 왼쪽 상단의 음식 이미지가 회당 "5"초씩 "2"회 반복하면서 서서히 나타나는 것을 확인할 수 있습니다. "미리 보기" 창을 닫습니다.

이동 후, 흔들리는 애니메이션

01 상단 가운데 위치한 음식 이미지를 선택하고 "애니메이션" 패널의 "사전 설정" 목록에서 "왼쪽 스프링"을 선택합니다. 그리고 확인을 위하여 "미리 보기(🔳)"를 클릭합니다.

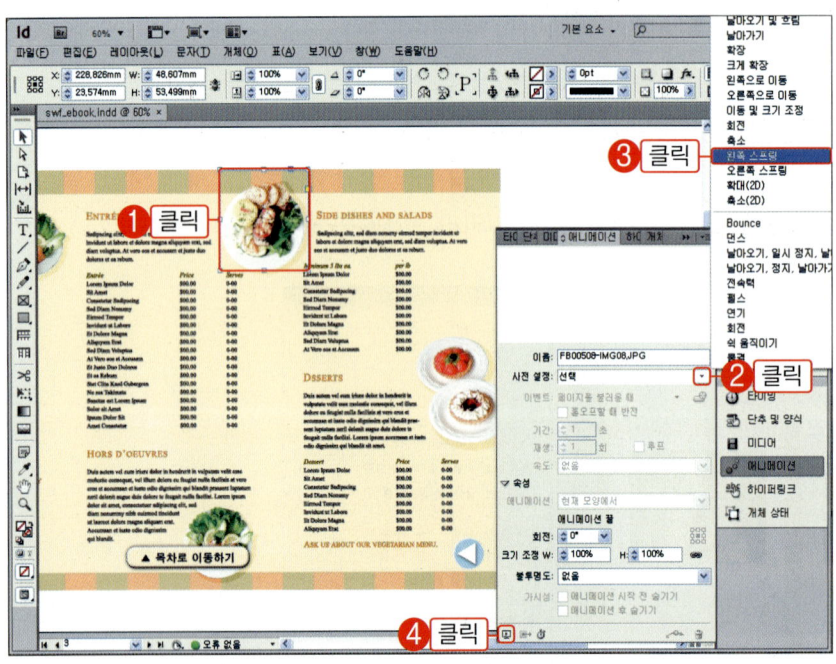

02 상단 중앙의 이미지가 오른쪽 방향에서 왼쪽으로 이동한 후, 흔들리는 것을 확인합니다. 그리고 "미리 보기" 창을 닫습니다.

애니메이션 방향 수정과 회전 설정하기

01 현재는 음식 이미지가 오른쪽에서 왼쪽으로 이동하는데 이를 상단에서 아래쪽으로 이동되도록 수정하는 방법을 알아보겠습니다. "선택 도구(▶)" 선택 상태에서 이미지를 클릭하고 "직접 선택 도구(▷)"를 선택합니다.

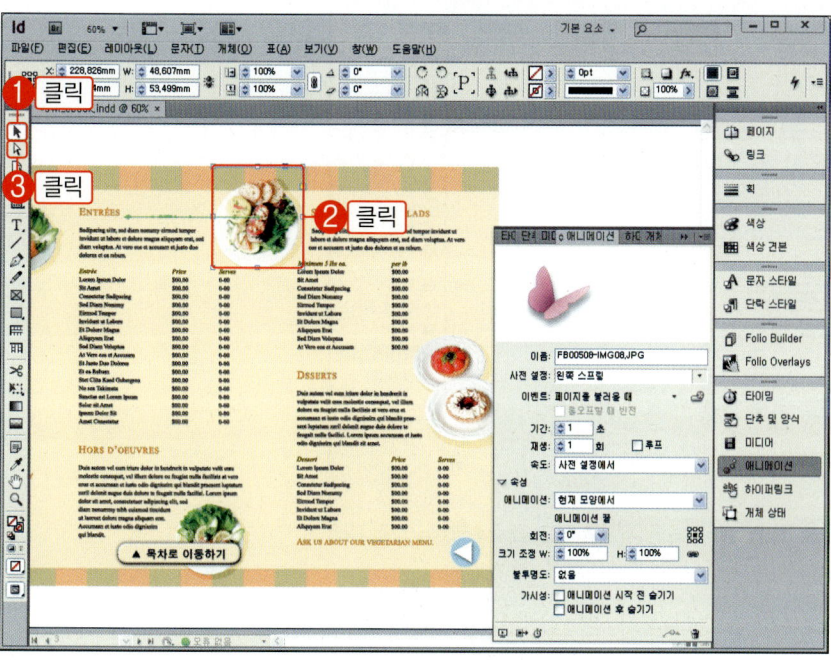

02 초록색으로 표시되는 "모션 패스"를 클릭하고 컨트롤 패널에서 "시계 반대 방향으로 90도 회전(↺)"을 선택합니다.

03 다시 "선택 도구(▶)"를 선택하고 음식 이미지를 클릭한 후, "애니메이션" 패널의 하단에 위치한 "애니메이션 프록시 표시(▣)"를 클릭합니다. 그러면 애니메이션이 정지되는 위치가 회색의 사각형으로 표시됩니다.

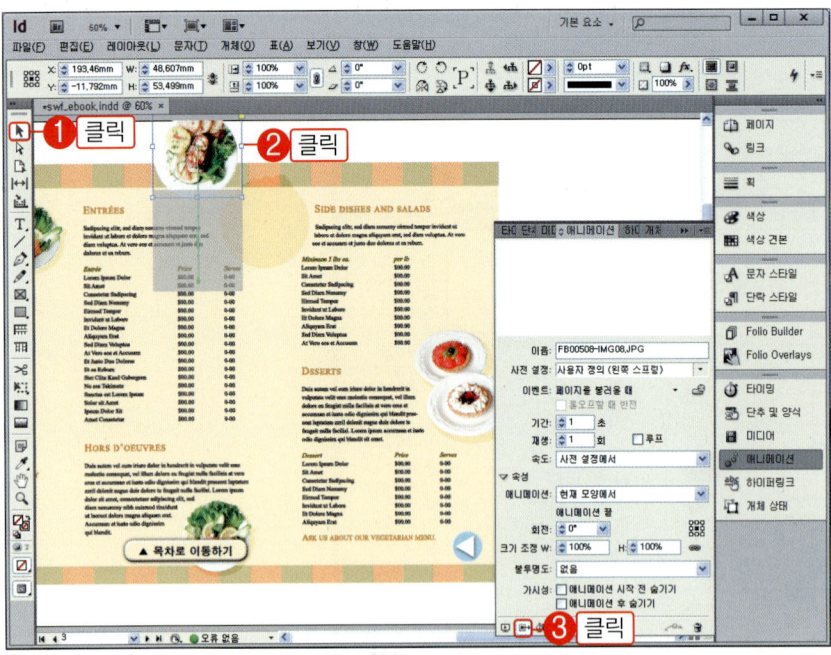

04 음식 이미지를 드래그하여 다음 그림과 같이 접시 그림자의 위치에서 애니메이션이 정지하도록 맞춥니다. 이 때 프록시(회색 상자)를 참고합니다.

05 이제 애니메이션의 방향이 상단에서 아래쪽으로 이동되도록 수정되었습니다. 추가로 음식 이미지가 회전하면서 이동되도록 "회전" 목록에서 "-180"을 선택하고 확인을 위하여 "미리 보기(🖼)"를 클릭합니다.

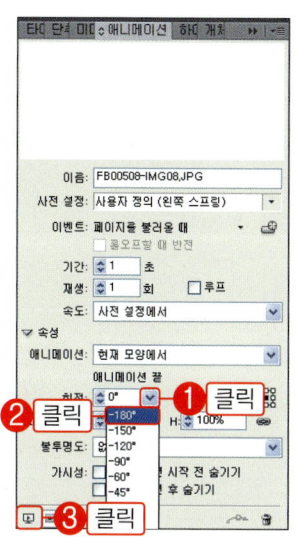

06 왼쪽 상단의 음식 이미지가 두 번 서서히 나타나고 난 후에 가운데 위치한 음식 이미지가 회전하면서 이동합니다. "미리 보기" 창을 닫습니다.

TIP 애니메이션 개체가 정지될 위치 확인하기

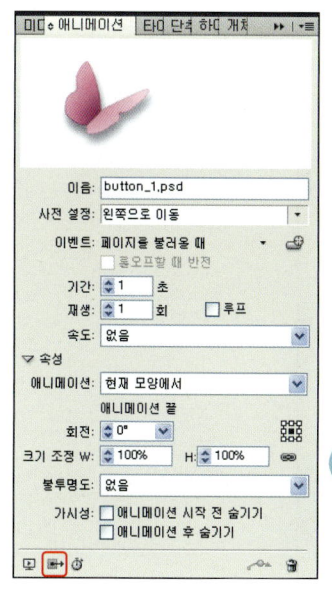

앞의 과정에서 상단의 음식 이미지를 오른쪽으로 이동 배치할 때, 애니메이션 개체가 어느 위치에서 정지하는지 알 수가 없었습니다. 따라서 대략의 위치로 이동 배치하였습니다.

이런 때는 애니메이션 패널의 하단에 위치한 "애니메이션 프록시 표시(🖼)"를 클릭합니다. 그러면 다음 그림과 같이 애니메이션 개체가 정지될 위치를 회색 상자로 표시하며 개체를 어느정도 이동해야 하는지 가늠할 수 있습니다.

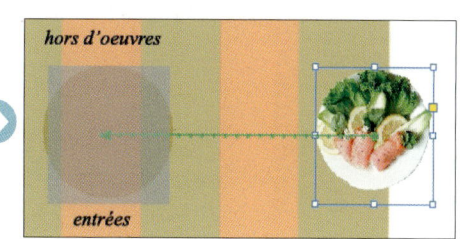

확장 애니메이션

01 "M" 글자를 확장시키기 위하여 도큐멘트에서 "M" 글자를 선택하고 "애니메이션" 패널의 "사전 설정" 목록에서 "확장"을 선택합니다. 그리고 확인을 위하여 "미리 보기(📺)"를 클릭합니다.

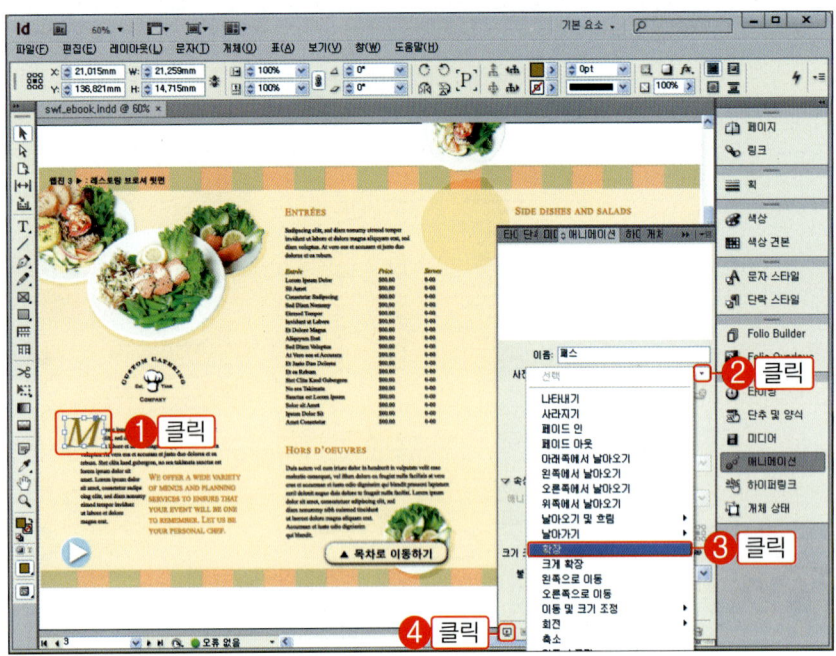

02 "M" 글자가 서서히 확대되는 것을 확인할 수 있습니다.

09 이미지 이벤트 버튼과 URL

앞에서 "3" 페이지의 e-Book이 완성되었습니다. 여기서는 콘티에 따라서 "4" 페이지에 준비되어 있는 세 개의 이미지를 활용하여 표준 상태, 마우스 오버 상태, 클릭 상태에 따라서 변하는 모양의 이벤트 버튼을 제작하고 URL을 지정하여 클릭하였을 때 다른 웹페이지가 열리게 만드는 방법을 알아보겠습니다.

이벤트 버튼 제작하기

이벤트 버튼이란 마우스 동작에 따라서 모양이 변하는 버튼을 말하며 롤오버 버튼이라고도 합니다. 여기서는 세 개의 이미지를 사용하여 이벤트 버튼을 만들고 버튼을 클릭하였을 때 지정한 웹사이트가 열리게 만드는 방법을 알아봅니다.

현재 페이지로 넘어오면 자동으로 음악이 연주되게 함 그리고 세개의 음식 이미지를 이벤트 버튼으로 만들고 클릭하면 사이트가 열리게 함

사용자 지정의 모션 패스 애니메이션

01 메뉴에서 "창-대화형-단추 및 양식"을 선택하고 "단추 및 양식" 패널이 호출되면 드래그하여 패널 도크에 배치합니다.

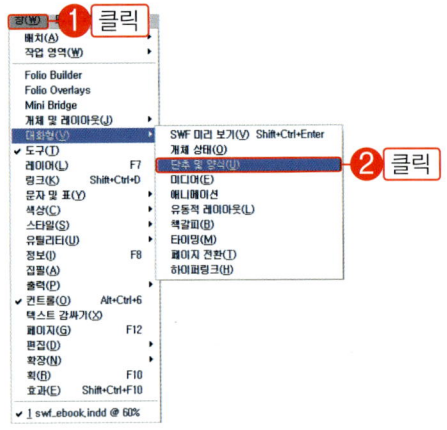

02 단추로 사용할 첫 번째 이미지를 클릭하여 선택하고 "단추 및 양식" 패널에서 "개체를 단추로 변환( )"을 클릭합니다.

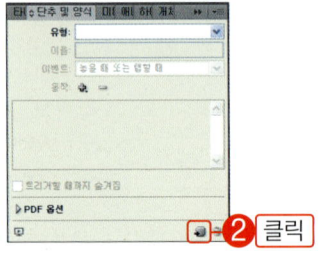

03 "단추" 패널에서 "롤오버" 항목을 클릭하고 도큐멘트에서 롤오버시에 사용될 가운데 음식 이미지를 선택합니다. 그리고 자판에서 Ctrl + X 키를 눌러서 오려냅니다.

> 🔲 **잠깐만!**
>
> 첫 번째로 선택하고 "개체를 단추로 변환"한 이미지가 표준 상태의 버튼으로 됩니다. 즉 롤오프 상태의 버튼 모양이 됩니다.

04 첫 번째 이미지를 클릭하고 메뉴에서 "편집−안쪽에 붙이기"를 선택합니다. 그러면 "단추" 패널의 "롤오버" 항목에 붙여넣은 이미지가 표시됩니다.

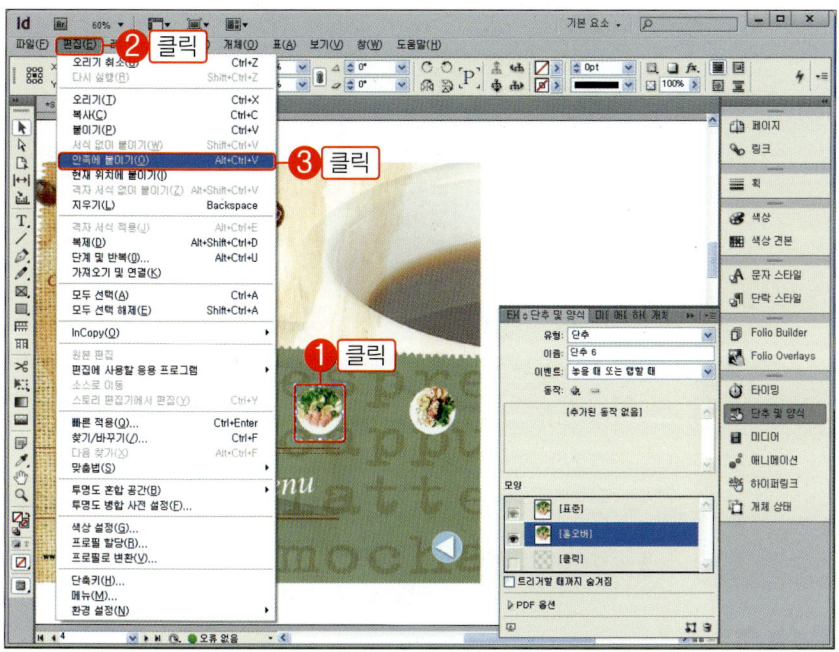

05 "단추" 패널에서 "클릭" 항목을 클릭하고 도큐멘트에서 클릭시에 사용될 음식 이미지(오른쪽에 배치된 이미지)를 선택합니다. 그리고 자판에서 Ctrl + X 키를 눌러서 오려냅니다.

06 다시 첫 번째 이미지를 클릭하고 메뉴에서 "편집-안쪽에 붙이기"를 선택합니다. 그러면 "단추" 패널의 "클릭" 항목에 붙여넣은 이미지가 표시됩니다.

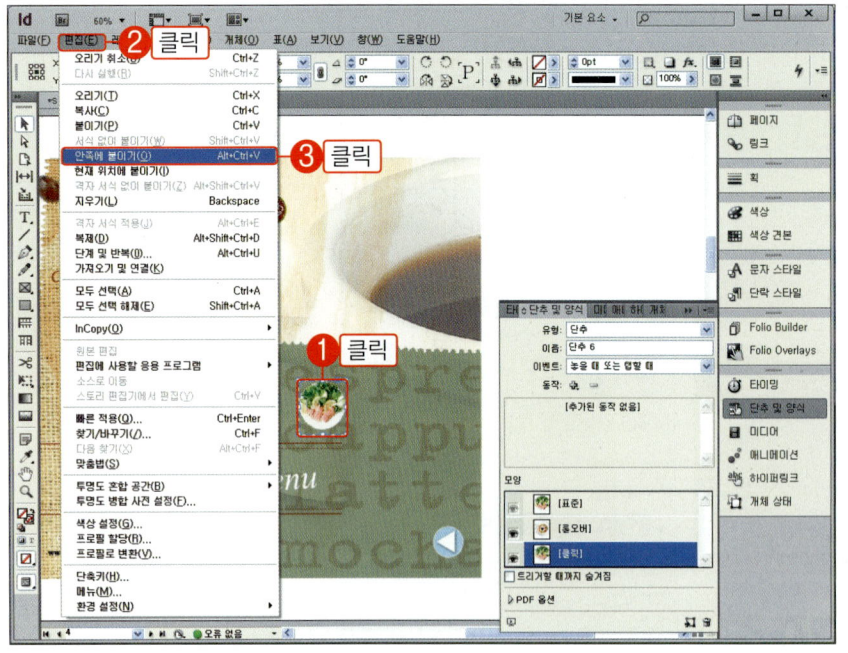

07 "단추" 패널의 "표준", "롤오버", "클릭" 항목이 다음 그림과 같이 되었다면 이미지 버튼에 이벤트가 동작하는지 확인하기 위하여 "미리 보기(▣)"를 클릭합니다.

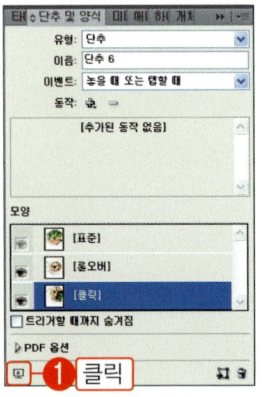

08 이미지 버튼에 마우스 포인터를 올렸다가 클릭하면 동작에 따라서 버튼의 모양이 변경되는 것을 확인할 수 있습니다. "미리 보기" 창을 닫습니다.

이벤트 버튼에 액션(동작) 지정하기

01 이벤트 버튼에 액션을 추가하기 위하여 "단추" 패널의 "동작" 항목 오른쪽에 있는 플러스 기호 모양의 "선택한 이벤트에 새 동작 추가"를 클릭합니다. 메뉴의 선택에 따라서 다양한 액션을 추가할 수 있는데 여기서는 웹사이트를 열기 위하여 "URL로 이동"을 선택합니다.

02 "URL" 항목에 이벤트 버튼을 클릭하면 열리게 될 사이트 주소를 입력하고 확인을 위하여 "미리 보기(回)"를 클릭합니다.

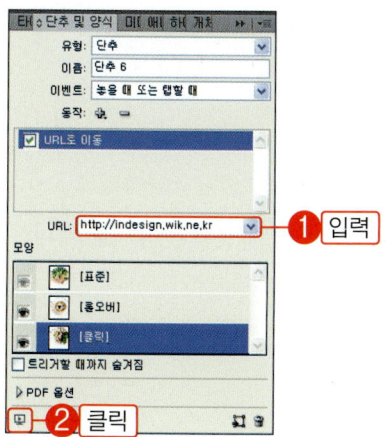

03 "미리 보기" 창에서 버튼에 마우스 포인터를 올리면 이벤트가 동작합니다. 그리고 클릭하면 "URL" 항목에 입력하였던 주소에 따라서 웹사이트가 열립니다.

10 사용자 정의 모션 패스 애니메이션

인디자인에서의 애니메이션은 반드시 "사전 설정"의 목록에서 제공하는 것만 사용할 수 있는 것은 아닙니다. 사용자가 원하는 모양의 모션 패스를 그리고, 그려진 경로에 따라서 애니메이션이 재생되도록 할 수도 있습니다. 여기서는 사용자가 패스를 그리고 커피잔 이미지에 적용하는 방법을 알아보겠습니다.

패스 그리기

01 도구상자에서 "펜 도구(✎)"를 선택하고 도큐멘트의 임의의 위치에서 클릭, 드래그하기를 반복하여 원하는 모양의 패스를 그립니다.

02 여기서는 "S"자 모양의 곡선 패스를 그렸습니다. 그려진 모양대로 애니메이션이 재생될 것이므로 애니메이션의 계획에 따라서 원하는 모양을 그리도록 합니다.

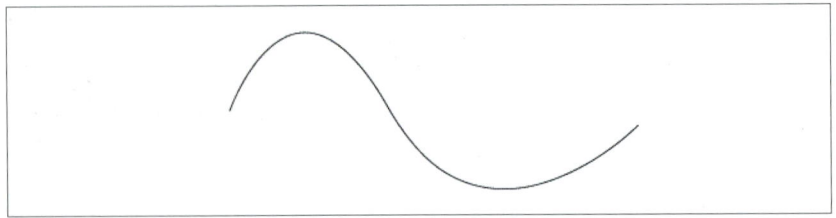

03 도구상자에서 "선택 도구(▶)"를 선택합니다. 자판에서 Shift 키를 누른 채로 그려진 패스를 클릭하여 선택하고 애니메이션을 적용할 개체(커피잔 이미지)를 클릭하여 복수로 선택합니다.

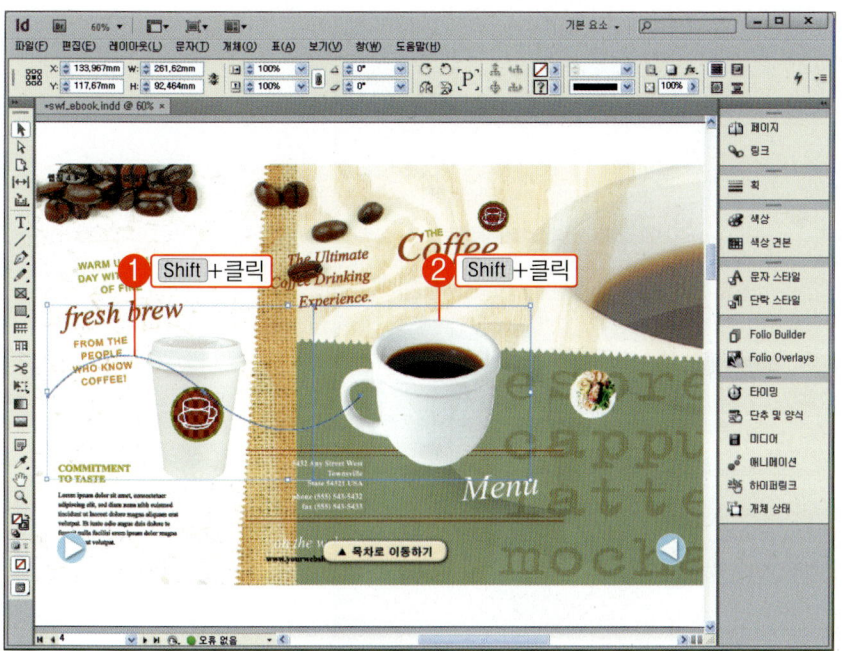

04 "애니메이션" 패널의 하단에 있는 "모션 패스로 변환(⌐◦)"을 클릭합니다. 그러면 일반 패스가 모션 패스로 변환되고 초록색으로 표시됩니다.

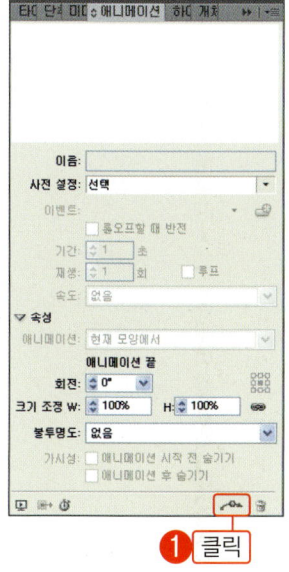

05 커피잔 이미지를 클릭하여 선택하고 애니메이션의 끝 위치를 파악하기 위하여 "애니메이션 프록시 표시 (▣)"를 클릭합니다. 그리고 커피잔 이미지를 왼쪽으로 드래그하여 도큐멘트의 바깥쪽에 배치합니다.

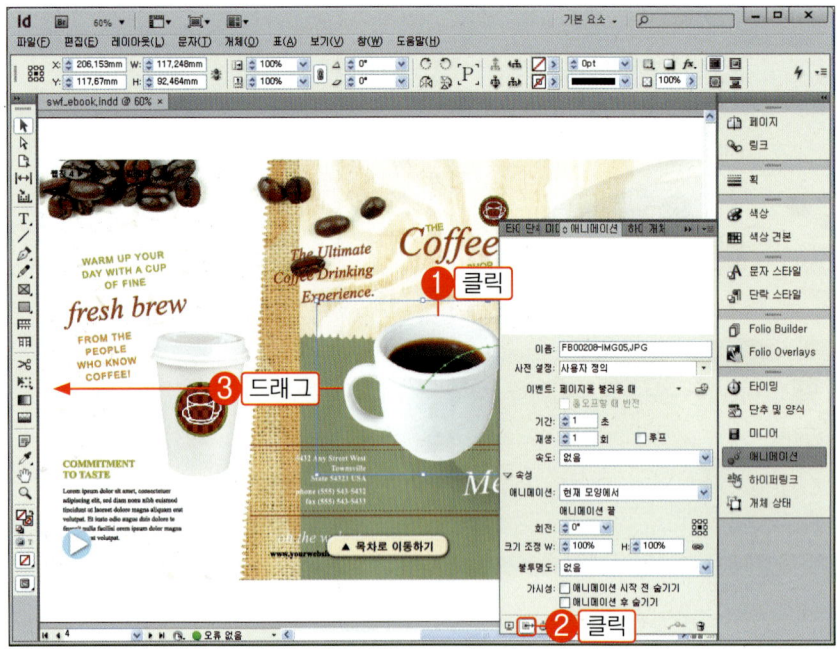

06 커피잔 이미지가 다음 그림과 같이 배치되었으면 도구상자에서 "직접 선택 도구 (▣)"를 선택합니다. 그리고 모션 패스를 클릭합니다. 모션 패스의 끝 포인트를 클릭한 후, 오른쪽으로 드래그합니다.

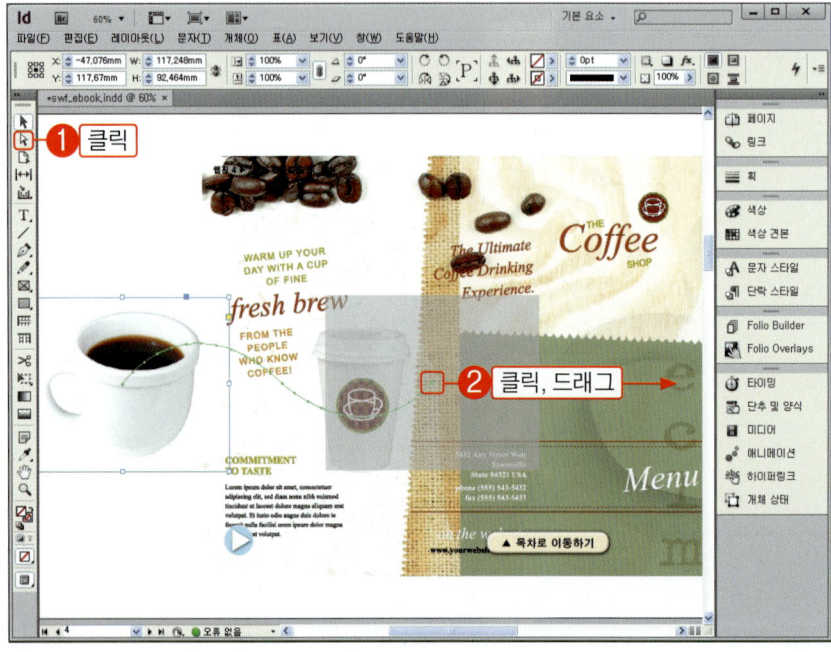

07 "선택 도구(🔺)"를 선택하고 이미지를 클릭하면 프록시가 표시됩니다. 끝 포인트를 드래그하여 프록시 표시(애니메이션의 끝 부분을 표시하는 회색의 사각형)가 다음 그림과 같이 원래 커피잔 이미지가 배치되었던 위치로 표시되도록 합니다.

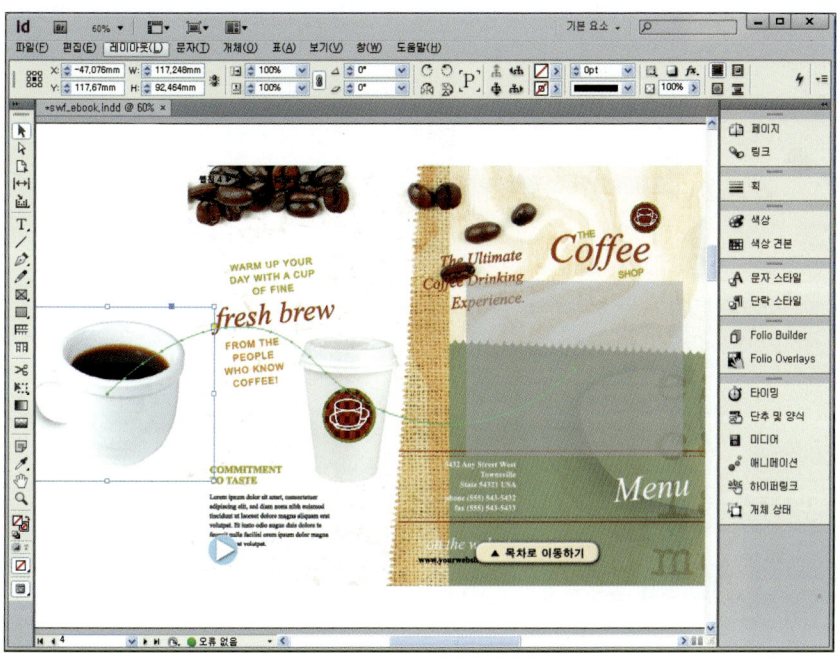

08 "애니메이션" 패널을 열고 사용자 정의 모션 애니메이션을 확인하기 위하여 "미리 보기(🔲)"를 클릭하고 확인합니다.

"애니메이션" 패널의 "사전 설정" 목록에는 인디자인의 기본 애니메이션 설정들을 제공합니다. 만약 사용자가 직접 제작한 애니메이션 설정을 다른 개체에 동일하게 적용하고 싶다면 어떻게 해야 할까요? 이런 때는 "사전 설정"에 저장하고 저장된 애니메이션 설정을 다른 개체에 적용할 수 있습니다.

▲ 사용자가 정의하고 저장한 모션 설정

01 도큐멘트에서 저장할 애니메이션 개체(커피잔 이미지)를 선택하고 "애니메이션" 패널 메뉴에서 "저장"을 선택합니다.

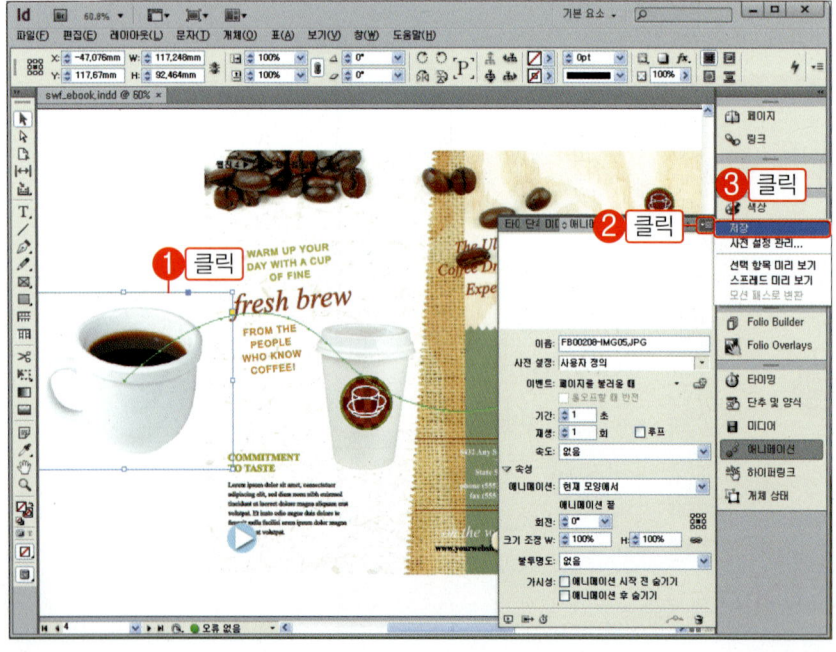

02 "사전 설정 저장" 대화상자가 열리면 "이름" 입력란에 자신만의 설정 이름을 입력하고 "확인" 버튼을 클릭합니다.

03 이제 저장한 애니메이션 설정을 적용할 개체를 선택하고 "사전 설정" 목록에서 앞에서 저장한 이름을 선택하면 동일한 애니메이션이 적용됩니다.

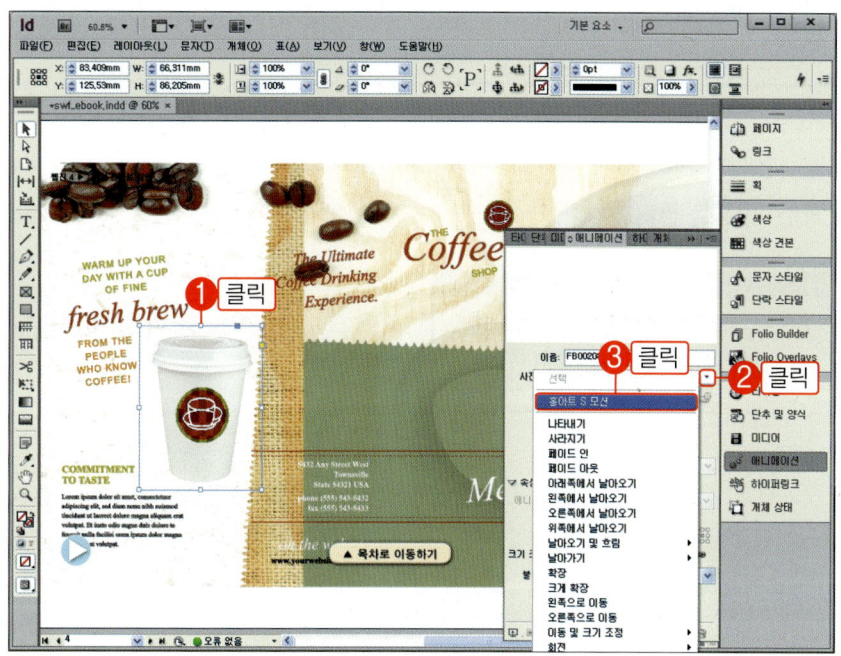

04 저장한 설정을 삭제하려거나 다른 도큐멘트에서 저장한 설정을 불러오려면 "애니메이션" 패널 메뉴에서 "사전 설정 관리"를 선택합니다.

05 "사전 설정 관리" 대화상자가 열리면 삭제할 설정 이름을 선택하고 "삭제" 버튼을 클릭합니다.

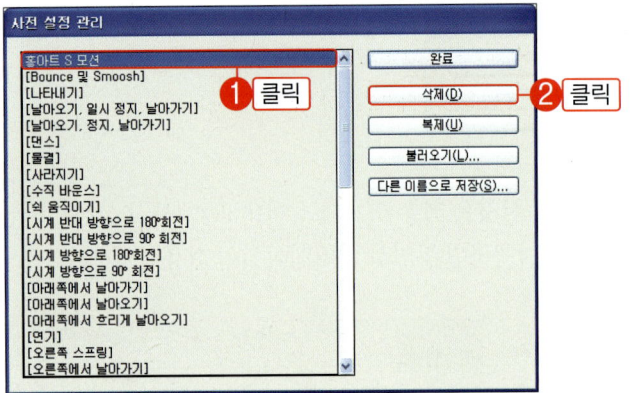

> **⚠ 잠깐만!**
> 저장하였던 모션을 삭제하여도 이전에 개체에 지정한 모션은 유효합니다.

06 선택한 애니메이션 설정을 삭제할 것인지를 묻는 경고 메시지가 나타나면 "확인" 버튼을 클릭합니다.

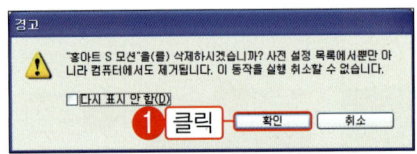

07 "완료" 버튼을 클릭하면 설정이 삭제되고 "사전 설정" 목록에도 더 이상 표시되지 않습니다.

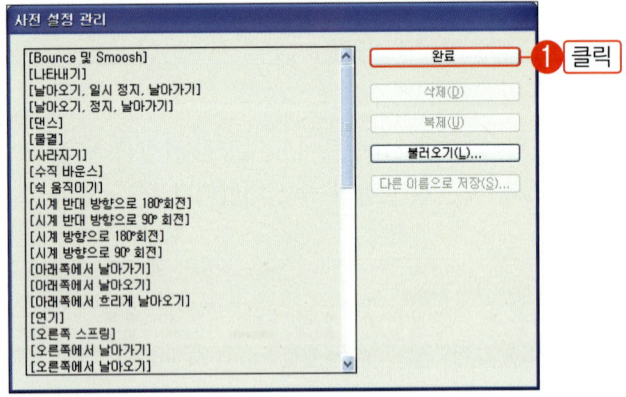

> **⚠ 잠깐만!**
> "불러오기" 버튼을 클릭하면 다른 도큐멘트에서 저장한 애니메이션 설정을 불러오고 현재 도큐멘트에서 사용할 수 있으며 설정을 복제, 다른 이름으로 저장할 경우에도 "사전 설정 관리" 대화상자를 활용합니다.

인디자인의 e-Book에 삽입할 오디오 파일은 "MP3", 또는 "MP4" 형식이어야 하며 "DPS e-Book", "PDF"나 "SWF"로 내보내고 해당 e-Book에서 재생할 수 있습니다. 여기서는 도큐멘트에 사운드 클립을 삽입하고 재생하는 방법에 대하여 알아봅니다. 또한 사운드를 재생하는 여러가지 방법과 옵션에 대하여 알아봅니다.

오디오 삽입하기

01 먼저 오디오를 삽입하기 위하여 메뉴에서 "창−대화형−미디어"를 선택하고 "미디어" 패널이 호출되면 드 래그하여 패널 도크에 배치합니다.

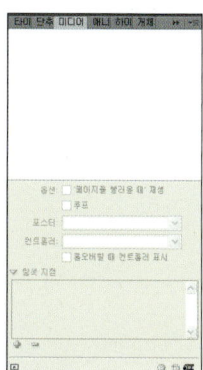

> 🔲 *잠깐만!*
>
> "미디어" 패널에서 제공하는 기능은 DPS의 "폴리오 오버레이"와 연동하여 사용할 수 있습니다.

02 오디오를 불러오기 위하여 "미디어" 패널의 하단에 위치한 "비디오 또는 오디오 파일을 배치합니다.()"를 클릭합니다.

🛑 **잠깐만!**

비디오 파일을 불러올 때에도 "비디오 또는 오디오 파일을 배치합니다."를 사용합니다.

03 본 도서의 예제 파일에서 "bulakbulak.mp3"를 선택하고 "열기" 버튼을 클릭합니다.
또는 "bulakbulak.mp3" 파일을 더블클릭합니다.

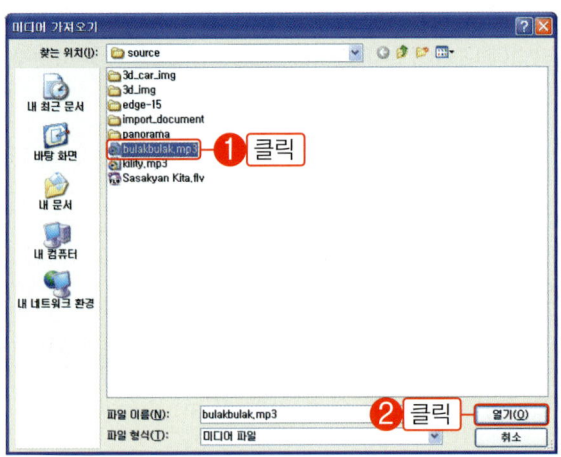

🛑 **잠깐만!**

자신이 소유한 MP3 파일을 불러오고 삽입해도 됩니다.

04 마우스 포인터가 사운드 삽입 상태로 변경되면 도큐멘트에서 임의의 위치를 클릭합니다. 그러면 그래픽 프레임이 생성되고 "미디어" 패널의 미리보기 창에는 스피커 모양의 아이콘이 표시됩니다.

05 도큐멘트에서 다른 개체를 선택하면 오디오 파일이 삽입된 그래픽 프레임의 가장자리가 숨겨지게 됩니다. 따라서 현재 페이지에 오디오 파일이 삽입되었는지, 또는 어느 위치에 삽입되었는지를 알 수가 없습니다.

오디오 파일의 삽입 여부와 위치를 쉽게 확인하기 위하여 "포스터" 항목에서 "표준"을 선택합니다. 그러면 도큐멘트의 오디오 파일 삽입 위치에 스피커 모양의 아이콘이 표시되는데 이를 "포스터"라고 부릅니다.

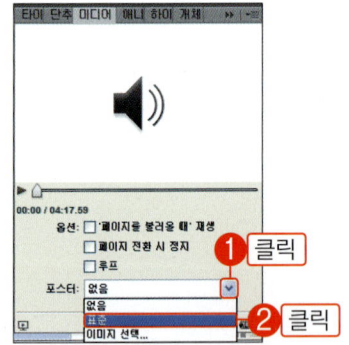

06 삽입한 오디오 파일을 미리 재생해 보기 위하여 삼각형 모양의 "재생" 버튼(▶)을 클릭합니다. 오디오 재생을 확인한 후, 정지 버튼을 클릭하고 e-Book에서 현재 페이지가 열리면 자동으로 음악이 재생되도록 "페이지를 불러올 때 재생"을 클릭하여 체크 표시합니다.

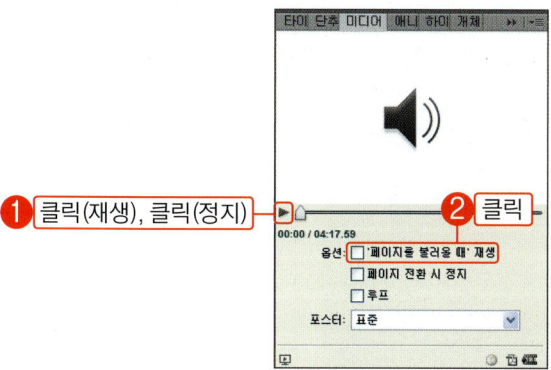

07 e-Book에서 오디오가 정상적으로 재생되는지 확인하기 위하여 메뉴에서 "창-대화형-SWF 미리 보기"를 선택합니다.

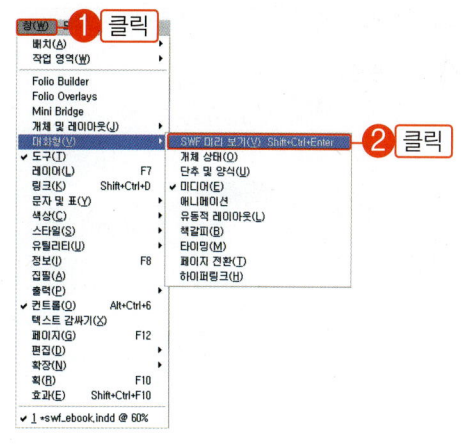

08 애니메이션이 모두 진행되고 나면 삽입한 음악이 자동으로 재생되는 것을 확인할 수 있습니다. "미리 보기" 창을 닫습니다.

09 이제 애니메이션이 재생되면서 오디오도 동시에 재생되도록 설정해 보겠습니다. "타이밍" 패널을 열고 자판에서 Shift 키를 누른 채로 "FB00208-IM05.JPG"와 "bulakbulak.mp3" 항목을 각각 클릭하여 모두 선택합니다. 그리고 "함께 재생( )"을 클릭합니다.

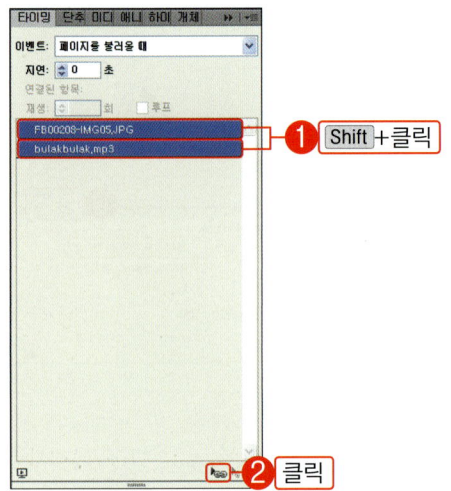

10 "FB00208-IM05.JPG"와 "bulakbulak.mp3" 항목에 연결 선이 표시되었으면 애니메이션과 사운드가 동시에 재생되는지 확인하기 위하여 "미리 보기( )"를 클릭합니다.

11 애니메이션이 진행되면서 동시에 음악이 재생되는 것을 확인할 수 있습니다. 그러나 오디오는 애니메이션보다 로딩 시간이 걸려서 조금 나중에 재생됩니다. "미리 보기" 창을 닫습니다.

> **잠깐만!**
> "타이밍" 패널에서 오디오 재생 순서는 가장 마지막에 두기를 권장합니다. 오디오 파일이 먼저 재생되도록 하면 오디오가 모두 재생된 다음에 다른 애니메이션이 재생되기 때문입니다.

페이지를 이동하면 오디오 정지시키기와 반복 재생

01 현재 페이지에서 자동 재생 중인 오디오가 이전이나 이후 페이지, 또는 다른 페이지로 이동하였을 경우 정지되도록 하려면 "페이지 전환 시 정지"를 클릭하여 체크 표시합니다.

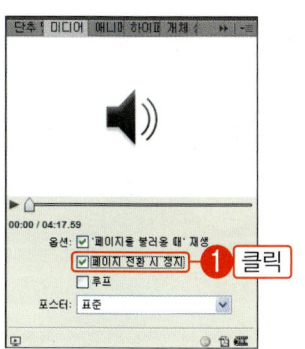

02 현재 페이지에서 자동 재생 중인 오디오가 무한 반복 재생되도록 하려면 "루프"를 클릭하여 체크 표시합니다.

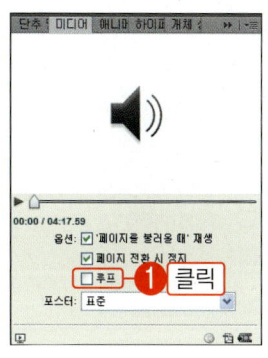

> **잠깐만!**
> "루프"에 체크 표시를 하여 무한 반복 재생 상태라도 "페이지 전환 시 정지"가 우선이기 때문에 페이지를 전환하면 오디오가 정지됩니다.

오디오 포스터 사용자 정의하기

01 현재는 오디오가 삽입된 표시와 위치를 쉽게 구분할 수 있도록 해주는 포스터 모양이 인디자인에서 제공하는 표준 스피커 모양입니다. 만약 포스터를 자신만의 이미지로 표시하고 싶다면 "포스터" 목록에서 "이미지 선택"을 선택합니다.

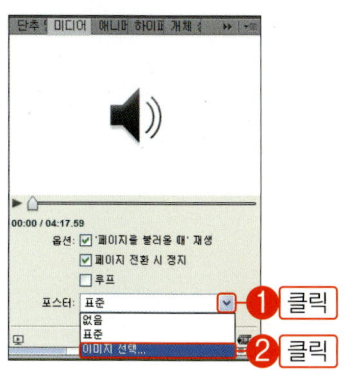

02 포스터로 사용할 이미지 파일명을 선택하고 "열기" 버튼을 클릭합니다. 이 때 포토샵 이미지인 .PSD나 .JPG 포맷도 가능합니다.

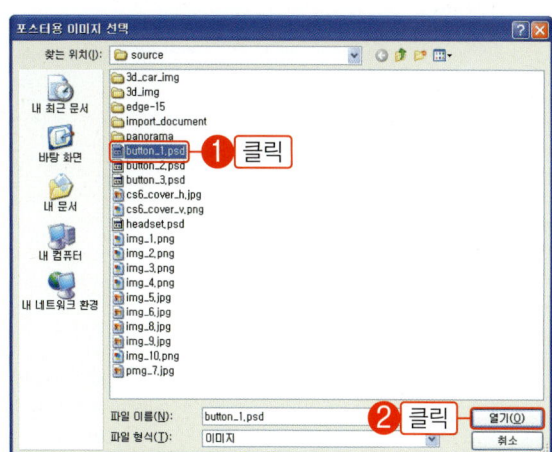

03 다음 그림과 같이 포스터가 기본 스피커 모양에서 사용자가 지정한 이미지로 표시됩니다.

> **잠깐만!**
> 삽입한 오디오를 삭제하려면 도큐멘트에 표시된 포스터를 삭제하면 됩니다.

04 메뉴에서 "창−대화형−미리 보기"를 선택하거나 "미디어" 패널의 하단에서 "미리 보기"를 클릭하고 포스터를 확인해 보면 e−Book 상태에서는 표시되지 않는 것을 확인할 수 있습니다. 확인이 되었으면 "미리 보기" 창을 닫습니다.

12 버튼을 클릭하여 애니메이션 재생, 일시 정지, 다시 재생하기

앞에서 "4" 페이지의 e-Book이 완성되었습니다. 여기서는 콘티에 따라서 "5" 페이지를 e-Book으로 만들어 보겠습니다. 먼저 배경 이미지를 서서히 나타나는 애니메이션으로 만들고 하단에 준비된 빵 이미지가 곡선으로 이동하도록 만들어 보겠습니다. 또한 애니메이션을 제어하는 버튼을 설정하는 방법까지 알아봅니다.

버튼에 반응하는 애니메이션

여기서는 애니메이션을 구독자가 실행시키도록 만드는 방법을 중점적으로 알아보겠습니다. 먼저 빵 이미지를 버튼에 반응할 애니메이션으로 만들고 버튼을 설정할 것입니다. 이 때 애니메이션을 제어하는 버튼은 도큐멘트에 존재하는 어떤 개체(이미지, 도형, 단추 등)라도 가능합니다.

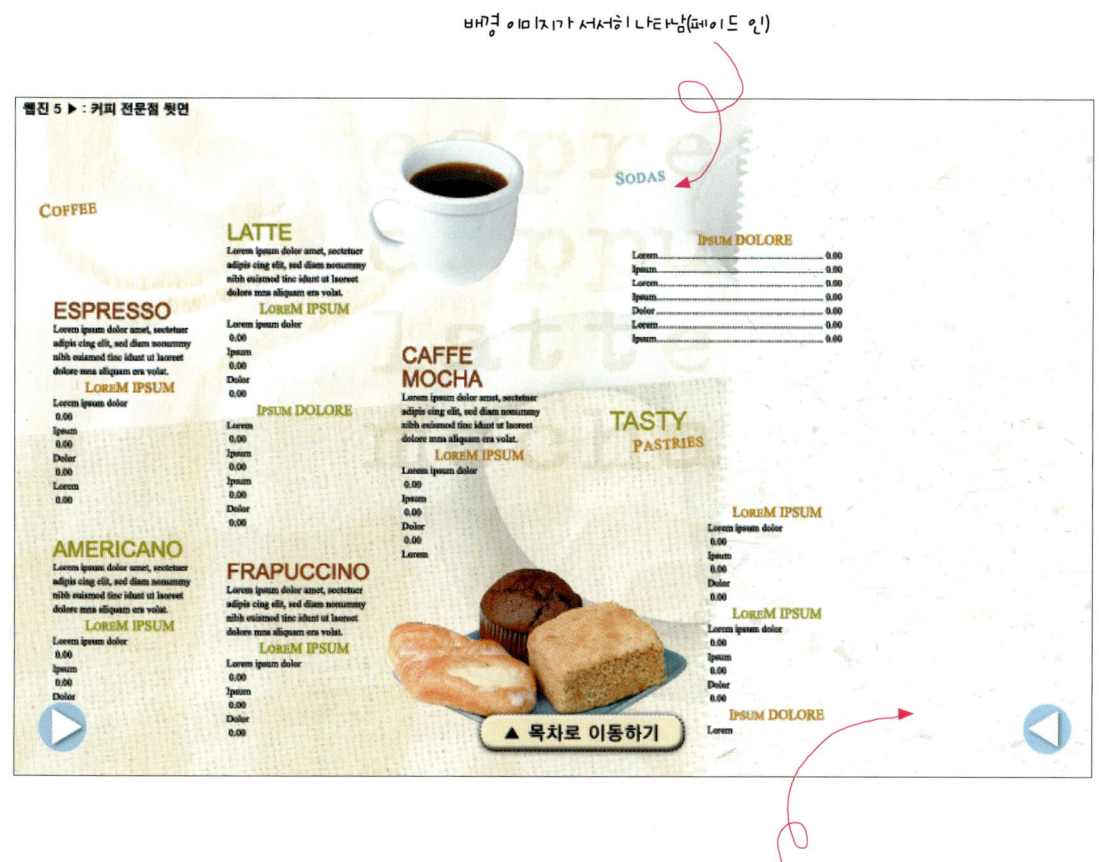

배경 이미지가 서서히 나타남(페이드 인)

빵 이미지가 곡선으로 날아 오면서 배치됨(쉭 움직이기), 버튼을 클릭하여 애니메이션을 재생, 일시 정지, 다시 재생하게 제작함

배경 이미지가 서서히 나타나는 애니메이션

01 도큐멘트에서 배경 이미지를 클릭하여 선택하고 "애니메이션" 패널의 "사전 설정" 목록에서 "페이드 인"을 선택합니다.

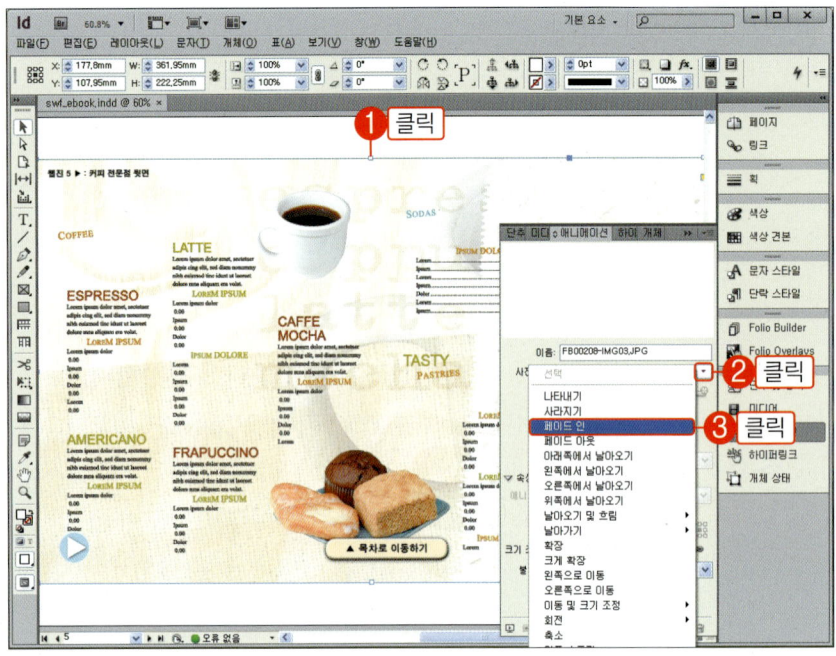

02 배경 이미지가 너무 빠른 속도로 나타나면 애니메이션을 인지하기가 어려우므로 재생 속도를 늦추기 위하여 "기간"에 "5"를 입력합니다. 그리고 확인을 위하여 "미리 보기(▣)"를 클릭하고 확인합니다.

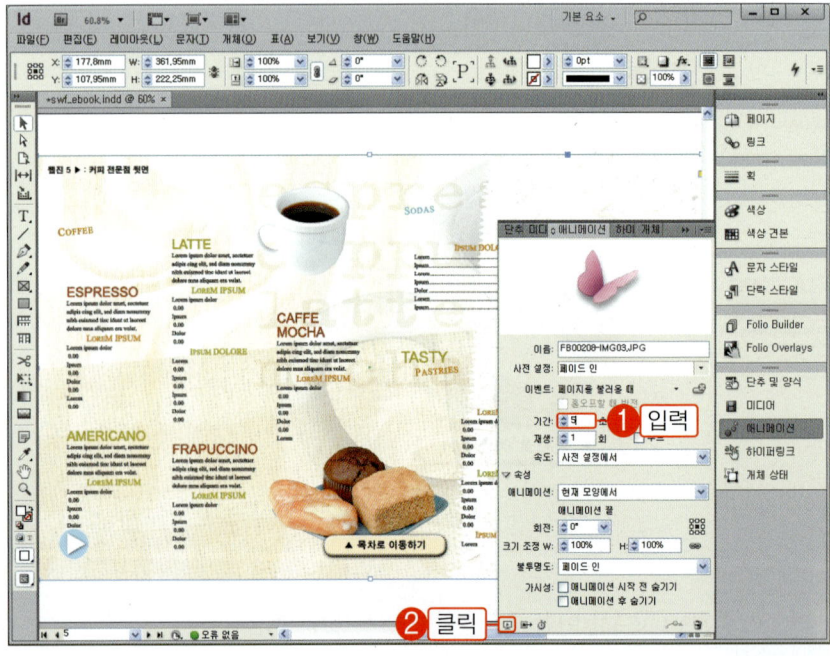

곡선으로 확장 이동하면서 서서히 사라지는 애니메이션

01 도큐멘트에서 빵 이미지를 클릭하여 선택하고 "애니메이션" 패널의 "사전 설정" 목록에서 "쉭 움직이기"를 선택합니다.

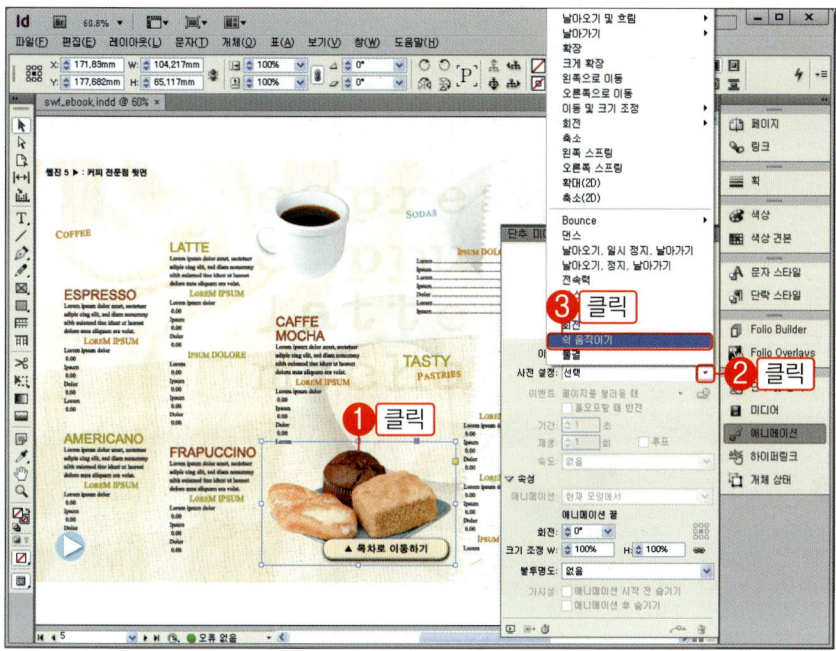

02 애니메이션의 끝 위치를 파악하기 위하여 "애니메이션 프록시 표시( )"를 클릭하고 작업 영역을 확보하기 위하여 "애니메이션" 패널을 잠시 닫아놓습니다.

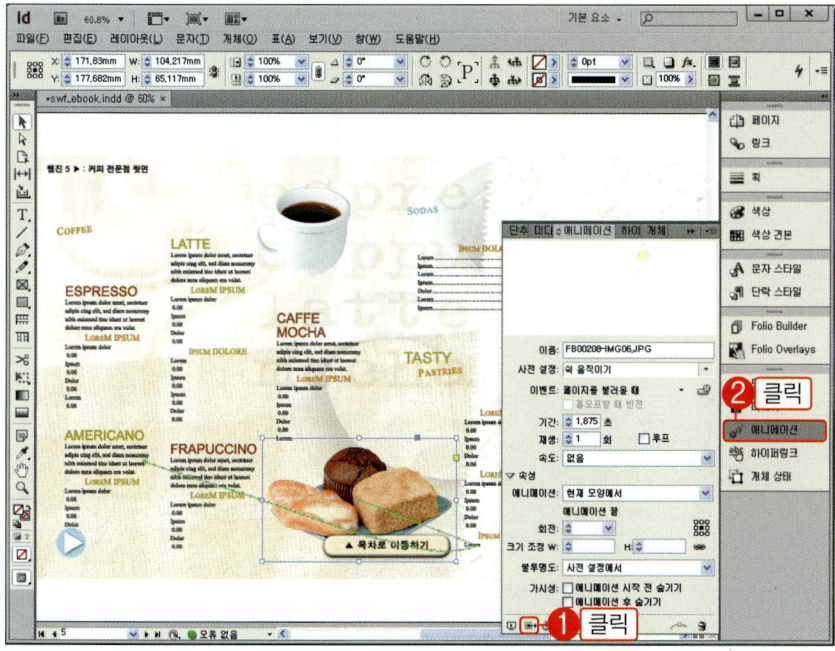

03 빵 이미지를 오른쪽으로 드래그하여 프록시(회색 상자)를 원래 빵 이미지가 있던 위치에 배치합니다. 그리고 "애니메이션" 패널을 다시 엽니다.

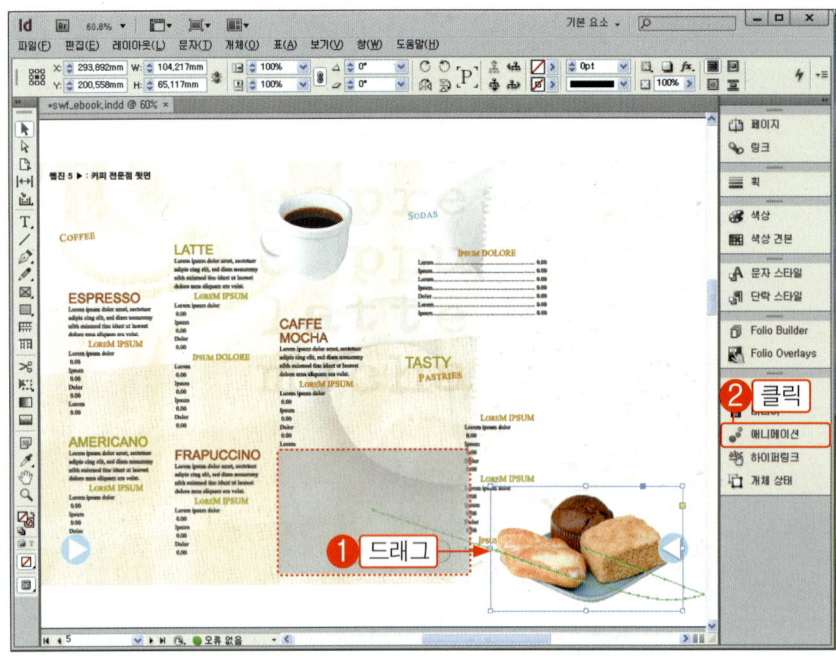

04 애니메이션을 "5"초 동안 재생되도록 하기 위하여 "기간"에 "5"를 입력하고 무한 반복 재생하기 위하여 "루프"를 클릭하여 체크 표시합니다.

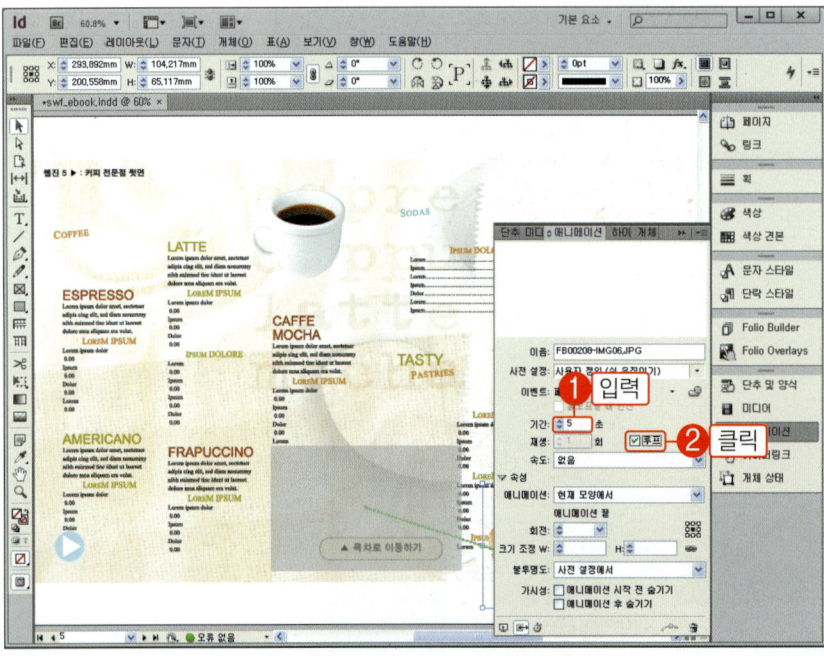

애니메이션 재생 버튼 설정하기

01 "단추 트리거 만들기(🖱)"를 클릭하고 마우스 포인터의 모양이 변경되면 단추로 지정할 개체를 클릭합니다. 여기서는 커피잔 이미지를 클릭하면 "쑥 움직이기" 애니메이션이 재생되도록 하기 위하여 커피잔 이미지를 클릭합니다.

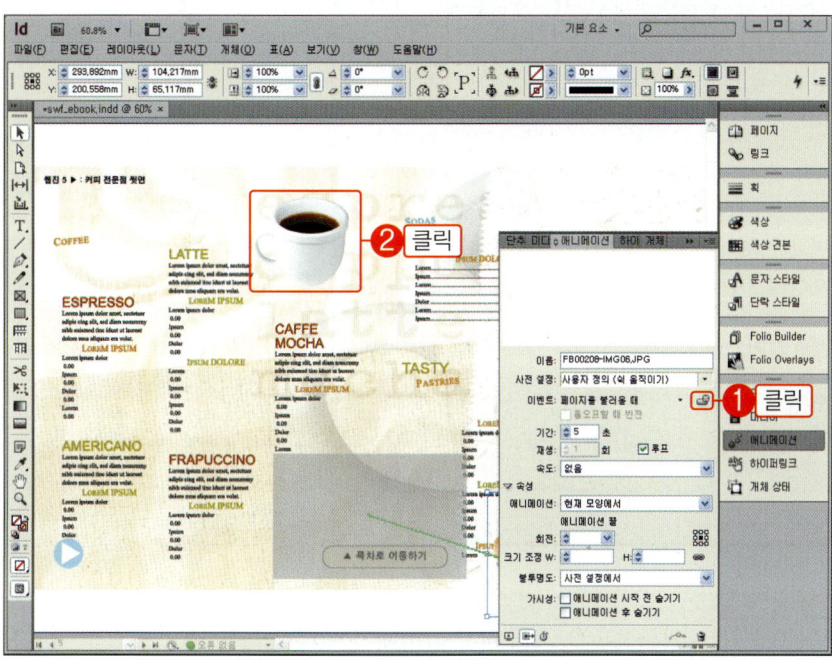

02 커피잔 이미지가 단추 개체로 변환되면서 자동으로 "단추 및 양식" 패널이 열립니다. "단추 및 양식" 패널을 닫고 "애니메이션" 패널을 엽니다.

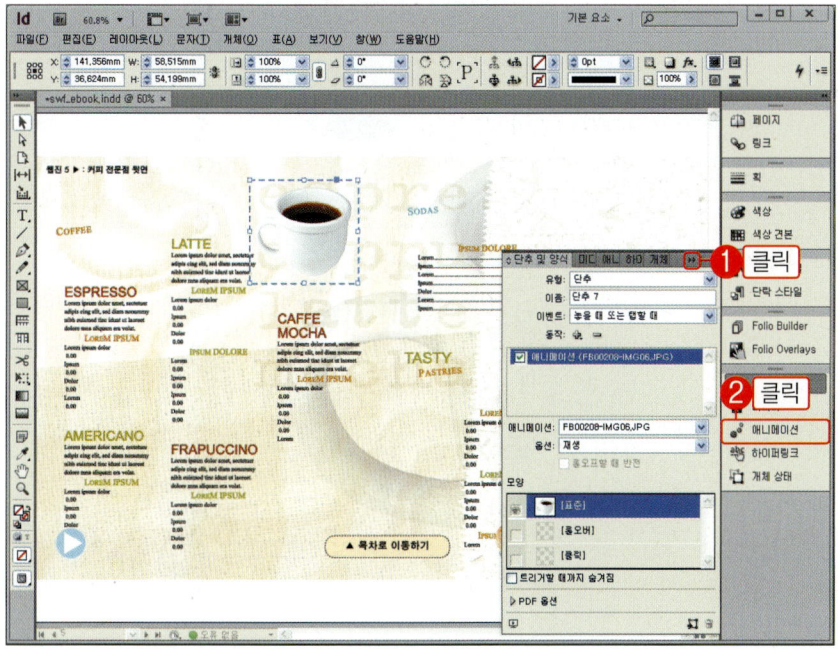

03 빵 이미지를 클릭하여 선택하고 "이벤트" 목록에서 "페이지를 불러올 때"를 선택하여 메뉴에 표시된 체크 표시를 해제합니다.

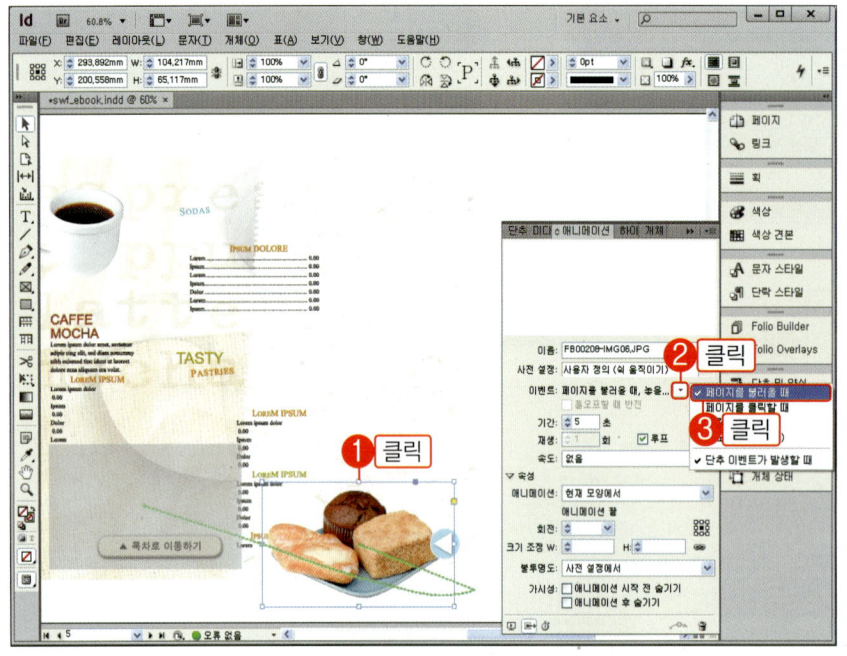

> **⚠ 잠깐만!**
>
> 현재는 "페이지를 불러올 때" 와 앞에서 "단추 트리거 만들 기"로 지정한 "단추 이벤트가 발생할 때"의 두 가지 이벤트가 선택되어 있습니다. 이와 같은 상태에서는 어느 한 가지의 이 벤트가 정상 작동을 하지 않으 므로 한 가지 이벤트를 해제하 여야 합니다.

04 위의 "스텝 03" 과정은 매우 중요합니다. 원하는 애니메이션을 만들려면 항상 "이벤트"에서 어떤 항 목들이 선택되어 있는지 확인합니다. 그렇지 않으면 애니메이션이 계획한 대로 진행이 안 됩니다. 이제 전체 애니메이션 확인을 위하여 "미리 보기(▣)"를 클릭합니다.

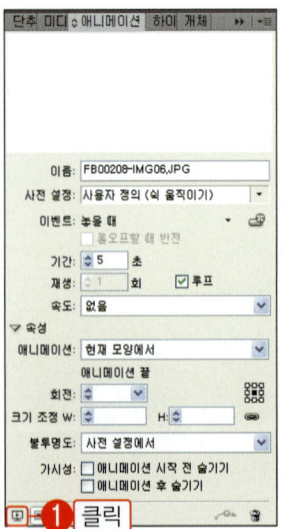

05 배경 이미지가 서서히 나타나고 커피잔 이미지 를 클릭하면 빵 이미지 애니메이션(쉭 움직이기)이 무한 반복하여 재생되는 것을 확인할 수 있습니다. 확인이 되었으면 "미리 보기" 창을 닫습니다.

애니메이션 일시 정지 버튼 설정하기

01 앞에서는 커피잔 이미지 단추를 클릭하여 애니메이션이 재생되도록 만들었습니다. 여기서는 단추를 클릭하여 애니메이션이 일시 정지되도록 만들어 보겠습니다. 먼저 빵 이미지를 클릭하여 선택합니다.

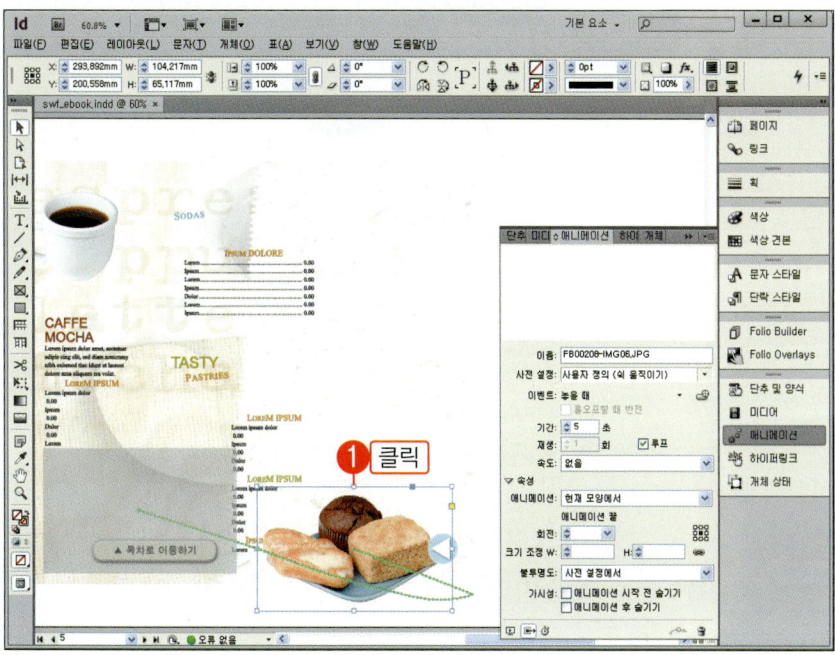

02 "단추 트리거 만들기(⊞)"를 클릭하고 마우스 포인터의 모양이 변경되면 단추로 지정할 개체를 클릭합니다. 여기서는 "CAFE"라는 글자를 클릭합니다.

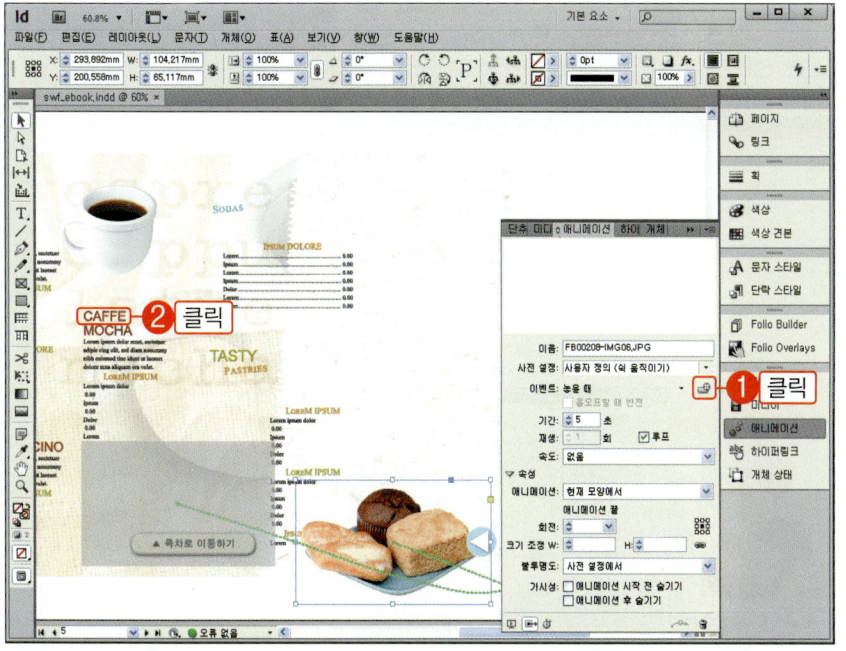

> **잠깐만!**
> 애니메이션을 재생할 단추 트리거 개체로는 이미지, 도형, 텍스트 등이 가능합니다. 즉 도큐먼트에 존재하는 모든 개체는 애니메이션을 재생하는 단추 트리거로 사용할 수 있습니다.

03 "단추" 패널이 열리면 "옵션" 목록에서 "일시 정지"를 선택합니다. 그리고 확인을 위하여 "미리 보기 (▣)"를 클릭합니다.

04 커피잔 이미지를 클릭하여 애니메이션을 재생시키고 "CAFE" 글자를 클릭하여 일시 정지시켜 봅니다. 그리고 "미리 보기" 창을 닫습니다.

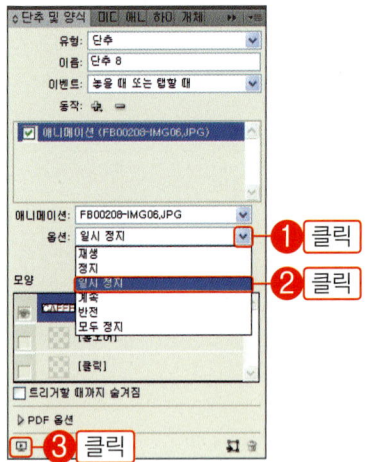

애니메이션 재생 계속 버튼 설정하기

01 앞에서는 커피잔 이미지 단추를 클릭하여 애니메이션이 재생되도록 만들었습니다. 또 "CAFE" 글자를 클릭하여 일시 정지되도록 하였습니다. 여기서는 단추를 클릭하여 일시 정지된 애니메이션이 다시 재생되도록 만들어 보겠습니다. 역시 빵 이미지를 클릭하여 선택하고 애니메이션 패널을 엽니다.

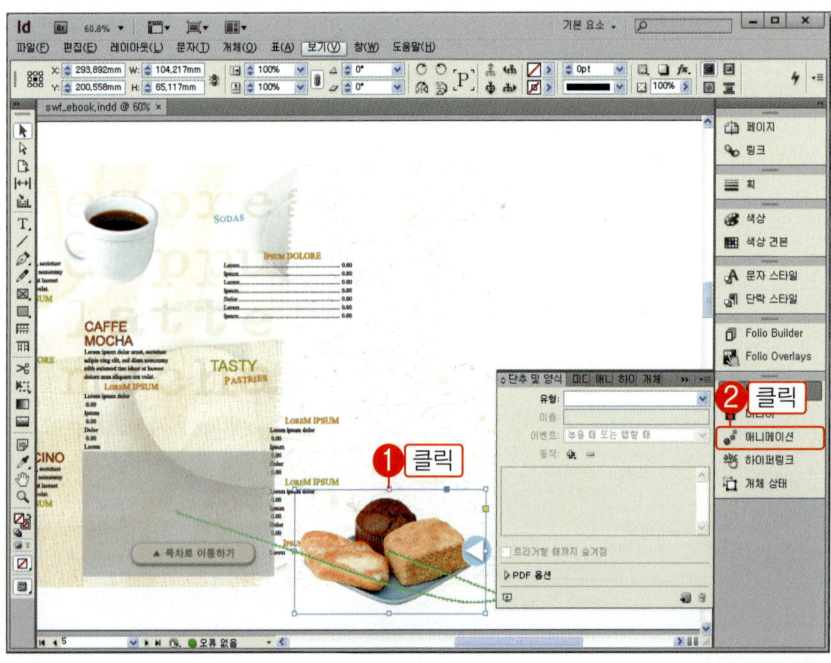

02 "단추 트리거 만들기(🔳)"를 클릭하고 마우스 포인터의 모양이 변경되면 단추로 지정할 개체를 클릭합니다. 여기서는 "MOCHA" 글자를 클릭합니다.

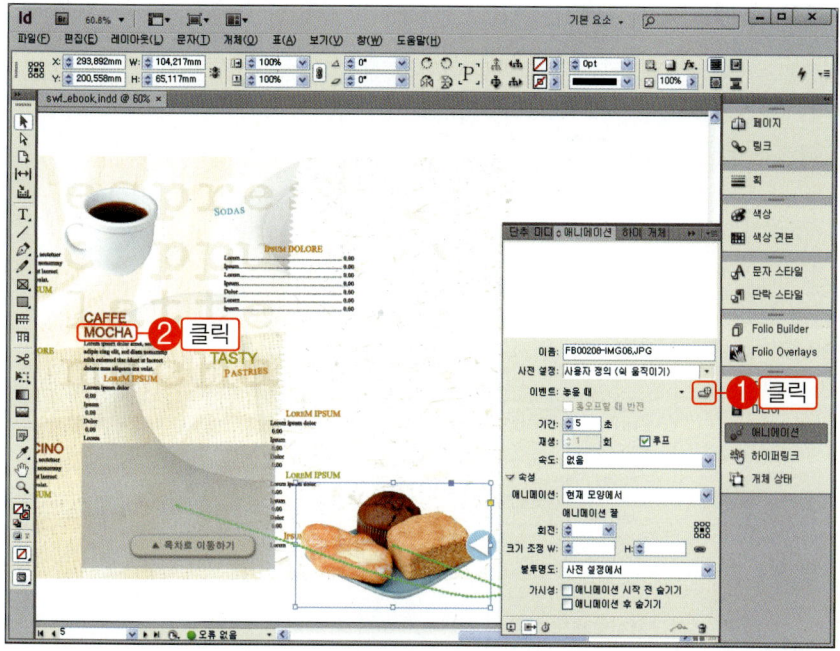

잠깐만!
"CAFE" 글자를 클릭하여 일시 정지한 애니메이션을 "MO-CHA"라는 글자를 클릭하여 다시 재생되게 하기 위함입니다.

03 "단추" 패널이 열리면 "옵션" 목록에서 "계속"을 선택합니다. 그리고 확인을 위하여 "미리 보기(🔳)"를 클릭합니다.

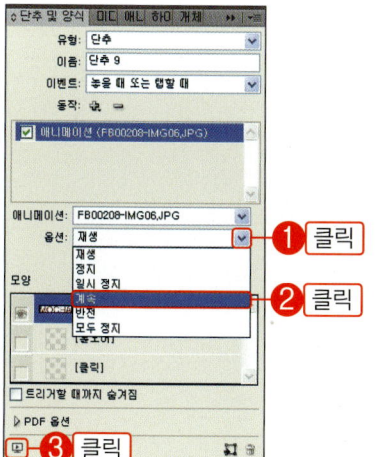

04 커피잔 이미지를 클릭하여 애니메이션을 재생시키고 "CAFE" 글자를 클릭하여 일시 정지시킨 후, "MOCHA" 글자를 클릭하여 다시 재생시킵니다.

애니메이션 모션을 반전시키기

01 여기서는 커피잔 이미지를 클릭하면 반전 재생되는 애니메이션을 만드는 방법을 알아 보겠습니다. 도큐멘트에서 커피잔 이미지를 클릭합니다.

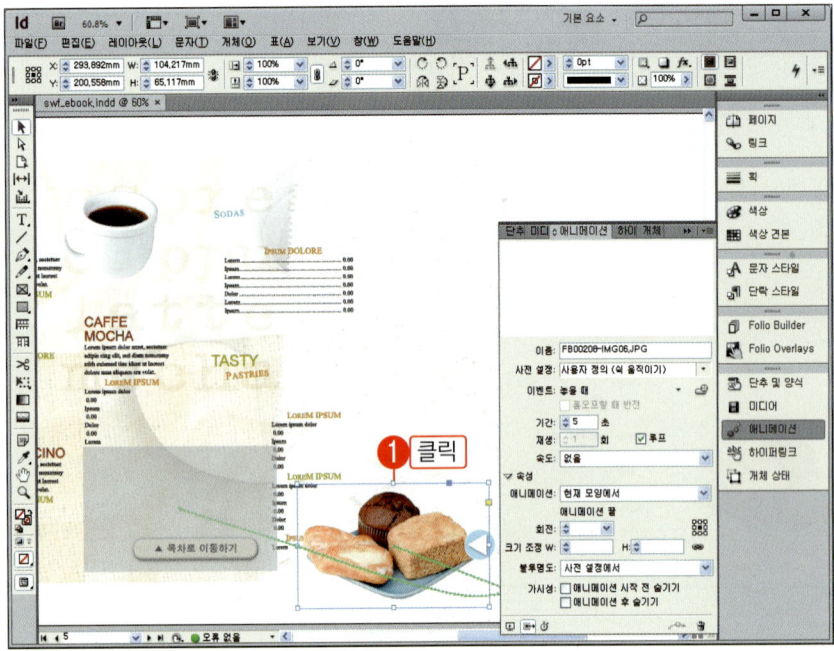

02 "단추 트리거 만들기(📦)"를 클릭하고 마우스 포인터의 모양이 변경되면 커피잔 이미지를 클릭하여 선택합니다.

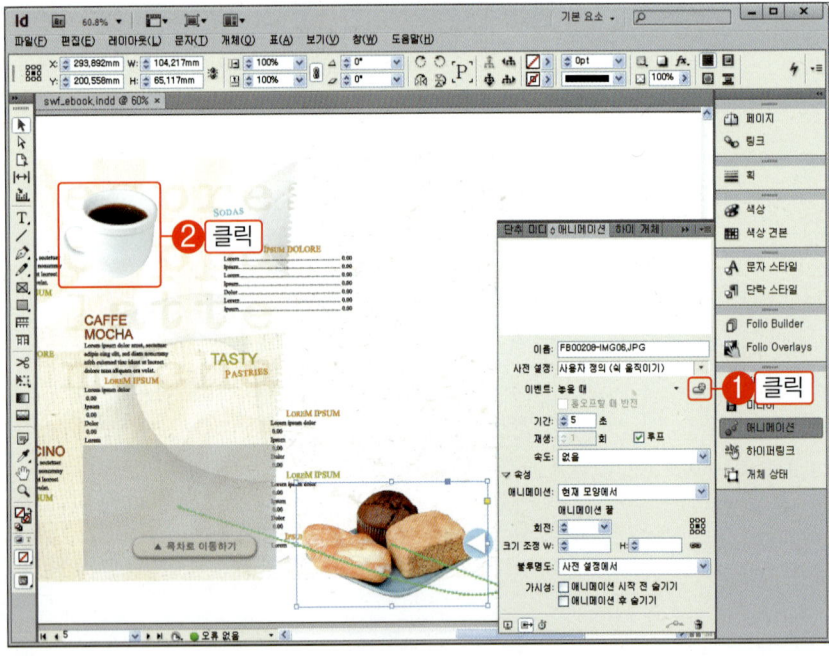

03 "단추 및 양식" 패널이 열리면 "옵션" 목록에서 "반전"을 선택합니다.

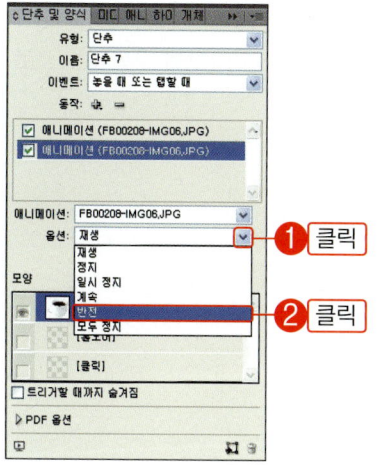

⚠️ 잠깐만!

"반전"은 애니메이션의 모션 방향을 거꾸로 재생시킵니다. 이 부분은 각 목록을 하나씩 선택해 가면서 미리 보기에서 결과를 확인해 보는 방법이 가장 이해하기 쉬운 방법입니다.

05 경고 메시지에서 "확인" 버튼을 클릭하여 선택한 동작을 삭제합니다.

07 커피잔 이미지를 클릭하면 빵 이미지 애니메이션이 시작 포인트에서 끝 포인트 방향으로 진행하는 것이 아니라 끝 포인트에서 시작 포인트 방향으로 진행되는 것을 확인할 수 있습니다. "미리 보기" 창을 닫습니다.

04 이전에 적용한 "재생" 옵션을 삭제하기 위하여 상단의 항목을 선택하고 마이너스 기호의 "선택한 동작 삭제"를 클릭합니다.

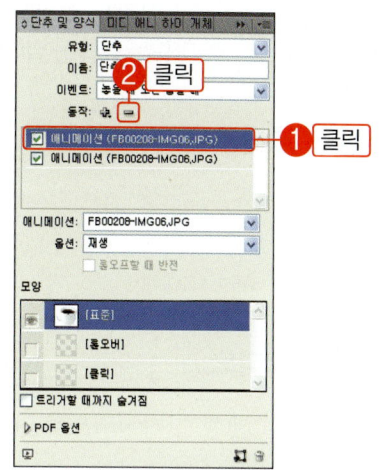

⚠️ 잠깐만!

하나의 버튼에 여러 개의 동작이 추가되어 있을 경우, 애니메이션이 계획한 대로 재생되지 않습니다.

06 "단추 및 양식" 패널에서 재생 동작이 삭제되고 "반전"으로 대치되었으면 애니메이션을 확인하기 위하여 "미리 보기 (🔳)"를 클릭합니다.

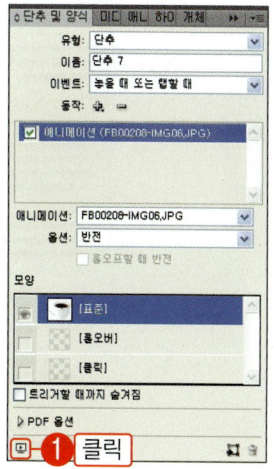

앞의 "5" 페이지 e-Book에 삽입한 오디오는 구독자의 의지와 관계 없이 페이지가 열리면 자동으로 음악이 재생되도록 제작하였습니다. 여기서는 콘티에 따라서 "6" 페이지를 e-Book으로 만들되 삽입한 오디오를 구독자 스스로가 버튼으로 재생, 정지 할 수 있도록 만드는 방법을 알아봅니다.

구독자가 재생 정지하는 오디오

여기서는 구독자가 오디오를 재생, 정지시키도록 만드는 방법을 중점적으로 알아보겠습니다. 오디오를 제어하는데 필요한 버튼은 직접 제작할 것이며 버튼에 재생, 정지 액션을 지정하는 방법까지 알아보겠습니다.

특정 이미지를 클릭하면 오디오가 재생되도록 함(미디어)

전체 이미지가 위에서 아래로 슬라이딩 됨(위쪽에서 날아오기)

위쪽에서 날아오는 애니메이션

01 먼저 콘티에 따라서 도큐멘트의 오른쪽에 배치한 이미지에 위에서 날아오는 애니메이션을 지정하겠습니다. 도큐멘트의 오른쪽에 위치한 이미지를 클릭하고 "애니메이션" 패널의 "사전 설정" 목록에서 "위쪽에서 날아오기"를 선택합니다.

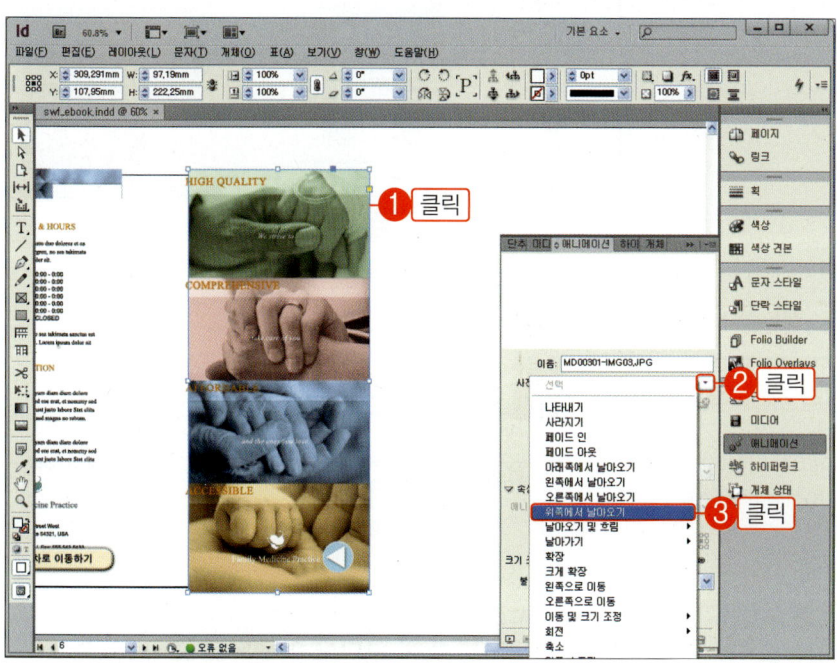

02 "5"초에 "1"회, 반복 재생하기 위하여 "기간"에 "5"를 입력합니다. 그리고 "루프"를 클릭하여 체크 표시한 후, "미리 보기(▣)"를 클릭하고 확인합니다.

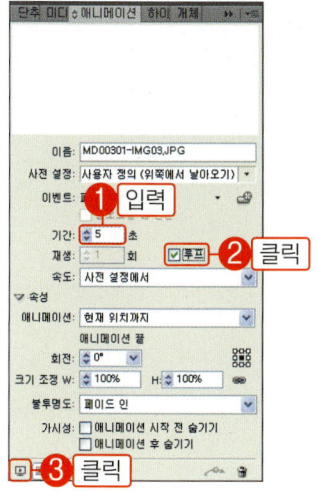

사운드 클립 삽입하기

01 오디오 파일을 가져오기 위하여 "미디어" 패널을 열고 "비디오 또는 오디오 파일을 배치합니다.(▦)"를 클릭합니다.

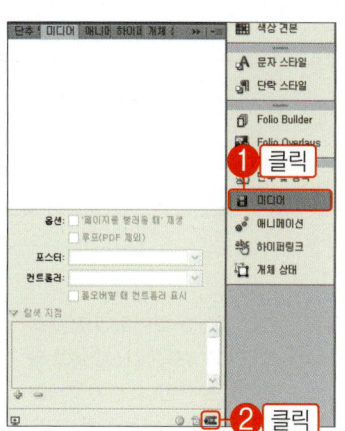

02 본 도서에서 제공하는 예제 파일에서 "kility. mp3"를 선택하고 "열기" 버튼을 클릭합니다.

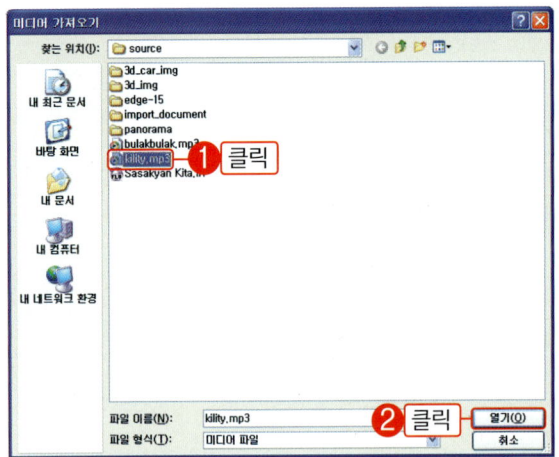

잠깐만!

사운드 클립은 음악, 녹음한 음성 등 어떠한 파일이라도 e-Book에 삽입 가능합니다. 단 파일 형식이 "MP3"나 "MP4"이어야 합니다.

04 "미디어" 패널에서 "재생" 버튼(▶)을 클릭하여 오디오 파일이 정상적으로 재생되는지 확인하고 정지 버튼을 클릭합니다.

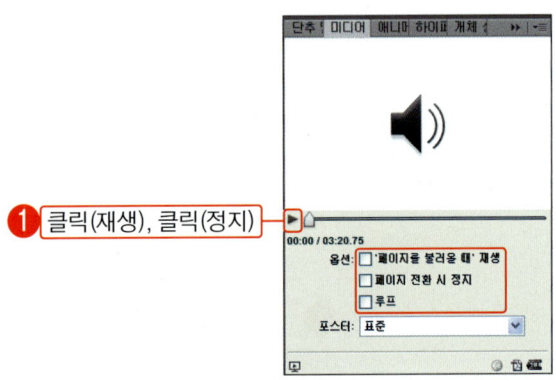

잠깐만!

현재 삽입한 오디오는 "미리 보기" 창에서 확인하여도 재생이 되지 않는 상태입니다. 이는 "미디어" 패널에서 재생에 필요한 아무런 옵션도 지정하지 않았기 때문입니다. 지금부터는 "재생"과 "정지" 버튼을 제작하고 액션을 지정한 후, 구독자가 버튼을 클릭하여 삽입한 오디오를 제어할 수 있도록 제작할 것입니다.

03 도큐멘트에서 임의의 위치를 클릭하여 불러온 오디오 파일을 배치합니다. 그리고 "포스터" 항목에서 "표준"을 선택합니다.

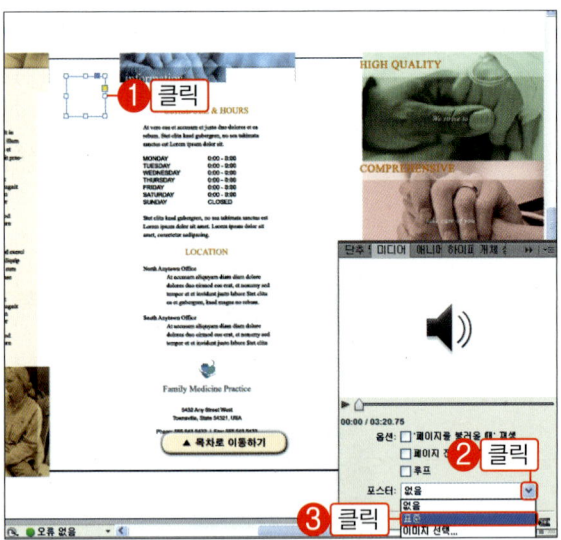

구독자를 위한 오디오 안내문과 표시 편집하기

구독자는 현재 페이지의 e-Book에 오디오가 삽입되어 있는지 알 수가 없는 상태입니다. 구독자가 오디오를 재생하여 들을 수 있도록 안내문과 오디오 표시를 편집해 보겠습니다.

01 오디오 표시 이미지를 가져오기 위하여 메뉴에서 "파일-가져오기"를 선택합니다.

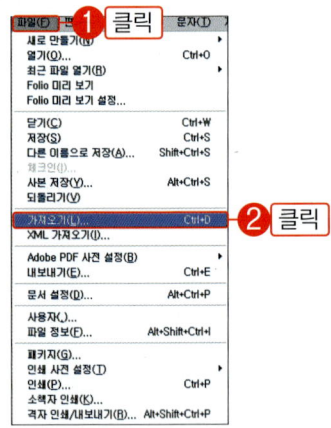

02 본 도서의 예제 파일에서 "source" 폴더의 "headset.psd"를 선택하고 "열기" 버튼을 클릭합니다.

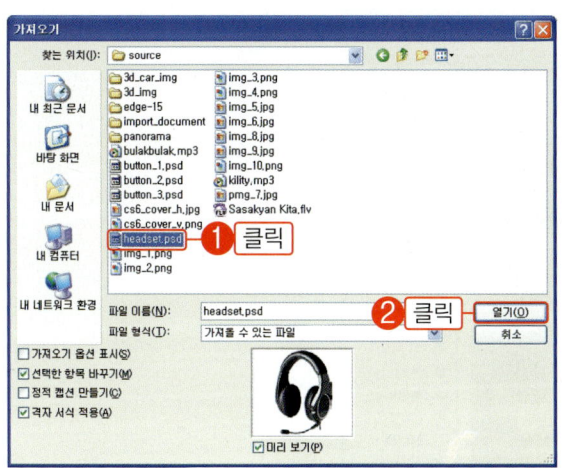

03 도큐멘트에서 임의의 위치를 클릭하여 헤드셋 이미지를 배치합니다. 오디오 표시 작업 영역을 확보하기 위하여 중앙의 텍스트 프레임을 선택하고 자판에서 Delete 키를 눌러서 삭제합니다.

04 도구상자에서 "자유 변형 도구( )"를 선택하고 헤드셋 이미지의 주변에 표시되는 조절점을 드래그하여 크기를 조절합니다. 여기서는 약간 축소하겠습니다.

> **잠깐만!**
> 자판에서 Shift 키를 누른 채로 개체의 꼭지점에 표시된 조절점을 드래그하면 정비례로 확대, 축소할 수 있습니다.

05 도구상자에서 "문자 도구(T.)"를 선택하고 헤드셋 이미지의 아래쪽에서 드래그하여 텍스트 프레임을 그립니다. 구독자에게 오디오 파일을 청취하도록 하는 안내 문안을 입력합니다.

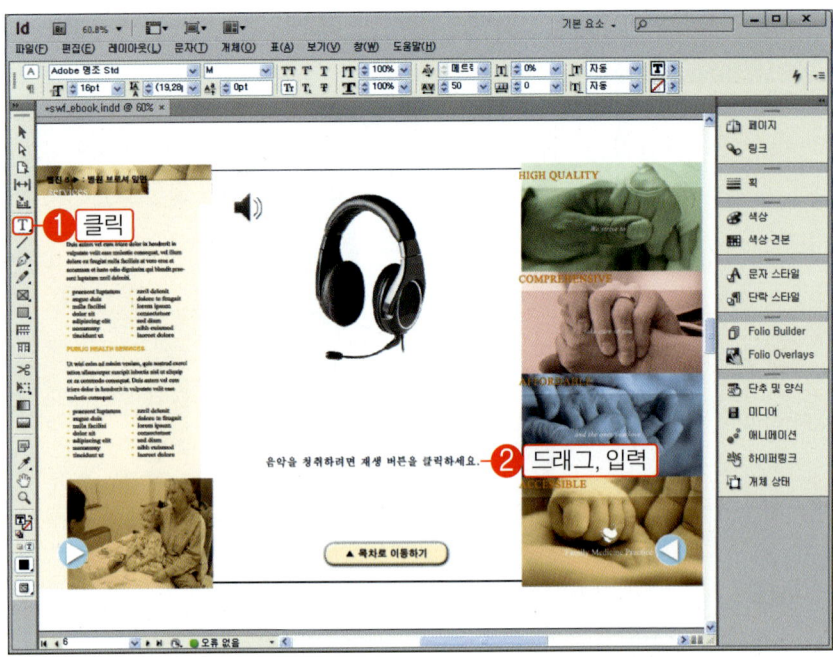

06 입력한 문안을 드래그하여 역상으로 블록 지정한 후, 컨트롤 패널에서 마음에 드는 글자 크기, 서체의 종류, 자간 등을 변경합니다.

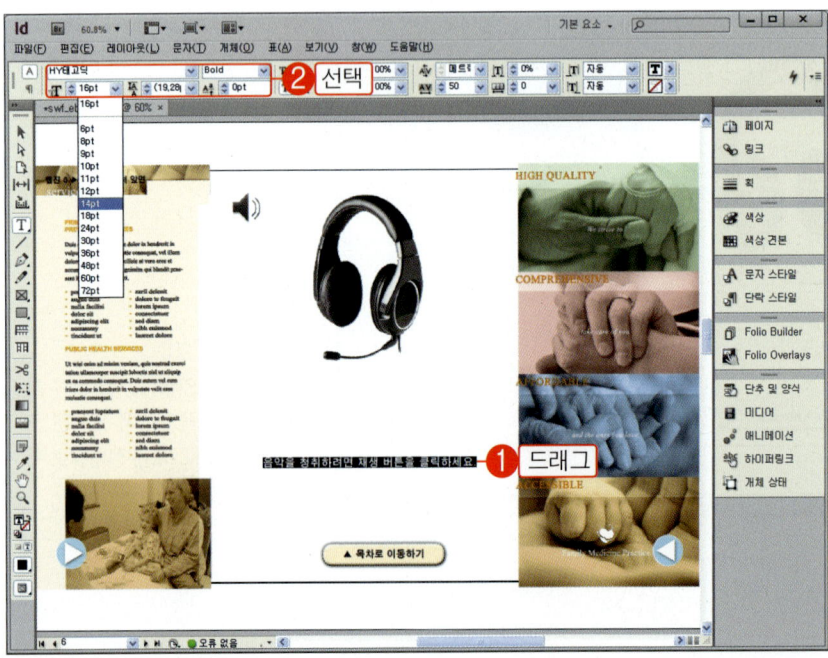

사운드 제어용 버튼 제작

01 도구상자에서 "타원 도구(◎)"를 선택하고 헤드셋 이미지의 아래쪽에서 드래그하여 정원을 그립니다.

> **⏸ 잠깐만!**
> 자판에서 Shift 키를 누른 채로 드래그하면 정원을 그릴 수 있습니다. 여기서는 독자의 편의를 위하여 버튼을 크게 만들 것입니다. 실무에서는 자신이 원하는 크기로 그립니다.

02 "색상 견본" 패널을 열고 "칠"을 클릭합니다. 그리고 색상 목록에서 빨간색을 선택하여 정원을 빨간색으로 채웁니다. 이번에는 "획"을 클릭하고 "없음"을 선택하여 정원의 외곽선을 삭제합니다.

03 "선택 도구(▶)"를 선택하고 자판에서 Alt + Shift 키를 누른 채로 정원을 오른쪽으로 드래그하여 수평 방향으로 복사합니다. 원본의 정원은 "재생" 버튼으로 사용할 것이며 복사된 정원은 "정지" 버튼으로 사용할 것입니다.

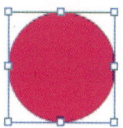

04 도큐멘트의 빈 영역을 클릭하여 선택을 해제하고 도구상자에서 "다각형 도구(◎)"를 선택한 후 첫 번째 그린 정원에서 드래그하여 삼각형을 그립니다.

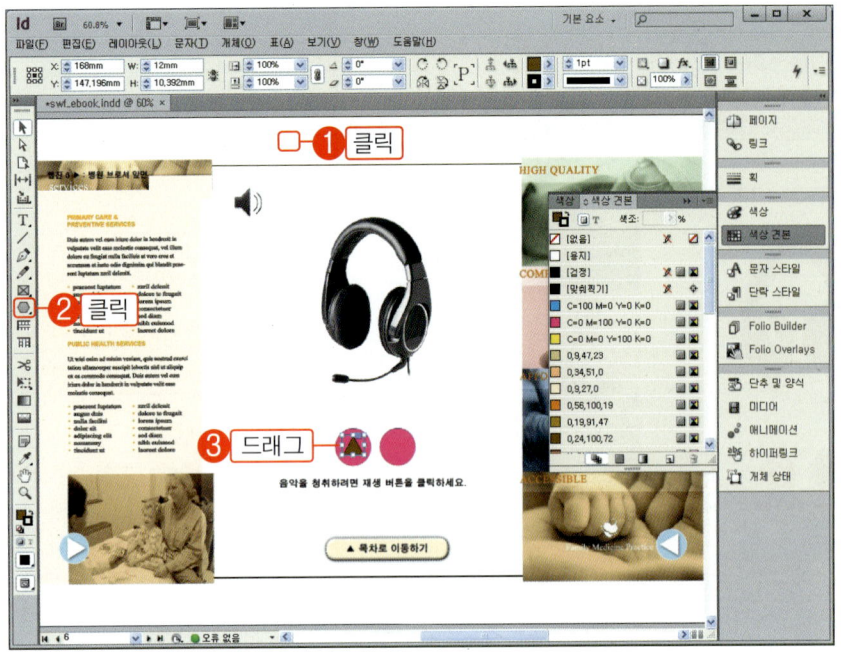

> **🛈 잠깐만!**
>
> "다각형 도구"로 삼각형을 그리려면 "다각형 도구"를 더블클릭하고 열리는 대화상자에서 설정합니다.

05 "색상 견본" 패널을 열고 "칠"을 클릭합니다. 그리고 색상 목록에서 "용지"를 선택하여 삼각형을 하얀색으로 채웁니다. 그리고 "획"을 클릭하고 "없음"을 선택하여 삼각형의 외곽선을 삭제합니다.

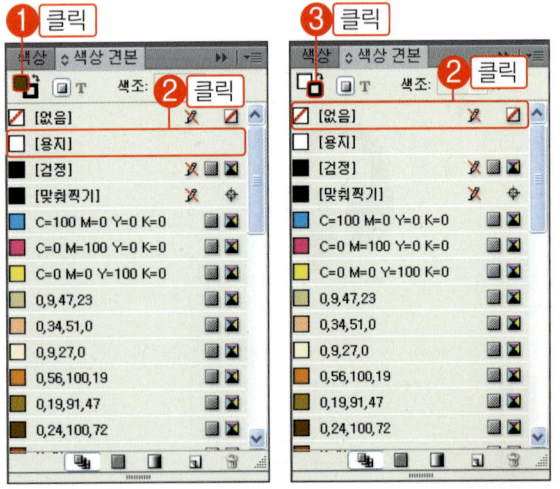

06 컨트롤 패널에서 "시계 방향으로 90도 회전(⟳)"을 클릭하여 삼각형을 회전시킵니다.

07 도구상자에서 "선택 도구(▶)"를 선택하고 자판에서 Shift 키를 누른 채로 정원을 클릭하면 삼각형과 함께 선택이 됩니다. 컨트롤 패널에서 "수평 가운데 정렬(呈)"과 "수직 가운데 정렬(◈)"을 각각 클릭하여 삼각형을 정원의 가운데로 배치합니다.

08 정원과 삼각형을 그룹으로 만들고 하나의 개체로 관리하기 위하여 메뉴에서 "개체-그룹"을 선택합니다.

09 이번에는 "정지" 버튼을 만들기 위하여 도구상자에서 "사각형 도구(■)"를 선택하고 복사된 정원에서 드래그하여 직사각형을 그립니다.

10 "색상 견본" 패널을 열고 "칠"을 클릭합니다. 그리고 색상 목록에서 "용지"를 선택하여 직사각형을 하얀색으로 채웁니다. 그리고 "획"을 클릭하고 "없음"을 선택하여 직사각형의 외곽선을 삭제합니다.

11 "선택 도구(▶)"를 선택하고 자판에서 Alt + Shift 키를 누른 채로 직사각형을 오른쪽으로 드래그합니다. 그러면 직사각형이 수평 방향으로 복사됩니다. 원본과 복사된 직사각형을 드래그하여 정원의 가운데로 정렬합니다.

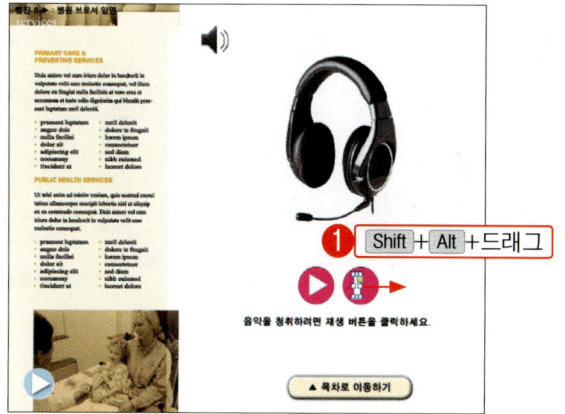

12 자판에서 Shift 키를 누른 채로 두 개의 직사각형과 정원을 각각 클릭하여 모두 선택합니다. 선택된 개체를 하나의 개체로 관리하기 위하여 메뉴에서 "개체-그룹"을 선택합니다.

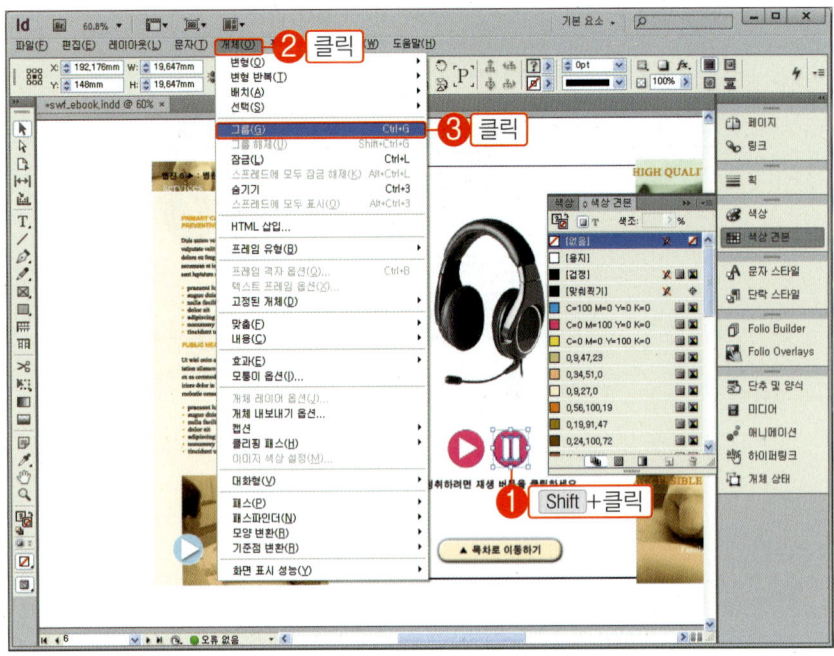

13 버튼에 그림자 효과를 적용하기 위하여 "재생" 버튼을 클릭하여 선택하고 메뉴에서 "개체-효과-그림자"를 선택합니다.

14 "효과" 대화상자에서 "불투명도"에는 "100"을, "거리"에는 "0"을, "X 오프셋"과 "Y 오프셋"에는 각각 "0"
을, "크기"에는 "2"를 입력하고 "확인" 버튼을 클릭합니다.

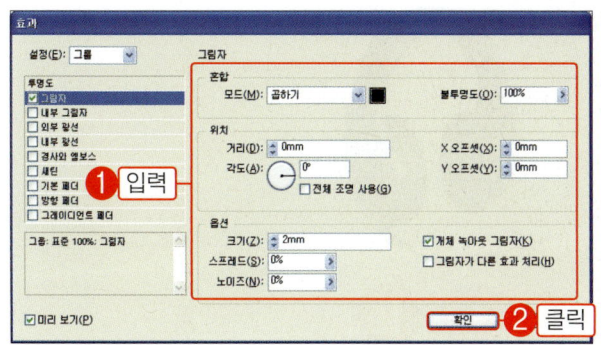 

15 동일한 방법으로 "정지" 버튼에도 그림자 효과를 적용하기 위하여 "정지" 버튼을 클릭하여 선택하고 메뉴
에서 "개체-효과-그림자"를 선택합니다.

16 "효과" 대화상자에서 "불투명도"에는 "100"을, "거리"에는 "0"을, "X 오프셋"과 "Y 오프셋"에는 각각 "0"을, "크기"에는 "2"를 입력하고 "확인" 버튼을 클릭합니다.

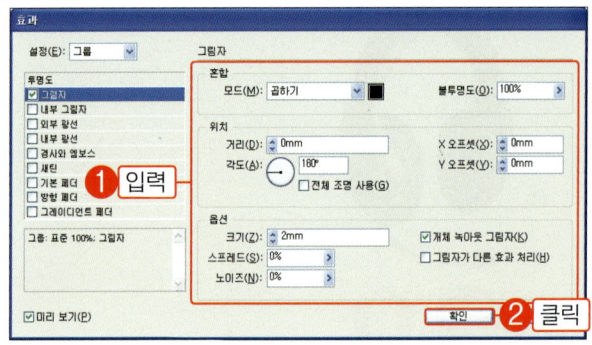

버튼에 액션 지정하기

01 그려진 "재생" 버튼을 클릭하면 삽입한 오디오가 재생되도록 액션을 지정해 보겠습니다. "재생" 버튼을 클릭하고 "단추 및 양식" 패널에서 "개체를 단추로 변환"을 클릭합니다. 그러면 "표준" 항목에 버튼이 표시됩니다.

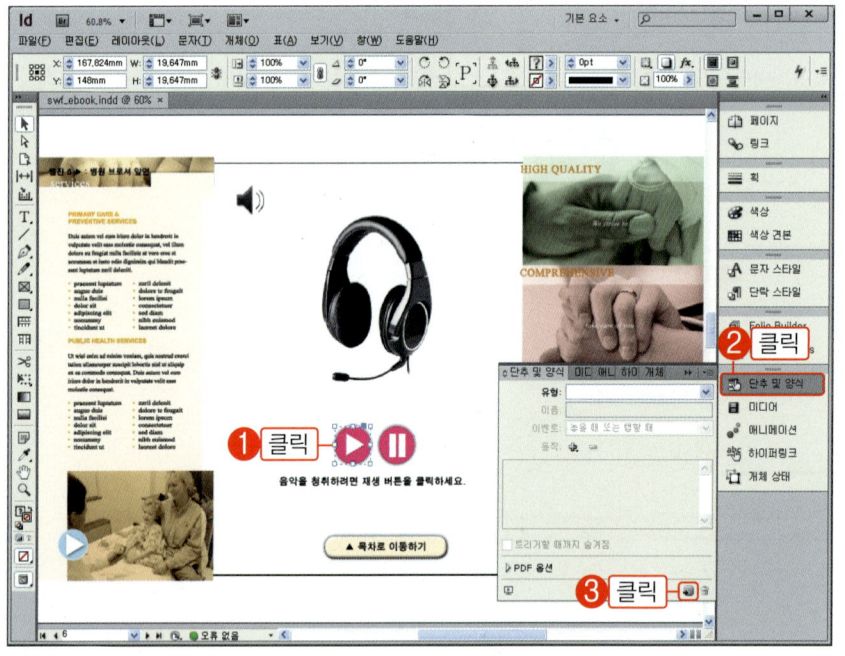

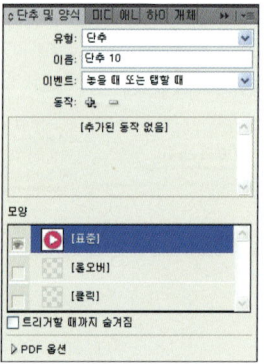

02 "동작"의 오른쪽에 플러스 기호로 표시된 "선택한 이벤트에 새 동작 추가(+)"를 클릭하고 "사운드"를 선택합니다.

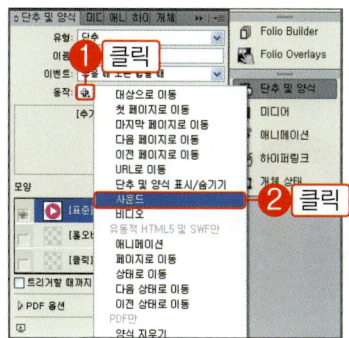

"동작" 항목의 하단에 오디오 파일 이름이 표시됩니다. 만약 페이지에 여러 개의 오디오 파일을 삽입하였다면 삽입한 오디오 파일명이 모두 표시됩니다. 여기서 현재 액션을 지정하는 버튼을 클릭하였을 때 어떤 오디오를 재생할 것인지를 선택해 주어야 합니다.

03 그려진 "정지" 버튼을 클릭하면 재생 중인 오디오가 정지되도록 액션을 지정해 보겠습니다. "정지" 버튼을 클릭하고 "단추" 패널에서 "개체를 단추로 변환"을 클릭합니다.

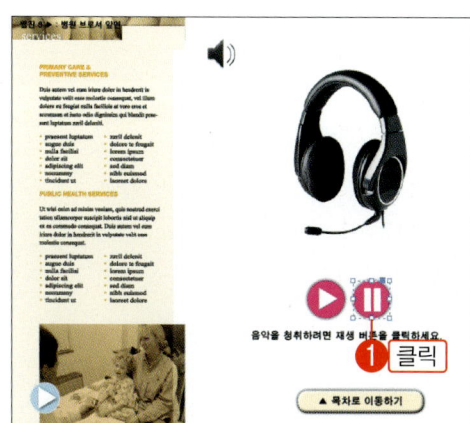

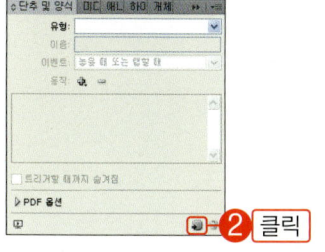

04 "동작"의 오른쪽에 플러스 기호로 표시된 "선택한 이벤트에 새 동작 추가(+)"를 클릭하고 "사운드"를 선택합니다.

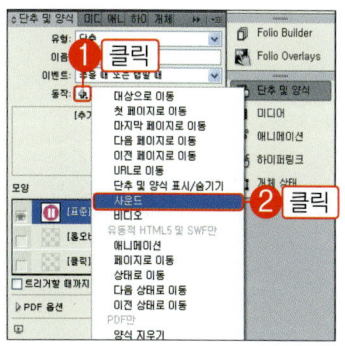

> 🔲 *잠깐만!*
>
> "새 동작 추가" 메뉴에서 "비디오"를 선택하면 버튼에 오디오 대신에 비디오를 재생, 정지할 수 있습니다. 이 방법을 잘 알아두고 다음의 "비디오 삽입" 편에서 버튼으로 비디오를 재생, 정지할 수 있도록 제작합니다.

05 현재의 버튼을 클릭하면 재생 중인 오디오가 정지되도록 "옵션" 목록에서 "일시 정지"를 선택합니다. 그리고 오디오의 재생과 정지를 e-Book에서 확인하기 위하여 "미리 보기(▣)"를 클릭합니다.

06 이제 "재생"과 "정지" 버튼을 클릭하면 삽입한 오디오가 재생되고 정지되는 것을 확인할 수 있습니다.

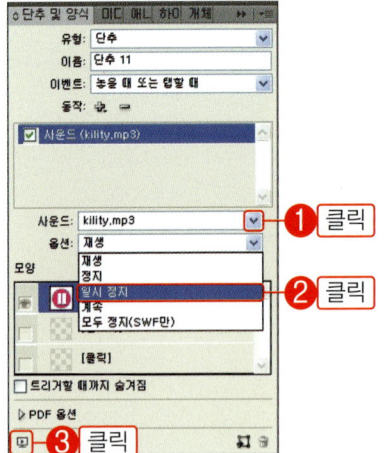

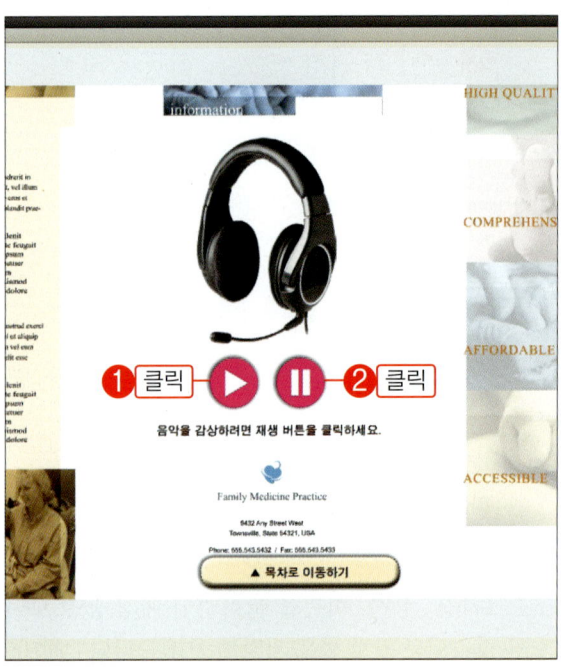

애니메이션을 설정한 개체에는 모션 패스라는 초록색의 선이 표시됩니다. 개체는 모션 패스의 모양을 따라서 애니메이션이 진행되는데 여기서는 사용자가 원하는 모양 대로 애니메이션이 진행될 수 있도록 모션 패스를 수정, 편집하는 방법을 알아보겠습니다.

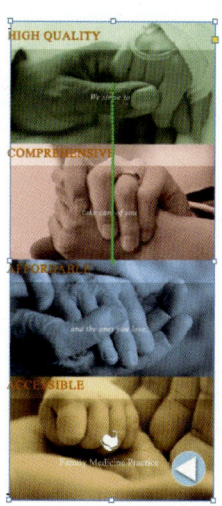

▲ 애니메이션을 지정한 개체에 표시되는 직선형의 모션 패스

01 도구상자에서 "선택 도구 ▣"를 선택하고 애니메이션이 적용된 개체(수정, 편집할 개체)를 클릭합니다. 그러면 모션 패스가 표시됩니다.

> **잠깐만!**
> 모션 패스를 수정 편집하기 위하여 선택하는 도구들의 순서를 잘 알아두세요.

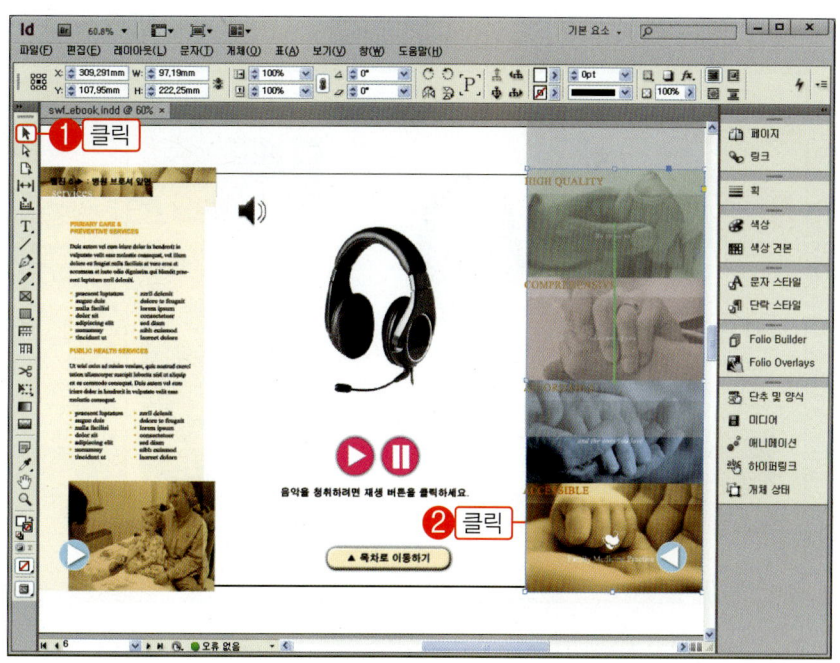

02 도구상자에서 "직접 선택 도구(◥)"를 선택하고 모션 패스를 클릭하여 선택합니다.

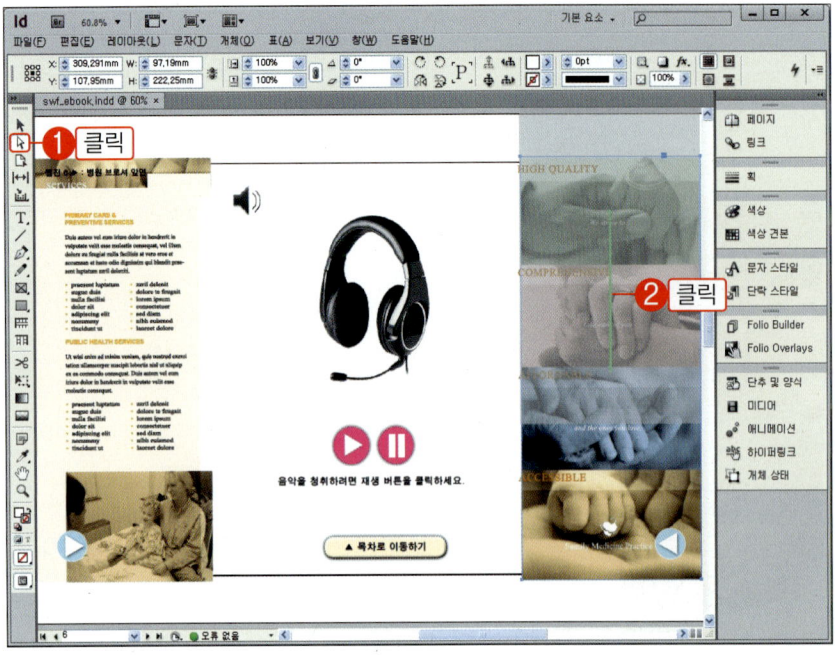

03 도구상자에서 "기준점 추가 도구(◈)"를 선택하고 모션 패스를 클릭하기를 반복하여 원하는 수 만큼 기준점을 추가합니다.

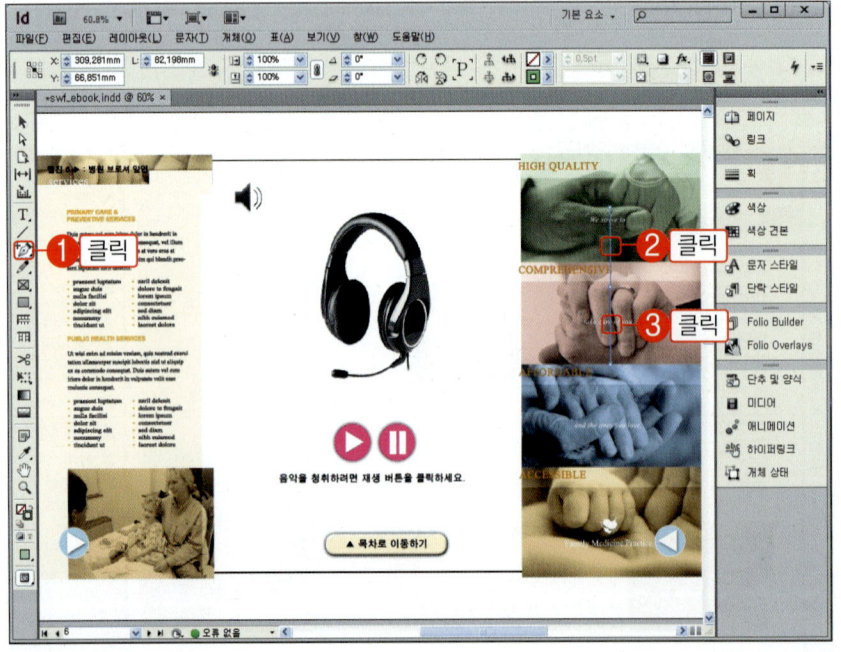

> **👤 잠깐만!**
> "기준점 삭제 도구"와 "방향점 변환 도구"를 사용하여 더 다양한 모양으로 모션 패스를 수정, 편집할 수 있습니다.

04 도구상자에서 "직접 선택 도구(◌)"를 선택하고 다른 기준 점을 한 번 클릭합니다. 그리고 추가된 기준점을 클릭, 드래그하여 원하는 모양으로 수정, 편집합니다.

05 수정, 편집된 모션 애니메이션을 확인하기 위하여 "애니메이션" 패널을 열고 "미리 보기(◌)"를 클릭하고 확인합니다.

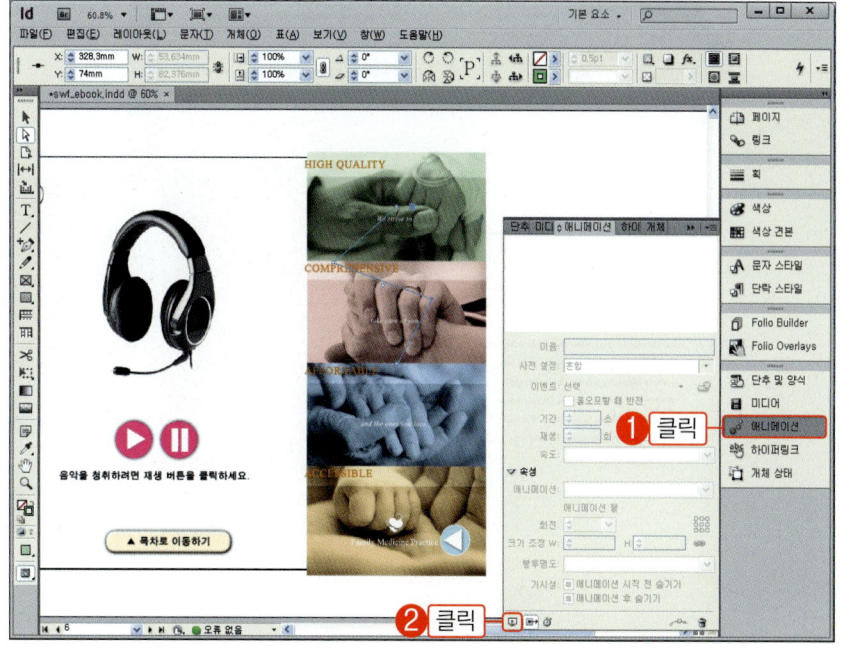

하이퍼링크는 SWF e-Book, DPS e-Book, PDF e-Book에서 구독자가 링크를 클릭하여 웹 사이트나 동일한 페이지, 또는 외부 페이지 URL로 이동할 수 있도록 해줍니다. 이후의 페이지에서는 독자의 상상력을 발휘하여 사전 설정을 통한 애니메이션을 설정합니다.

하이퍼링크 소스와 대상

하이퍼링크는 텍스트와 그래픽 프레임에 모두 적용할 수 있으며 하이퍼링크를 통하여 이동할 수 있는 대상은 URL, 메일 주소, 파일, 앵커 페이지입니다. 이 때 하나의 소스에는 하나의 대상만 하이퍼링크할 수 있습니다. 여기서는 하이퍼링크를 설정하는 방법을 알아봅니다.

배경 이미지 전체가 순차적으로 왼쪽에서 오른쪽으로 흐리게 날아오기(왼쪽에서 흐리게 날아오기)

문자에 하이퍼링크 설정하기

글자에 URL 하이퍼링크 만들기

01 메뉴에서 "창-대화형-하이퍼링크"를 선택하고 "하이퍼링크" 패널이 호출되면 드래그하여 패널 도크에 배치합니다.

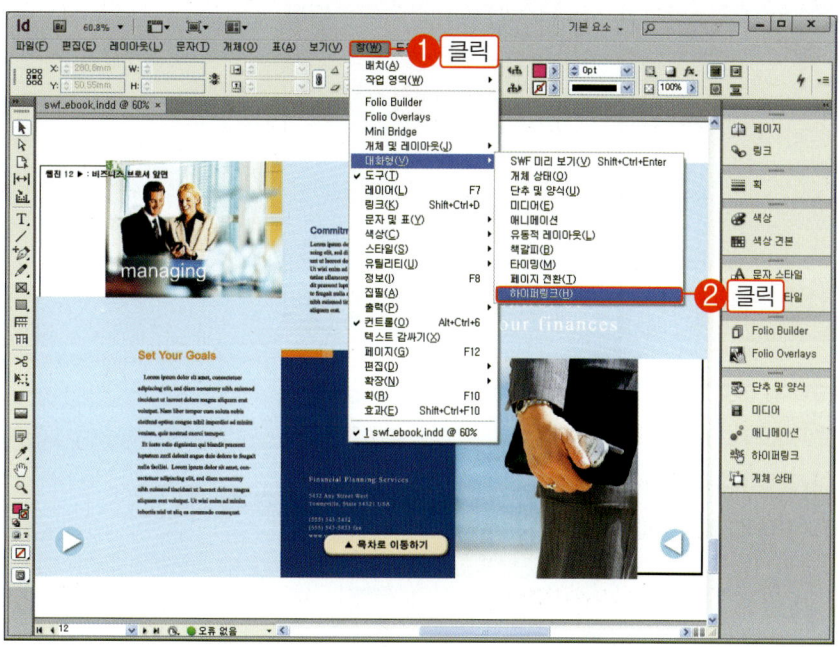

02 도구상자에서 "문자 도구(T.)"를 선택하고 하이퍼링크를 적용할 문단을 드래그하여 역상으로 블록 지정합니다. 그리고 "하이퍼링크" 패널의 하단에 위치한 "새 하이퍼링크 만들기(●*)"를 클릭합니다.

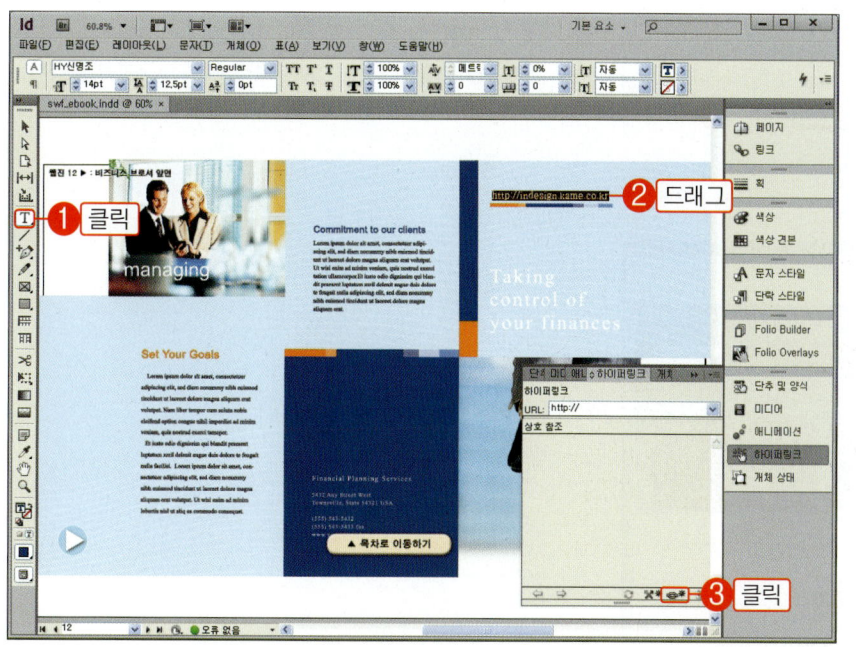

> 🔲 *잠깐만!*
>
> "문자 도구" 선택 상태에서 문단을 빠르게 세 번 클릭하면 문단의 한 줄만 역상으로 블록 지정할 수 있습니다. 또한 빠르게 네 번 클릭하면 한 문단 전체를 역상으로 블록 지정할 수 있습니다.

03 "연결 대상"에서 "URL"을 선택하고 "URL" 입력란에 링크할 사이트 주소를 입력합니다. 그리고 "확인" 버튼을 클릭합니다.

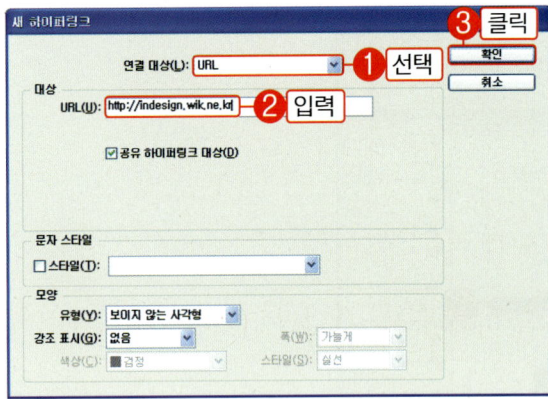

> ⚠
> DPS e-Book에서 하이퍼링크를 설정할 때와 같이 "공유 하이퍼링크 대상"의 체크 표시를 해제하고 설정하기를 권장합니다.

05 URL 하이퍼링크를 지정하였던 글자를 클릭합니다. 그러면 "URL"에 입력하였던 웹사이트가 열립니다.

04 "하이퍼링크" 패널의 "URL"에 입력한 사이트 주소가 표시되었으면 확인을 위하여 메뉴에서 "창-대화형-SWF 미리 보기"를 선택합니다.

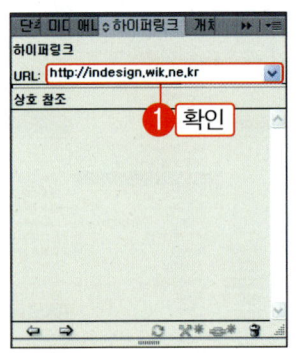

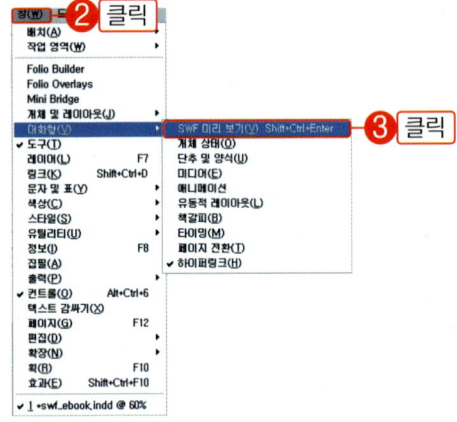

> ⚠ 잠깐만!
> 하이퍼링크 패널에서는 "SWF 미리보기" 도구를 제공하지 않습니다.

하이퍼링크의 강조 표시

하이퍼 링크에서 마우스에 반응하여 모양이 변경되는 것을 "강조 표시"라고 합니다. 현재는 하이퍼링크된 글자에 마우스 포인터를 올리면 손가락 모양으로 변할 뿐 클릭하였을 때는 아무런 이벤트가 없습니다. 여기서는 하이퍼링크된 개체를 클릭하였을 때 역상으로 변하거나 눌려지는 모양의 이벤트를 지정하는 방법을 알아보겠습니다.

01 하이퍼링크가 지정된 글자를 역상으로 블록 지정하고 "하이퍼링크" 패널 메뉴에서 "하이퍼링크 옵션"을 선택합니다.

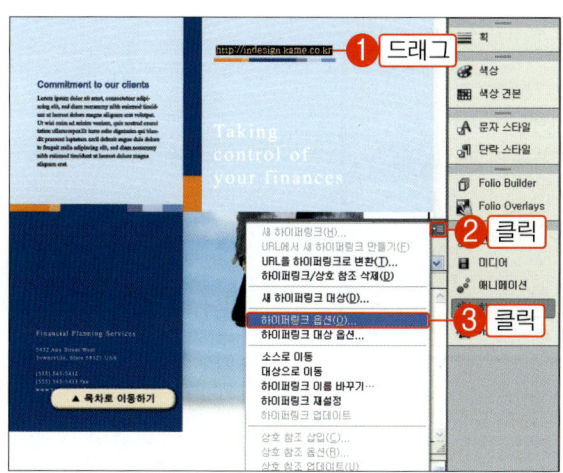

02 "문서"에서 앞에서 설정한 URL을, "강조 표시"에서 "인세트"를 선택하고 "확인" 버튼을 클릭한 후 "창-대화형-SWF 미리 보기" 메뉴를 선택합니다.

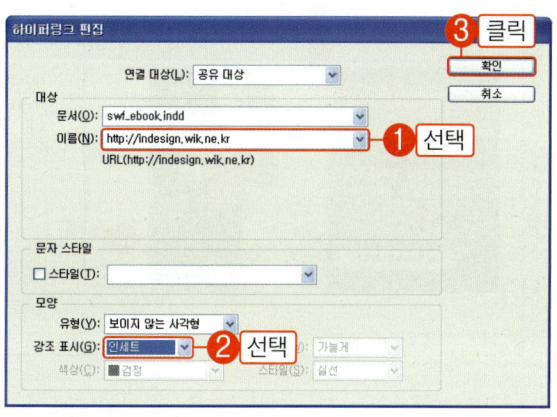

> 🛈 **잠깐만!**
> "강조 표시" 목록에서 선택에 따라서 하이퍼링크된 개체를 클릭하였을 때 "반전", "윤곽선"으로 모양이 변경되게 할 수 있습니다.

03 "미리 보기" 창에서 하이퍼링크된 글자를 클릭하면 다음 그림과 같이 영역이 안쪽으로 눌려지는 것을 확인할 수 있습니다. 물론 이후에는 링크된 사이트가 열립니다. 확인이 되었으면 "미리 보기" 창을 닫습니다.

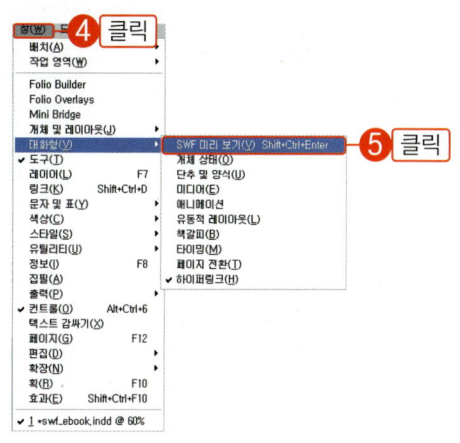

이미지에 메일 전송 하이퍼링크 만들기

01 도큐멘트에서 메일 전송 하이퍼링크를 적용할 이미지를 클릭하고 "하이퍼링크" 패널의 하단에 위치한 "새 하이퍼링크 만들기(📧)"를 클릭합니다.

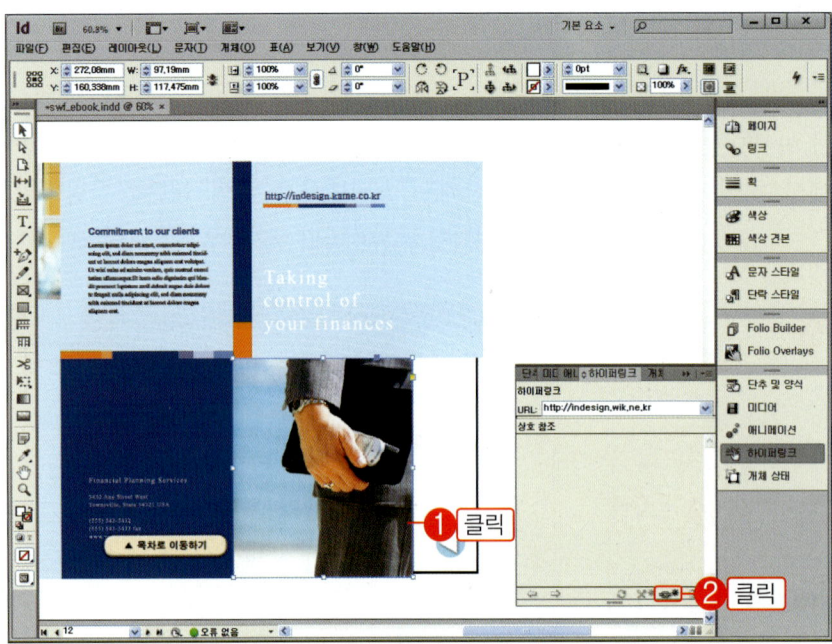

02 "연결 대상"에서 "전자 우편"을 선택하고 "주소"에는 메일을 받을 사람의 주소를 입력합니다. "제목 줄"에는 받을 사람에게 보여지는 메일 제목을 미리 입력합니다.

03 이번에는 이미지를 클릭하였을 때 반전되도록 설정해 보겠습니다. "강조 표시"에서 "반전"을 선택하고 "확인" 버튼을 클릭합니다. 그리고 확인을 위하여 메뉴에서 "창-대화형-SWF 미리 보기"를 선택합니다.

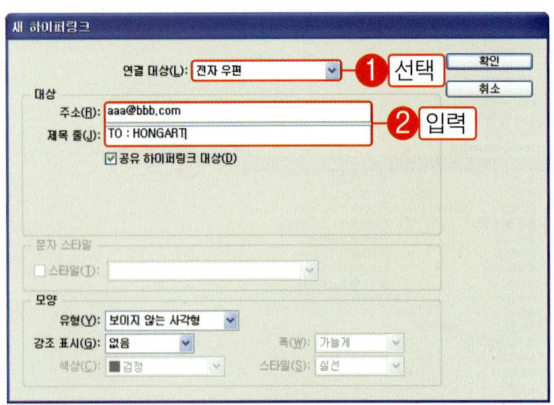

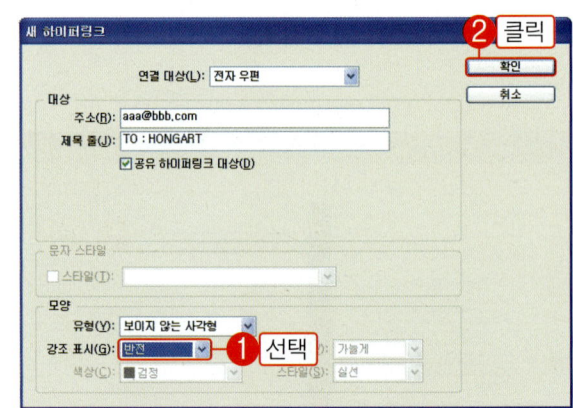

> **❗ 잠깐만!**
> "제목 줄"에 한글을 입력하면 아웃룩의 메일 제목에서 깨지는 현상이 있습니다. 따라서 여기서는 영문으로 입력하였습니다. "제목 줄"의 메일 제목란은 비워두어도 됩니다.

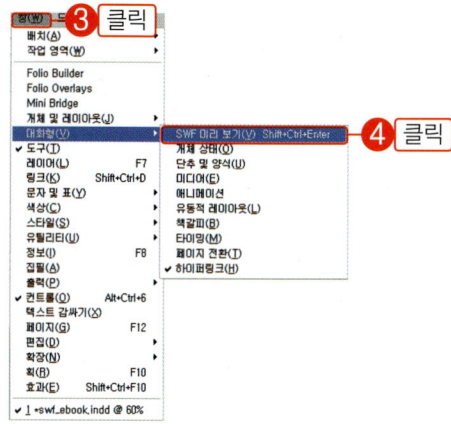

04 전자 우편 하이퍼링크를 지정하였던 이미지를 클릭합니다. 이 때 이미지를 클릭하는 순간 반전됩니다.

05 아웃룩을 기본 메일로 지정할 것인지를 묻는 메시지가 나타나면 "예"나 "아니오" 버튼을 클릭합니다. 그러면 메일 전송 창이 열립니다.

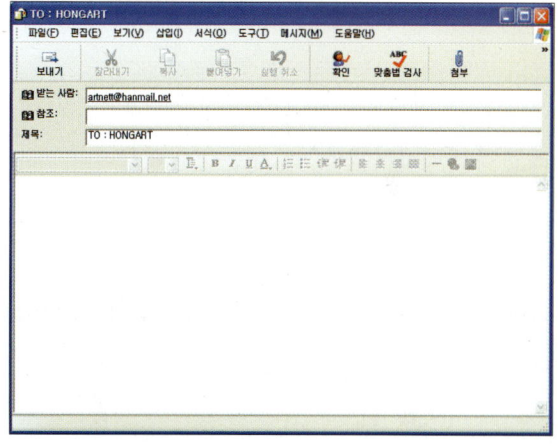

🔲 잠깐만!
"새 하이퍼링크" 대화상자의 "제목 줄"에 입력한 내용이 "아웃룩"에서 메일의 제목으로 표시된 것을 확인할 수 있습니다.

기존의 하이퍼링크를 다른 개체에 적용하고 삭제하기

01 이미 등록된 하이퍼링크와 동일한 링크를 다른 개체에도 적용하려면 개체를 선택하고 "URL" 목록에서 선택하면 됩니다.

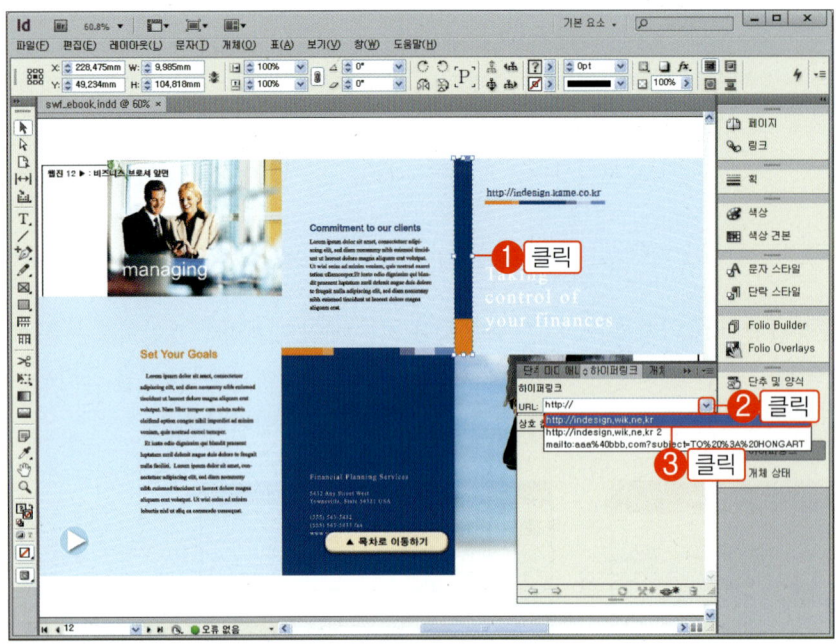

02 하이퍼링크를 삭제하려면 삭제할 개체를 선택하고 "하이퍼링크" 패널에서 "삭제(🗑)"를 클릭합니다. 그리고 경고 메시지에서 "예" 버튼을 클릭합니다.

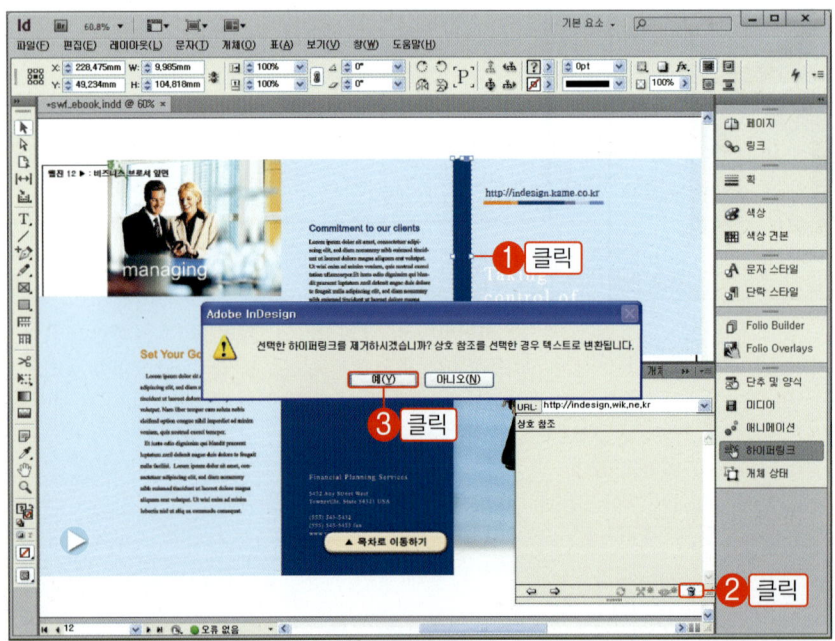

> 🔔 **잠깐만!**
> "하이퍼링크"를 삭제하여도 개체는 삭제되지 않습니다. 단지 "하이퍼링크"만 삭제되는 것입니다.

마우스를 특정 단추 위에 롤오버 하거나 클릭하였을 때 숨겨져 있던 다른 개체가 표시되도록 하려면 "단추 및 양식" 패널에서 제공하는 "트리거 할 때까지 숨김" 옵션을 사용하면 됩니다.

01 표시되지 않게 할 개체를 클릭하여 선택하고 "단추 및 양식" 패널의 하단에서 "개체를 단추로 변환"을 클릭합니다. 그리고 "트리거할 때까지 숨겨짐"을 클릭하여 체크 표시합니다. 이 때 "이름"에서 "단추 15"임을 확인합니다.

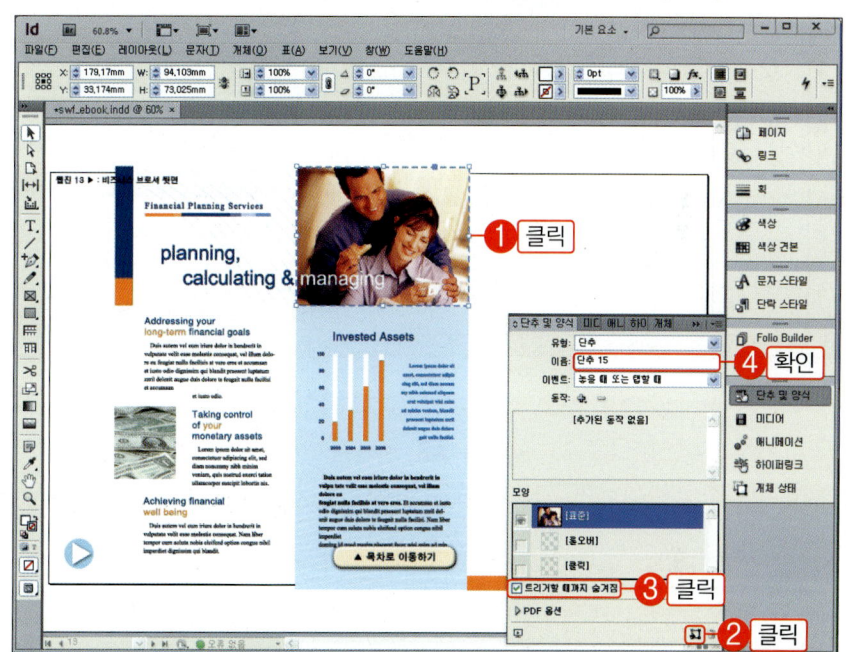

잠깐만!

"트리거할 때까지 숨겨짐" 옵션을 선택하면 해당 개체는 페이지에 표시되지 않게 됩니다.

02 클릭하거나 롤오버 하면 숨겨진 개체가 표시되게 할 개체를 선택하고 "단추로 변환"을 클릭합니다. 그리고 "이름"에서 "단추 17"임을 확인합니다.

잠깐만!

현재 선택한 개체를 클릭하면 앞에서 "트리거할 때까지 숨겨짐" 옵션이 적용된 개체가 표시될 것입니다.

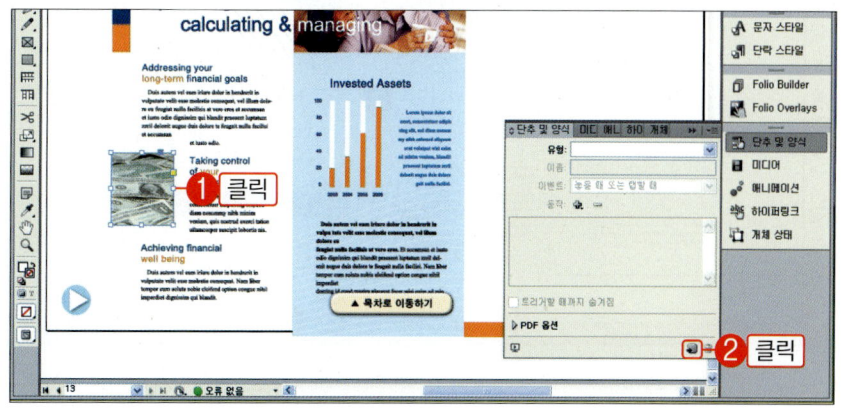

03 "동작" 항목의 플러스 기호(+)를 클릭하고 메뉴에서 "단추 및 양식 표시/숨기기"를 선택합니다.

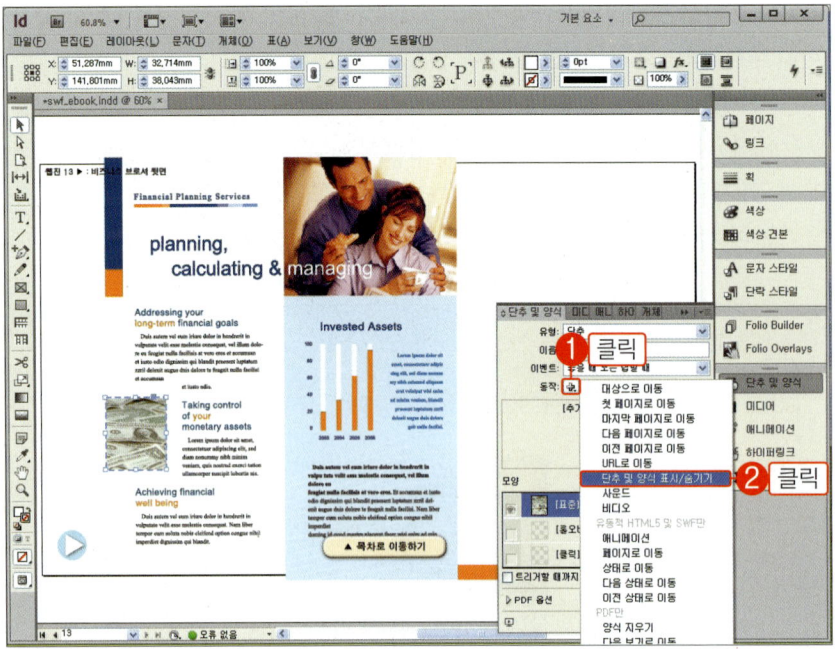

04 "가시성"에서 "단추 15" 항목의 "⬚" 표시를 클릭하여 눈 그림이 표시되도록 합니다. 확인을 위하여 "미리 보기"를 클릭합니다.

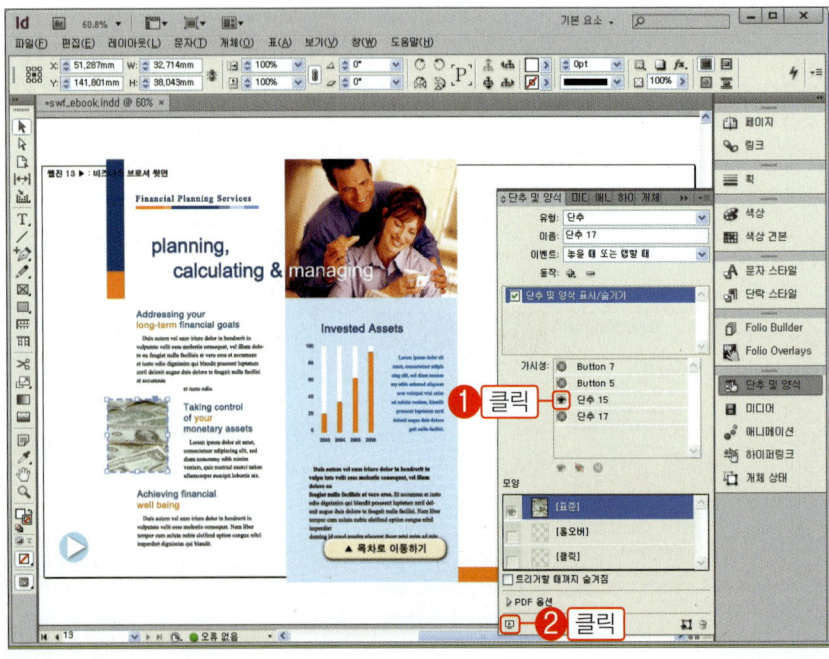

05 페이지를 불러오면 "단추 15" 개체가 표시되지 않습니다. "단추 17" 개체
를 클릭하면 "단추 15" 개체가 표시됩니다. 확인 후 "미리 보기" 창을 닫습니다.

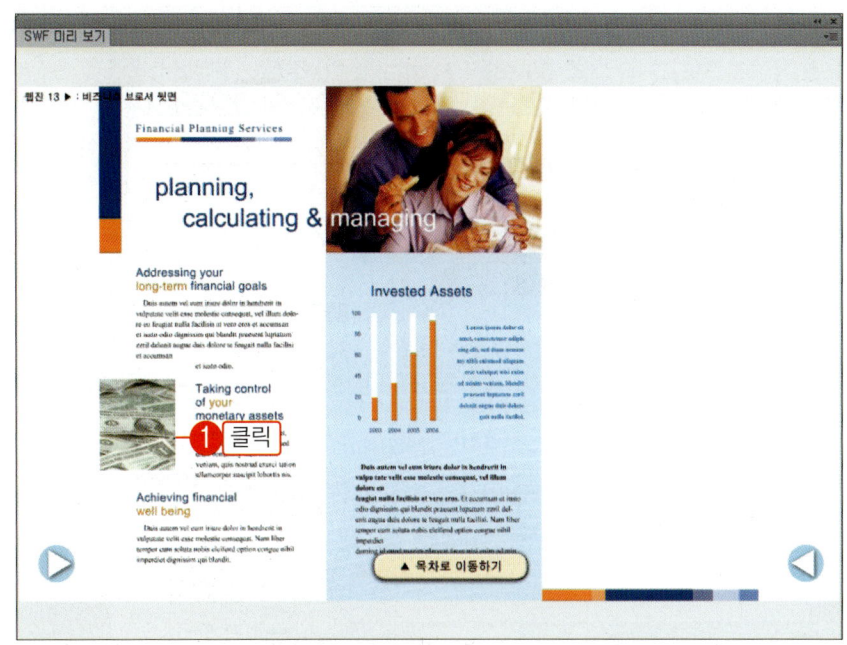

06 이번에는 "단추 17"에 마우스 포인터를 올리면(롤오버) 숨겨진 개체가 표
시되고, 내리면(롤오프) 표시된 개체가 다시 숨겨지도록 제작해 보겠습니다.
"단추 17"을 클릭하고 "이벤트" 목록에서 "롤오버할 때"를 선택합니다.

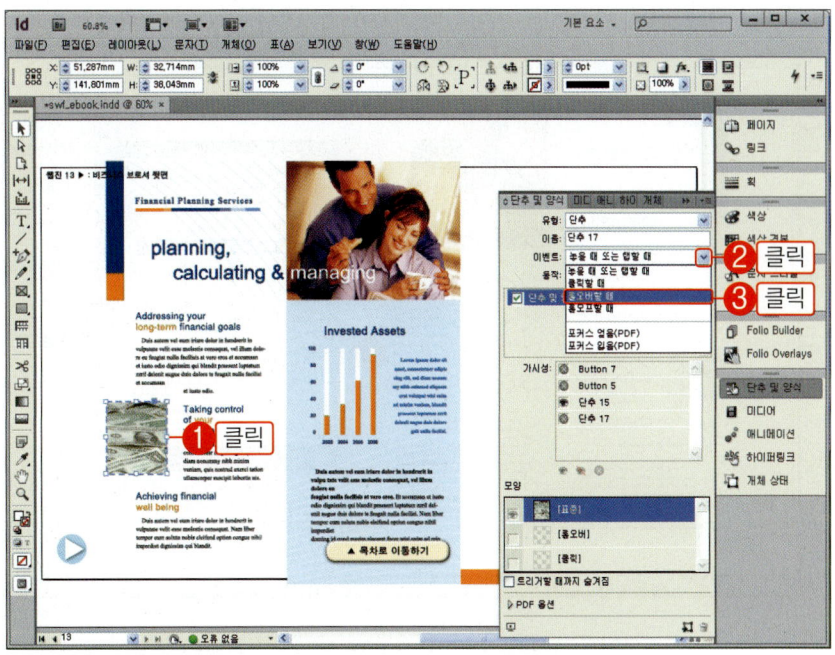

07 "동작" 항목의 플러스 기호(+)를 클릭하고 메뉴에서 "단추 및 양식 표시/숨기기"를 선택합니다.

08 "가시성"에서 "단추 15" 항목의 "▣" 표시를 클릭하여 눈 그림이 표시되도록 합니다.

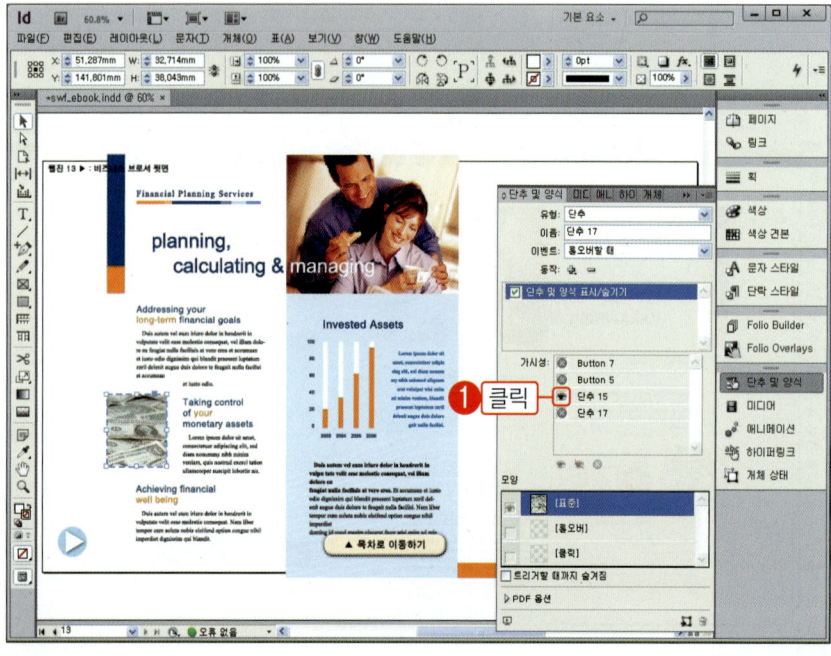

09 이번에는 "단추 17"에서 마우스 포인터를 내리면(롤오프) 표시된 개체가 다시 숨겨지도록 제작해 보겠습니다. "이벤트" 목록에서 "롤오프할 때"를 선택합니다.

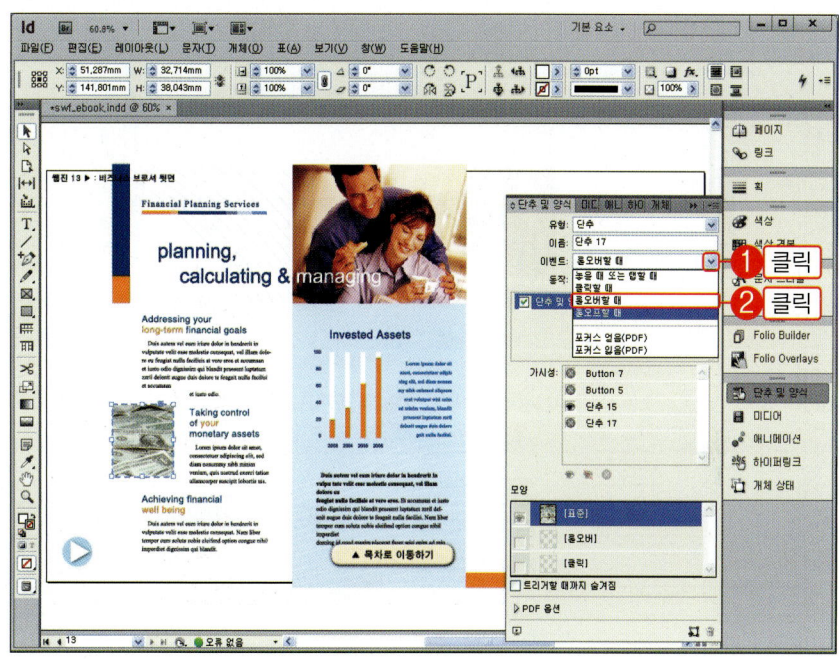

10 "동작" 항목의 플러스 기호(+)를 클릭하고 메뉴에서 "단추 및 양식 표시/숨기기"를 선택합니다.

11 "가시성"에서 "단추 15" 항목의 "◉" 표시를 천천히 두 번 클릭하여 눈 그림에 빨간색의 사선이 표시되도록 합니다. 그리고 확인을 위하여 "미리 보기"를 클릭합니다.

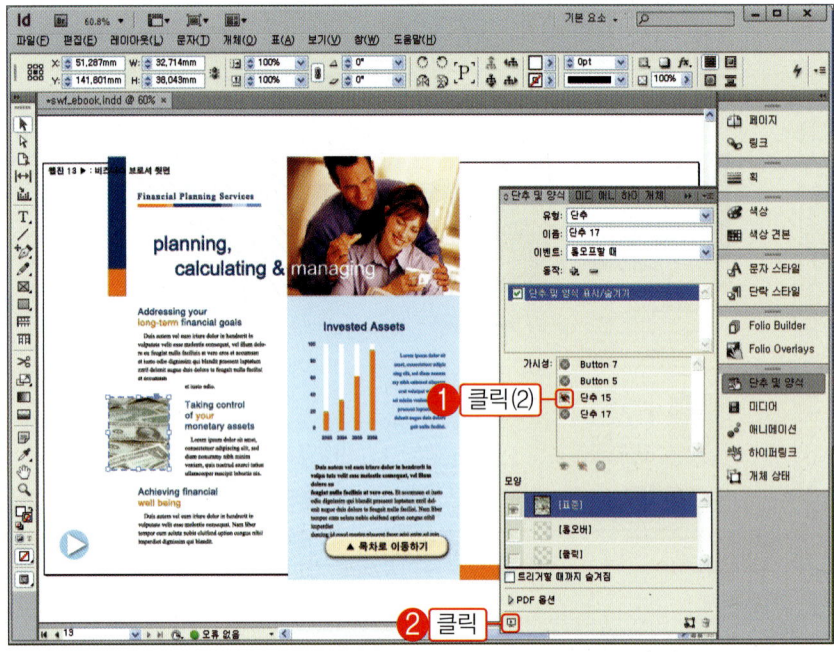

12 "단추 17" 개체에 마우스 포인터를 올리면 "단추 15" 개체가 표시되고 마우스 포인터를 내리면 "단추 15" 개체가 숨겨지기를 반복합니다.

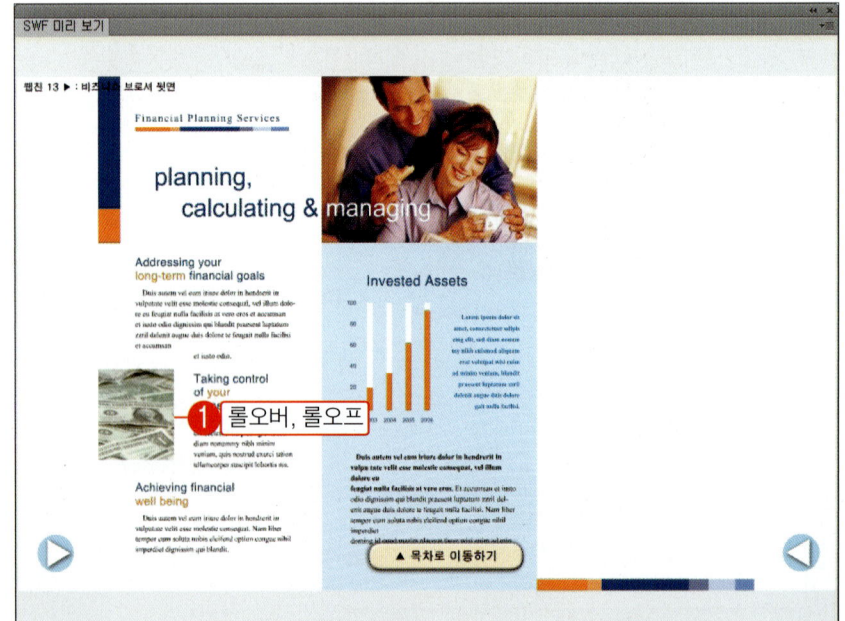

> 📔 **잠깐만!**
> 이러한 방법을 활용하여 복수의 단추에 복수의 개체가 숨겨지거나 표시되도록 제작할 수 있습니다.

15 비디오(동영상) 삽입과 재생

인디자인의 SWF e-Book에는 "MP4", "Flash", "SWF" 형식의 비디오 파일을 가져올 수 있으며 도큐멘트에 배치한 비디오는 DPS e-Book, SWF e-Book, PDF e-Book에서 재생할 수 있습니다. 예제 도큐멘트의 "13" 페이지에는 비디오를 배치하고 제어하는 방법에 대하여 알아봅니다.

미디어 파일

비디오와 오디오 클립의 미디어 파일은 "미디어" 패널을 통하여 불러오고 관리할 수 있습니다. 이 때 "MP4", "Flash", "SWF" 형식을 불러올 수 있는데 "SWF" 형식은 "컨트롤러" 표시 등에 제한이 있으므로 SWF e-Book에서는 "Flash" 형식을 사용하기를 권장합니다. 또한 DPS e-Book에서는 "MP4" 형식을 사용해야 아이패드에서의 동작에 문제가 없습니다.

비디오를 삽입하고 페이지가 열리면 자동으로 재생되게함
또한 버튼으로 재생정지, 다시 재생되도록 함

웹진 13 ▶ : 비즈니스 브로셔 뒷면

Financial Planning Services

planning,
calculating & managing

Addressing your
long-term financial goals

Duis autem vel eum iriure dolor in hendrerit in vulputate velit esse molestie consequat, vel illum dolore eu feugiat nulla facilisis at vero eros et accumsan et iusto odio dignissim qui blandit praesent luptatum zzril delenit augue duis dolore te feugait nulla facilisi et accumsan

et iusto odio.

Taking control
of your
monetary assets

Lorem ipsum dolor sit amet, consectetuer adipiscing elit, sed diam nonummy nibh euism veniam, quis nostrud exerci tation ullamcorper suscipit lobortis nis.

Achieving financial
well being

Duis autem vel eum iriure dolor in hendrerit in vulputate velit esse molestie consequat. Nam liber tempor cum soluta nobis eleifend option congue nihil imperdiet dignissim qui blandit.

Invested Assets

Lorem ipsum dolor sit amet, consectetuer adipiscing elit, sed diem consum my nibh euismod aliquam erat volutpat wisi enim ad minim veniam, blandit praesent luptatum zzril delenit augue duis dolore gait nulla facilisi.

2003 2004 2005 2006

Duis autem vel eum iriure dolor in hendrerit in vulpu tate velit esse molestie consequat, vel illum dolore eu feugiat nulla facilisis at vero eros. Et accumsan et iusto odio dignissim qui blandit praesent luptatum zzril delenit augue duis dolore te feugait nulla facilisi. Nam liber tempor cum soluta nobis eleifend option congue nihil imperdiet doming id quod mazim placerat facer wisi enim ad min

▲ 목차로 이동하기

동영상을 보시려면 클릭하세요.
제어는 마우스 포인터를 올리거나
아래 버튼을 사용하세요.

비디오 가져오기

01 "미디어" 패널을 열고 패널의 하단에 위치한 "비디오 또는 오디오 파일을 배치합니다.(🎞)"를 클릭합니다.

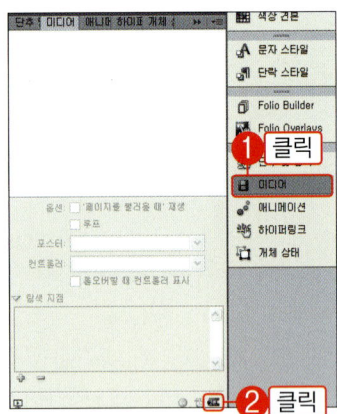

02 본 도서의 예제 파일에 준비된 비디오 파일인 "Sasakyan Kita.flv"를 선택하고 "열기" 버튼을 클릭합니다.

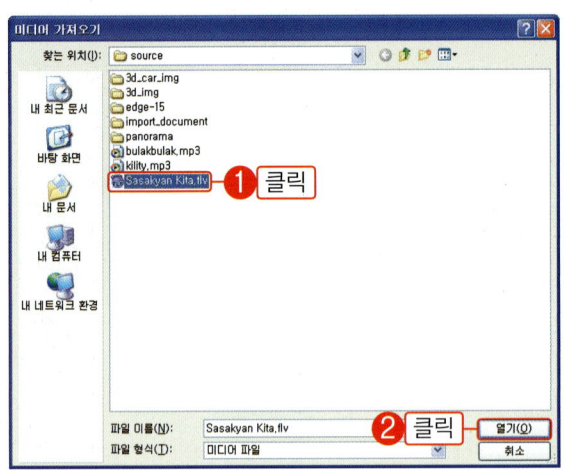

03 도큐멘트에서 비디오를 배치할 위치를 클릭하면 비디오 파일이 배치됩니다. 이 때 비디오 원본의 크기보다 작은 크기로 드래그 하여 배치하면 비디오의 일부가 잘릴 수 있으니 반드시 클릭하여 배치합니다.

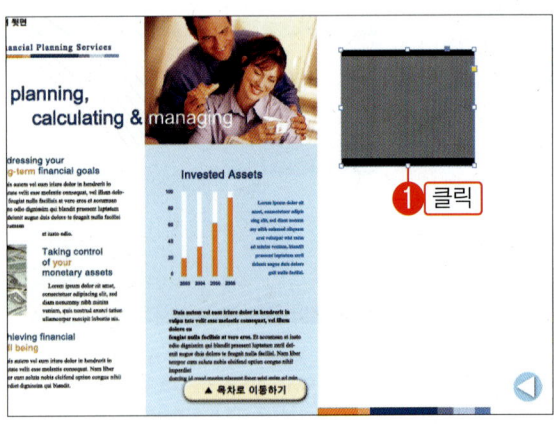

04 배치한 비디오가 정상 작동하는지 확인하기 위하여 "미리 보기" 하단에 위치한 삼각형 모양의 재생 버튼(▶)을 클릭합니다. 확인 후 정지 버튼을 클릭하여 정지합니다.

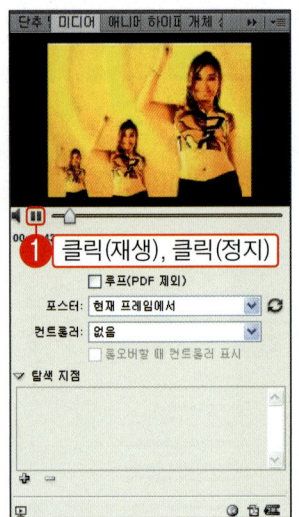

> ⚠ 잠깐만!
>
> "재생" 버튼을 클릭하면 "정지" 버튼으로 변경되며 "정지" 버튼을 클릭하면 다시 "재생" 버튼으로 변경됩니다.

비디오의 크기 조절하기

01 비디오의 크기를 조절할 때는 도구상자에서 "자유 변형 도구(꺯)"를 선택합니다. 자판에서 Shift 키를 누른 채로 비디오 개체의 모서리에 표시되는 조절점을 드래그하여 확대, 축소합니다.

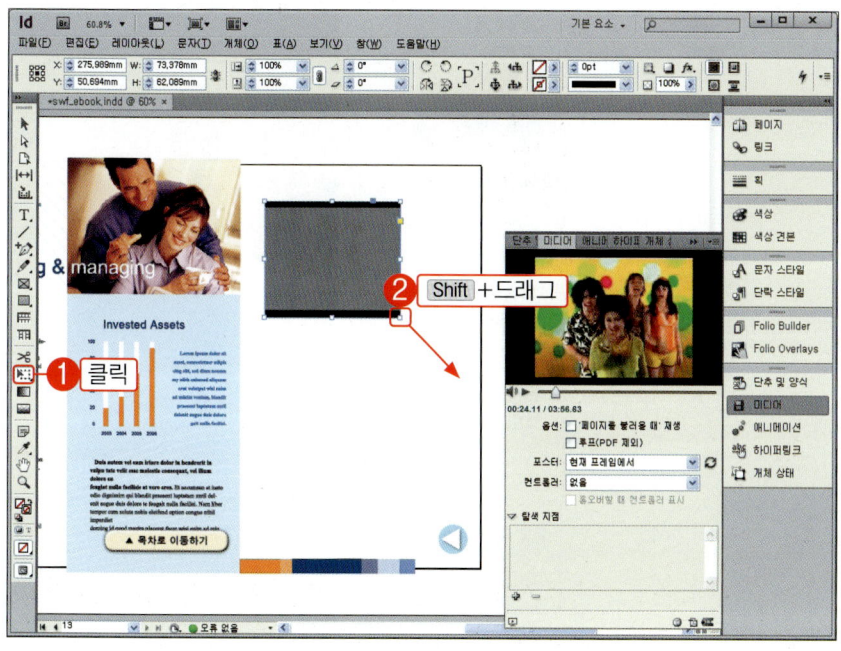

잠깐만!

Shift 키를 누른 채로 꼭지점의 조절점을 드래그하면 정비례로 확대 축소할 수 있습니다.

페이지를 불러올 때 비디오 재생하기

01 페이지가 열리면 자동으로 비디오가 재생되게 하기 위하여 "미디어 패널"의 "옵션"에서 "페이지를 불러올 때 재생"을 클릭하여 체크 표시합니다. 비디오 재생 확인을 위하여 패널 하단에서 "미리 보기"를 클릭합니다.

02 다음 그림과 같이 페이지가 열리면서 비디오가 재생되는 것을 확인하고 다음 단계를 위하여 "미리보기" 창을 닫습니다.

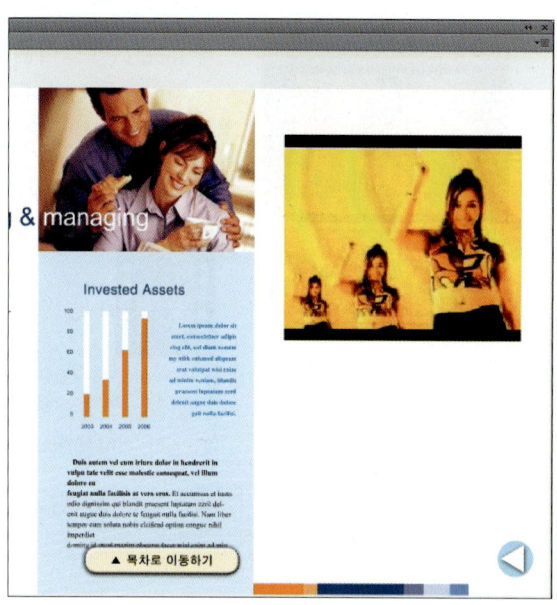

포스터 만들기

01 "미디어" 패널의 "재생(▶)" 버튼을 클릭하여 비디오를 재생시킵니다. 미리 보기에 비디오가 재생되면 포스터로 사용하고 싶은 장면에서 "현재 프레임을...(⟳)"을 클릭합니다.

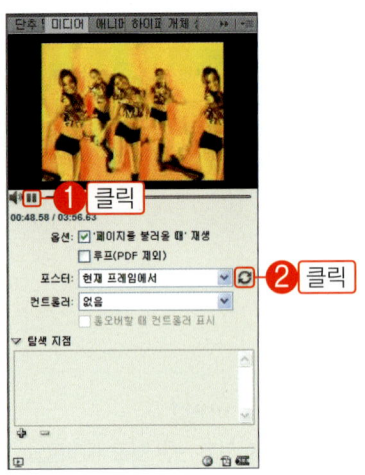

> **⚑ 잠깐만!**
> 현재 비디오 포스터는 첫 장면인 회색으로 표시되어 있습니다. 비디오 포스터를 마음에 드는 프레임으로 설정하는 과정입니다.

02 다음 그림과 같이 원하는 장면이 비디오를 표시하는 포스터로 적용됩니다. "현재 프레임을...(⟳)"는 계속 클릭하여 새로운 포스터를 만들 수 있습니다.

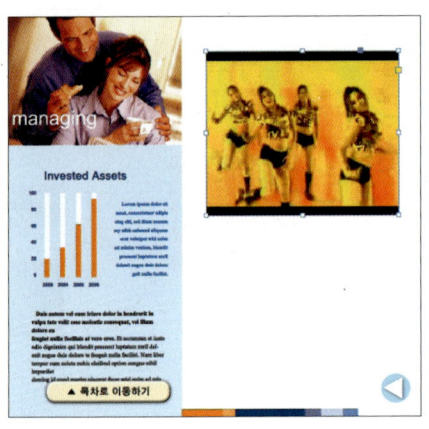

> **⚑ 잠깐만!**
> 비디오는 포스터의 크기, 실제 비디오 개체의 크기, 그래픽 프레임의 크기로 구분되므로 프레임의 크기를 포스터의 크기에 맞추면 실제 비디오가 잘릴 수도 있음에 유의합니다.

TIP 포스터 옵션

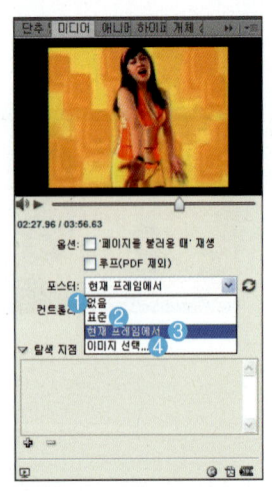

❶ [없음] : 포스터를 표시하지 않습니다. 이 옵션을 적용하면 비디오가 포함된 페이지 인지, 포함되었다면 어느 위치에 포함되었는지 알 수 없으므로 사용을 권장하지 않습니다.

❷ [표준] : 다음 그림과 같이 필름 모양의 기본 포스터로 표시합니다.

❸ [현재 프레임에서] : 비디오를 재생하고 원하는 장면(프레임)을 선택하여 포스터로 사용합니다. 이 옵션을 사용하기를 권장합니다.

❹ [이미지 선택] : 포스터를 사용자가 정의한 이미지로 표시할 수 있습니다.

컨트롤러 표시하기

01 먼저 구독자가 비디오를 제어할 수 있도록 제작하기 위하여 "옵션" 항목의 "페이지를 불러올 때 재생"을 클릭하여 체크 표시를 해제합니다. "컨트롤러" 목록 버튼을 클릭하면 다양한 스킨이 제공되는데 이 중에서 한 가지를 선택합니다.

> 💡 **잠깐만!**
> "컨트롤러"는 비디오를 재생, 정지시킬 수 있는 내비게이션을 말합니다.

> 💡 **잠깐만!**
> 플래시(FLV) 형식의 비디오에는 컨트롤러를 지원하지만 "SWF" 형식의 비디오에는 컨트롤러를 지원하지 않습니다.

02 구독자가 비디오 포스터 위에 마우스 포인터를 올리면 컨트롤러가 나타나도록 "롤오버할 때 컨트롤러 표시"를 클릭하여 체크 표시합니다.

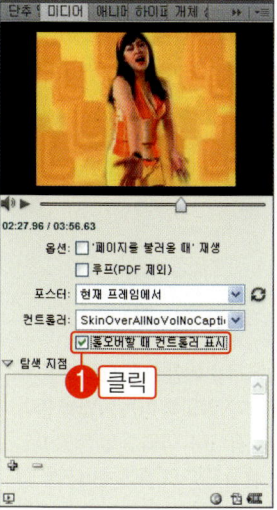

03 도구상자에서 "문자 도구(T.)"를 클릭하고 비디오 포스터의 하단에서 드래그하여 텍스트 프레임을 그립니다. 그리고 비디오를 재생하는데 필요한 안내문을 입력합니다. 컨트롤 패널에서 서체의 종류 행간 등을 지정합니다.

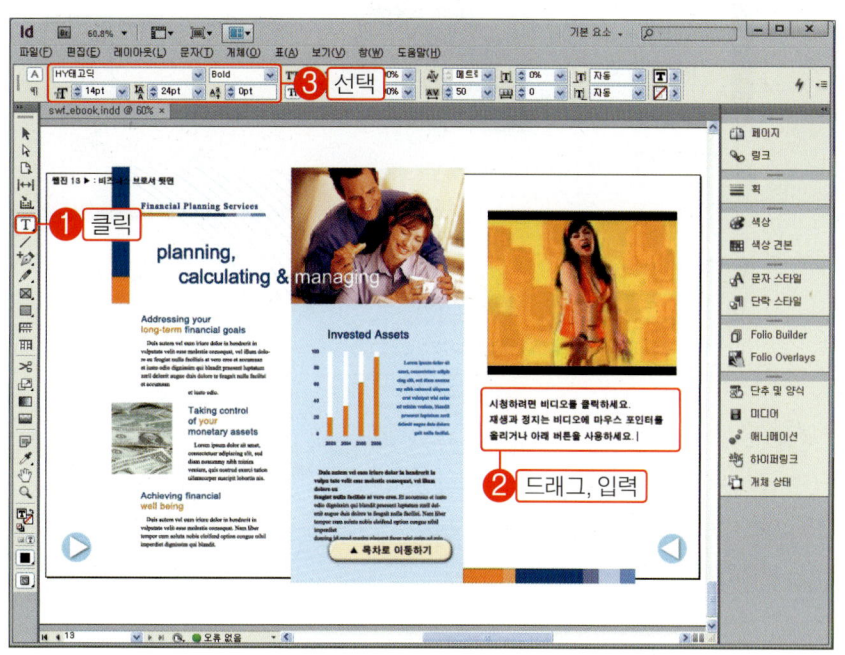

04 비디오 재생시 컨트롤러가 표시되는지 확인하기 위하여 미디어 패널을 열고 패널 하단에 위치한 "미리 보기(▣)"를 클릭합니다.

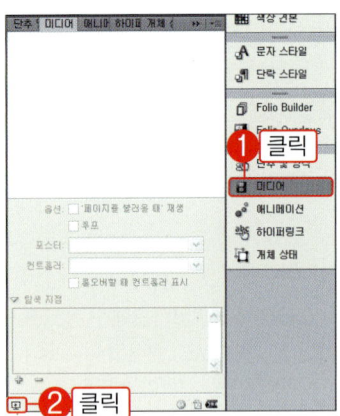

05 비디오를 재생하기 위하여 포스터를 클릭합니다. 그러면 비디오가 재생됩니다.

06 마우스 포인터를 비디오에 올리고 있는 동안은 컨트롤러가 표시되어 구독자가 비디오를 정지하거나 다시 재생시킬 수 있습니다.

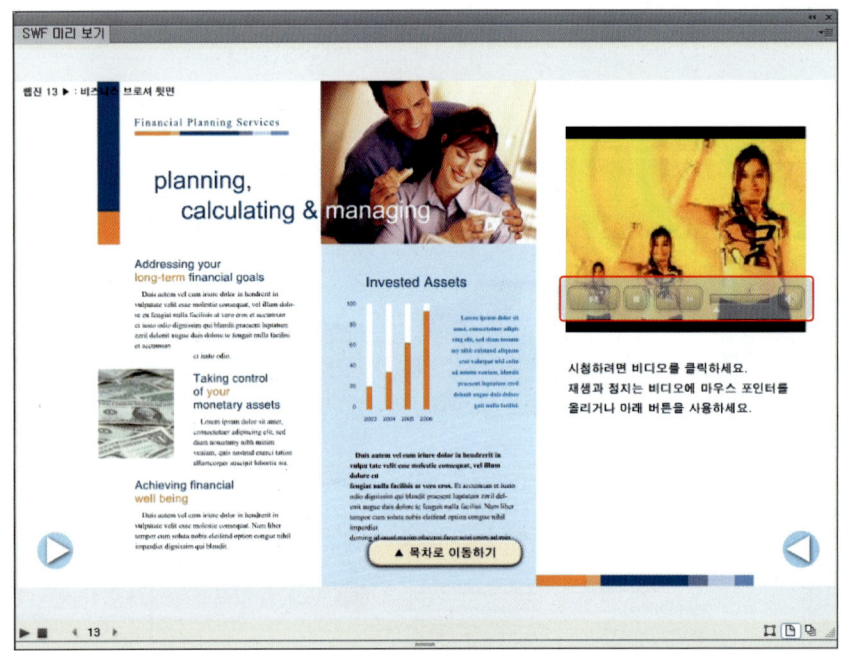

잠깐만!

앞에서는 버튼으로 오디오를 제어할 수 있도록 하는 방법을 알아보았습니다. 이와 동일한 방법으로 샘플 단추의 플래시 버튼을 삽입하고 버튼으로 비디오를 재생과 정지할 수 있도록 제작한 후 다음을 진행합니다.

비디오의 시작 프레임 설정하기

01 여기서는 비디오의 재생 시작 위치를 설정하는 방법을 알아보겠습니다. 먼저 삽입한 비디오를 클릭하여 선택하고 "미디어" 패널을 엽니다. 그리고 "재생(▶)" 버튼을 클릭하여 비디오를 재생합니다.

02 비디오를 시작하고 싶은 시점까지 재생이 되면 "탐색 지점" 항목의 하단에 서 플러스 기호(+)를 클릭한 후, "탐색 지점" 입력란에 "전주"라고 입력합니다.

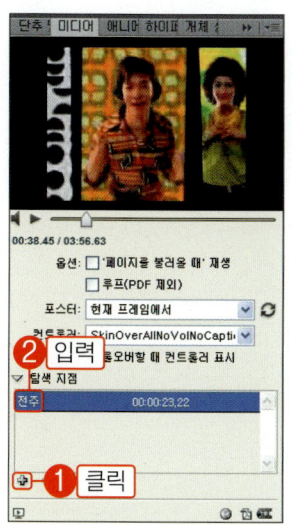

03 "탐색 지점"을 두 군데 더 추가해보겠습니다. 다음 비디오를 시작하고 싶은 시점까지 재생이 되면 "탐색 지점" 항목의 하단에 서 플러스 기호(+)를 클릭합니다. 그리고 "탐색 지점" 이름 입력란이 표시되면 "후렴"이라고 입력합니다.

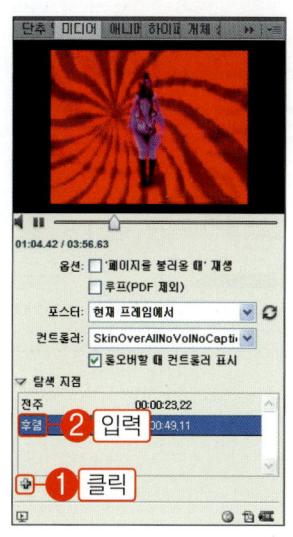

> **잠깐만!**
> 탐색 지점 항목의 오른쪽에는 비디오 재생 시간이 표시되어 어느 프레임의 탐색 지점인지 가늠할 수 있도록 해줍니다.

04 "탐색 지점"을 한 군데 더 추가해보겠습니다. 다음 비디오를 시작하고 싶은 시점까지 재생이 되면 "탐색 지점" 항목의 하단에 서 플러스 기호(+)를 클릭합니다. 그리고 "탐색 지점" 이름 입력란이 표시되면 "간주"라고 입력합니다.

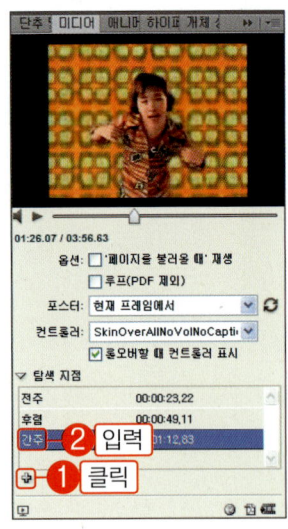

잠깐만!

이와 같은 방법으로 비디오의 시작 프레임(탐색 위치)을 더 추가할 수 있습니다. 현재 추가된 세 군데의 탐색 위치는 선택적으로 사용할 수 있습니다.

05 도큐멘트에서 초록색의 "재생" 버튼을 클릭하고 "단추" 패널을 엽니다. "옵션" 목록에서 "탐색 지점에서 재생"을 선택합니다.

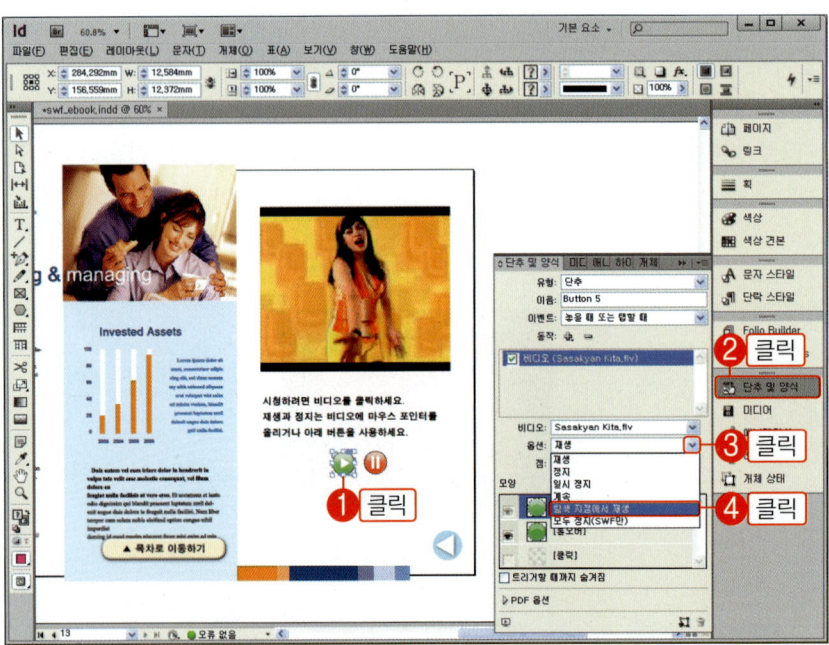

06 "점" 목록 버튼을 클릭하면 앞에서 추가한 세 개의 "탐색 지점" 이름 표시됩니다. 재생하고 싶은 "탐색 지점" 이름을 선택합니다. 여기서는 "후렴"을 선택하겠습니다. 그리고 확인을 위하여 "미리 보기(☐)"를 클릭합니다.

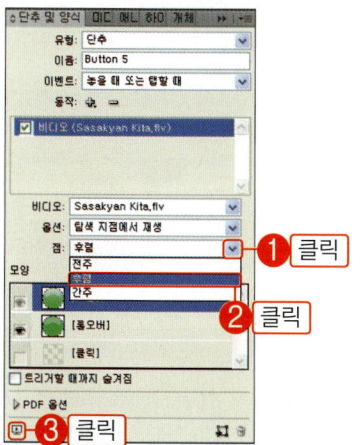

07 이제 "재생" 버튼을 클릭하면 "후렴" 탐색 지점부터 비디오가 재생되는 것을 확인할 수 있습니다. 다음 작업을 위하여 "미리 보기" 창을 닫습니다.

16 SWF e-Book과 브라우저의 여백 조절하기

편집 디자인이 완료된 도큐멘트를 "SWF"로 내보내고 브라우저에 실행하면 다음의 첫 번째 그림과 같이 e-Book과 브라우저 사이에 여백이 존재하여 브라우저의 이동 막대로 이동하고 e-Book을 중앙에 배치한 후, 구독하여야 하는 불편함이 있습니다. 여기서는 다음의 두 번째 그림과 같이 e-Book 파일의 "HTML" 소스를 수정하여 e-Book과 브라우저 사이의 여백을 조절하고 e-Book을 브라우저의 중앙에 표시되도록 하는 방법을 알아봅니다.

e-Book의 HTML 수정하기

01 e-Book과 브라우저와의 여백을 조절하기 위하여 e-Book 파일이 저장된 폴더의 "HTML" 파일을 마우스 오른쪽 버튼으로 클릭합니다. 단축 메뉴에서 자신의 컴퓨터에 설치된 코드 편집기 이름을 선택합니다.

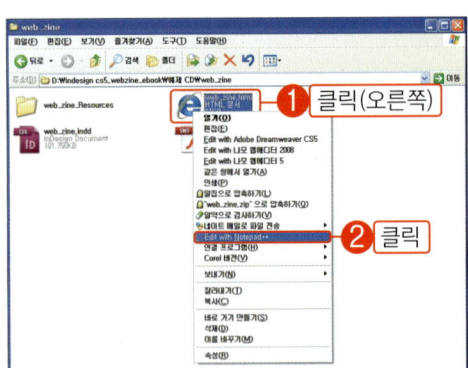

> ! **잡깐만!**
> 코드 편집기가 없다면 메모장으로 열고 코드를 수정해도 됩니다.

02 코드 편집기가 설치되어 있지 않다면 "HTML" 파일을 더블클릭하여 e-Book을 실행시키고 브라우저 메뉴에서 "보기-원본"을 선택합니다.

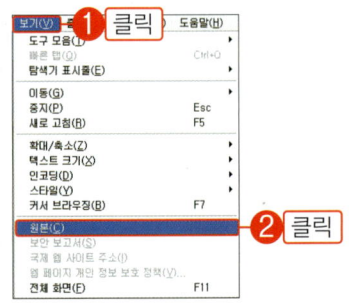

> ! **잡깐만!**
> 브라우저 버전이나 종류에에 따라서 "원본"이 아닌 "소스 보기"로, 또는 다른 이름으로 표시될 수도 있습니다. 메모장에 "HTML" 코드를 표시하는 과정입니다.

03 코드 편집기나 메모장에 e-Book의 "HTML" 코드가 표시되면 하단 쪽에서 "width"의 값을 "980"으로, "height"의 값을 "580"으로 수정하여 입력합니다.

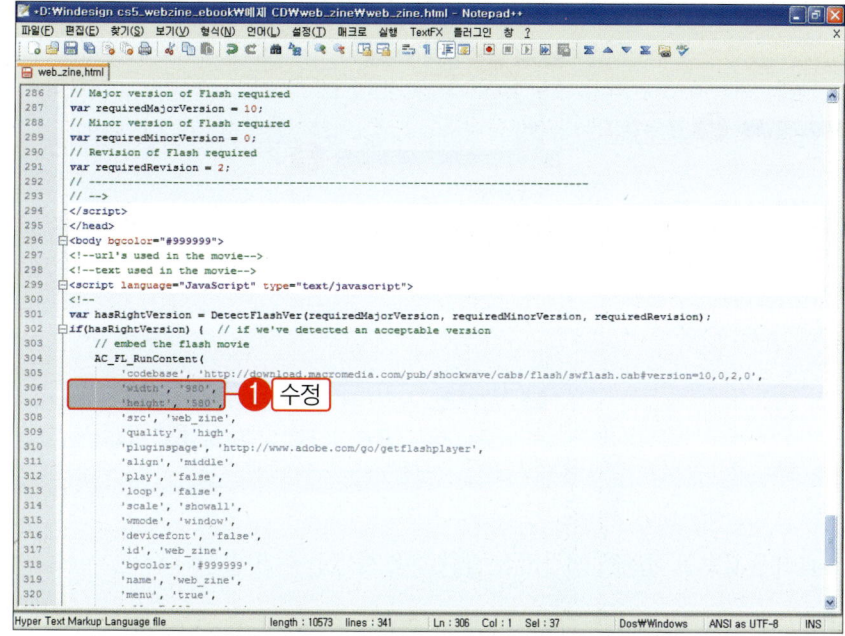

> **⚠ 잠깐만!**
> 현재 수정 중인 너비와 높이 값은 여러 번 수치를 대입시켜 보고 최적의 값을 찾아야 합니다.

```
</script>
</head>
<body bgcolor="#999999">
<!--url's used in the movie-->
<!--text used in the movie-->
<script language="JavaScript" type="text/javascript">
<!--
var hasRightVersion = DetectFlashVer(requiredMajorVersion, requiredMinorVersion, requiredRevision);
if(hasRightVersion) { // if we've detected an acceptable version
        // embed the flash movie
        AC_FL_RunContent(
                'codebase', 'http://download.macromedia.com/pub/shockwave/cabs/flash/swflash.
cab#version=10,0,2,0',
                'width', '980',          ❶ 수정
                'height', '580',
                'src', 'web_zine',
                'quality', 'high',


––––––––– 이하 생략 –––––––––
```

04 너비와 높이 값의 코드가 수정되었으면 "파일-저장" 메뉴를 선택하여 기존의 "HTML" 파일에 덮어 씌워서 저장합니다.

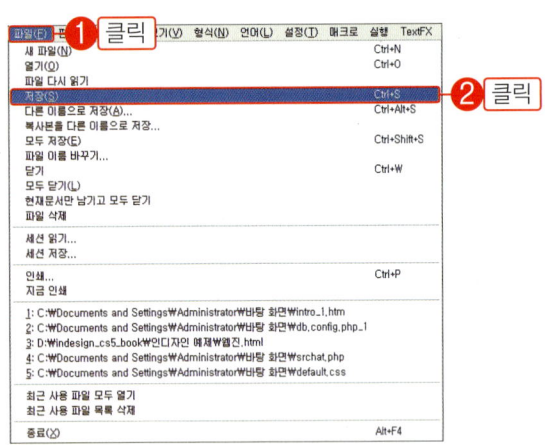

05 e-Book이 실행되어 있는 창을 엽니다. 그리고 브라우저를 수정된 소스로 다시 구동시키기 위하여 메뉴에서 "보기-새로 고침"을 선택합니다.

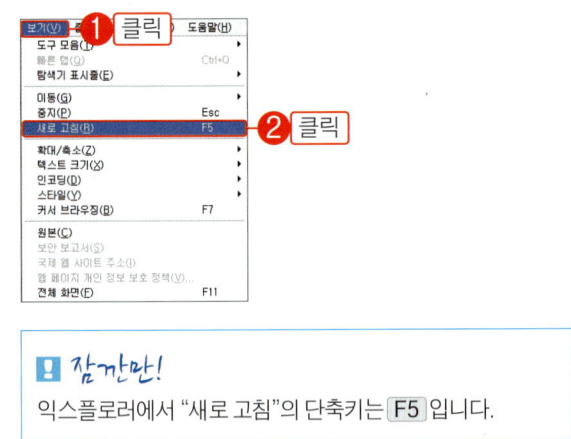

> 🔔 *잠깐만!*
> 익스플로러에서 "새로 고침"의 단축키는 F5 입니다.

06 다음 그림과 같이 e-Book과 브라우저와의 여백이 적절히 조절된 것을 확인할 수 있습니다.

앞에서 수정한 "HTML"의 너비와 높이 값은 제작한 e-Book의 크기와 사용 중인 브라우저에 따라서 다르므로 적절한 수치를 여러 번 대입시켜 보고 최적의 수치를 찾아야 합니다.

코드 편집기가 없으면 인터넷에서 검색하여 무료로 제공되는 프로그램을 다운 받고 설치하여 사용합니다. 필자의 경우에는 "Notepad++"를 사용하고 있으니 참고하기 바랍니다.

17 안드로이드용 모바일 디바이스에서 SWF e-Book 구독하기

완성된 SWF e-Book을 서버에 업로드 하였으면 이제 컴퓨터나 안드로이드용 모바일 디바이스(갤럭시 탭, 킨들파이어, 비스킷, 등의 스마트폰이나 탭)에서 구독할 수 있습니다. 여기서는 SWF e-Book과 PDF e-Book을 구독하기 위한 앱(App)을 설치하고 구독하는 방법까지 알아보겠습니다.

SWF e-Book 구독하기

01 "SWF" e-Book을 구독하기 위하여 "인터넷"을 터치하여 실행시킵니다. 주소 표시줄에 "SWF" e-Book의 주소를 입력하고 "실행"을 터치합니다.

> **잠깐만!**
>
> 완성된 "SWF" e-Book을 서버에 업로드 한 상태에서 구독하는 방법을 알아봅니다.

02 SWF e-Book이 실행됩니다. 컴퓨터에서와 동일하게 손 제스처로 애니메이션, 비디오, 사운드, 버튼을 동작시키며 터치하여 페이지를 넘기면서 구독합니다.

Experienced attorneys well versed in a specific area of practice to help realize your success.

CREATIVE AND STRATEGIC THINKING

Innovative solutions to challenges that face our clients.

Lorem ipsum dolor sit amet, consectetuer adipiscing elit, sed diam nonummy nibh euismod tincidunt ut laoreet dolore magna aliquam erat volutpat. Ut wisi enim ad minim veniam, quis nostrud is ari exerci tation ullamcorper lorem plurius. Ut wisi enim ad minim veniam.

Et iusto odio dignissim qui blandit praesent luptatum zzril delenit augue duis dolore te feugait nulla facilisi. Lorem ipsum dolor sit amet, consectetuer adipiscing elit, sed diam nonummy nibh euismod tincidunt ut laoreet dolore magna aliquam erat volutpat. Ut wisi enim ad minim veniam, quis nostrud exerci tation ullamcorper suscipit lobortis nisl ut aliquip ex ea commodo consequat. Ut wisi enim ad minim veniam, quis nostrud exerci tation ullamcorper.

Lorem ipsum dolor sit amet, consectetuer adipiscing elit, sed diam nonummy nibh euismod tincidunt ut laoreet dolore magna aliquam erat volutpat. Ut wisi enim ad minim veniam, quis nostrud exerci tation ullamcorper. Et iusto odio dignissim qui blandit praesent luptatum zzril delenit augue duis dolore te feugait nulla facilisi. Lorem ipsum dolor sit amet, consectetuer adipiscing elit, sed diam nonummy nibh euismod tincidunt ut laoreet dolore magna aliquam erat volutpat. Ut wisi enim ad minim veniam, quis exerci tation ullamcorper suscipit lobortis nisl ut aliquip ex ea commodo consequat dolore magna aliquam erat. Ut wisi enim ad minim veniam, quis ullamcorper.

Duis autem vel eum iriure dolor in hendrerit in vulputate velit esse molestie consequat, vel illum dolore eu feugiat nulla facilisis at vero eros et accumsan et iusto odio dignissim qui blandit praesent luptatum zzril delenit augue duis dolore te feugait nulla facilisi. Nam liber tempor cum. Lorem ipsum dolor sit amet, consectetuer adipiscing elit, sed diam nonummy nibh euismod tincidunt ut laoreet dolore magna aliquam erat volutpat. Ut erat wisi enim ad minim veniam, quis nostrud exerci tation ullamcorper copolla erati. Duis autem vel eum iriure dolor in hendrerit in vulputate velit esse molestie consequat. Ut wisi enim ad minim veniam, quis nostrud exerci tation ullamcorper.

Antitrust and Trade Regulation

Business Counseling

Business Restructuring

Class Action Defense

Emerging Company/Venture Capital

Employee Benefits/Executive Compensation

Entertainment and Media

Environmental Law and Natural Resources

Financial Institutions

Financing

Government Relations/Regulatory Practices

Health Care

Intellectual Property and Technology

International Practice

International Trade

Labor and Employment Law

Litigation

Mergers and Acquisitions

Project Finance

Real Estate

Tax and Estate Planning

Taxation

Telecommunications

White-collar Criminal Defense

Law Firm & Associates

Et iusto odio dignissim qui blandit praesent luptatum zzril delenit augue duis dolore te feugait nulla facilisi. Lorem ipsum dolor sit amet, consectetuer adipiscing elit, sed diam nonummy nibh euismod tincidunt ut laoreet dolore magna aliquam erat volutpat. Ut wisi enim ad minim veniam, quis exerci tation ullamcorper suscipit lobortis nisl ut aliquip ex ea commodo consequat. Et iusto odio dignissim qui blandit praesent luptatum zzril.

Duis autem vel eum iriure dolor in hendrerit in vulputate velit esse molestie consequat, vel illum dolore eu feugiat nulla facilisis at vero eros et accumsan et iusto odio dignissim qui blandit praesent luptatum zzril delenit augue duis dolore te feugait nulla facilisi. Nam liber tempor cum soluta nobis eleifend option congue nihil imperdiet doming id quod mazim placerat facer wisi enim ad minim veniam possim assum. Ut wisi enim ad minim veniam, quis nostrud exerci tation ullamcorper.

ATTORNEYS AND LEGAL EXPERIENCE

Highly respected, skilled attorneys who maintain strong client relationships.

Lorem ipsum dolor sit amet, consectetuer adipiscing elit, sed diam nonummy nibh euismod tincidunt ut laoreet dolore magna aliquam erat volutpat. Ut wisi enim ad minim veniam, quis nostrud exerci tation ullamcorper. Et iusto odio dignissim qui blandit praesent luptatum zzril delenit augue duis dolore te feugait nulla facilisi. Lorem ipsum dolor sit amet, consectetuer

3

PDF & EPUB e-Book

PDF 형식의 e-Book은 애니메이션을 구현하지 못한다는 단점이 있으며 장점은 인디자인에서 편집 디자인된 레이아웃을 완벽하게 유지하면서 동영상과 사운드 클립, 이벤트 버튼으로 동적인 e-Book을 만들 수 있습니다. PDF 형식의 전자책은 뷰어만 설치하면 모든 모바일 디바이스에서 구독이 가능합니다.

EPUB은 전자책의 국제 표준 형식으로 텍스트 기반이며 레이아웃은 "XHTML"과 "CSS"로 구성됩니다. 장점은 압축 파일로 제작되기 때문에 용량이 작고 가볍게 구동 됩니다. EPUB 형식은 이미지를 포함할 수 있지만 레이아웃에 제한이 많기 때문에 인디자인의 레이아웃을 유지하기가 어렵습니다. 따라서 드림위버와 같은 웹 에디터에서 추가로 레이아웃 편집 작업을 하거나 "CSS" 또는 "XHTML" 코드를 수정, 편집하여야 합니다. 뷰어만 설치하면 모든 모바일 디바이스에서 구독이 가능합니다.

01 대화형 PDF 양식 만들기

그동안은 아크로벳에서만 양식을 작성할 수 있었습니다. 이제 인디자인에서도 "단추 및 양식" 패널에서 제공하는 양식을 사용하여 텍스트 필드, 라디오, 목록, 전송 버튼 등 양식을 디자인하고 대화형 PDF로 내보낼 수 있습니다. 그리고 아크로벳과 호환하여 양식을 만들 수도 있습니다.

▶ 예제 파일 : swf / dps_ebook.indd

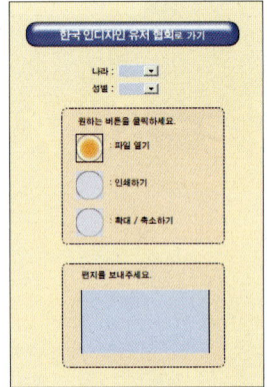

콤보 상자 만들기

01 콤보 상자를 만들기 위하여 "단추 및 양식" 패널을 열고 패널 메뉴에서 "단추 및 양식 견본"을 선택합니다.

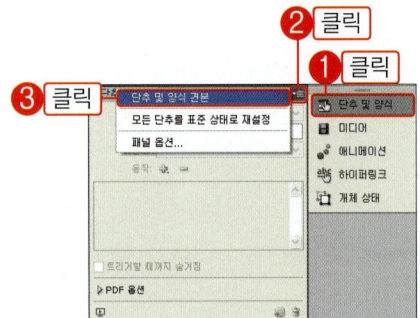

02 "025" 항목을 도큐멘트로 드래그하여 배치합니다. 그리고 기존의 영문 항목 이름을 필요한 한글 텍스트로 변경하여 입력합니다. 또한 항목 질문에 대한 내용도 입력합니다.

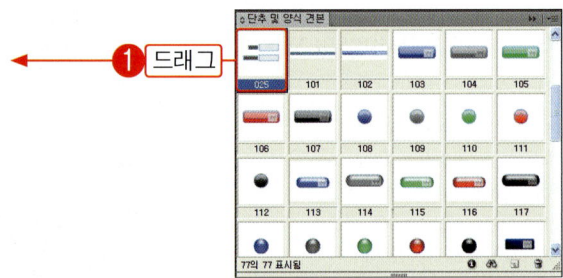

> **잠깐만!**
> CS5 버전은 "단추 및 양식" 패널에서 양식 버튼은 제공하지 않고 플래시 버튼만 제공합니다.

> **잠깐만!**
> 컨트롤 패널에서 한글로 변경하여 입력한 항목 이름의 서체, 색상 등을 지정합니다.

03 첫 번째 콤보 상자를 클릭하여 선택하고 "단추 및 양식" 패널을 엽니다. 패널에서 "PDF 옵션"의 삼각형 표시(▶)를 클릭하여 확장시킵니다. "목록 항목"에서 "01"을 선택하고 마이너스 기호(−)를 서른 한 번 클릭 합니다.

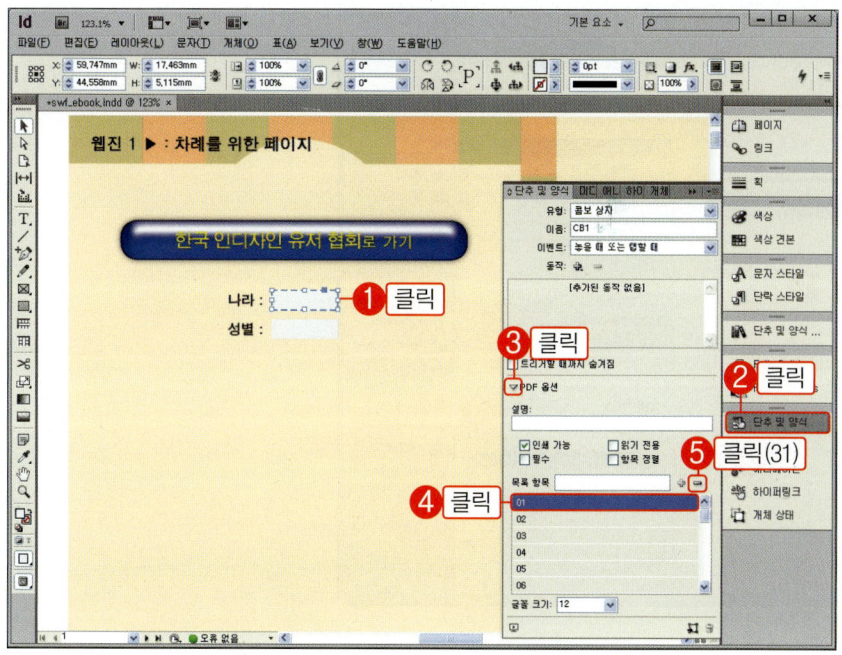

잠깐만!
마이너스 기호(−)를 수차례 클릭하여 기존의 기본 항목을 모두 삭제하는 과정입니다.

04 "목록 항목"에 필요한 이름을 입력하고 플러스 기호(+)를 클릭하여 항목에 추가합니다. 같은 방법으로 필요한 이름을 입력하고 플러스 기호(+)를 클릭하기를 반복하여 필요한 만큼의 항목을 추가 합니다.

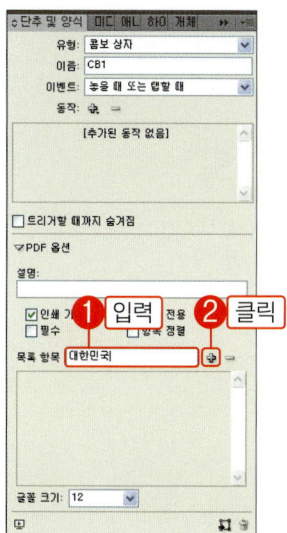

잠깐만!
옵션 선택에 따라서 콤보 상자에서 선택을 필수로 할 것인지 항목을 정렬할 것인지를 선택할 수 있습니다.

05 "설명"에 현재 콤보 상자에 마우스 포인터를 올리면 풍선 도움말로 표시될 설명 글을 입력합니다.

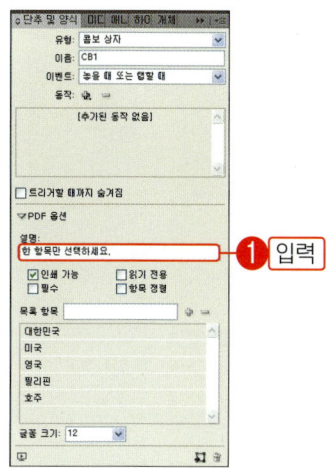

잠깐만!
"글꼴 크기" 목록의 선택에 따라서 목록에 표시되는 글꼴의 크기를 선택할 수 있습니다.

06 이번에는 두 번째 콤보 상자를 클릭하여 선택하고 "목록 항목"에서 "01"을 선택합니다. 앞과 같은 방법으로 마이너스 기호(-)를 열 두 번 클릭하여 기존 항목을 모두 삭제합니다.

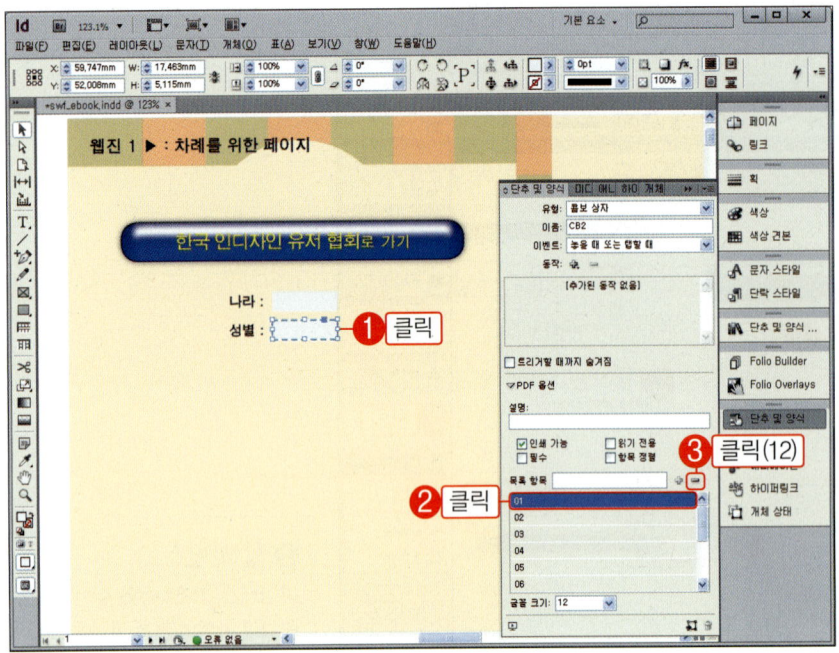

07 "목록 항목"에 필요한 이름을 입력하고 플러스 기호(+)를 클릭하여 항목에 추가합니다. 같은 방법으로 필요한 이름을 입력하고 플러스 기호(+)를 클릭하기를 반복하여 필요한 만큼의 항목을 추가합니다.

08 "설명"에 현재 제작 중인 콤보 상자에 마우스 포인터를 올리면 풍선 도움말로 표시될 설명글을 입력합니다.

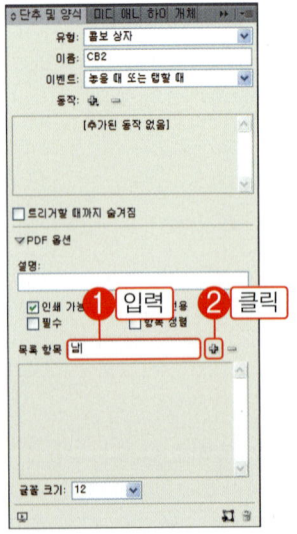

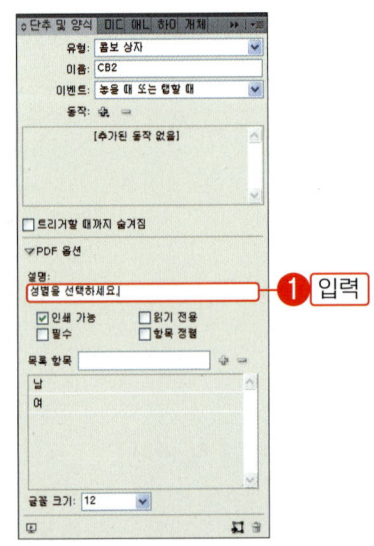

라디오 버튼 만들기

01 "017" 항목을 도큐멘트로 드래그하여 배치합니다. 배치된 각각의 라디오 버튼에 파일 열기, 인쇄, 확대 축소하기 동작(액션)을 지정할 것입니다.

ℹ️ **잠깐만!**

다양한 모양의 체크 박스와 라디오 버튼을 제공합니다. 마음에 드는 단추 모양을 도큐멘트로 드래그하여 배치합니다. CS5 버전에서는 양식 버튼은 제공하지 않으며 플래시 관련 버튼만 제공합니다.

02 다음과 같이 단추에 필요한 글자들을 입력합니다. 또한 둥근 사각형을 그리고 색상을 채우거나 외곽선을 점선으로 만든 후 마음에 드는 모양으로 양식을 디자인합니다.

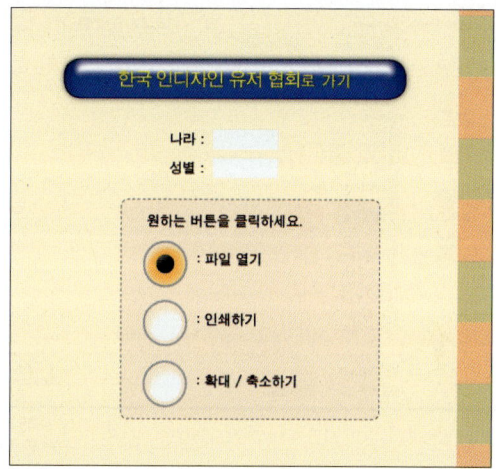

03 첫 번째 라디오 버튼을 클릭하고 "단추 및 양식" 패널을 엽니다. "동작"의 플러스 기호(+)를 클릭하고 메뉴에서 "파일 열기"를 선택합니다. 그러면 이 버튼을 선택하였을 때 지정한 파일이 열립니다.

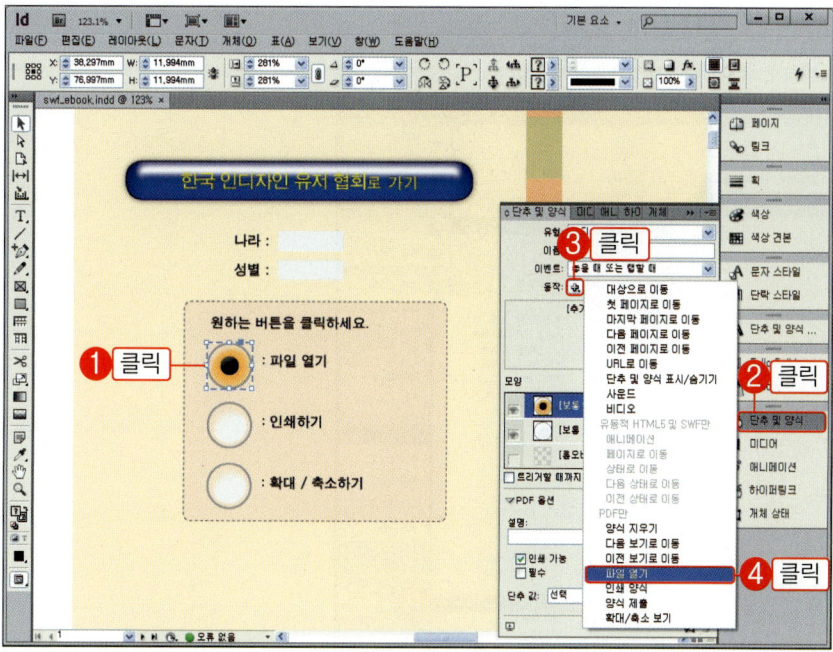

04 첫 번째 라디오 버튼을 클릭하였을 때 열리게 될 파일을 지정해야 합니다. "파일 선택"의 폴더 모양 아이콘을 클릭하고 라디오 버튼을 클릭하였을 때 열릴 파일을 선택한 후 "열기" 버튼을 클릭합니다.

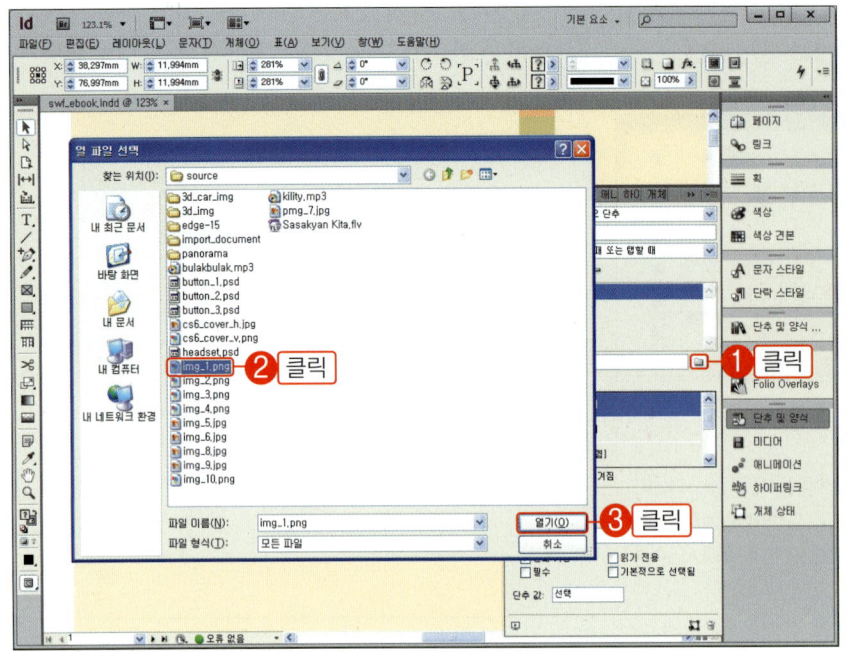

> 🔔 **잠깐만!**
> 자신의 컴퓨터에 존재하는 이미지 파일이나 예제 파일에 수록된 이미지 파일을 지정합니다.

05 두 번째 라디오 버튼을 클릭하고 "단추 및 양식" 패널에서 "동작"의 플러스 기호(+)를 클릭하고 메뉴에서 "인쇄 양식"을 선택합니다. 그러면 이 버튼을 선택하였을 때 현재 문서를 인쇄할 수 있는 대화상자가 열립니다.

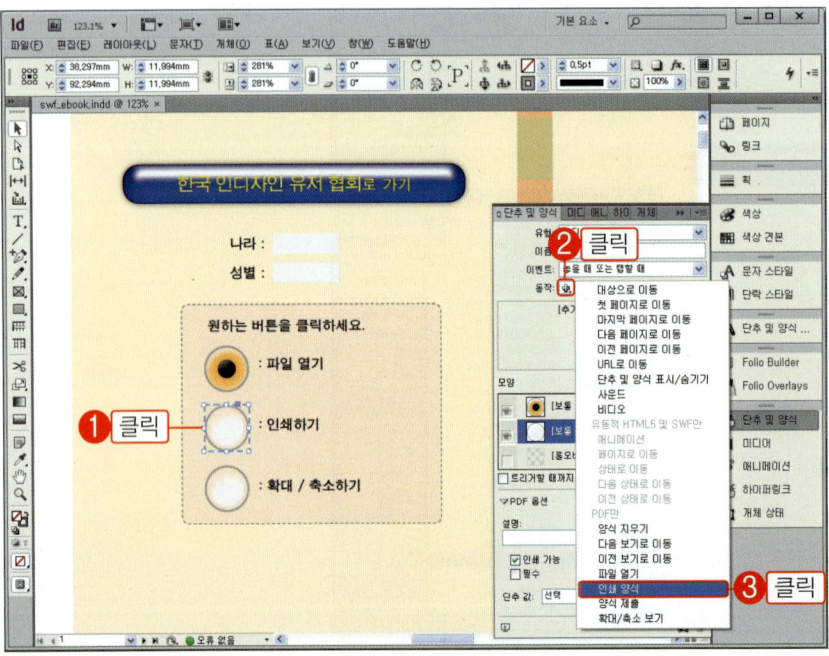

06 세 번째 라디오 버튼을 클릭하고 "단추 및 양식" 패널에서 "동작"의 플러스 기호(+)를 클릭한 후 메뉴에서 "확대/축소 보기"를 선택합니다. 그러면 이 버튼을 선택할 때마다 현재 문서가 확대되거나 축소됩니다.

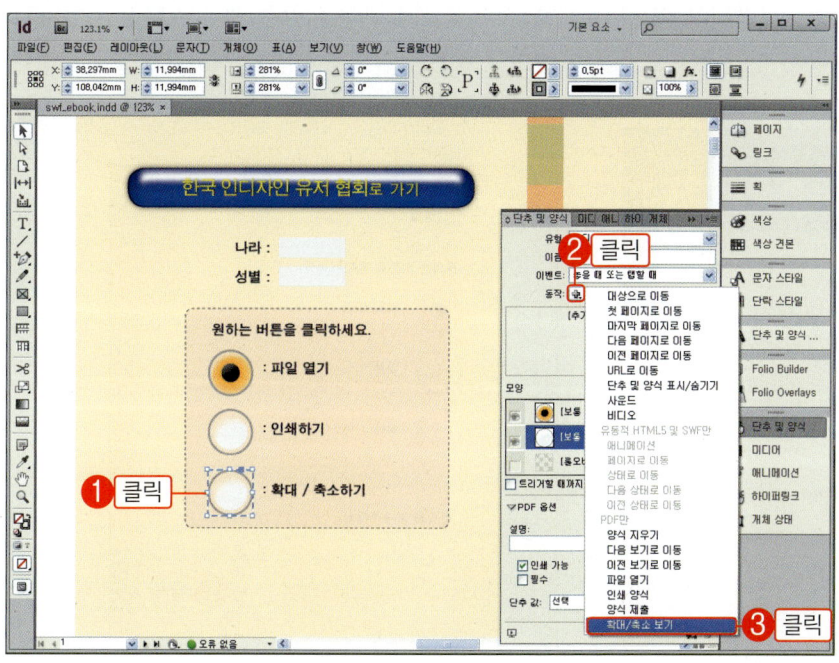

07 세 번째 라디오 버튼을 클릭하였을 때 문서가 확대될 것인지, 축소될 것인지를 선택하여야 합니다. "확대/축소" 목록 버튼을 클릭하고 필요한 목록을 선택합니다. 여기서는 "확대"를 선택하였습니다.

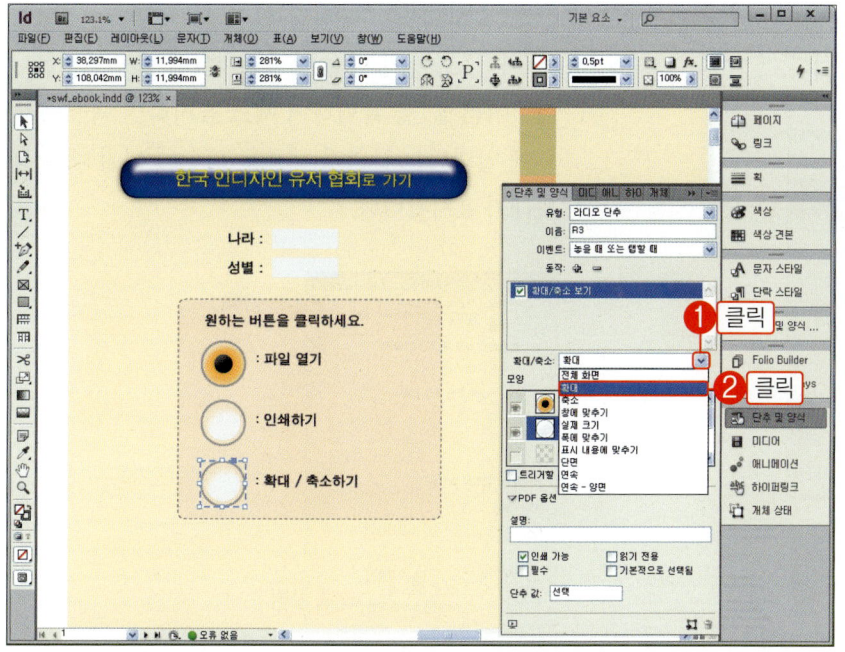

> **⚡ 잠깐만!**
>
> "확대"를 선택하면 라디오 버튼을 클릭할 때마다 문서가 한 단계씩 확대됩니다. 기타 "실제 크기"나 "폭에 맞추기" 등을 선택해도 됩니다.

텍스트 필드 만들기

01 도구상자에서 "사각형 도구(▣)"를 선택하고 도 큐멘트에서 드래그하여 직사각형을 그립니다. 이 직 사각형이 텍스트 입력 상자로 사용될 것입니다.

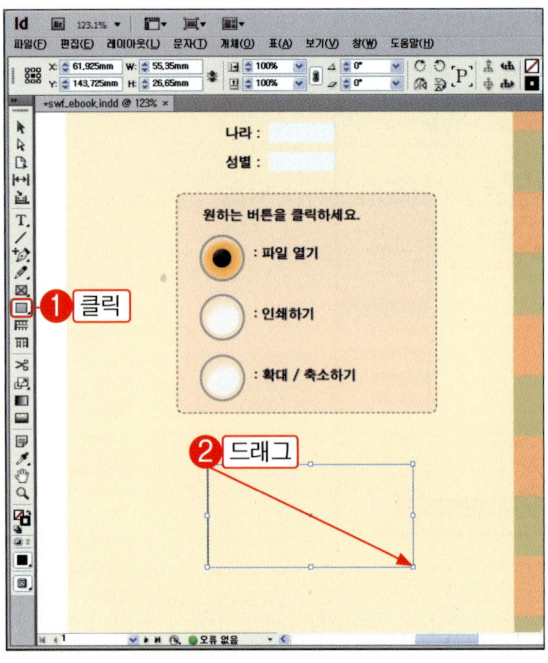

02 다음과 같이 필요한 문안을 입력하고 "색상 견 본" 패널을 사용하여 색상을 채우고 디자인 합니다. 그리고 텍스트 필드로 사용할 직사각형을 클릭하여 선택합니다.

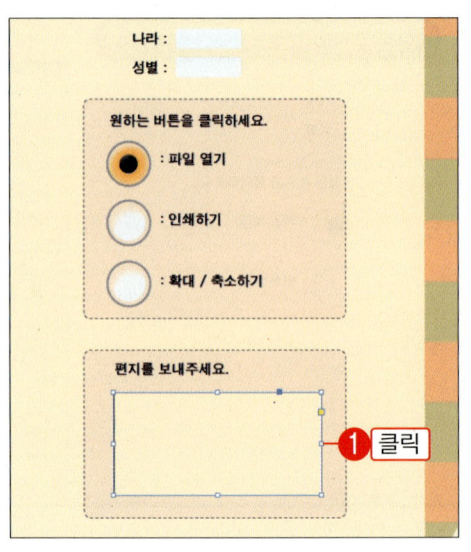

03 "단추 및 양식" 패널을 엽니다. 그리고 패널 하 단에서 "단추로 변환"을 클릭합니다.

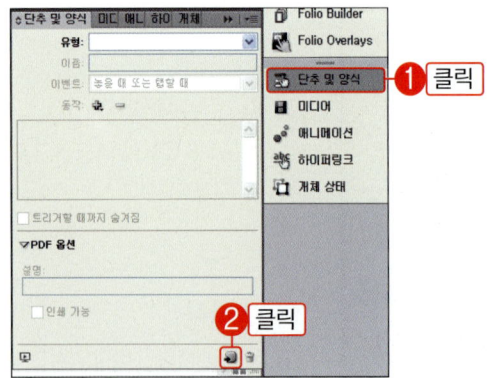

04 "유형"에서 "텍스트 필드"를 선택하고 "여러 줄"과 "스크롤 가능"을 각각 클릭하여 체크 표시합니 다. "여러 줄"을 클릭하여 체크 표시하면 텍스트 필 드에 입력되는 글자가 텍스트 필드에 넘칠 때 이동 막대가 표시됩니다.

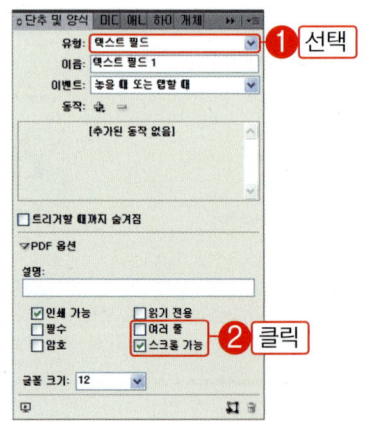

01 앞에서 만든 e-Book을 "PDF"로 내보내기 위하여 메뉴에서 "파일-내보내기"를 선택합니다.

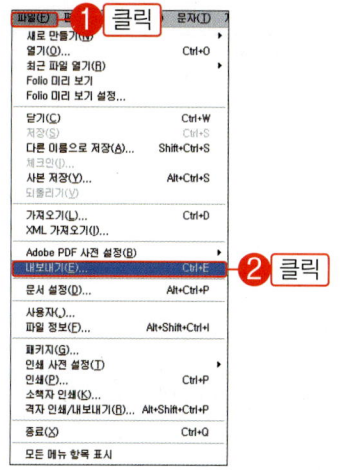

> **⏸ 잠깐만!**
> 여기서는 자신의 컴퓨터에 아크로벳 리더가 설치되어 있음을 전제로 진행합니다. 아크로벳 리더는 인터넷 검색을 통하여 무료로 다운 받고 설치할 수 있습니다.

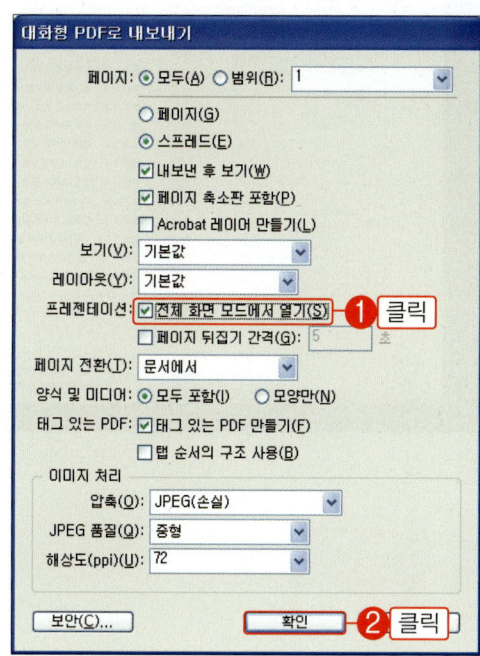

02 "저장 위치"에서 "PDF"를 저장할 폴더를 지정하고 "파일 이름"에 "PDF" 이름을 입력합니다. "파일 형식"에서는 "Adobe PDF(대화형)"을 선택하고 "저장" 버튼을 클릭합니다.

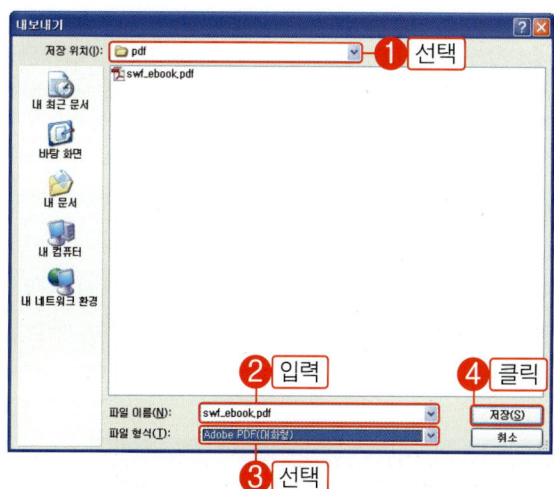

> **⏸ 잠깐만!**
> "파일 이름"에는 자동으로 도큐멘트 이름이 표시됩니다. "파일 형식"에서 "Adobe PDF(인쇄)"를 선택하면 e-Book용이 아닌 인쇄용 PDF가 만들어지므로 유의합니다.

03 "대화형 PDF 내보내기" 대화상자에서 왼쪽 그림과 같이 "전체 화면 모드에서 열기"를 클릭하여 체크 표시하고 "확인" 버튼을 클릭합니다.

> **⏸ 잠깐만!**
> "전체 화면 모드"에서 열기에 체크 표시를 하지 않고 PDF를 만들면 SWF e-Book에서 설정한 페이지 전환 애니메이션이 동작하지 않습니다.

04 도큐멘트에 "CMYK" 모드로 포함한 이미지를 "RGB" 모드로 변환한다는 경고 메시지가 열리면 "확인" 버튼을 클릭합니다.

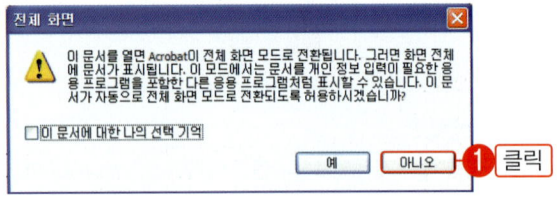

잠깐만!

PDF e-Book을 제작할 때 포함할 이미지는 "RGB" 모드를 사용하기를 권장하며 "RGB" 모드를 사용한 도큐멘트에서는 이 메시지가 표시되지 않습니다.

05 PDF 생성 진행률 표시가 나타나고 잠시 기다리면 자동으로 아크로벳 리더에 PDF e-Book이 열립니다.

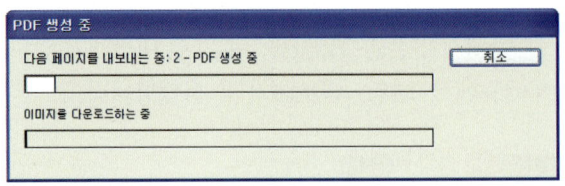

잠깐만!

인쇄용 PDF를 생성할 때는 "배경 작업" 패널에 진행률이 표시되지만 대화형 PDF를 생성할 때는 별도 창으로 진행률이 표시됩니다.

06 아크로벳에 PDF e-Book이 열리고 "전체 화면" 모드로 전환한다는 경고 메시지가 표시되면 "아니오" 버튼을 클릭합니다.

잠깐만!

페이지 전환 애니메이션을 실행하려면 "예" 버튼을 클릭하고 전체 화면 모드로 엽니다.

07 콤보 박스의 목록 버튼을 클릭하면 목록을 선택할 수 있습니다. 두 개의 콤보 박스 목록 버튼을 각각 클릭하고 동작을 확인합니다.

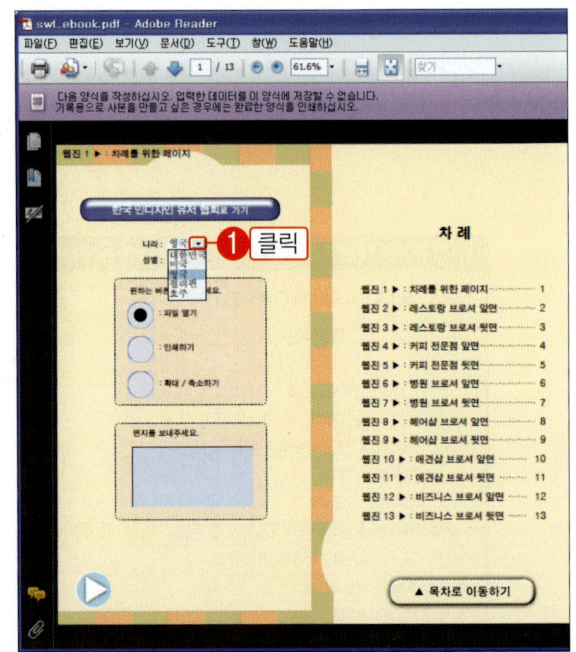

08 첫 번째 라디오 버튼을 클릭하면 경고 대화상자가 열리는데 "열기" 버튼을 클릭합니다. 그러면 라디오 버튼을 만들 때 지정한 경로의 파일이 열립니다.

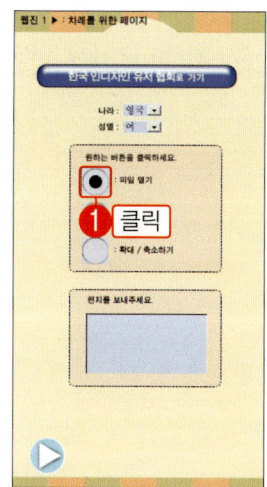

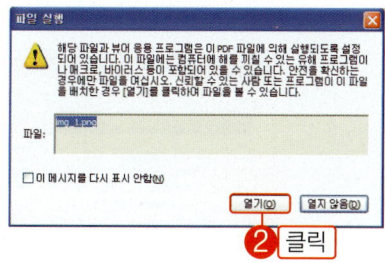

잠깐만!

라디오 버튼을 제작할 때 자신의 컴퓨터에 존재하는 파일이나 예제 파일에 수록된 파일을 지정하였다면 해당 파일이 열립니다.

09 두 번째 라디오 버튼을 클릭하면 "인쇄" 대화상자가 열립니다.

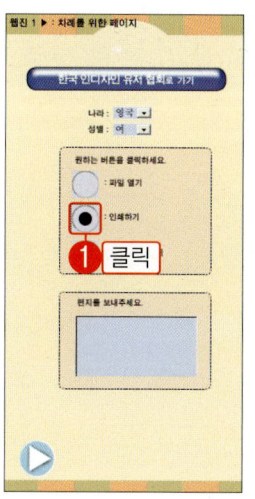

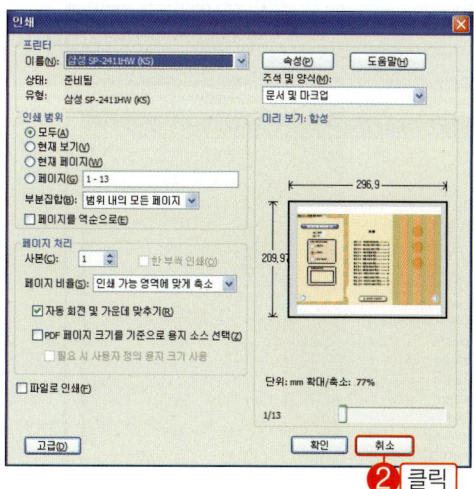

잠깐만!

인쇄 설정을 하고 "확인" 버튼을 클릭하여 현재 문서를 실제로 인쇄할 수 있습니다.

10 세 번째 라디오 버튼은 클릭할 때마다 문서가 한 단계씩 확대됩니다.

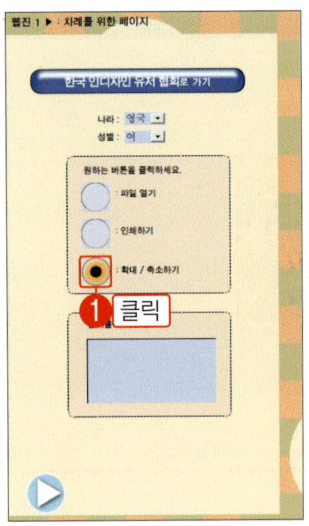

11 텍스트 필드를 클릭하고 글자를 입력합니다. 글자가 여러 줄 입력되면 자동으로 이동 막대가 생기고 여러 줄의 글자를 입력할 수 있습니다.

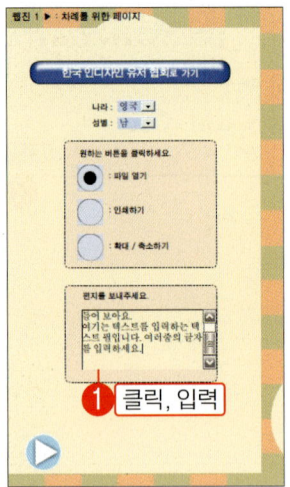

12 양식 작동을 모두 확인하였으면 이제 목차의 "웹진 2" 항목부터 클릭해가면서 각 페이지의 PDF e-Bbook을 구독합니다. PDF e-Bbook은 애니메이션과 슬라이드 쇼는 구현되지 않으며 오디오, 비디오, 하이퍼링크는 작동합니다.

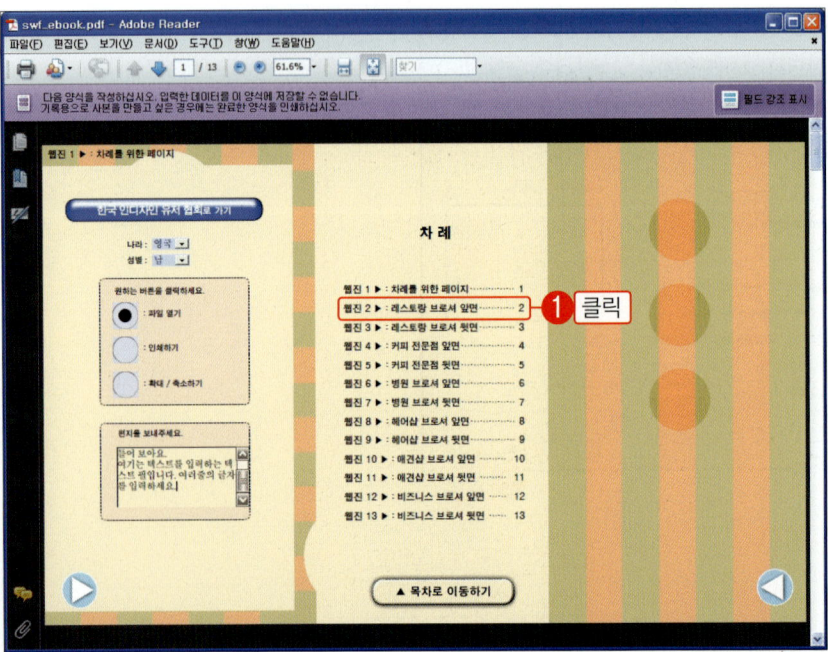

13 "4" 페이지로 이동하면 오디오가 재생됩니다. "목차로 이동하기" 버튼을 클릭하면 목차가 배치된 첫 페이지로 이동합니다.

14 "6" 페이지로 이동하면 재생과 정지 버튼을 클릭하여 구독자가 오디오를 제어할 수 있습니다. "13" 페이지로 이동하면 재생과 정지 버튼을 클릭하여 구독자가 비디오를 제어할 수 있습니다. 그리고 "전체 화면" 모드에서는 SWF e-Book 제작시 설정하였던 페이지 전환 애니메이션이 정상 동작합니다.

"대화형 PDF로 내보내기" 대화상자의 옵션들은 "SWF 내보내기" 대화상자와 유사한 옵션을 제공하고 있습니다. 대부분은 기본값을 사용하면 되지만 특별한 경우라면 다음의 옵션에 대한 설명을 잘 읽어본 후 설명에 따라서 옵션을 선택하고 PDF로 내보내기 합니다.

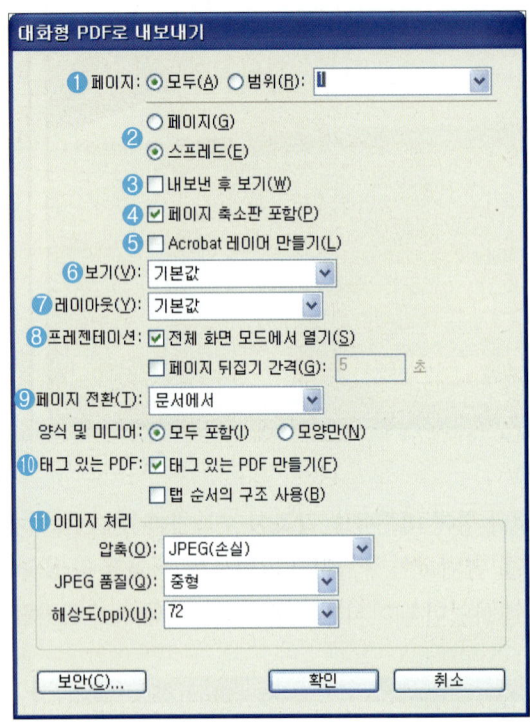

❶ [페이지] : 문서의 모든 페이지를 PDF로 만들 것인지 또는 일부 페이지만 PDF로 만들 것인지를 지정합니다. 일부 페이지만 PDF로 만들 경우에는 "범위"를 선택하고 "3-9"와 같은 형식으로 입력합니다. 그러면 "3"에서 "9" 페이지 사이의 모든 페이지가 PDF로 만들어집니다.

"3-9, 13" 형식으로 입력하면 "3"에서 "9" 페이지 사이의 모든 페이지와 "13"페이지만 PDF로 만듭니다. 무작위로 원하는 페이지만 PDF로 만들려면 쉼표로 구분하여 입력합니다. 즉 "3, 5, 7, 13"과 같은 형식으로 입력합니다. 또한 "2-"와 같은 형식으로 입력하면 "2" 페이지 이후의 모든 페이지를 PDF로 만듭니다.

❷ [페이지 / 스프레드] : 펼침면으로 PDF를 내보낼 것인지 한 쪽으로 PDF를 내보낼 것인지를 선택합니다.

❸ [내보낸 후 보기] : PDF 생성이 완료되면 자동으로 아크로벳이 실행되고 e-Book이 열립니다.

④ [페이지 축소판 포함] : 인디자인의 "열기"나 "가져오기" 대화상자에 표시되는 미리보기 이미지(축소판)를 생성합니다. "스프레드" 옵션을 선택한 경우에는 각 스프레드 마다 축소판을 하나씩 만들며 축소판 옵션을 선택하면 PDF 파일의 크기가 늘어남에 유의합니다.

⑤ [Acrobat 레이어 만들기] : 도큐멘트에서 생성한 레이어를 PDF에서도 생성합니다. 도큐멘트에서 레이어가 존재한다면 이 옵션을 선택하고 PDF에서도 레이어가 생성되도록 합니다.

⑥ [보기] : 아크로벳에서 PDF를 열 때 초기값을 선택합니다. "실제 크기", "페이지에 맞추기", "폭에 맞추기" 등을 제공하는데 목록에서 선택합니다.

⑦ [레이아웃] : 아크로벳에서 PDF를 열 때 초기 레이아웃을 선택합니다. "단면"으로 열 것인지 "2단 양면"으로 열 것인지를 목록에서 선택합니다.

⑧ [프레젠테이션] : 아크로벳의 패널이나 메뉴를 표시하지 않고 e-Book을 열려면 "전체 화면 모드로 열기"를 선택합니다. 이 옵션을 선택해야만 "페이지 전환"에서 지정한 넘김 애니메이션이 작동합니다. "페이지 넘김 간격"을 선택하고 넘길 간격을 초 단위로 입력하면 자동으로 정해진 시간에 따라서 페이지가 넘어갑니다.

⑨ [페이지 전환] : PDF로 내보낸 e-Book을 넘길 때 어떤 형식의 넘김 애니메이션을 재생할 것인지를 선택합니다. 본 예제에서는 "페이지 전환"에서 각 페이지별로 서로 다른 페이지 전환 애니메이션을 설정하였으므로 "문서에서"를 선택합니다.

⑩ [태그가 있는 PDF] : PDF 데이터 세트 파일을 만들 때 양식의 데이터가 데이터 세트에 추가되도록 하려면 이 옵션을 선택합니다. PDF와 데이터 개념은 프로그래머에게는 쉽게 이해되지만 디자이너에게는 쉽게 접근할 수 없는 부분이기 때문에 기본 옵션을 사용하기를 권장합니다.

⑪ [이미지 처리] : 도큐멘트에 포함한 이미지를 PDF e-Book으로 만들 때 압축할 것인지와 이미지의 품질과 해상도를 지정합니다. 선택에 따라서 PDF e-Book의 용량이 커질 수도 있으며 기본값을 사용하기를 권장합니다.

구독자가 PDF e-Book을 확대하여 구독하게 할 때는 "JPEG 품질"에서 "최대"를, "해상도"에서 "300"을 선택하기를 권장합니다. 그래야만 e-Book을 확대하여 구독하더라고 깨짐 현상이 최소화 되기 때문입니다. 단 이 경우에는 e-Book 파일의 크기가 커짐에 유의합니다.

03 PDF e-Book 책갈피 만들기

책갈피는 목차 항목를 클릭하면 링크된 페이지로 넘어가는 것과 유사한 일종의 링크입니다. 책갈피는 핵심 단어를 링크하고 "PDF"로 내보낸 e-Book에서 원하는 페이지를 쉽게 찾을 수 있도록 해주며 SWF로 내보낸 e-Book은 지원하지 않습니다. 또한 PDF로 내보내고 만든 e-Book은 책갈피는 지원하지만 애니메이션이 재생이 안되며 이 외의 플래시 버튼이나, 하이퍼링크, 오디오와 비디오 등의 대화형 요소는 정상 작동합니다.

핵심 단어를 책갈피로 등록하기

01 메뉴에서 "창-대화형-책갈피"를 선택하고 "책갈피" 패널이 호출되면 패널 도크로 드래그하여 배치합니다.

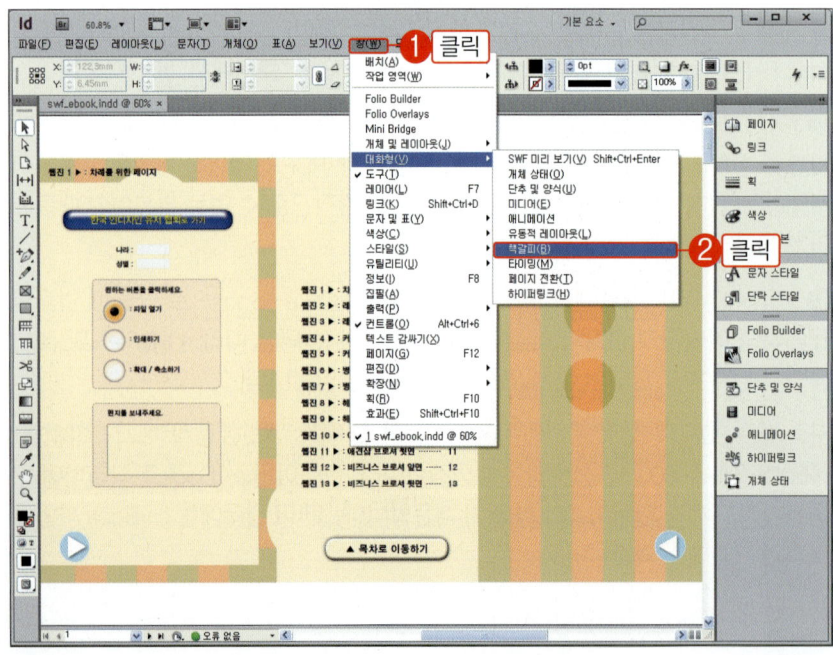

02 도구상자에서 "문자 도구(T.)"를 선택하고 "1" 페이지에서 책갈피로 등록할 핵심 단어를 드래그하여 역상으로 블록 지정한 후, "새 책갈피 만들기(▣)"를 클릭하여 등록합니다.

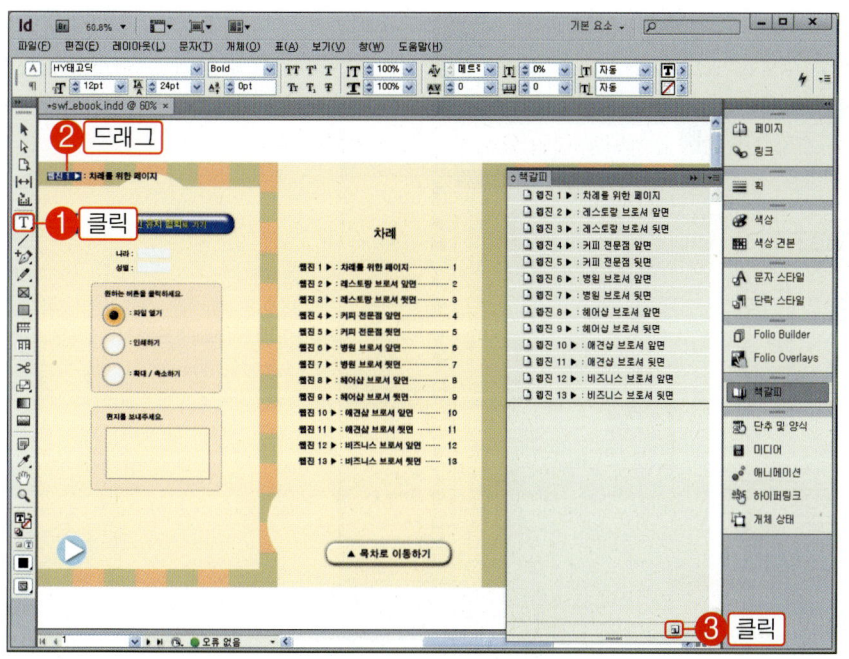

"책갈피" 패널에는 자동으로 목차 항목이 표시됩니다.

03 "1" 페이지에서 등록한 단어가 표시되었으면 "2" 페이지로 이동하고 "2" 페이지에서 책갈피로 등록할 핵심 단어를 드래그하여 역상으로 블록 지정한 후, "새 책갈피 만들기(▣)"를 클릭하여 등록합니다.

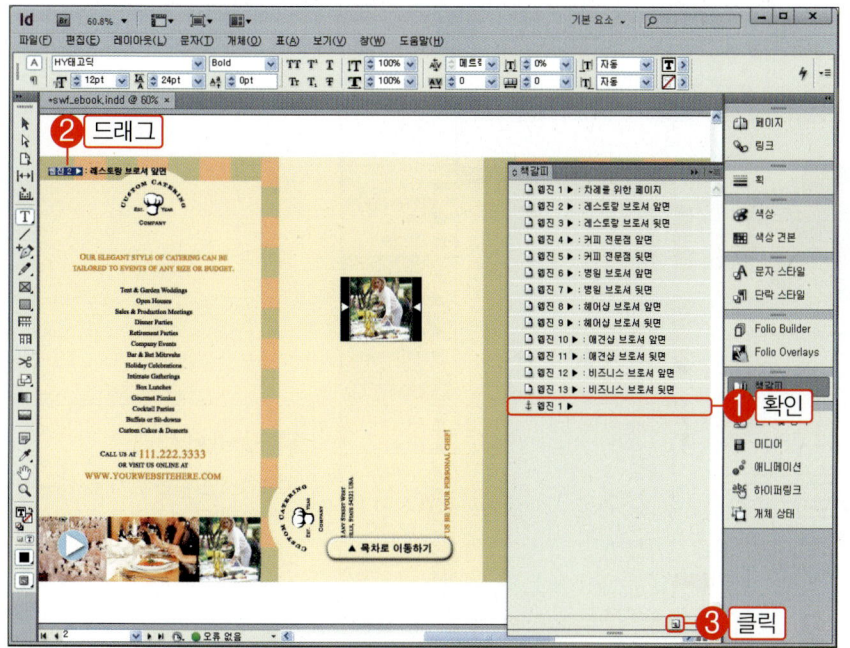

잠깐만!

예제에서는 한 페이지에서 하나의 핵심 단어만을 등록하지만 실무에서는 한 페이지에서 여러 단어를 책갈피로 등록할 수 있습니다.

04 "2" 페이지에서 등록한 단어가 표시되었으면 "3" 페이지로 이동하고 "3" 페이지에서 책갈피로 등록할 핵심 단어를 드래그하여 역상으로 블록 지정한 후, "새 책갈피 만들기(▣)"를 클릭하여 등록합니다.

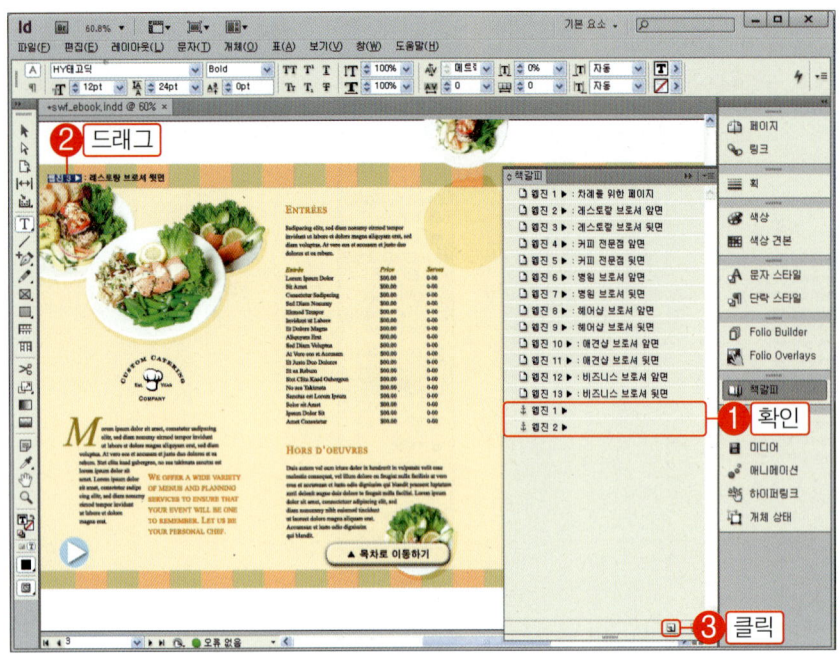

05 이상과 같은 방법으로 각 페이지로 이동하고 핵심 단어를 등록하기를 반복하여 마지막 페이지까지 필요한 핵심 단어를 모두 등록합니다.

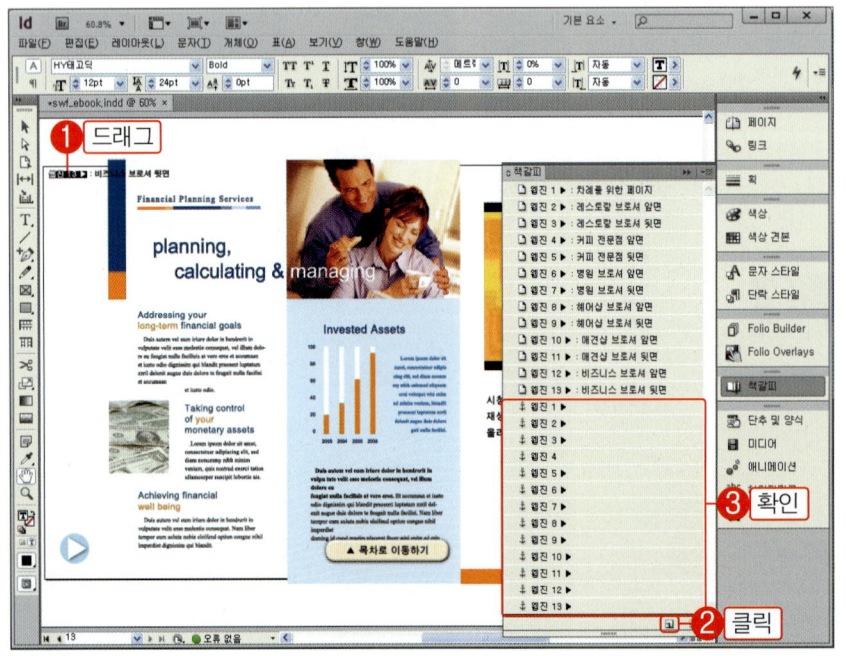

> **잠깐만!**
> 예제에서는 같은 위치에서 유사한 단어만을 책갈피로 등록하지만 실무에서는 필요한 핵심 단어를 한 페이지에서 여러 개 등록할 수 있습니다.

책갈피 편집

01 이제 등록된 책갈피를 편집해 보겠습니다. "웹진 1 ▶" 항목을 "웹진1 ▶ : 차례를 위한 페이지" 항목 아래쪽으로 드래그하여 배치시킵니다.

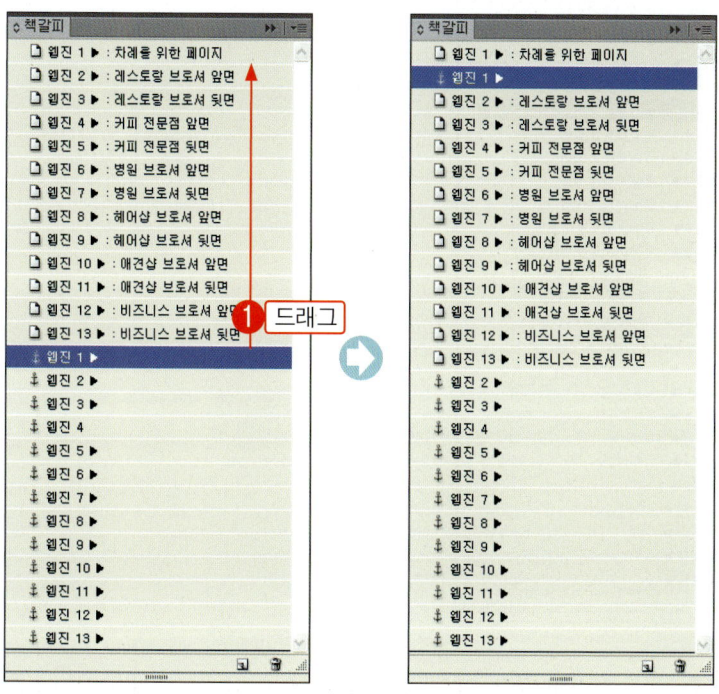

02 이번에는 "웹진 2 ▶" 항목을 "웹진 2 ▶ : 레스토랑 브로셔 앞면" 항목 아래쪽으로 드래그하여 배치시킵니다.

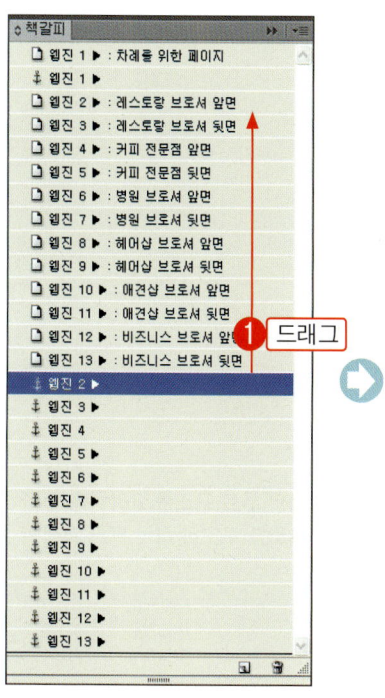
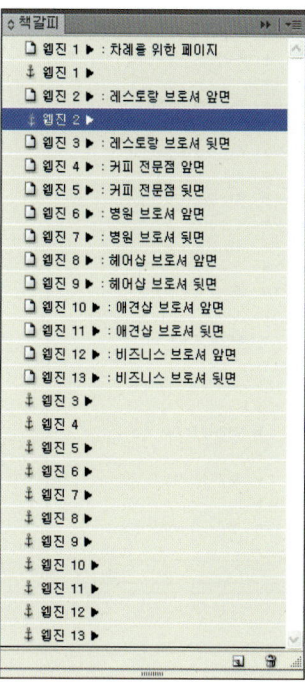

> **잠깐만!**
> 목차와 책갈피 항목의 구분은 항목의 왼쪽에 표시되는 아이콘으로 구분합니다. 즉 목차 항목은 페이지 섬네일이 표시되고 책갈피 항목은 닻(앵커) 모양으로 표시됩니다.

03 이번에는 "웹진 3 ▶" 항목을 "웹진 3 ▶ : 레스토랑 브로셔 뒷면" 항목 아래쪽으로 드래그하여 위치시킵니다.

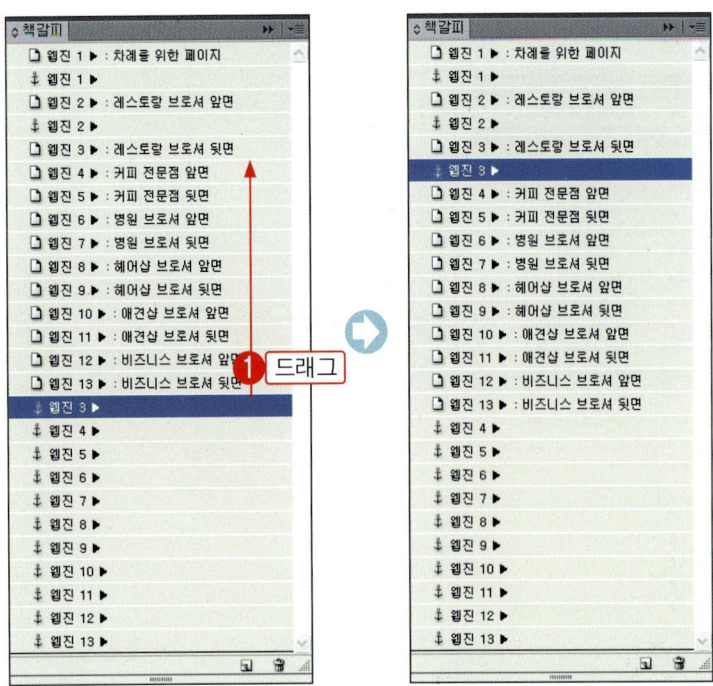

04 이상과 같은 방법으로 목차에 연관된 책갈피 항목을 이동하여 재배치하기를 반복하고 완성합니다.

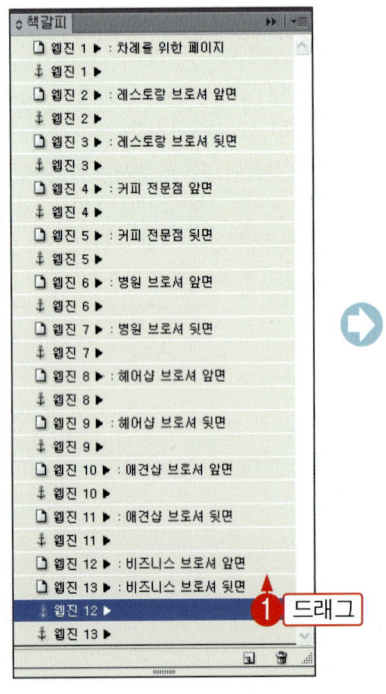
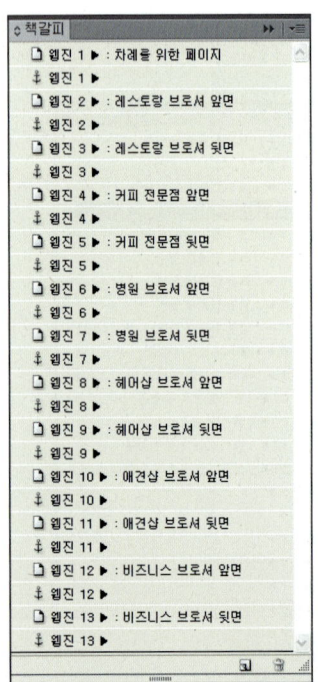

> **잠깐만!**
> 목차와 책갈피의 루트 구조를 고려하여 연관 항목끼리 배치하고 구조화 하는 편집 과정입니다.

05 이제 책갈피를 확인하기 위하여 PDF로 내보내기 합니다. 메뉴에서 "파일-내보내기"를 선택합니다. 앞의 "PDF로 내보내기" 방법을 참고하여 모든 옵션을 기본값으로 유지하고 PDF로 내보냅니다.

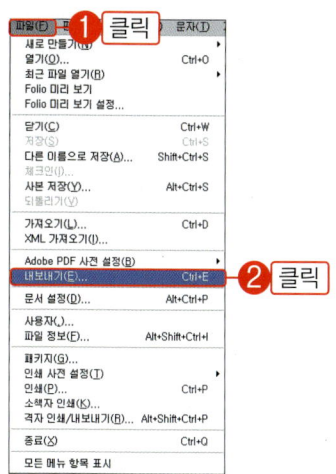

06 잠시 후에 아크로벳에 PDF e-Book이 열립니다. "전체 화면 모드로 실행시킬 것인지"를 묻는 메시지 창에서 "아니오" 버튼을 클릭합니다.

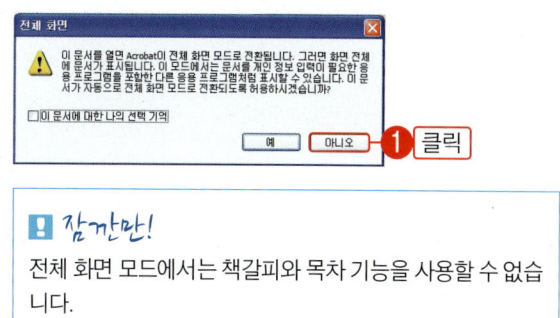

> **잠깐만!**
> 전체 화면 모드에서는 책갈피와 목차 기능을 사용할 수 없습니다.

07 아크로벳의 왼쪽 상단에 위치한 책갈피 도구를 클릭합니다. 그러면 앞에서 등록한 목차와 책갈피 항목이 표시됩니다. "웹진 4 ▶" 책갈피로 이동하기 위하여 "웹진 4 ▶" 항목을 클릭합니다.

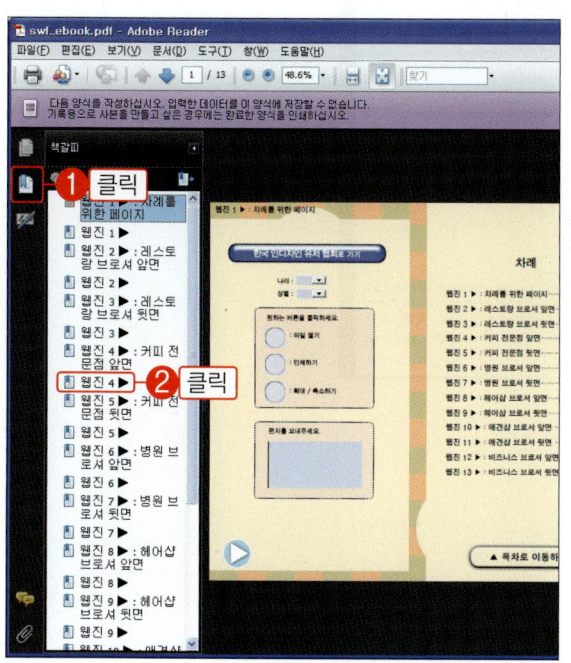

08 "웹진 4 ▶" 책갈피로 이동됩니다. 그리고 인디자인에서 삽입한 오디오가 재생됩니다. 이와 같이 책갈피를 활용하면 좀 더 구조적인 PDF e-Book을 제작할 수 있습니다.

04 EPUB을 위한 디지털 에디션(Adobe Digital Editions) 설치하기

인디자인으로 "EPUB e-Book"을 만드는데 유용하게 사용될 "디지털 에디션"을 설치하는 방법을 알아봅니다. "디지털 에디션"은 인디자인을 제작한 어도비 사에서 무료로 배포하는 프로그램이며 어도비 사의 홈페이지에 회원 가입하고 다운받거나 기타 자료실에서도 다운받을 수 있습니다.

디지털 에디션의 용도

"디지털 에디션"은 인디자인에서 만든 "EPUB e-Book"을 모바일 디바이스 없이 컴퓨터에서 구독할 수 있는 뷰어 프로그램입니다. 따라서 "EPUB e-Book" 제작 도중에 레이아웃을 검토할 경우, 일일이 모바일 디바이스로 다운받아서 확인해야 하는 번거로움을 덜어줍니다.

▲ 어도비 디지털 에디션(Adobe Digital Editions) 프로그램

디지털 에디션의 특징

– 컴퓨터 상에서 전자책 읽기를 지원합니다.
– "EPUB" 파일이나 "PDF" 파일을 지원합니다.
– 용량이 작으며(약 4MB) 무료 독립 실행형 프로그램 입니다.

01 어도비 사의 사이트인 "http://www.adobe.com/kr/products/digitaleditions"로 접속하고 "시작" 버튼을 클릭합니다.

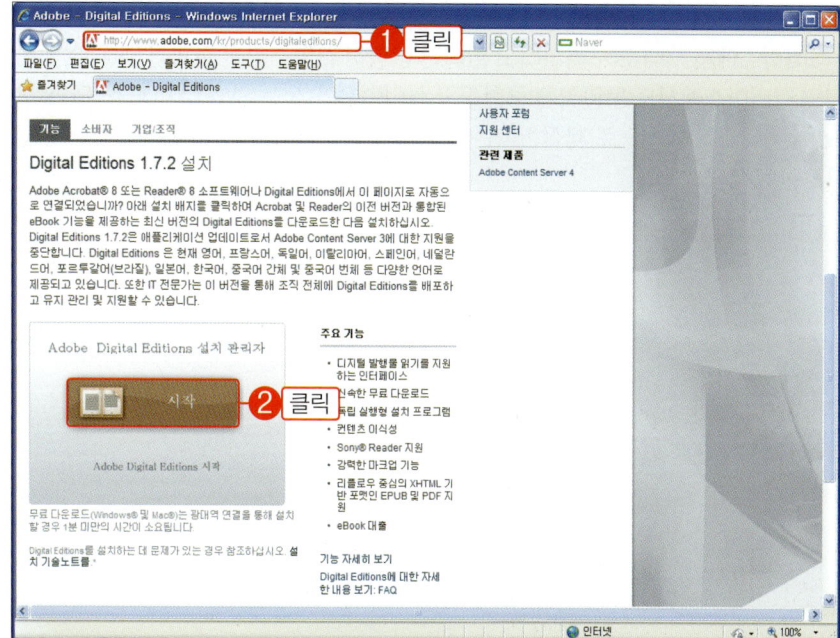

🔲 *잠깐만!*

필자의 컴퓨터에는 이미 디지털 에디션이 설치되어 있어서 "시작" 버튼으로 표시되지만 처음 설치하려는 경우에는 "설치", 또는 다른 이름으로 버튼이 표시될 수 있습니다.

02 어도비 홈페이지를 처음 방문하는 경우에는 가입 화면이 나타납니다. 그러면 "Adobe 계정 만들기" 버튼을 클릭하고 가입한 후, 안내에 따라서 "디지털 에디션"을 설치합니다.

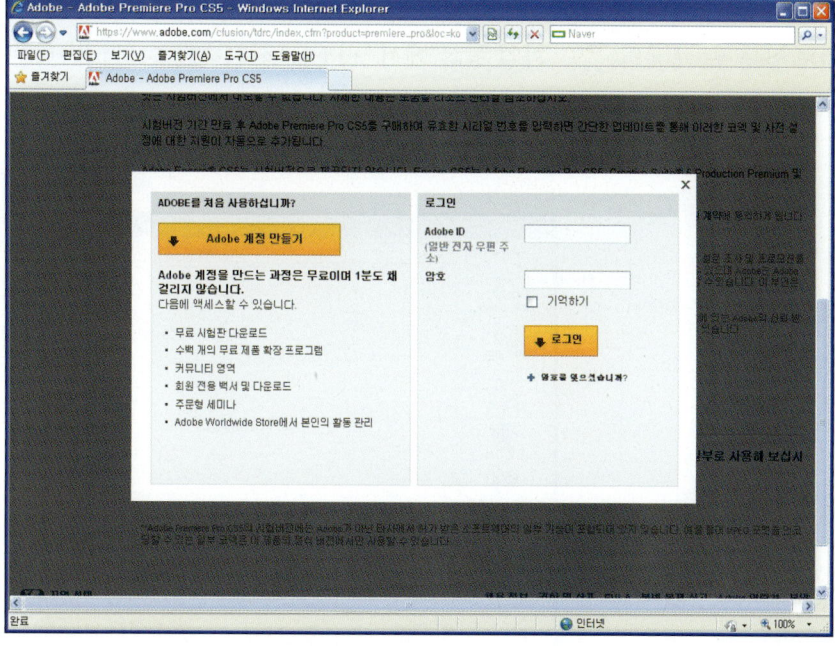

🔲 *잠깐만!*

포털 사이트에서 "디지털 에디션"이라고 검색하고 다른 자료실에서 다운 받은 후, 설치해도 됩니다.

EPUB은 "XHTML" 기반이어서 인디자인 도큐멘트에서 디자인한 레이아웃과는 상당한 차이가 있습니다. 따라서 인디자인에서의 레이아웃을 모바일 디바이스에서 그대로 구현하려고 한다면 상당히 실망스러운 결과를 얻을 수 있습니다. 인디자인의 레이아웃을 모바일 디바이스에서도 동일하게 구현하고 싶다면 DPS 또는 SWF나 PDF e-Book으로 만들기를 권장하며 EPUB e-Book은 텍스트 기반으로 제작한다는 개념으로 접근하여야 합니다. 더군다나 한글 서체는 지원되지 않으며 기본 서체로만 됩니다.

▶ 예제 파일 : epub_e_book_1.indd

도큐멘트에서의 개체 배치

예제 도큐멘트(epub_e_book_1.indd)의 "2" 페이지를 보면 가로 방향으로 배치된 5개의 이미지가 있습니다. 현재의 이미지들은 텍스트에 매어달은(고정된 개체) 이미지가 아니고 독립된 개별 이미지입니다. 도큐멘트에 배치된 개체의 왼쪽부터 차례로 모바일 디바이스에서는 상단부터 배치되는 특성을 이해하여야 합니다.

01 현재 도큐멘트에 가로 방향으로 배치된 이미지의 순서를 기억하고 EPUB 파일로 만든 후, 개체의 배치 상태를 살펴보겠습니다. 메뉴에서 "파일-내보내기"를 선택합니다.

02 EPUB 파일이 저장될 "저장 위치"를 선택하고 "파일 형식"에서 "EPUB"을 선택한 후 "저장" 버튼을 클릭합니다. 이 때 "파일 이름"은 자동으로 도큐멘트 이름으로 표시됩니다.

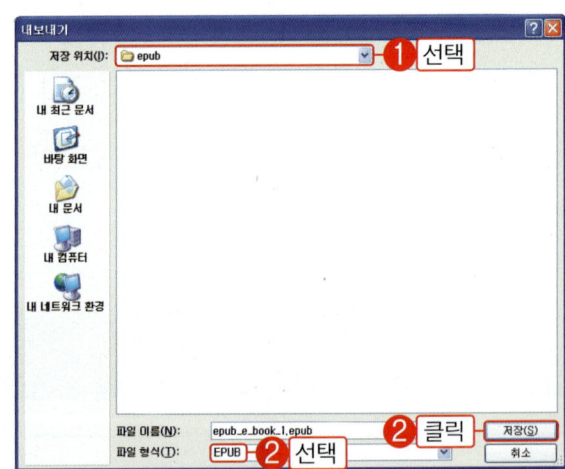

03 다른 옵션 사항은 기본값을 유지하고 "내보낸 후 EPUB 보기"를 클릭하여 체크 표시합니다. 그리고 "확인" 버튼을 클릭합니다.

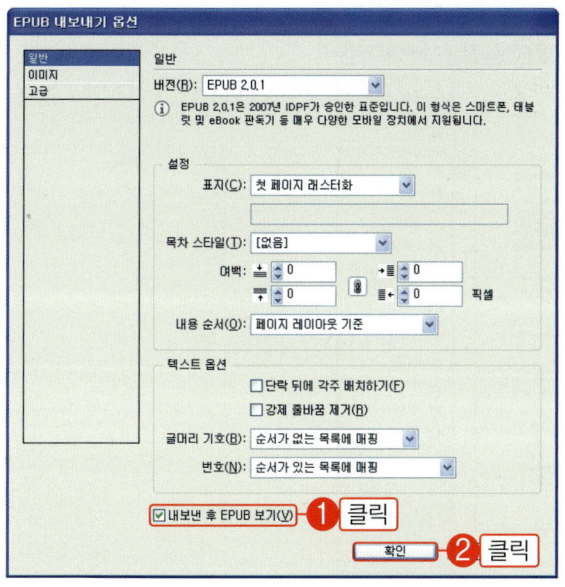

> **⏸ 잠깐만!**
>
> "내보낸 후 EPUB 보기"를 클릭하여 체크 표시하고 내보내면 EPUB 파일이 완료됨과 동시에 앞에서 설치한 "디지털 에디션"이 자동으로 실행되고 EPUB 파일이 열립니다. "디지털 에디션"에 보여지는 레이아웃은 실제 모바일 디바이스에 표시되는 레이아웃과 동일합니다.

04 다음 그림과 같이 모바일 디바이스에서는 세로 방향을 우선하여 표시되는 것을 확인할 수 있습니다. 즉 도큐멘트에 배치된 왼쪽 개체 순으로 모바일 디바이스에서는 상단부터 배치된다는 특성을 확인합니다.

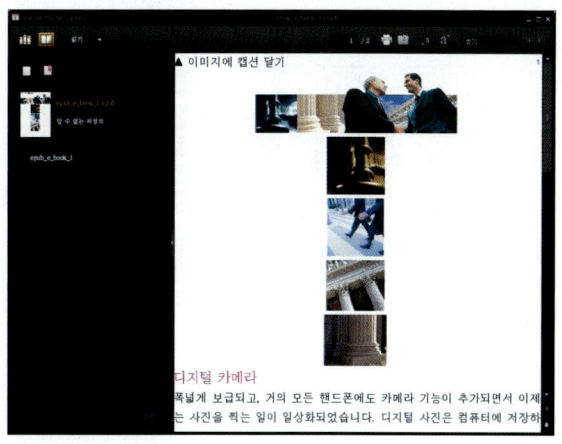

정리를 해보면 모바일 디바이스에서는 인디자인 도큐멘트에 배치된 개체를 세로 방향을 우선 순위로 배치한다는 것입니다.

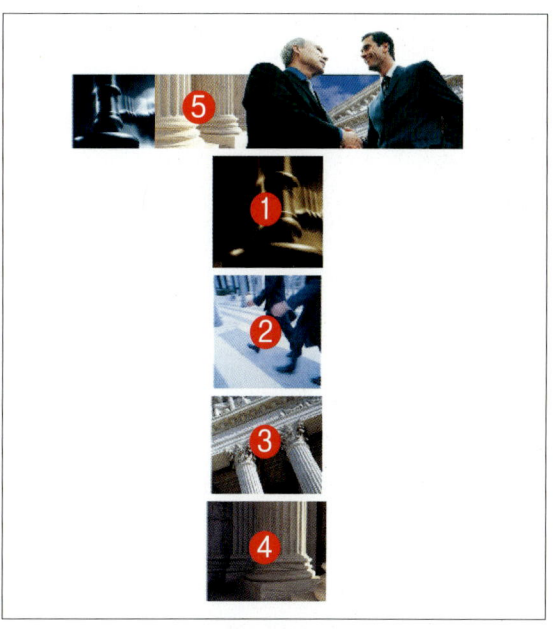

▲ 도큐멘트에서의 개체 배치(왼쪽)와 모바일 디바이스에서의 개체 배치(오른쪽) 비교

05 앞에서 알아본 개체의 배치 특성을 이해하고 원하는 위치에 개체를 배치하는 방법을 알아보겠습니다. 먼저 개체를 모두 선택하고 "창-텍스트 감싸기" 메뉴를 선택합니다.

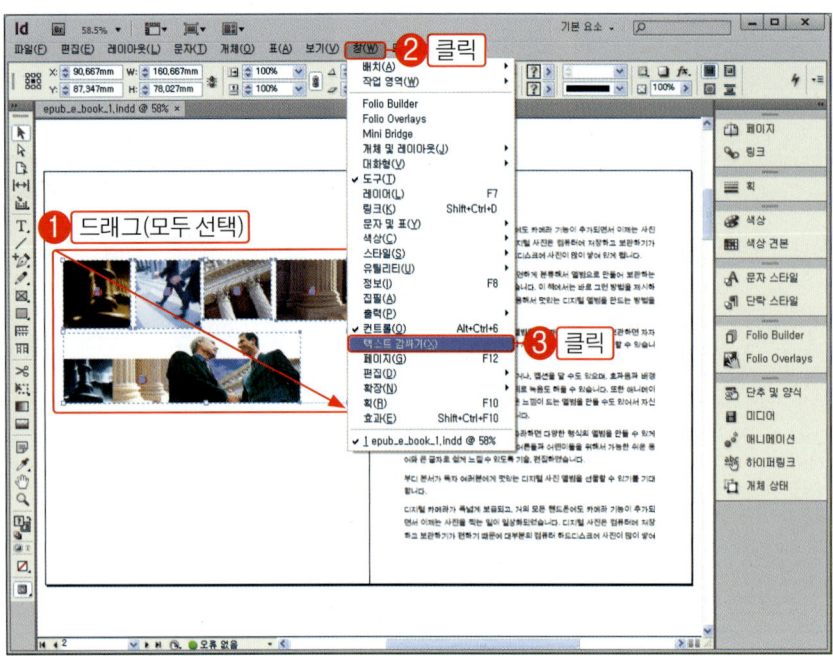

06 "텍스트 감싸기" 패널 옵션에서 "개체 건너뛰기(⊡)"를 선택합니다. 지금부터는 개체를 텍스트 프레임으로 배치하면 개체를 건너뛰고 텍스트가 배치됩니다.

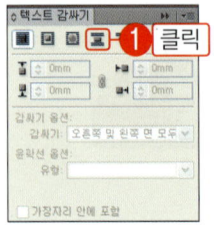

07 개체를 드래그하여 텍스트 프레임의 원하는 위치로 배치합니다.

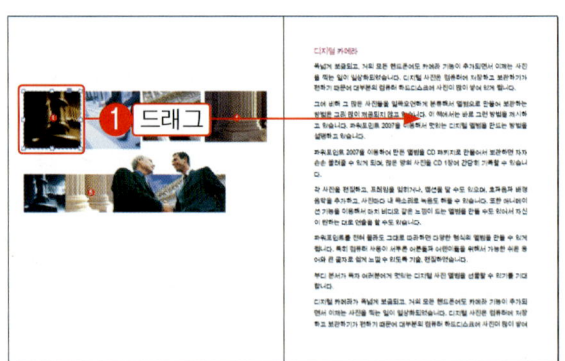

08 "고정된 개체 조절점"을 문단으로 드래그합니다. 그러면 해당 문단에 고정된 개체로 됩니다. 이와 같은 방법을 반복하여 다른 개체들도 텍스트 프레임에 배치하고 고정된 개체로 만듭니다.

> **잠깐만!**
> 고정된 개체에는 앵커 표시가 됩니다.

09 앞의 방법에 따라서 다음과 같이 각 페이지의 원하는 위치에 개체를 배치하였습니다. 이제 다시 EPUB으로 내보내고 디지털 에디션에서 확인해 보겠습니다. "파일-내보내기" 메뉴를 선택하고 열리는 대화상자에서 기본값을 유지한 채 EPUB으로 내보냅니다.

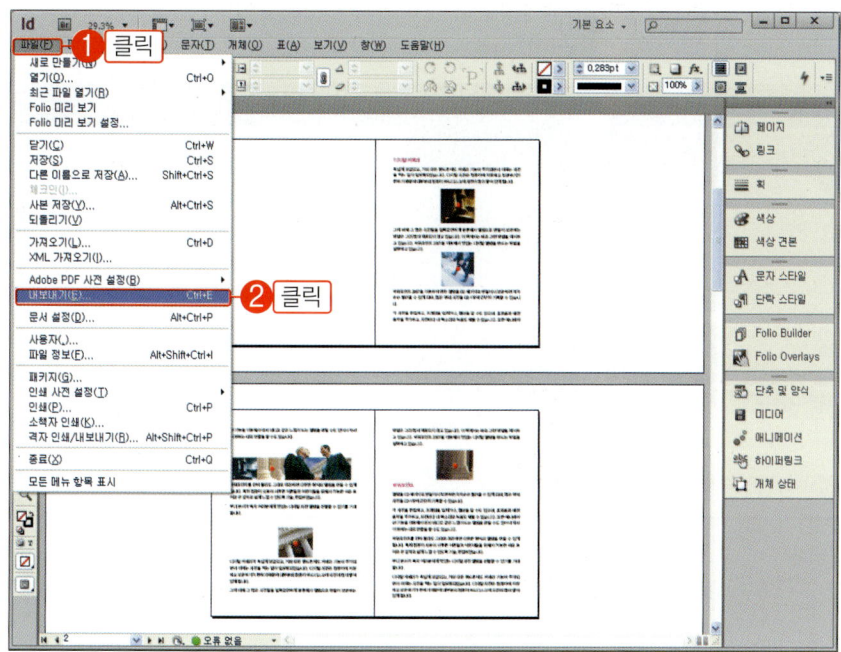

10 다음과 같이 도큐멘트에 배치한 개체들이 디지털 에디션(모바일 디바이스)에서도 유지되는 것을 확인할 수 있습니다.

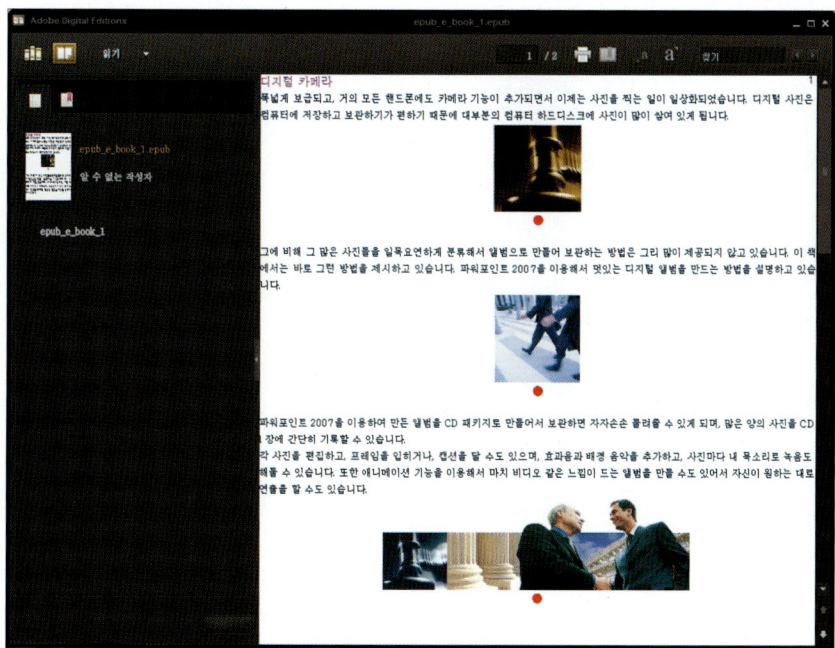

06 EPUB e-Book의 표지와 여백 설정, 목차 만들기

여기서는 EPUB e-Book의 표지를 삽입하는 방법과 모바일 디바이스와 내용 간에 여백을 설정하는 방법, 그리고 목치를 추출하는 방법을 알아봅니다. 추출한 목차를 클릭하면 하이퍼링크에 의하여 해당 페이지로 이동합니다.

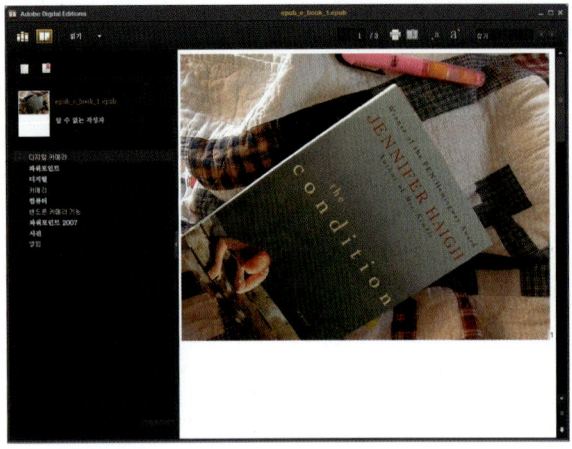
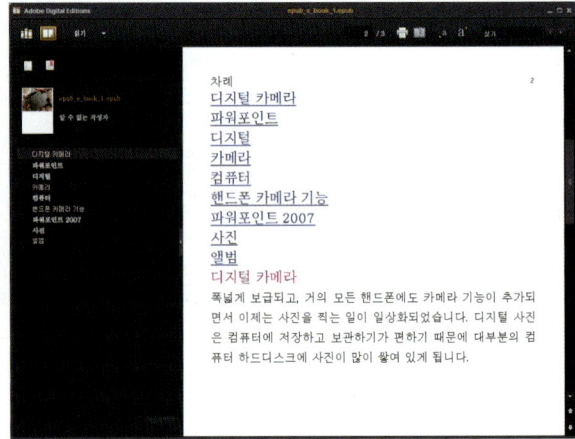

▲ EPUB e-Book에서의 표지와 목차

EPUB e-Book의 목차 만들기

01 도구상자에서 "문자 도구(T)"를 선택하고 빨간색의 글자를 클릭하여 커서를 위치시킵니다. "단락 스타일" 패널을 열고 빨간색의 글자에 "title" 단락 스타일이 적용되어 있음을 확인합니다.

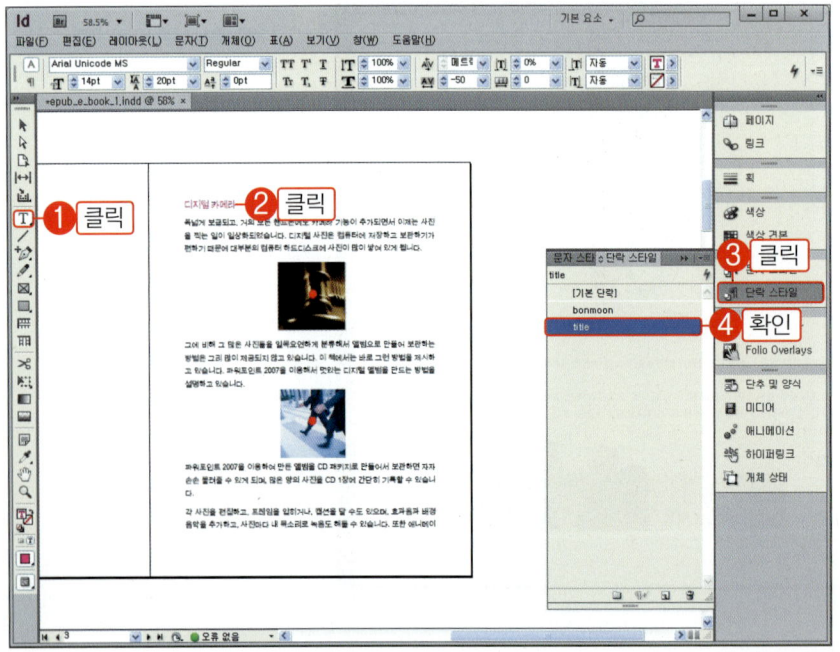

> **⚠ 잠깐만!**
> "title" 단락 스타일을 목차로 추출할 것입니다. 또한 이후에 다른 내용 중에서 "페이지 나누기" 기능에서도 사용할 것입니다.

02 목차를 추출하기 위하여 "레이아웃–목차" 메뉴를 선택합니다.

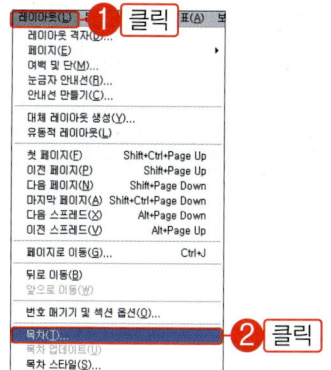

03 "기타 스타일" 항목에서 앞에서 확인한 "title" 항목을 클릭하고 "추가" 버튼을 클릭합니다. 그러면 "title" 항목이 "단락 스타일 포함" 항목으로 추가됩니다. 그리고 "제목"에 "차례"라고 입력한 후 "확인" 버튼을 클릭합니다.

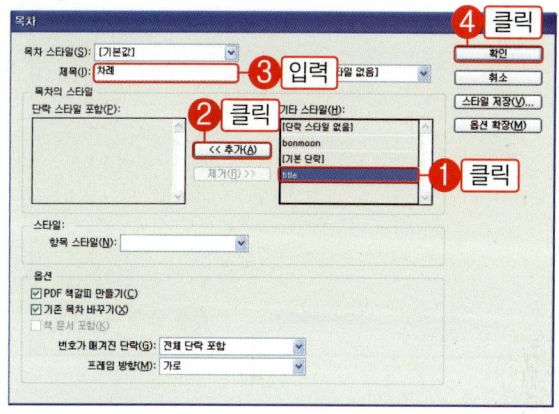

> **잠깐만!**
>
> "제목" 입력란에는 "목차", "INDEX" 또는 차례(INDEX)"와 같은 형식으로 입력해도 됩니다.

04 도큐멘트의 "2" 페이지에서 클릭하여 추출한 목차를 배치합니다.

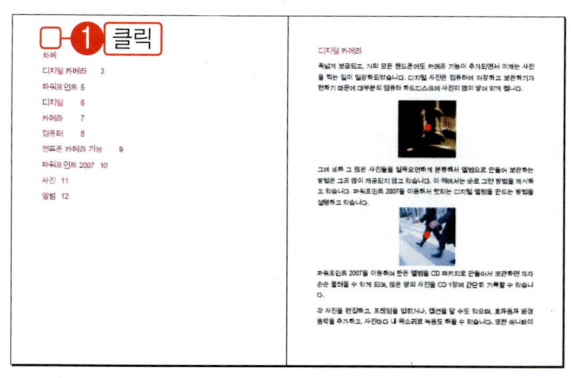

05 EPUB으로 내보내고 목차를 확인하기 위하여 위하여 "파일–내보내기" 메뉴를 선택합니다.

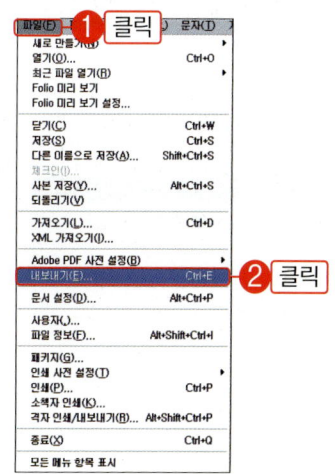

06 "저장 위치"를 지정하고 "저장" 버튼을 클릭합니다. 그리고 "이전의 EPUB 파일을 덮어씌울 것인지"를 묻는 메시지에서 "예" 버튼을 클릭합니다.

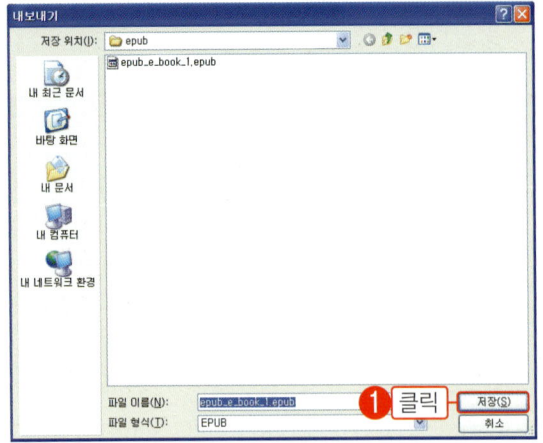

EPUB e-Book의 표지 설정하기

01 표지를 설정하기 위하여 "표지" 목록에서 "이미지 선택"을 선택합니다.

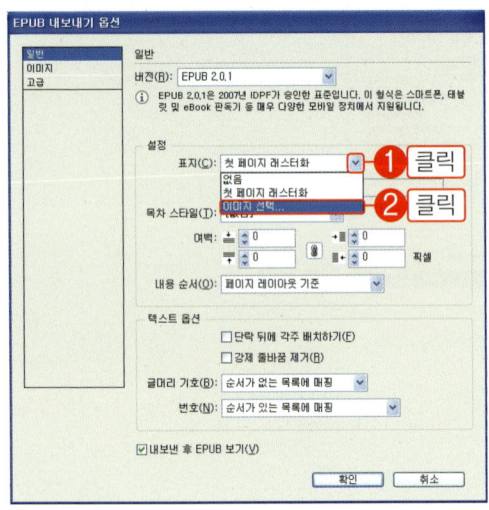

⚠ 잠깐만!

EPUB e-Book에서의 표지는 포토샵과 같은 프로그램에서 이미지로 미리 준비해 두는 것이 좋습니다. 인디자인에서 표지를 디자인한 후 래스터화해서 표지를 사용하는 방법도 있지만 레이아웃 표현의 한계가 있기 때문입니다.
만약 인디자인 도큐멘트의 "1" 페이지에 표지를 디자인 하였다면 "표지" 목록에서 "첫 페이지 래스터화"를 선택합니다.

---

02 "파일 형식"에서 표지 이미지의 포맷을 선택하고 준비된 표지 이미지를 선택한 후 "열기" 버튼을 클릭합니다. 여기서는 예제 파일에서 "source / img_5.jpg"를 표지 이미지로 선택하고 사용합니다.

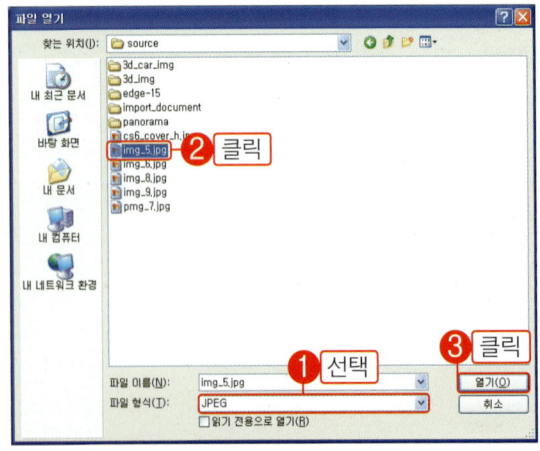

모바일 디바이스와 내용의 여백 설정하기

01 모바일 디바이스와 내용의 여백을 지정하기 위하여 "여백"에 각각 "50"을 입력합니다.

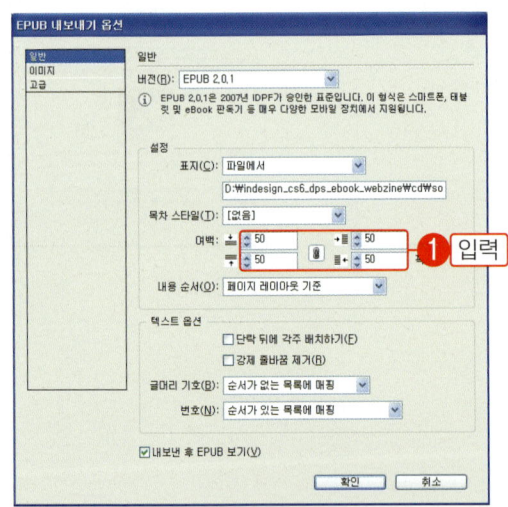

02 앞에서 추출하고 배치한 목차를 포함해서 EPUB으로 내보내기 위하여 "목차 스타일" 항목에서 "기본값"을 선택하고 "확인" 버튼을 클릭합니다.

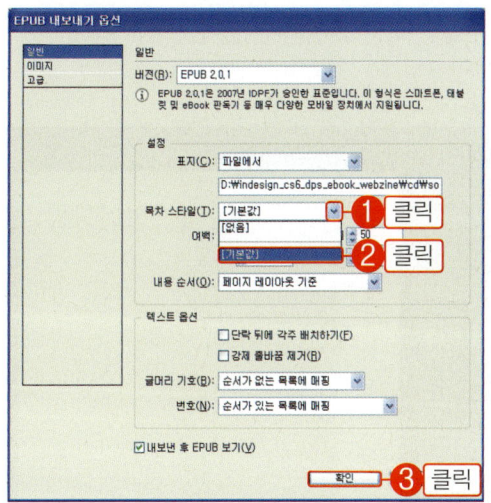

! 잠깐만!
"기본값"은 앞에서 도큐멘트의 "2" 페이지에 배치한 목차를 의미합니다.

04 페이지에도 목차가 표시됩니다. 페이지에 표시되는 목차를 클릭하여면 하이퍼링크에 의하여 해당 페이지로 이동합니다.

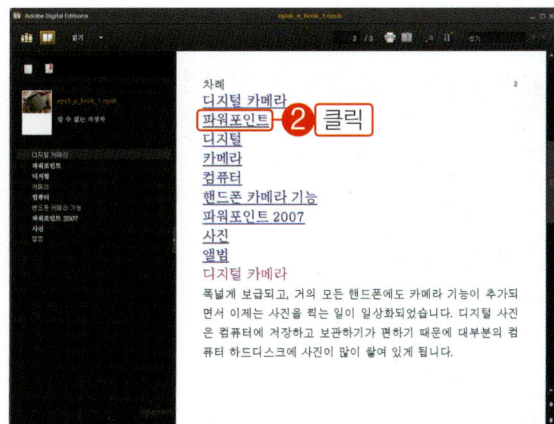

! 잠깐만!
디지털 에디션에서는 마우스로 클릭하는 동작이지만 아이패드나 안드로이드용 모바일 디바이스에서는 손가락으로 터치하는 동작입니다.

03 디지털 에디션의 첫 페이지에 표지가 표시되는 것을 확인할 수 있습니다. 창의 왼쪽에는 목차가 표시되는데 목차 항목을 클릭하면 해당 페이지로 이동합니다.

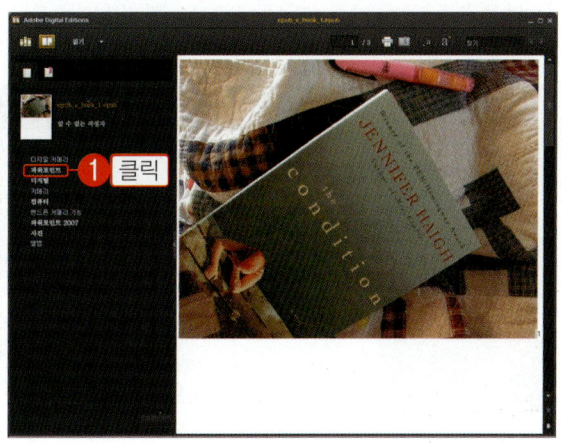

05 앞에서 입력한 "여백"의 수치 "50"이 다음 그림에서와 같이 내용과 디지털 에디션(모바일 디바이스)과의 여백임을 확인할 수 있습니다.

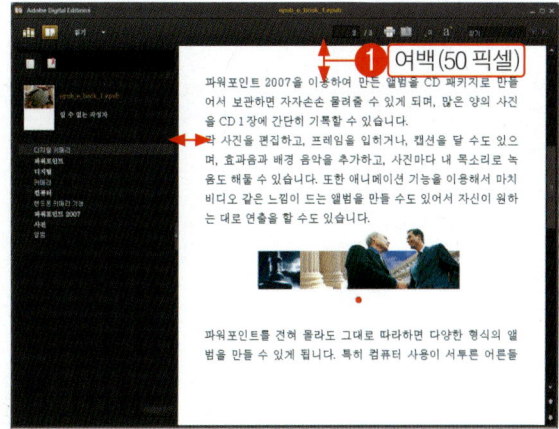

EPUB e-Book에는 문단에 순차적인 자동 번호를 매길 수 있으며 글머리 기호도 삽입할 수 있습니다. 이 때 문단 번호나 글머리 기호가 삽입된 문단에서 행이 바뀌면 그에 따른 순차적인 번호로 자동으로 변경됩니다. 또한 주석을 달아서 특정 단어를 보조 설명할 수도 있습니다.

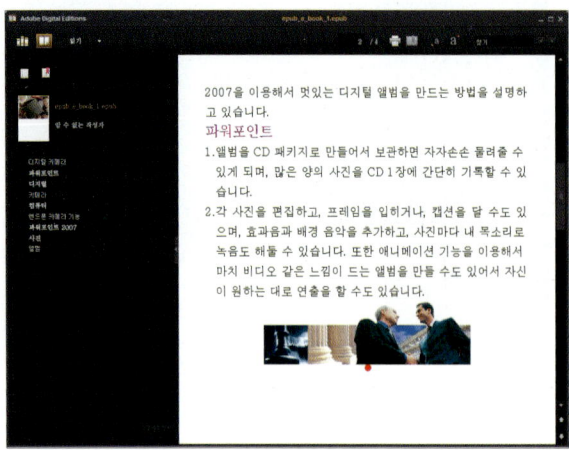 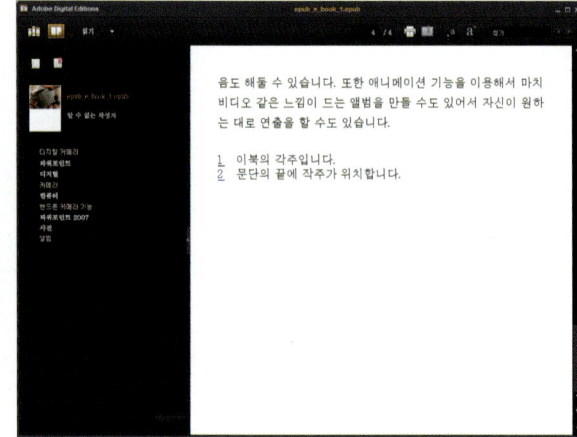

▲ EPUB e-Book에서의 자동 문단 번호와 각주

글머리 기호와 문단 자동 번호 삽입하기

01 도구상자에서 "문자 도구(T)"를 선택하고 글머리 기호를 삽입할 문단을 드래그하여 역상으로 블록 지정합니다. 컨트롤 패널에서 "글머리 기호 목록(≣)"을 클릭합니다. 그러면 기본 글머리 기호가 삽입됩니다.

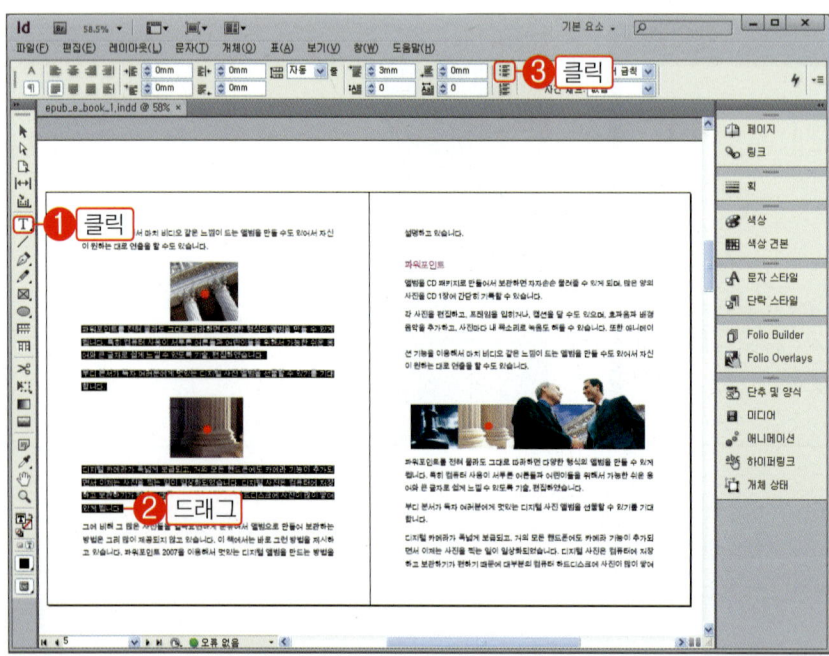

02 이번에는 자동 문단 번호를 매길 문단을 드래그하여 역상으로 블록 지정합니다. 컨트롤 패널에서 "번호 매기기 목록(▤)"을 클릭합니다. 그러면 문단에 순차적인 번호가 매겨집니다.

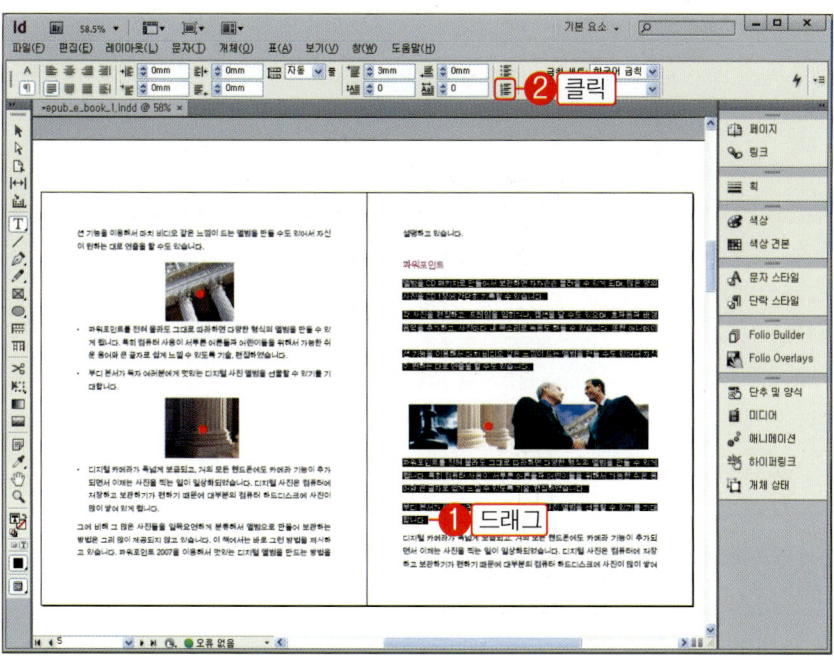

03 이번에는 글머리 기호와 문단 번호가 매겨진 문단을 각각 클릭하여 커서를 위치시키고 자판에서 Enter 키를 눌러서 행을 바꿉니다. 그러면 자동으로 글머리 기호와 순차적인 번호가 매겨지는 것을 확인할 수 있습니다.

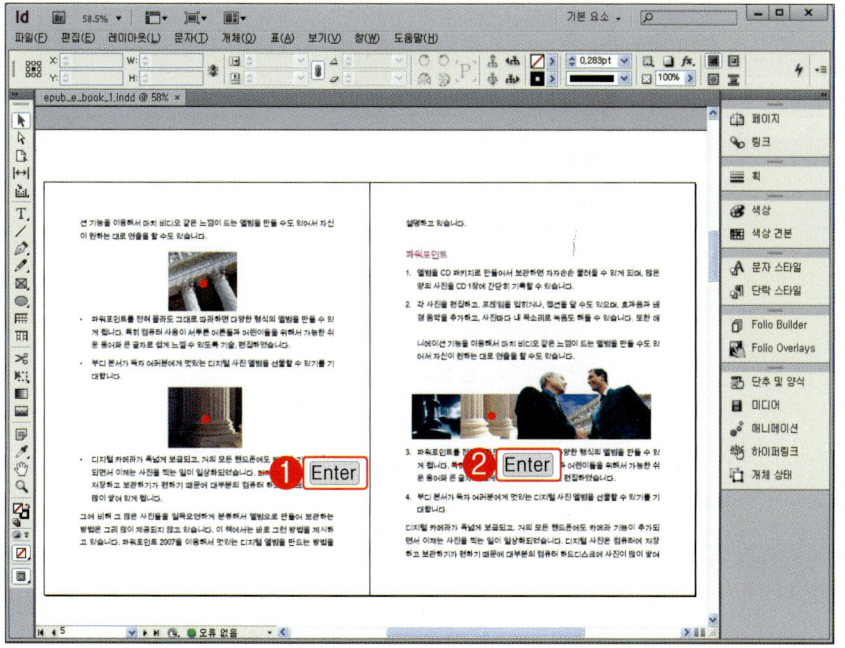

> **잠깐만!**
> 글머리 기호와 문단 번호를 수정, 편집하려면 "문자−단락" 메뉴를 선택합니다. 단락 패널 메뉴에서 "글머리 기호 및 번호 매기기"를 선택하고 대화상자에서 형식을 변경할 수 있습니다.

주석 달기

01 도구상자에서 "문자 도구(T)"를 선택하고 각주를 삽입할 단어의 뒤를 클릭하여 커서를 위치시킵니다.
메뉴에서 "문자-각주 삽입"을 선택합니다.

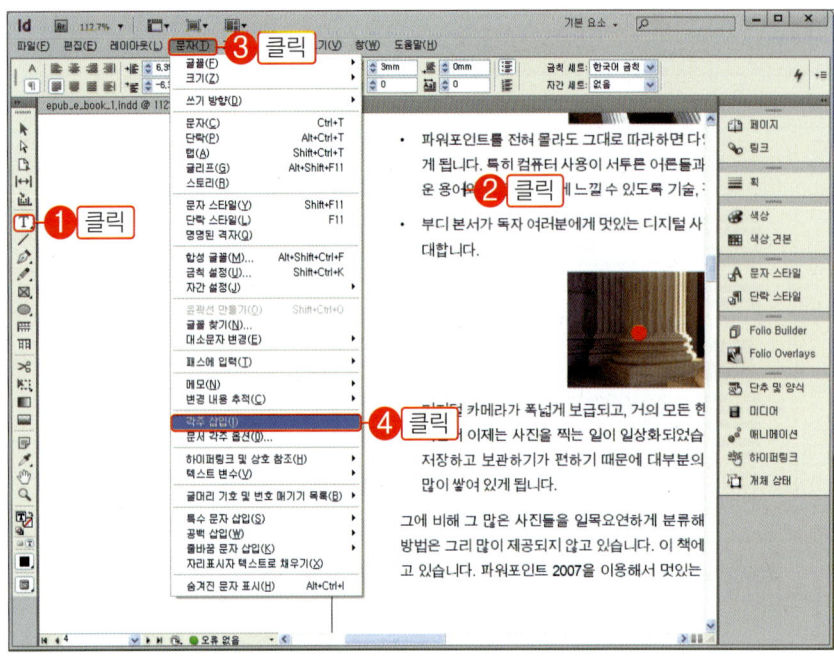

02 단어의 뒤에 각주 번호가 표시되고 문단의 끝에 각주 내용에 대한 동일한 번호가 표시됩니다. 문단의 끝에
서 각주 내용을 입력합니다.

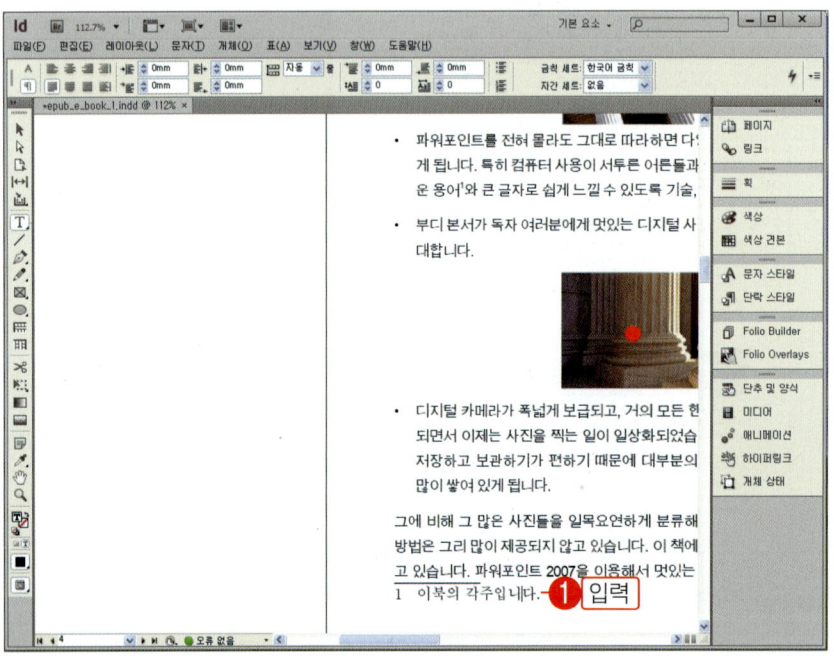

> **잠깐만!**
> 각주 단어가 다음 페이지로 이
> 동되면 각주 내용도 따라서 해
> 당 페이지로 이동됩니다.

03 동일한 방법으로 같은 문단이나 다른 문단, 또는 다른 페이지의 문단에 추가로 각주를 삽입할 수 있습니다. 삽입할 단어의 뒤를 클릭하여 커서를 위치시킵니다. 메뉴에서 "문자-각주 삽입"을 선택합니다.

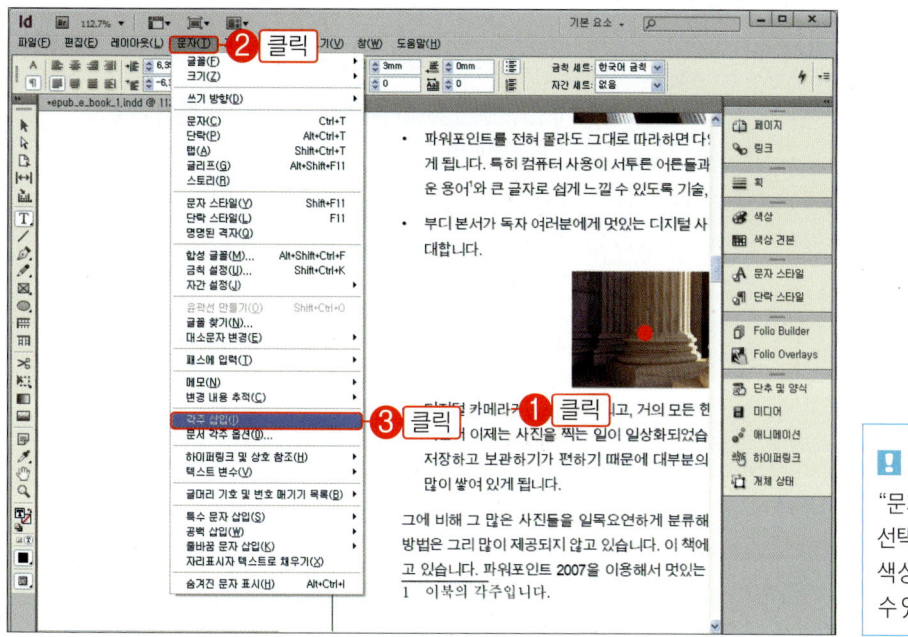

❗ 잠깐만!

"문자-문서 각주 옵션" 메뉴를 선택하고 각주의 구분선 간격과 색상, 스타일과 형식을 변경할 수 있습니다.

04 단어의 뒤에 앞의 각주 번호에 따른 순차적인 각주 번호가 표시되고 역시 문단의 끝에 각주 내용에 대한 순차적인 번호가 표시됩니다. 문단의 끝에서 각주 내용을 입력합니다.

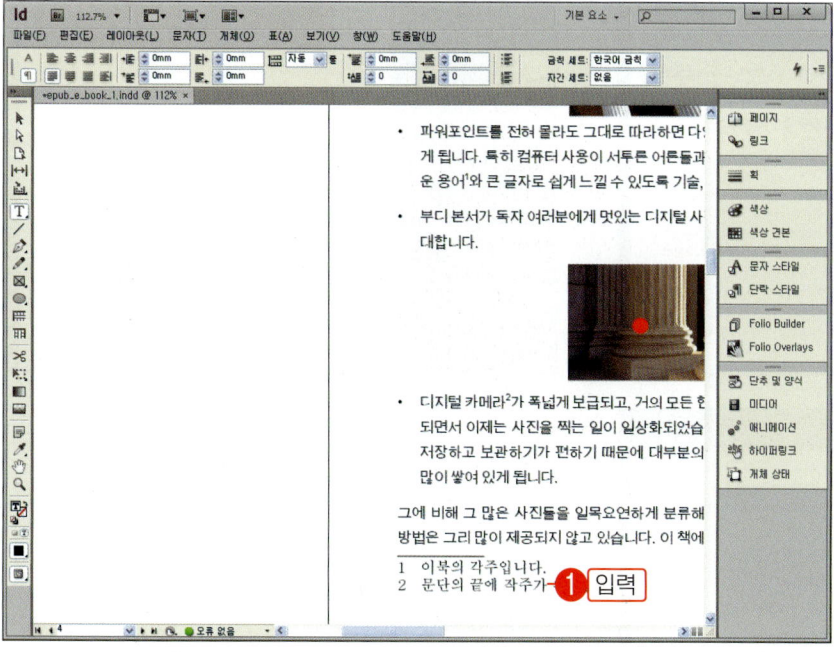

05 글머리 기호, 문단 번호, 각주가 삽입된 도큐멘트를 EPUB으로 내보내기 위하여 메뉴에서 "파일-내보내기"를 선택합니다. 대화상자에서 저장 위치를 선택하고 "저장" 버튼을 클릭합니다.

06 문단의 끝에 각주를 배치하고 싶으면 "단락 뒤에 각주 배치하기"를 클릭하여 체크 표시합니다. 문서의 끝에 각주를 배치하려면 그대로 "확인" 버튼을 클릭하여 EPUB으로 내보냅니다.

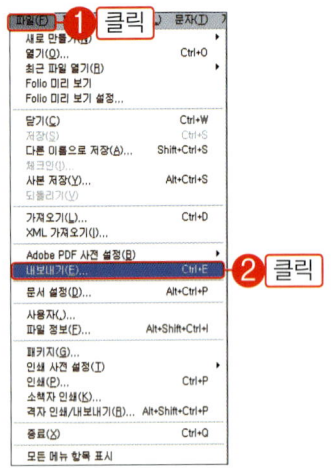

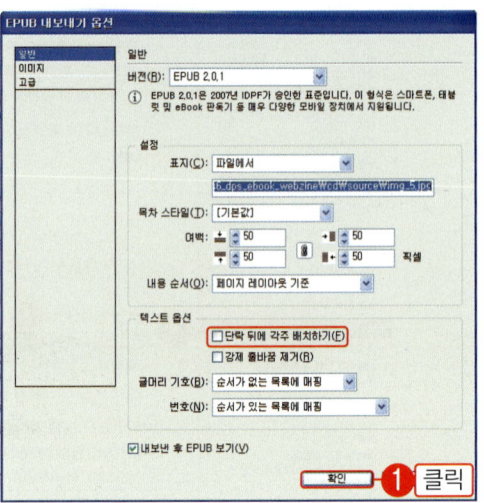

07 디지털 에디션에서 글머리 기호와 문단 번호, 각주가 삽입된 것을 확인합니다. 각주 번호를 클릭하면 하이퍼링크에 의하여 각주 내용으로 이동합니다.

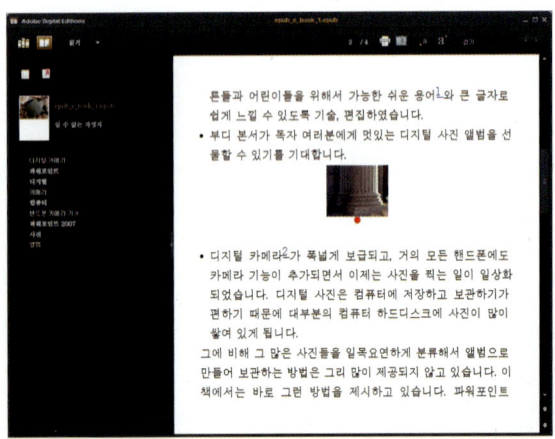

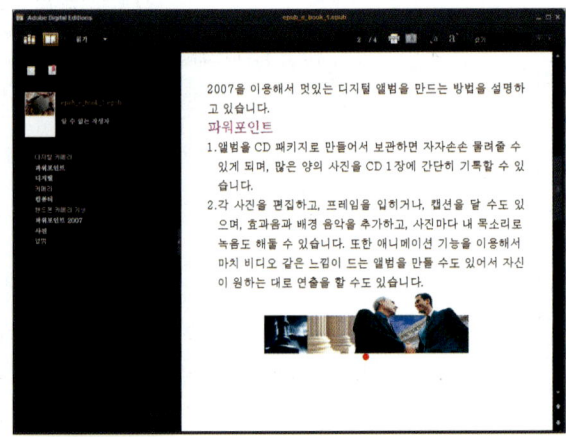

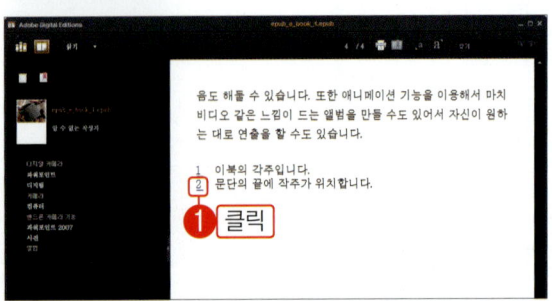

> **[i] 잠깐만!**
> EPUB e-Book에서 하이퍼링크를 설정하는 방법은 "PART-2", "SWF e-Book"의 "324"페이지에 있는 "글자에 URL 하이퍼링크 만들기"를 참고합니다.
> EPUB e-Book에서는 글자에만 하이퍼링크를 설정할 수 있으며 개체에는 하이퍼링크를 설정할 수 없습니다. 또한 반전과 같은 강조 표시 기능은 사용할 수 없습니다.

"EPUB 및 HTML" 옵션을 사용하면 개체의 정렬이나 개체와 텍스트의 여백을 조절할 수 있습니다. 또한 텍스트를 래스터화 시킬 수도 있으며 특정 개체에서 페이지를 나눌 수도 있습니다.

개체와 텍스트의 여백 설정하기

01 도큐멘트에서 여백을 설정할 개체를 선택하고 메뉴에서 "개체-개체 내보내기 옵션"을 선택합니다.

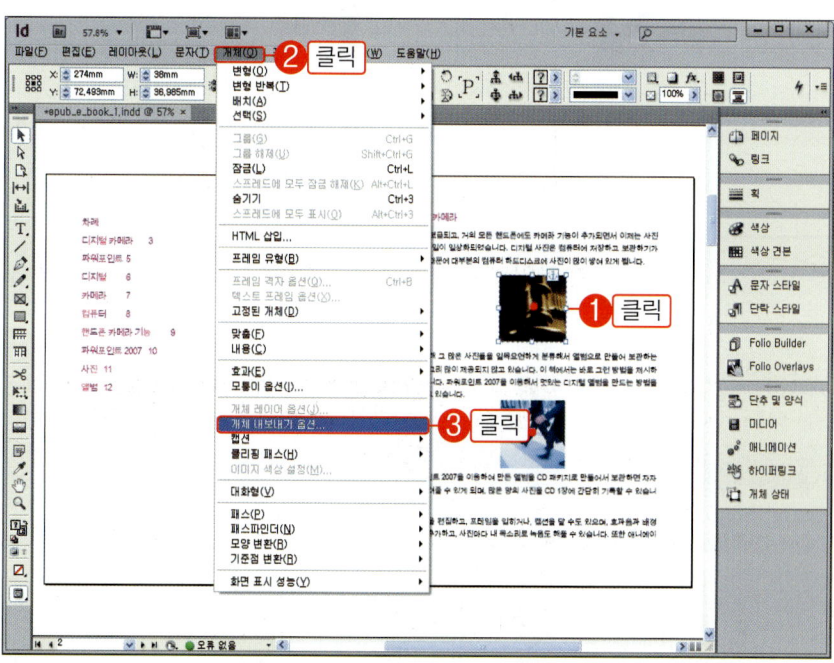

02 "EPUB 및 HTML" 탭에서 "사용자 정의 레이아웃"에 체크 표시하고 "이전 공백"과 "이후 공백"에 여백의 수치를 입력한 후 "완료" 버튼을 클릭합니다.

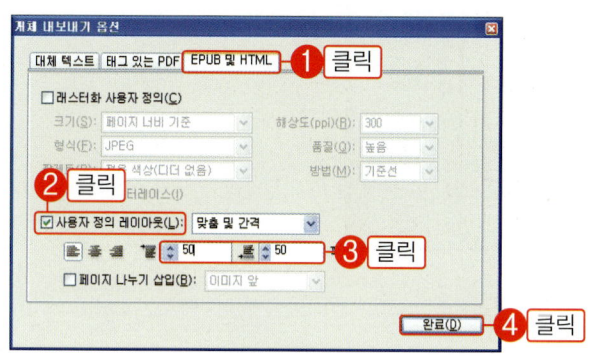

> **잠깐만!**
> "개체 내보내기 옵션" 대화상자는 열어놓은 상태에서 다른 작업을 할 수 있습니다.

03 "파일-내보내기" 메뉴를 선택하고 도큐멘트를 EPUB으로 내보냅니다. 디지털 에디션에서 확인하면 도큐멘트에서 선택한 개체의 이전과 이후에 "50" 픽셀의 여백이 적용된 것을 확인할 수 있습니다.

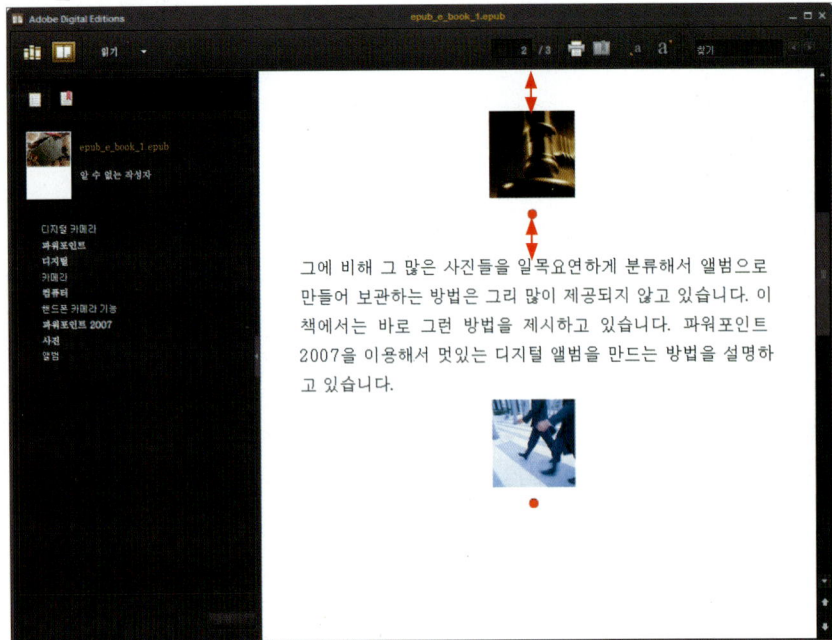

> **잠깐만!**
> "EPUB 및 HTML"에서 설정하는 옵션은 EPUB 전체에 적용되는 것이 아니며 선택한 개체에 대하여 적용되는 것입니다.

개체 정렬하기

01 도큐멘트에서 정렬할 개체를 선택하고 메뉴에서 "개체-개체 내보내기 옵션"을 선택합니다.

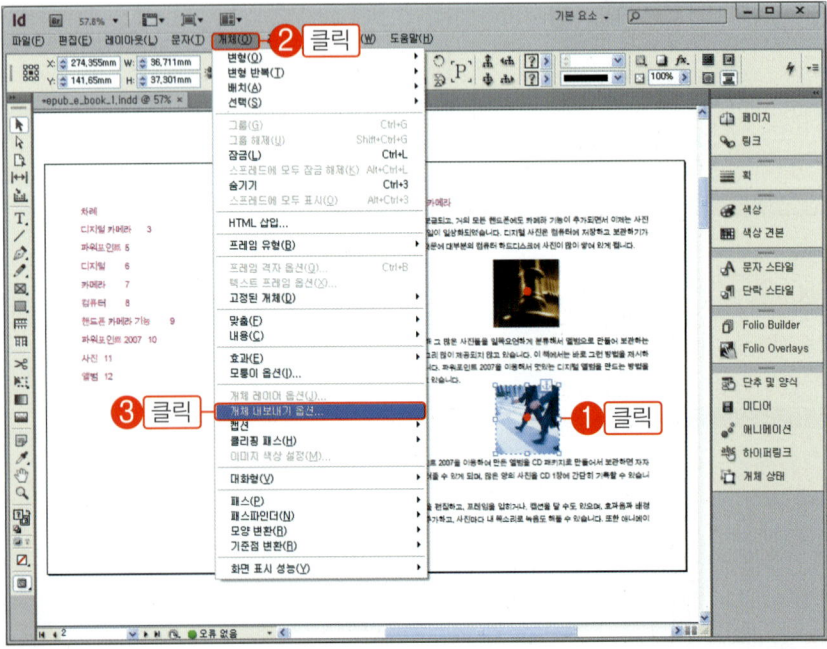

02 "EPUB 및 HTML" 탭에서 "사용자 정의 레이아 웃"에 체크 표시하고 목록에서 "오른쪽으로 부동"을 선택한 후 "완료" 버튼을 클릭합니다.

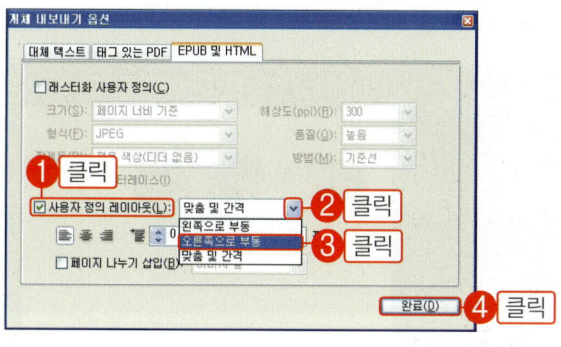

🔅 잠깐만!
"왼쪽으로 부동"을 선택하면 개체가 왼쪽으로 정렬됩니다.

03 "파일-내보내기" 메뉴를 선택하고 도큐멘트를 EPUB으로 내보냅니다. 디지털 에디션에서 확인하 면 도큐멘트에서 선택한 개체가 오른쪽으로 정렬된 것을 확인할 수 있습니다.

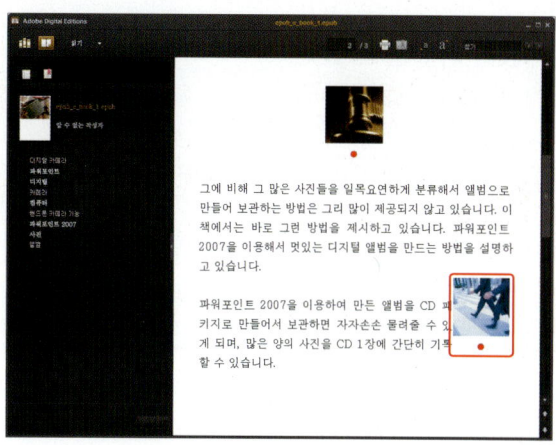

🔅 잠깐만!
오른쪽이나 왼쪽 부동으로 정렬한 개체에 대하여 여백을 설 정할 수는 없습니다.

개체를 기준으로 페이지 나누기

01 페이지를 나누기 할 기준 개체를 선택하고 메뉴에서 "개체-개체 내보내기 옵션"을 선택합니다.

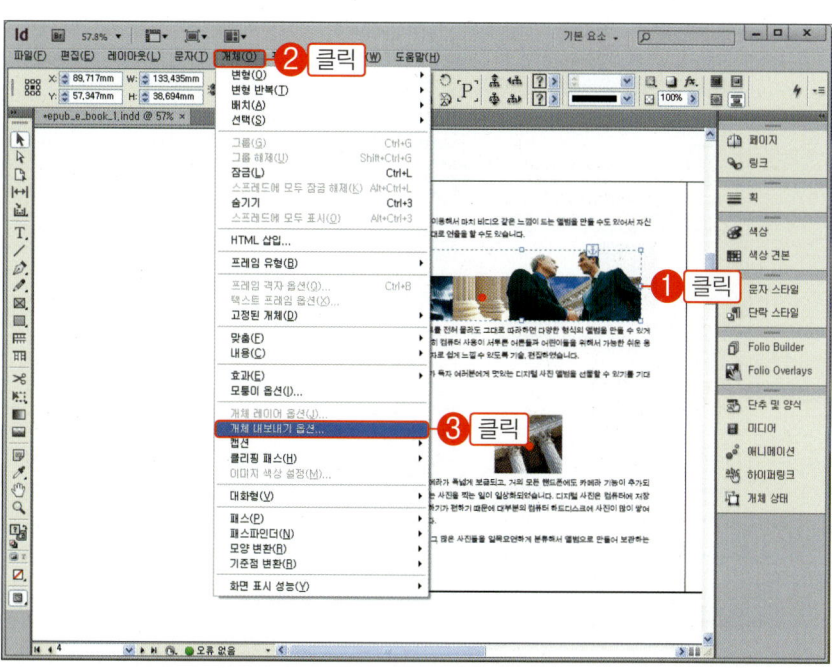

02 "래스터화 사용자 정의", "사용자 정의 레이아웃", "페이지 나누기 삽입"을 각각 클릭하여 체크 표시하고 목록에서 "앞과 뒤 이미지"를 선택한 후 "완료" 버튼을 클릭합니다.

03 "파일-내보내기" 메뉴를 선택하고 도큐멘트를 EPUB으로 내보냅니다. 디지털 에디션에서 확인하면 도큐멘트에서 선택한 개체가 한 페이지를 차지하고 이전과 이후 페이지로 나누어집니다.

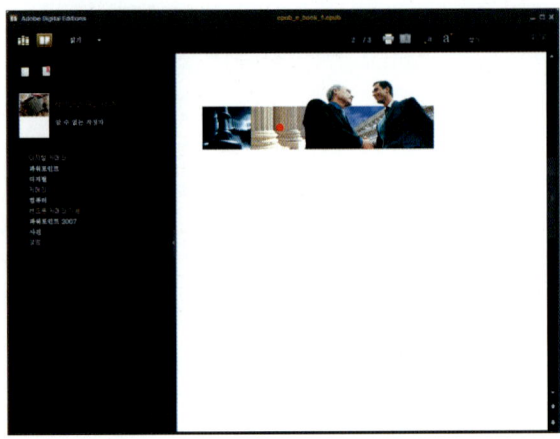

> **잠깐만!**
>
> "페이지 나누기 삽입" 목록에서 "이미지 앞"이나 "이미지 뒤"를 선택하면 도큐멘트에서 선택한 개체의 앞이나 뒤를 기준으로 페이지가 나누어집니다.

래스터화 하기

01 래스터화 할 텍스트 프레임을 클릭하여 선택하고 메뉴에서 "개체-개체 내보내기 옵션"을 선택합니다.

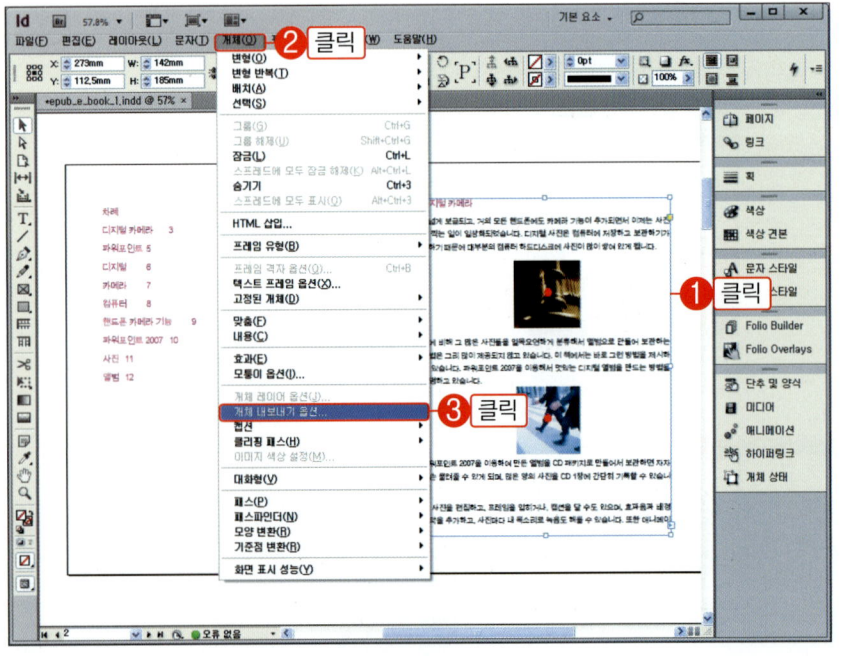

> **잠깐만!**
>
> 래스터화 하면 텍스트의 속성을 잃어버리고 그림화 되는 것입니다. 래스터화 하면 한글 서체를 표현할 수 있지만 모바일 디바이스에서 구독자가 서체의 크기를 확대, 축소할 수 없으며 책갈피 등의 검색 기능을 이용할 수 없게 됩니다.

02 "EPUB 및 HTML" 탭에서 "래스터화 사용자 정의"를 클릭하여 체크 표시하고 이미지의 형식, 품질, 해상도 옵션을 선택한 후 "완료" 버튼을 클릭합니다.

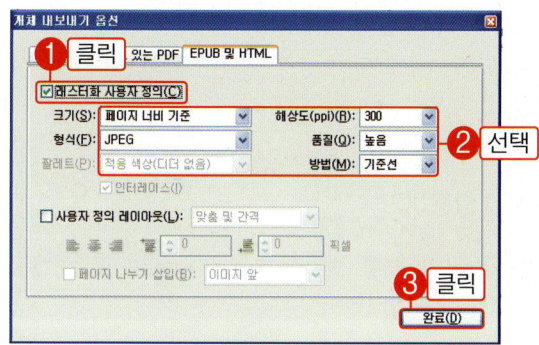

03 "파일–내보내기" 메뉴를 선택하고 도큐멘트를 EPUB으로 내보냅니다. 디지털 에디션에서 확인하면 도큐멘트에서 선택한 텍스트 프레임이 그림화 된 것을 확인할 수 있습니다.

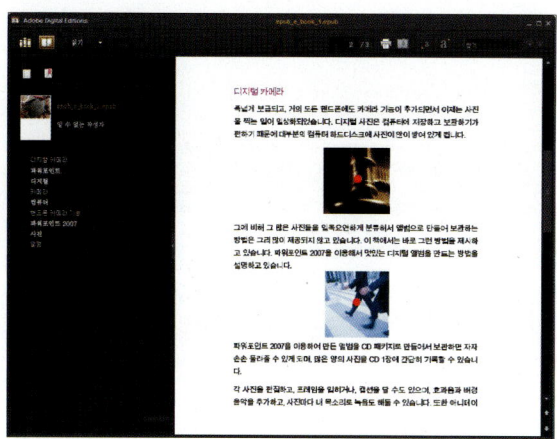

> ⚠ **잠깐만!**
> 텍스트와 텍스트 프레임에 고정된 개체들을 포함하여 모두 그림화 되므로 도큐멘트의 레이아웃이 유지됩니다. 하지만 책갈피 기능과 검색 기능을 사용할 수 없습니다.

"집필" 패널을 활용하여 EPUB e-Book을 제작하는 이유는 개체의 탭 순서를 쉽게 정할 수 있기 때문입니다. 여기서는 집필 패널을 활용하는 방법과 스타일에 <p>와 <h> 태그를 지정하는 방법을 알아봅니다.

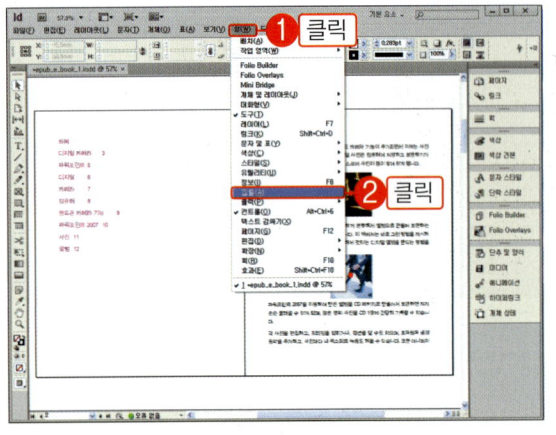

집필 패널 활용하기

❶ "창-집필" 메뉴를 선택하고 집필 패널을 호출한 후 패널 도크로 배치합니다.

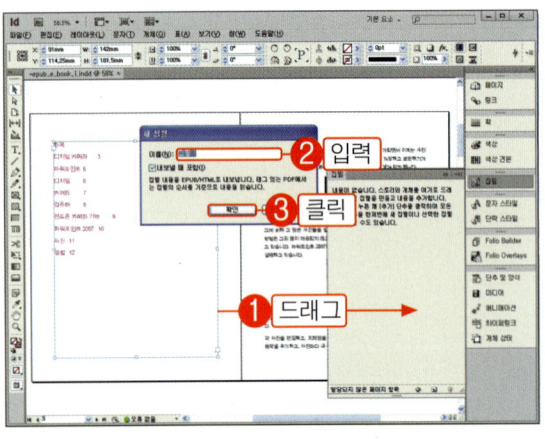

❷ 집필할 순서에 따라서 도큐멘트의 개체를 집필 패널로 드래그합니다. 여기서는 "차례" 텍스트 프레임을 집필 패널로 드래그합니다.

❸ "새 집필" 대화상자에서 "이름"을 입력하고 "확인" 버튼을 클릭합니다. "이름"에는 자신이 구분하기 좋은 집필 이름을 입력합니다. "이름"은 EPUB e-Book 상에는 표시되지 않고 편집자에게만 보여지는 이름입니다.

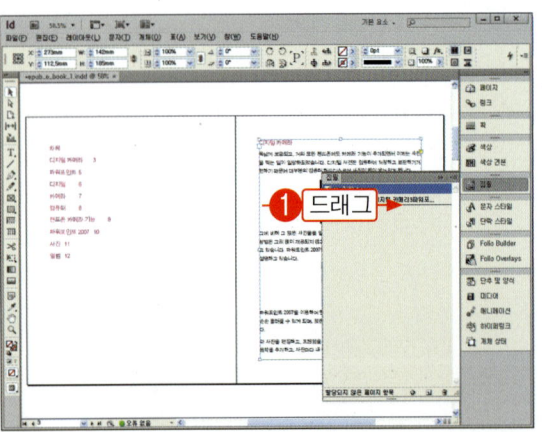

❹ 다음 집필할 개체를 집필 패널로 드래그합니다. 이 때 기존의 집필 항목 바로 아래로 드래그하면 앞의 집필 이름에 포함되며 집필 패널의 빈 공간으로 드래그하면 새로운 집필이 됩니다.

기존 집필 이름에 포함하는 것과 새로운 집필로 만드는 것은 큰 의미는 없으며 단지 편집자가 집필 항목을 구분하기 좋도록 하기 위함입니다.

텍스트 프레임을 집필 패널로 드래그하여 포함시키면 스레드된(연결된) 모든 텍스트가 포함됩니다.

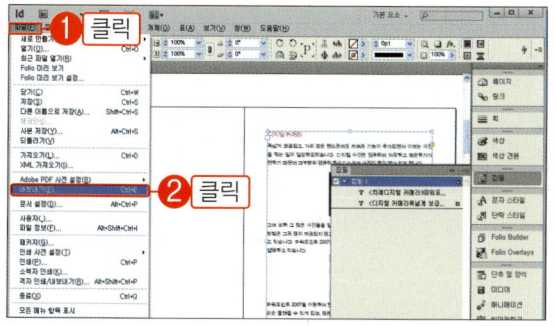

⑤ 집필된 내용을 EPUB으로 내보내기 위하여 "파일–내보내기" 메뉴를 선택하고 EPUB 파일이 저장될 위치와 이름을 입력한 후 "저장" 버튼을 클릭합니다.

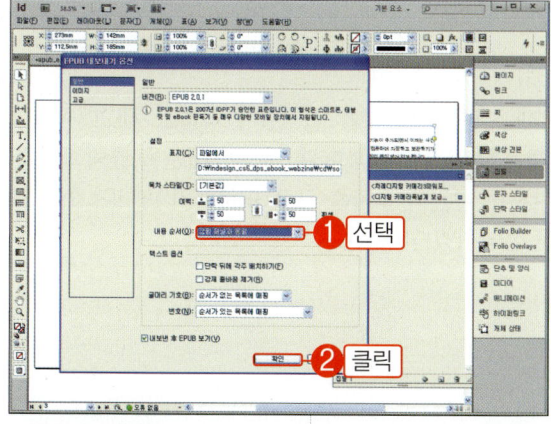

⑥ 다른 옵션은 "페이지 레이아웃 기준" 상태의 내보내기와 동일하지만 "집필" 패널에 집필한 순서로 내보내기 위하여 "내용 순서" 목록에서 "집필 패널과 동일"을 선택합니다. 그리고 "확인" 버튼을 클릭합니다.

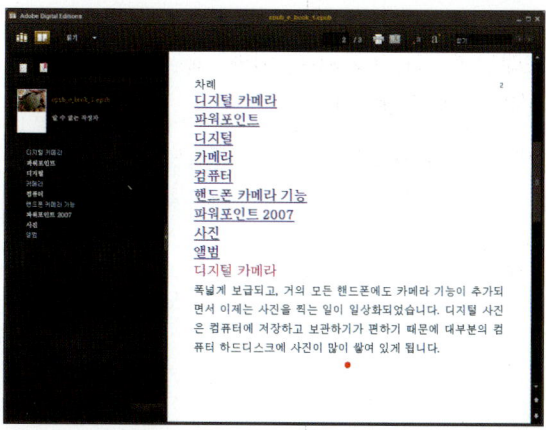

⑦ 잠시 후 디지털 에디션에 집필 패널에서 집필한 순서에 따라서 EPUB e-Book이 열립니다.

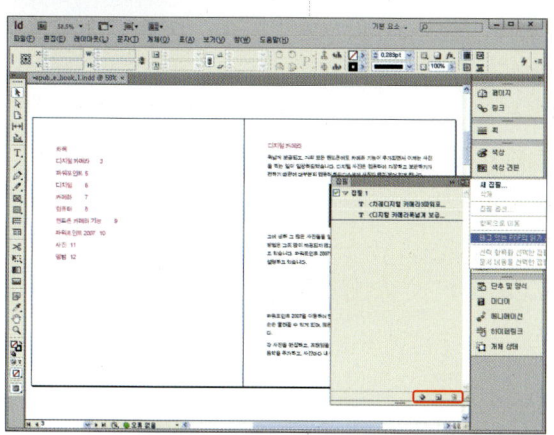

집필 패널의 하단에 위치한 도구들을 사용하여 집필을 추가하거나 새로운 집필을 만들 수 있습니다. 또한 선택한 항목의 집필을 삭제할 수도 있으며 패널 메뉴에서도 동일한 기능을 사용할 수 있습니다.

HTML 태그 지정하기

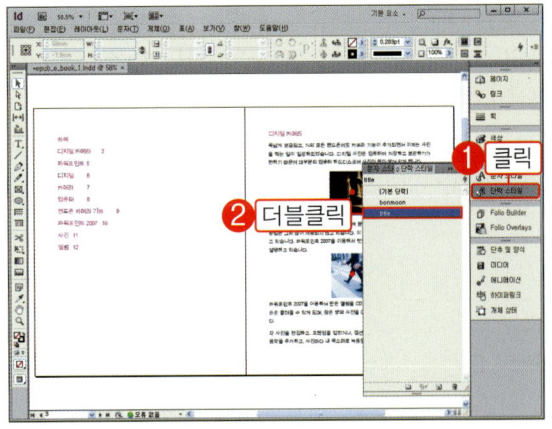

① "단락 스타일" 패널을 열고 태그를 지정할 스타일 이름을 더블클릭합니다. 여기서는 빨간색 글자에 태그를 지정하기 위하여 "title" 스타일 이름을 더블클릭합니다.

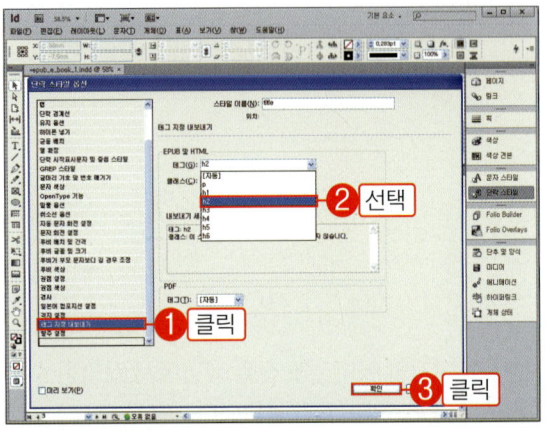

② "태그 지정 내보내기" 항목을 클릭하고 "태그" 목록에서 적용할 태그를 선택한 후 "확인" 버튼을 클릭합니다. 여기서는 빨간색 글자를 크게 표시하기 위하여 〈h2〉 태그를 선택하였습니다.

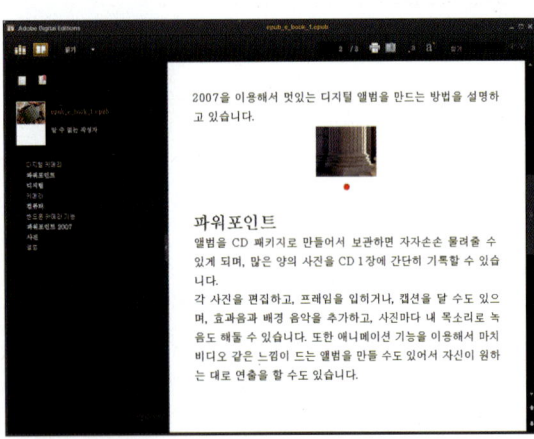

③ "파일-내보내기" 메뉴를 선택하고 EPUB 파일로 내보냅니다. 잠시 후에 디지털 에디션에 EPUB e-Book이 열리고 모든 빨간색 글자에 〈h2〉 태그가 적용된 것을 확인할 수 있습니다.

이 때 서체에 지정하였던 색상은 무시되며 검정색의 글자로 적용됩니다.

09 EPUB e-Book에 비디오(동영상) 삽입하기

"EPUB 3.0" 버전에서는 오디오와 비디오를 지원하지만 모바일 디바이스에 따라서 작동하지 않을 수도 있습니다.
따라서 여기서는 호환성이 좋은 기존의 "EPUB 2.01" 버전으로 비디오를 삽입하는 방법을 알아 보겠습니다.

비디오 가져오기

01 비디오를 가져오기 위하여 메뉴에서 "파일-가져오기"를 선택합니다.

02 예제 파일의 "source" 폴더에서 "hongart_drum.swf"를 선택하고 "열기" 버튼을 클릭합니다.

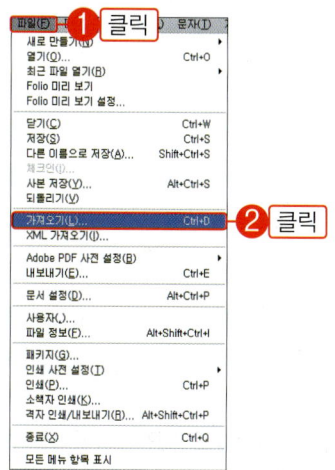

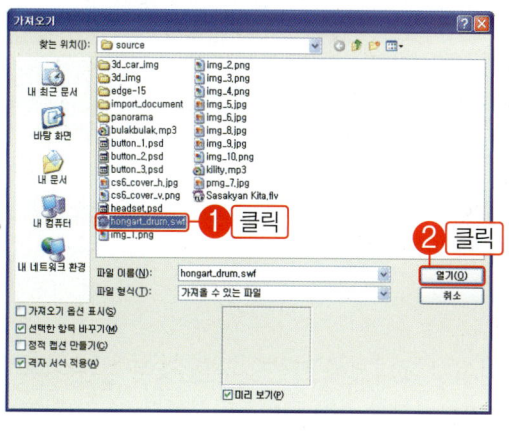

텍스트 감싸기와 고정된 개체로 지정하기

01 "텍스트 감싸기" 패널 옵션에서 "개체 건너뛰기(▤)"를 선택합니다.

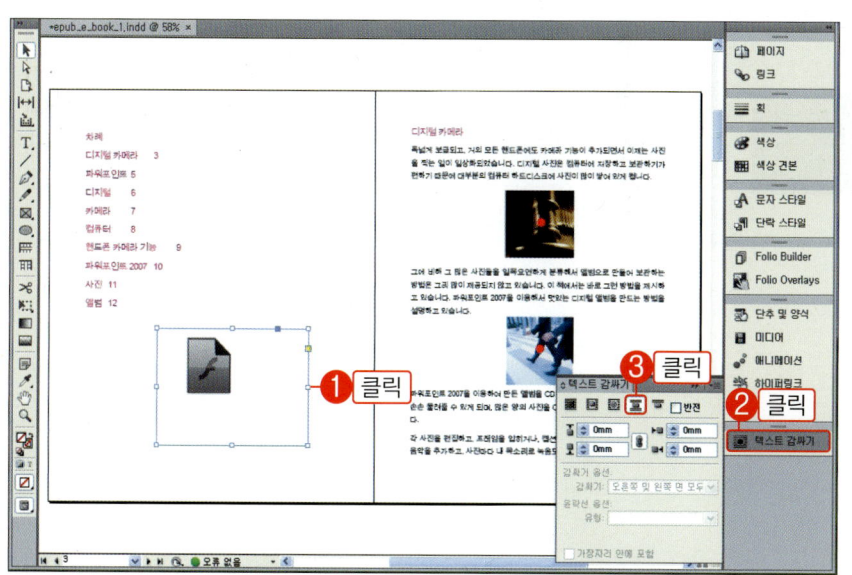

> **잠깐만!**
> 텍스트 감싸기 패널을 호출하려
> 면 "창-텍스트 감싸기" 메뉴를
> 선택합니다.

02 "고정된 개체 조절점"을 문단으로 드래그합니다. 그러면 고정된 개체로 되며 앵커 표시가 됩니다.

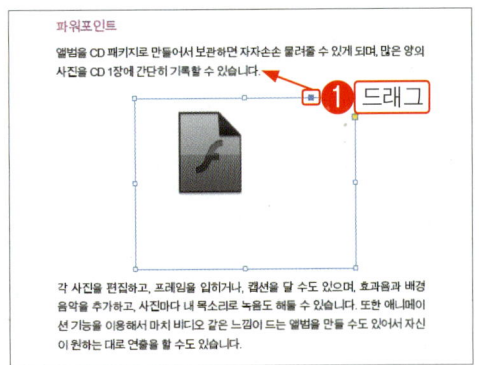

03 EPUB으로 내보내기 위하여 "파일-내보내기" 메뉴를 선택하고 EPUB 파일이 저장될 위치와 이름을 입력한 후 "저장" 버튼을 클릭합니다. "EPUB 내보내기 옵션" 대화상자에서 다음 그림과 같이 옵션을 설정하고 "확인" 버튼을 클릭합니다.

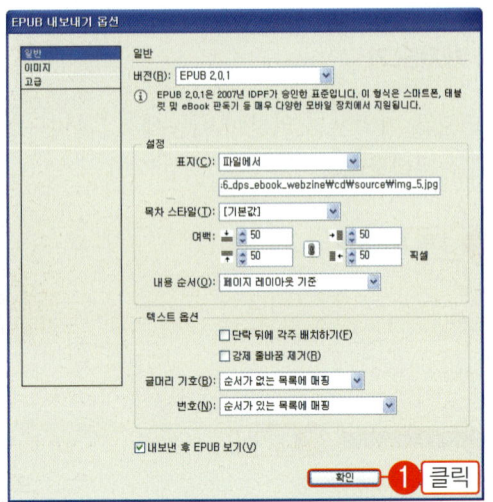

04 디지털 에디션에 EPUB e-Book이 열립니다. 비디오를 배치하였던 페이지로 이동하면 비디오가 재생되는 것을 확인할 수 있습니다.

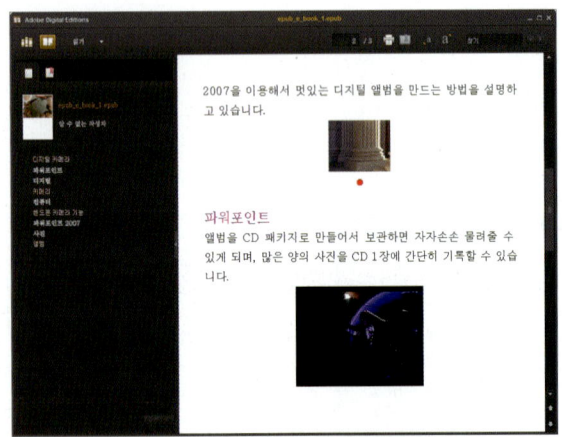

> **잠깐만!**
> "EPUB 2.01" 버전에서 필자가 검증한 포맷은 "SWF" 형식의 비디오입니다. 현재는 표지 페이지를 넘기면 자동으로 비디오가 재생됩니다. 그러나 다음의 "10 단락 스타일로 페이지 나누기와 판권 만들기" 과정을 완료하면 특정 스타일로 페이지를 나누었기 때문에 비디오가 위치한 페이지로 이동하였을 때 재생됩니다.

10 단락 스타일로 페이지 나누기와 판권 만들기

EPUB으로 내보낼 때 특정 단락 스타일을 지정하면 해당 단락 스타일이 페이지의 처음에 표시되게 됩니다. 또한 EPUB e-Book의 발행인 정보를 입력하여 독자가 발행인의 홈페이지를 방문할 수 있도록 하는 방법도 알아봅니다. 이는 마치 종이책의 판권과도 같은 개념입니다.

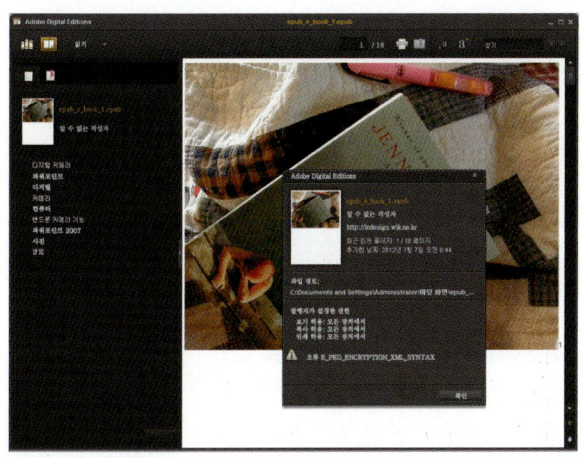 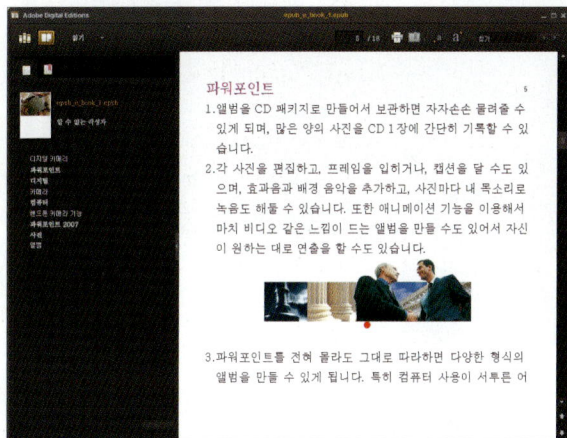

▲ EPUB e-Book 발행인의 판권 정보와 각 페이지의 처음에 제목이 표시되는 모습

특정 단락 스타일이 페이지의 처음에 표시되게 만들기

01 완성된 도큐멘트를 EPUB으로 내보내기 위하여 메뉴에서 "파일-내보내기"를 선택합니다. 대화상 자에서 저장 위치를 지정하고 "저장" 버튼을 클릭합 니다.

02 "고급" 항목의 "문서 분할" 목록을 보면 단락 스 타일 이름이 표시됩니다. 여기서 페이지의 처음에 표시되게 할 스타일 이름을 선택합니다. "게시자"에 는 자신의 이름이나 홈페이지 URL을 입력하고 "확 인" 버튼을 클릭합니다.

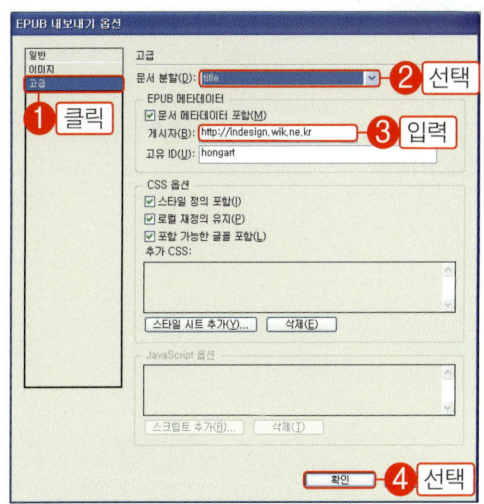

발행인의 판권 정보 확인하기

01 발행인의 판권 정보를 확인하려면 "읽기" 목록에서 "항목 정보"를 선택합니다.

02 앞에서 입력한 발행인의 홈페이지 URL이 표시됩니다. 이 부분은 구독자가 자신의 홈페이지를 방문할 수 있도록 정보를 제공하는 것입니다. "확인" 버튼을 클릭합니다.

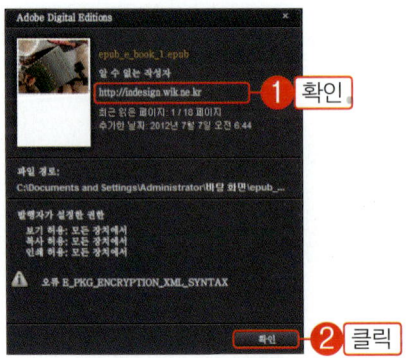

03 이제 페이지를 이동하면 "title" 스타일이 적용된 문단이 페이지의 처음에 표시되는 것을 확인할 수 있습니다.

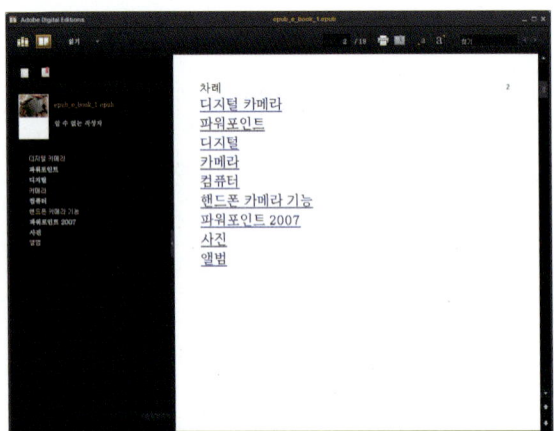

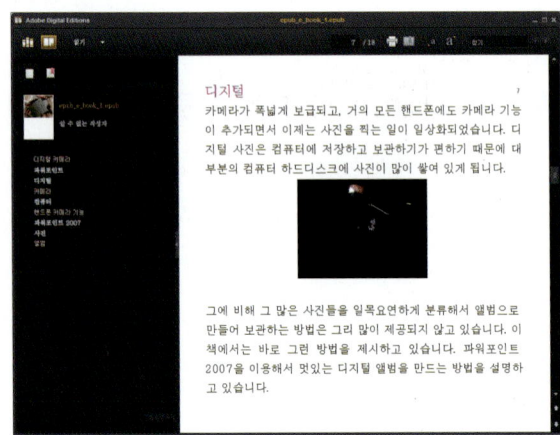

> **! 잠깐만!**
> 페이지가 나누어진 이후에는 페이지의 오른쪽 상단에 1, 2, 3과 같이 페이지 번호가 표시됩니다.

> **! 잠깐만!**
> 지금부터는 단락 스타일로 페이지를 나누었기 때문에 비디오가 위치한 페이지로 이동하였을 때 재생됩니다. 또한 다른 페이지(다음 단락 스타일이 존재하는 페이지)로 이동하면 비디오가 정지됩니다.

EPUB 파일은 압축된 파일입니다. 따라서 ZIP이나 EPUB으로 확장명을 변경하여 사용할 수 있습니다. EPUB 파일의 확장자를 ZIP으로 변경하고 압축을 해제하면 파일명과 동일한 폴더가 생성됩니다. 해당 폴더에는 EPUB e-Book을 구성하는 글꼴과 이미지, 그리고 XHTML 등의 파일로 구성되어 있는데 파일들의 구조를 살펴봅니다.

EPUB을 ZIP 파일로 변환하고 압축 풀기

01 앞에서 생성된 EPUB 파일을 마우스 오른쪽 버튼으로 클릭하고 단축 메뉴에서 "이름 바꾸기"를 선택합니다.

02 "epub_e_book_1.epub"의 확장명을 "epub_e_book_1.zip"으로 변경하여 입력하고 경고 메시지에서 "예" 버튼을 클릭합니다.

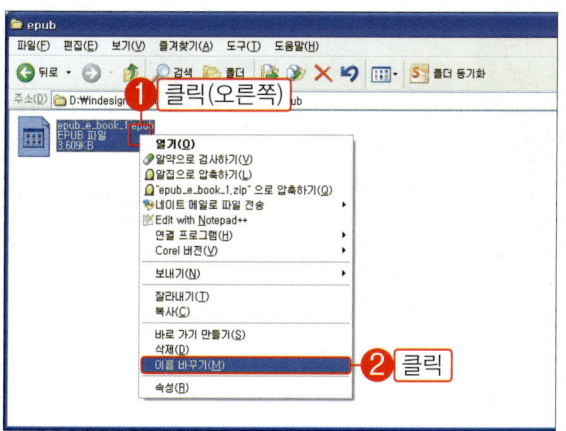

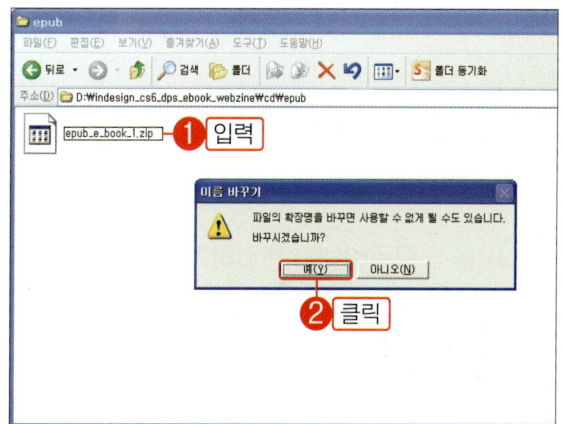

03 "epub_e_book_1.zip" 파일을 마우스 오른쪽 버튼으로 클릭하고 압축을 해제합니다.

04 압축을 해제하면 원래의 EPUB 파일명(epub_e_book_1)과 동일한 이름의 폴더가 생성되며 더블클릭하여 열면 두 개의 폴더와 하나의 파일이 포함되어 있습니다.

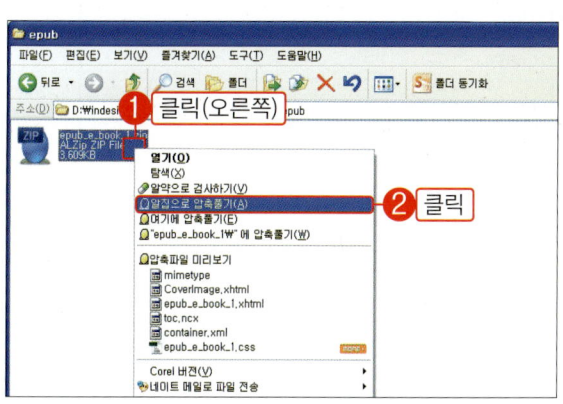

05 "META-INF" 폴더에는 "XML" 파일이 포함되어 있습니다. "OEBPS" 폴더를 더블클릭하여 엽니다.

06 "OEBPS" 폴더에는 "Font" 폴더가 있는데 여기에 EPUB에 필요한 글꼴이 복사되어 있습니다. "images" 폴더를 열어보면 EPUB에 사용된 모든 이미지가 포함되어 있습니다. 그리고 "xhtml"과 "css" 파일은 EPUB 의 레이아웃을 구성하는 파일들입니다.

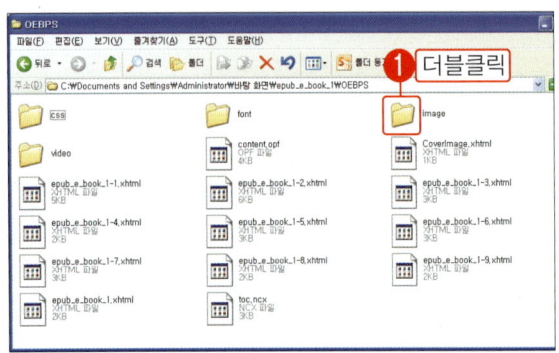

EPUB을 드림위버에서 편집하기

01 표를 편집하기 위하여 "드림위버"를 실행시키고 압축을 해제한 폴더에서 "epub_e_book_1\OEBPS\epub_ e_book_1-2.xhtml" 파일을 선택한 후 "열기" 버튼을 클릭합니다.

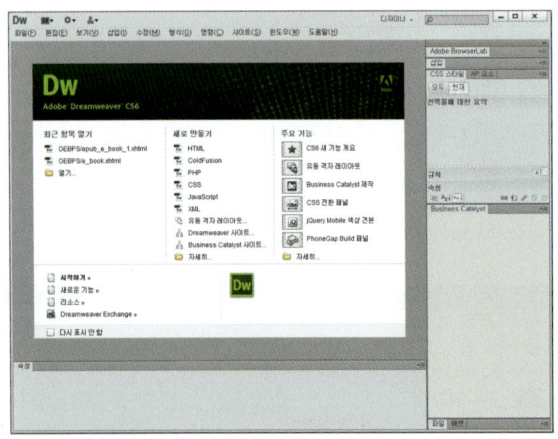
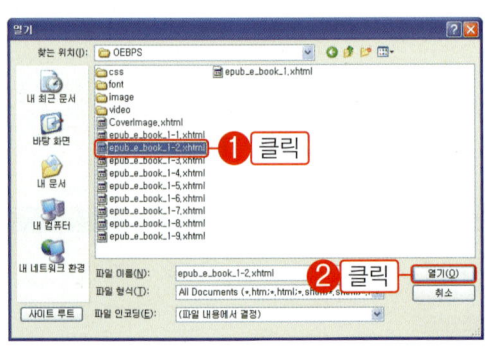

🔳 잠깐만!
여기서 사용한 드림위버는 CS 6 버전입니다. 하위 버전도 사 용법은 유사합니다.

02 표를 클릭하고 셀을 드래그하여 각 셀의 크기를 조절합니다. "배경" 목록을 클릭하고 색상 팔레트에서 원하는 색을 선택하고 채웁니다.

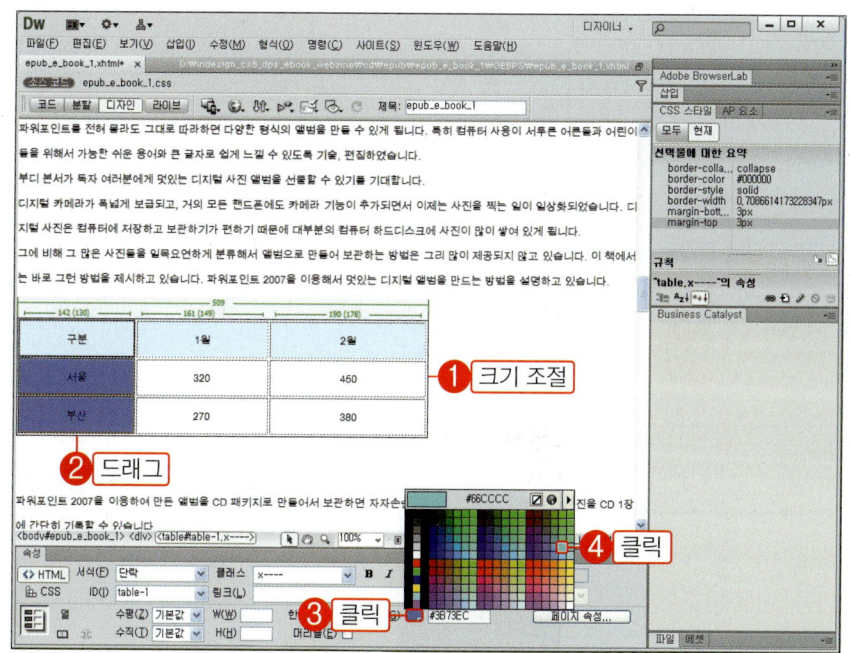

① 크기 조절
② 드래그
③ 클릭
④ 클릭

잠깐만!

"셀 패딩"과 "셀 간격"에는 각각 "0"을, "테두리"에는 "2"를 입력하고 Enter 키를 누르는 방식으로 표의 선 굵기도 변경할 수 있습니다.

잠깐만!

표 이외에도 현재 파일에서 CSS 코드를 수정하여 레이아웃을 의도한 대로 구현할 수 있습니다.

03 수정한 파일을 "epub_e_book_1-2.xhtml" 파일에 덮어씌워서 저장하기 위하여 메뉴에서 "파일-저장"을 선택합니다.

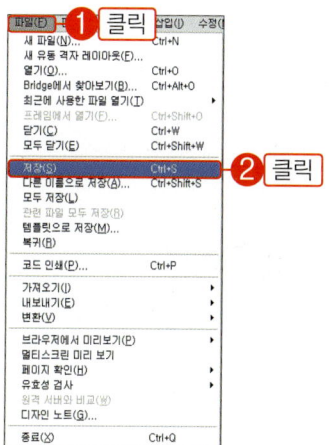

① 클릭
② 클릭

04 이전에 확장자를 변경였던 "epub_e_book_1.zip" 파일을 클릭하여 선택하고 Delete 키를 눌러서 삭제합니다. 그리고 "epub_e_book_1" 폴더를 마우스 오른쪽 버튼으로 클릭하고 압축을 합니다.

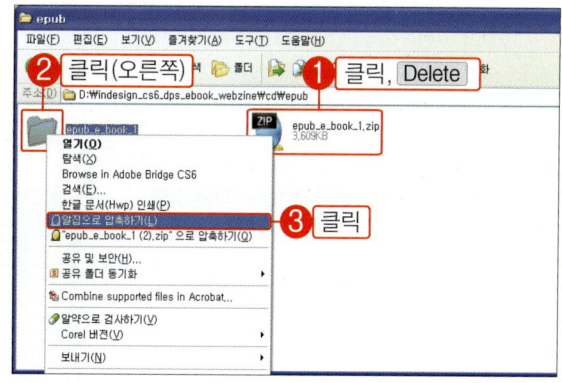

① 클릭, Delete
② 클릭(오른쪽)
③ 클릭

잠깐만!

수정된 폴더를 다시 압축하여 ZIP 파일로 만들 것이기 때문에 이전의 ZIP 파일을 삭제하는 것입니다.

지금부터는 이름을 변경하고 압축을 풀었던 과정의 역순으로 진행합니다. 즉 다시 압축하고 확장자를 "epub"으로 변경합니다.

05 압축된 "epub_e_book_1.zip" 파일을 마우스 오른쪽 버튼으로 클릭하고 단축 메뉴에서 "이름 바꾸기"를 선택합니다. 그리고 확장명을 "epub_e_book_1.epub"로 변경하여 입력하고 경고 메시지에서 "예" 버튼을 클릭합니다.

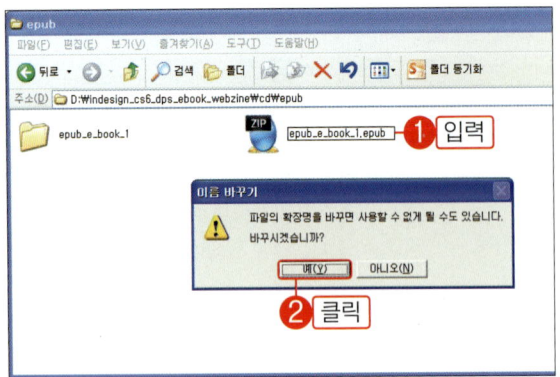

06 확장자가 변경된 "epub_e_book_1.epub" 파일을 더블클릭하고 디지털 에디션에서 열면 드림위버에서 수정한 표를 확인할 수 있습니다.

07 이제 "epub_e_book_1.epub" 파일을 자신의 모바일 디바이스로 복사하고 아이패드나 안드로이드용 스마트폰에서 구독할 수 있습니다.

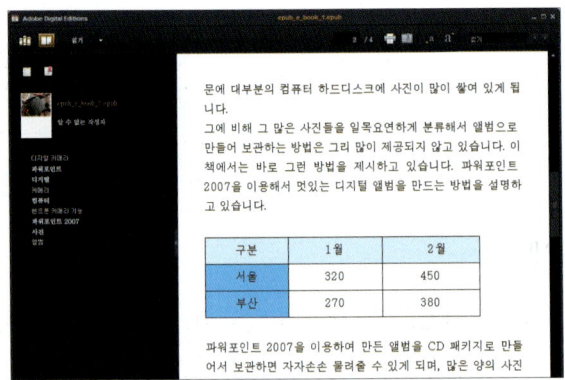

TIP 개체 정렬하기

"EPUB 내보내기 옵션" 대화상자의 "이미지" 항목에는 "이미지 정렬 및 간격" 옵션이 있는데 이 옵션의 선택에 따라서 개체를 왼쪽, 가운데, 오른쪽으로 정렬하고 EPUB e-Book을 만들 수 있습니다.

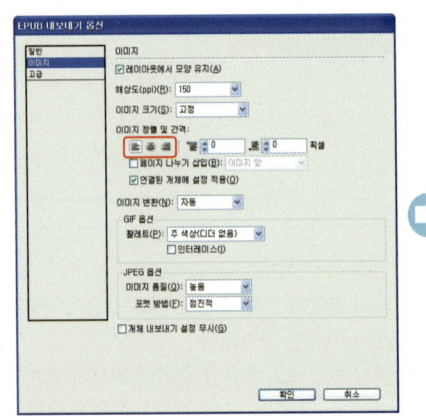

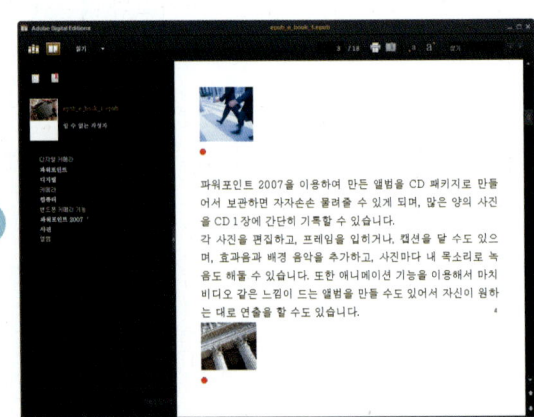

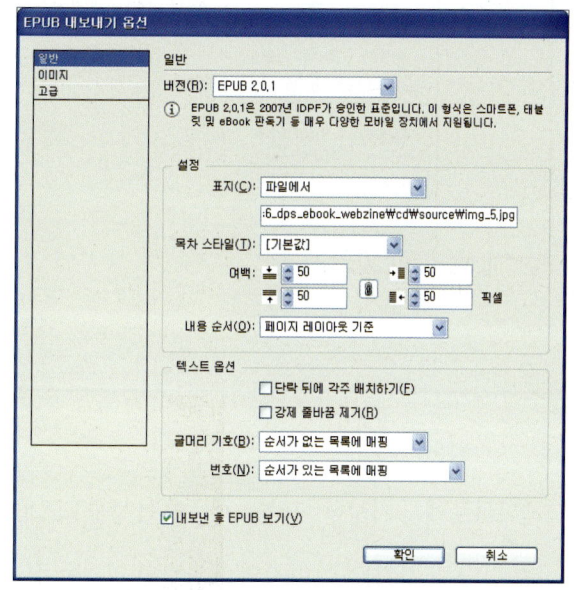

일반

[버전] : EPUB 버전을 선택합니다. 기본인 "2.0.1" 버전을 사용하기를 권장하며 이상의 버전은 모바일 디바이스에 따라서 정상 작동하지 않을 수도 있습니다.

[표지] : 도큐멘트의 첫 페이지에 인디자인에서 직접 표지를 디자인하였다면 "첫 페이지 래스터화"를 선택합니다. 포토샵과 같은 프로그램에서 이미지로 표지를 준비하였다면 "파일에서"를 선택하고 표지 이미지의 경로를 지정합니다.

[목차 스타일] : 도큐멘트에 직접 목차를 추출하고 배치하였다면 "기본값"을 선택합니다.

[여백] : 아이패드나 안드로이드용 모바일 디바이스와 내용과의 여백을 지정합니다. 단위는 "픽셀"이며 수치가 높을수록 여백이 넓어집니다.

[내용 순서] : 현재 도큐멘트에서 고정된 개체를 활용하여 편집된 레이아웃을 기준으로 EPUB을 내보내려면 "페이지 레이아웃 기준"을 선택하고 "집필" 패널에 집필한 레이아웃을 기준으로 EPUB을 내보내려면 "집필 패널과 동일"을 선택합니다.

[단락 뒤에 각주 배치하기] : 이 옵션을 선택하면 각주를 문서의 끝에 배치하지 않고 각주가 위치한 단락의 다음에 배치합니다.

[글머리 기호 / 번호] : <ul> 태그에 의하여 생성된(인디자인 기능을 사용하여) 글머리 기호와 문단 번호를 텍스트로 변환하려면 "텍스트로 변환"을 선택합니다.

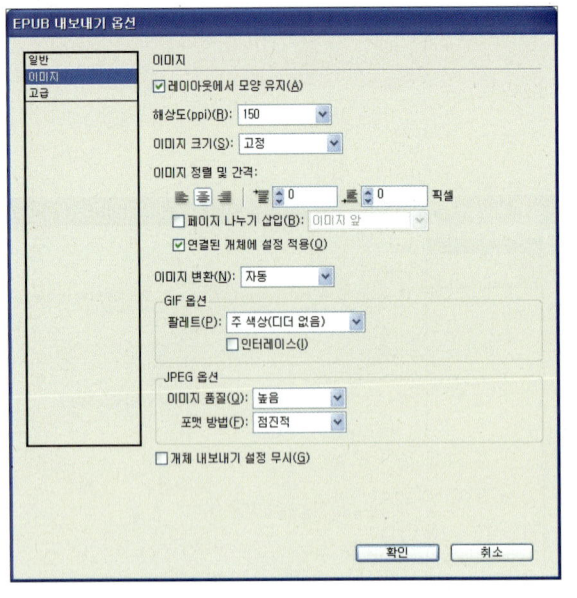

이미지

[레이아웃에서 모양 유지] : 레이아웃에서 지정한 이미지 개체의 특성을 EPUB에서도 유지합니다.

[해상도 / 이미지 크기 / 이미지 정렬 및 간격] : 이미지의 해상도와 크기를 설정합니다. "이미지 정렬 및 간격" 에서는 이미지를 왼쪽이나 오른쪽으로 정렬할 수 있으며 이미지와 텍스트의 이전과 이후 간격을 설정할 수 있습니다.

[페이지 나누기 삽입] : 목록의 선택에 따라서 이미지를 기준으로 앞이나 뒤, 또는 앞과 뒤를 기준으로 페이지를 나눕니다.

[이미지 변환] : EPUB으로 내보낼 때 이미지를 어떤 형식으로 변환할 것인지를 선택합니다. 선택에 따라서 GIF나 JPEG 형식으로 변환할 수 있습니다. 특별한 경우를 제외하고는 "자동"을 선택하고 사용하기를 권장합니다.

[GIF 옵션] : GIF 형식은 "256" 색상만 지원됩니다. 인디자인에서 사용한 이미지가 "256" 색상을 넘을 때 대표 색상 샘플을 사용하여 팔레트를 만들려면 "주 색상"을 선택합니다. 만약 웹에 적합한 색상의 팔레트를 만들려면 "웹"을 선택합니다. 또는 내장 시스템 색상 팔레트를 사용하여 팔레트를 만들려면 "시스템(Win)"이나 "시스템(Mac)"을 선택합니다. 이 옵션은 이미지의 색상에 영향을 미치므로 신중하게 선택하기를 권장합니다.

[JPEG 옵션] : JPEG 형식의 이미지에 대해 압축률과 이미지 품질을 균형있게 조절합니다. "낮음"을 선택하면 품질이 낮아지며 파일의 크기가 작아집니다. 또한 이미지가 포함된 "e-Book"을 구독할 때 JPEG 형식의 이미지가 얼마나 빠르게 열릴 수 있도록 하는지를 결정합니다. "점진적"을 선택하면 JPEG 이미지가 디스플레이 될 때 점진적으로 세밀하게 표시됩니다. "기준선"을 선택하면 JPEG 이미지가 완전히 로드되고 난 이후에 화면에 디스플레이 됩니다. 이 때 로딩되는 시간에는 실제 이미지 대신에 자리 표시자가 디스플레이 됩니다.

[개체 내보내기 설정 무시] : 체크 표시하면 "개체-개체 내보내기 옵션"에서 설정한 사항을 무시합니다.

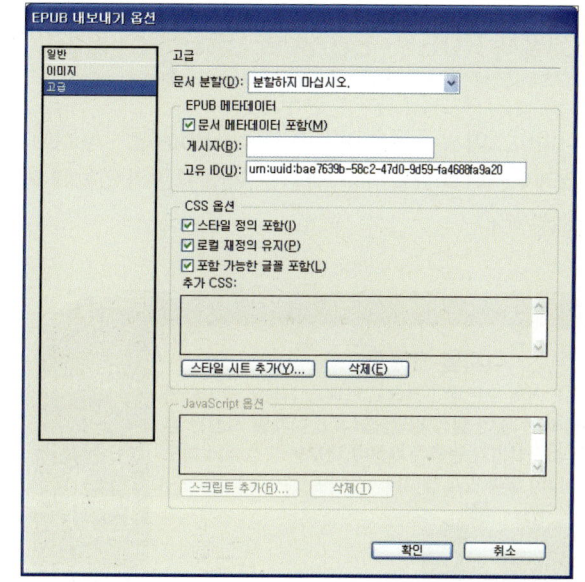

고급

[문서 분할] : 지정한 단락 스타일에서 문서를 나눌 수 있습니다. 예를 들어 "title"이라는 단락 스타일을 선택하면 해당 단락 스타일이 적용된 문단이 페이지의 처음에 표시됩니다.

[문서 메타데이터 포함] : 책을 선택한 경우 스타일 소스 문서가 내보낸 파일에 포함됩니다.

[게시자] : EPUB e-Book을 출판하는 발행자의 정보를 입력합니다. 여기에 발행인의 홈페이지 URL을 입력하면 독자가 발행자의 홈페이지를 방문할 수 있습니다. 종이 책에서 판권과 같은 정보를 입력하는 것입니다.

[CSS 옵션] : "CSS 옵션"의 세 가지 옵션을 모두 체크 표시하고 EPUB으로 내보내기를 권장합니다.

[스타일 정의 포함] : EPUB으로 내보낼 때 CSS 스타일 목록을 생성합니다. CSS 파일은 EPUB의 레이아웃을 구성하는 파일이며 드림위버와 같은 웹 에디터에서 레이아웃을 수정하고 싶다면 이 옵션을 체크 표시합니다.

[로컬 재정의 유지] : 도큐멘트에서 설정한 문자의 속성을 유지합니다. 즉 기울임꼴이나 강조체와 같은 속성을 유지하고 EPUB으로 내보냅니다. 한글에서는 실효성이 없습니다.

[포함 가능한 글꼴] : 도큐멘트에서 사용한 글꼴을 EPUB 파일의 "FONT" 폴더에 복사합니다. 이 역시 한글에는 실효성이 없습니다.

[스타일 시트 추가 / 삭제] : 임으로 작성한 CSS 스타일 시트(style.css)를 불러오고 추가하거나 추가된 CSS 스타일 시트를 삭제할 수 있습니다.

e-Book을 자신의 모바일 디바이스에서 구독하려면 "PDF e-Book"은 "Adobe Reader"를, "EPUB e-Book"은 "FBReader"라는 무료 어플리케이션이 필요합니다. 뷰어는 여러 종류가 있는데 여기서는 비교적 가볍게 동작하는 뷰어를 설치하고 구독해 보겠습니다.

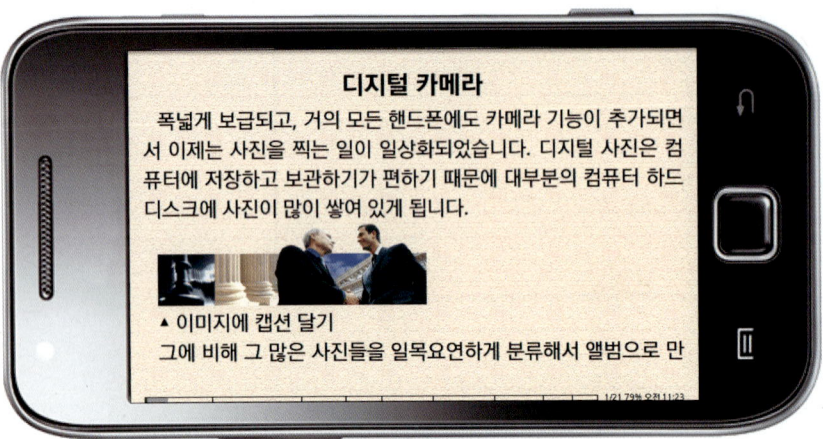

▲ 모바일 디바이스에서의 EPUB e-Book

PDF e-Book 구독하기

01 PDF e-Book을 구독하려면 "Adobe Reader"라는 뷰어를 설치하여야 합니다. "Adobe Reader" 앱을 설치하기 위하여 "Play 스토어"를 터치합니다. 그리고 돋보기 모양의 "검색"을 터치합니다.

02 검색 창에 "reader"라고 입력하고 돋보기 모양의 "검색" 아이콘을 터치합니다. 그리고 "Adobe Reader" 항목을 터치합니다.

03 필자의 모바일 기기에는 이미 "Adobe Reader"가 설치되어 있기 때문에 버튼에 "열기"라고 표시됩니다. 원래는 "설치"라고 표시되는데 "설치" 버튼을 터치하고 설치를 진행합니다. 그리고 "인터넷"을 터치합니다.

04 주소 입력란에 PDF e-Book의 주소를 입력하고 "이동" 아이콘을 터치합
니다. 그러면 PDF e-Book을 다운받는 진행률 막대가 표시됩니다.

05 PDF e-Book이 모두 다운로드 되었으면 파일명 항목을 터치합니다. 그리
고 뷰어 앱을 선택하는 화면에서 "Adobe Reader" 항목을 터치합니다.

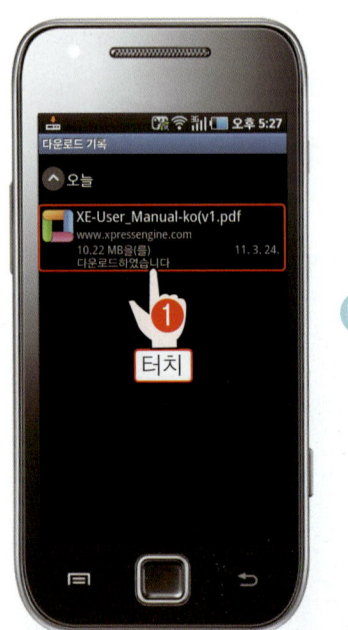 

06 다음과 같이 PDF e-Book이 열립니다. 컴퓨터에서와 동일하게 애니메이션을 제외한 비디오, 사운드, 버튼이 동작하며 손 제스처로 페이지를 이동하면서 구독합니다.

EPUB e-Book 구독하기

01 자신의 모바일 디바이스에서 "Play 스토어"를 터치합니다. 그리고 돋보기 모양의 "검색"을 터치합니다.

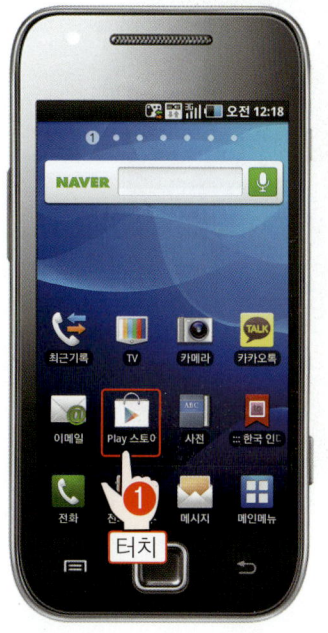

02 검색 창을 터치하고 "fbreader"라고 입력합니다. 그리고 돋보기 모양의 "검색"을 터치하고 설치를 위하여 "FBReader" 항목을 터치합니다.

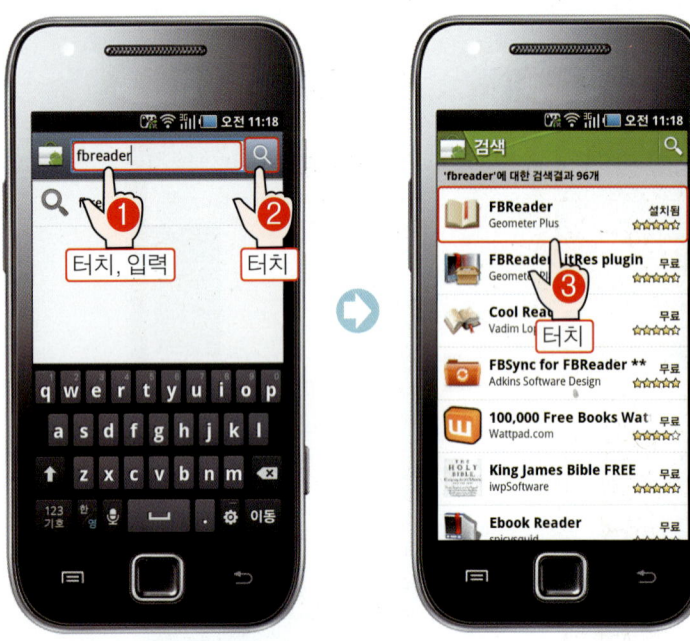

03 "설치" 버튼을 터치하고 설치를 진행합니다. 그러면 "FBReader"라는 어플리케이션이 설치된 것을 확인할 수 있습니다.

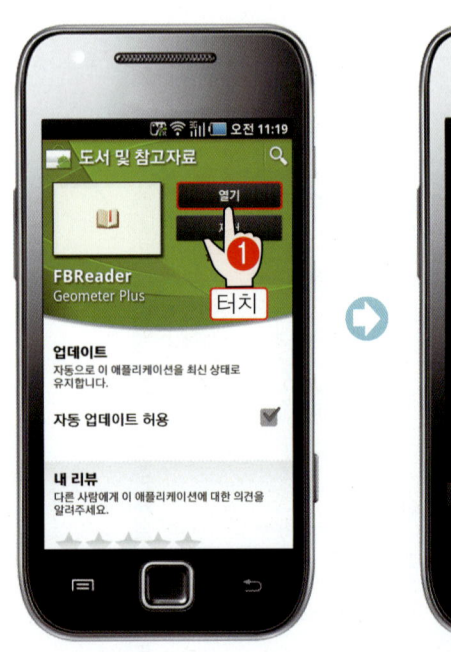

04 완성된 "e-Book"을 자신의 모바일 디바이스로 다운로드 받습니다. 그리고 "e-Book" 아이콘을 터치하면 "FBReader"에 열리는데 글자를 확대시키거나 터치하여 페이지를 넘기면서 구독합니다.

☝ 잠깐만!

컴퓨터에서 모바일 디바이스로 파일을 공유할 때는 "USB"를 사용하는 방법과 네이버의 "N 드라이브"를 사용할 수도 있습니다. 또는 "랜"을 지원하는 앱을 설치하고 무선으로 파일을 공유하는 방법도 있습니다. 필자의 경우는 "ES 파일 탐색기"라는 앱을 통하여 무선으로 파일을 공유합니다.

"e-Book 리더" 어플리 케이션은 여기에 소개된 것보다 좀 더 기능이 많은 것으로 설치해도 됩니다. 현재 설치된 어플리케이션은 용량이 작고 가볍게 동작한다는 장점이 있습니다.

13 완성된 EPUB e-Book을 T store에 출판 배포하고 판매하기

인디자인으로 완성한 EPUB e-Book은 애플의 아이튠즈나 구굴, 아마존과 같은 도서 전문 사이트에 출판하고 배포 판매할 수 있습니다. 그러나 여러 단계의 개발자 등록 과정과 비용이 필요합니다. 따라서 여기서는 무료로 배포할 수 있고 등록 과정이 비교적 단순한 "T store"에 배포하고 판매하는 방법을 알아봅니다.

Tstore에 작가로 회원 가입하기

01 "http://www.tradeallbooks.co.kr"에 접속하고 "회원 가입"을 클릭한 후 "개인 회원"을 클릭합니다. 가입 절차에 따라서 무료로 회원 가입을 합니다.

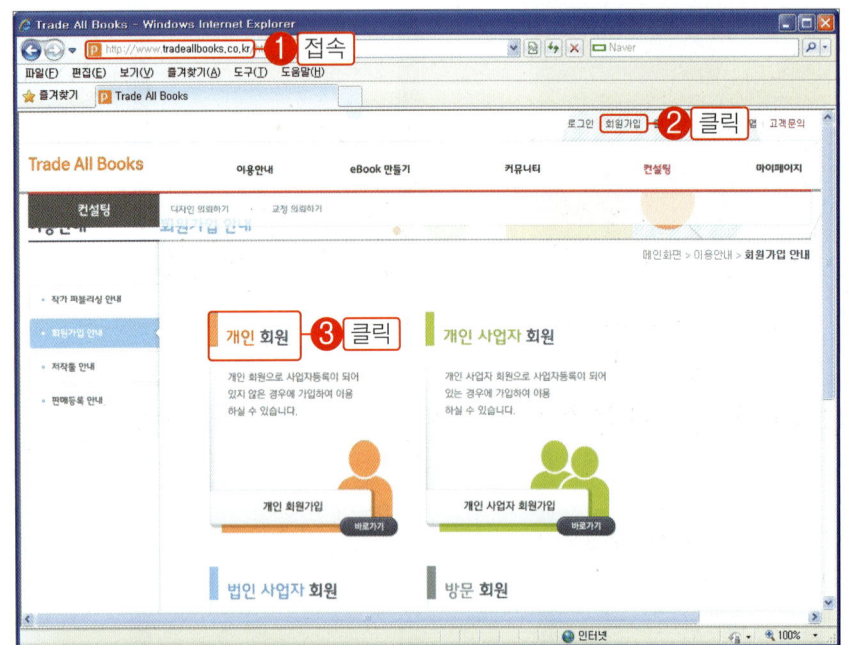

> **■ 잠깐만!**
> 자신의 사업 환경에 따라서 "개인 사업자 회원"이나 "법인 사업자 회원" 또는 "개인 회원"에 가입해도 됩니다.

02 e-Book 판매 대금을 입금 받을 통장 사본을 등록하고 "가입하기" 버튼을 클릭하여 가입을 완료합니다.

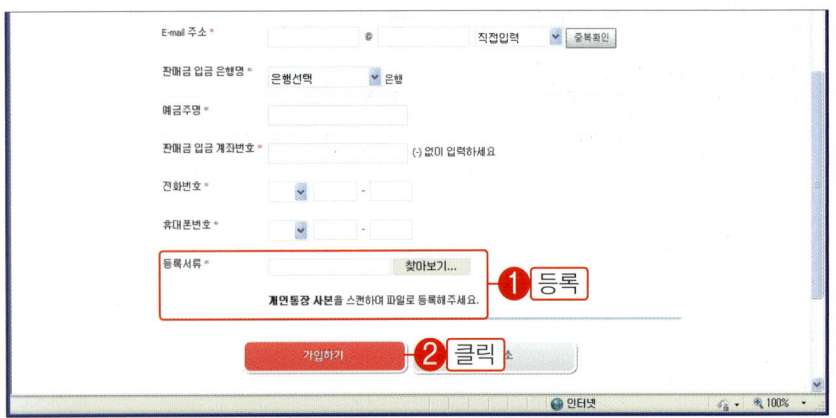

> **■ 잠깐만!**
> e-Book 판매 대금은 티스토어에서 일정 부분 수수료를 공제하고 도서 금액의 약 70% 정도를 입금시켜 줍니다. e-Book에 따라서 수수료가 다르며 정확한 내용은 안내를 참조하기 바랍니다.

Tstore에 e-Book 배포하기

01 가입한 아이디로 로그인 하고 e-Book을 배포하기 위하여 "eBook 만들기-eBook 변환하기" 메뉴를 클릭합니다.

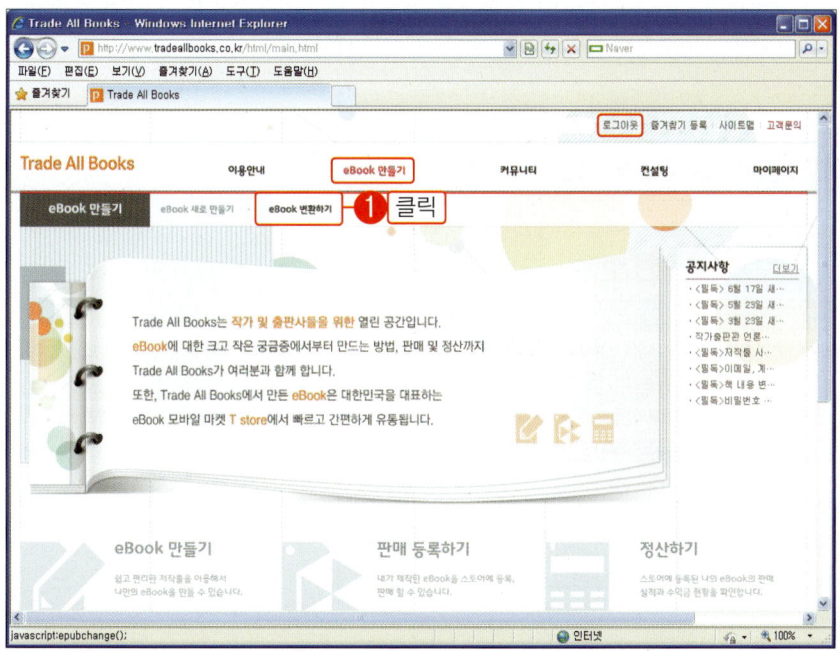

02 "찾아보기" 버튼을 클릭하고 인디자인에서 제작한(배포하고 판매할) ".epub" 파일을 선택한 후 "열기" 버튼을 클릭합니다.

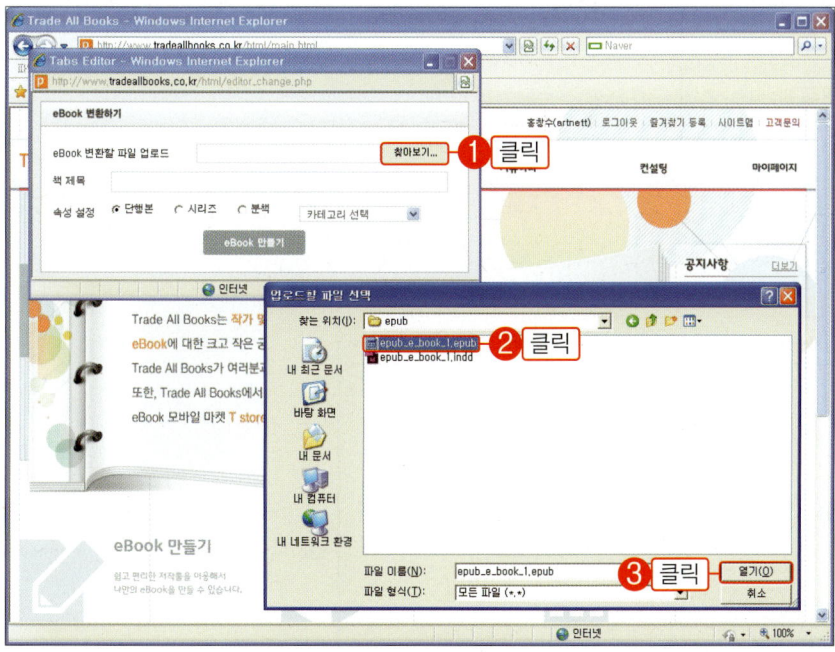

03 "책 제목"을 입력하고 "속성 설정"에서 도서의 분류를 선택합니다. "카테고리 선택" 목록에서 도서의 카테고리를 선택한 후 "eBook 만들기" 버튼을 클릭합니다.

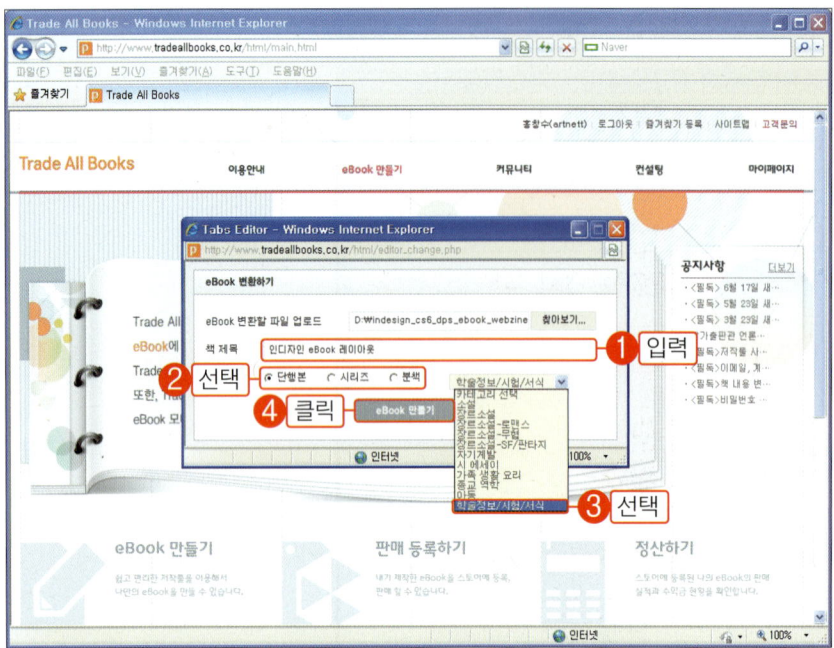

04 "eBook 변환 완료..." 메시지 창에서 "확인" 버튼을 클릭합니다.

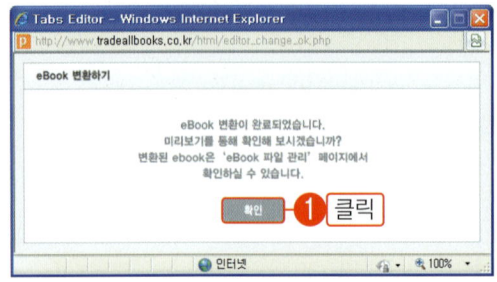

05 "번호" 항목을 클릭하여 체크 표시하고 "판매 등록 신청"을 클릭합니다.

06 "표지 이미지" 항목의 "찾아보기" 버튼을 클릭합니다. 준비된 표지 이미지를 선택하고 "열기" 버튼을 클릭합니다.

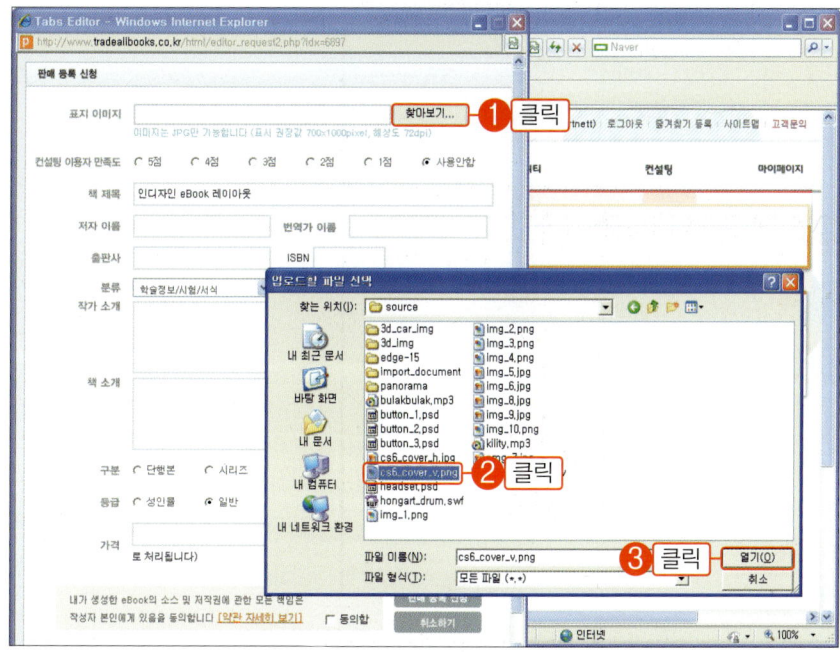

잠깐만!

인디자인에서 설정한 EPUB 표지 이미지와는 별도로 티스토에서 표시될 표지 이미지를 등록합니다. 이 때 JPG 형식의 이미지를 사용하여야 하며 PNG 형식은 등록할 수 없습니다.

07 저자 이름, 출판사 이름, 책 소개, 도서 가격 등의 항목을 빠짐 없이 모두 입력하고 "동의함"에 체크 표시한 후 "판매 등록 신청" 버튼을 클릭합니다. 그리고 등록되었다는 메시지 창에서 "확인" 버튼을 클릭합니다.

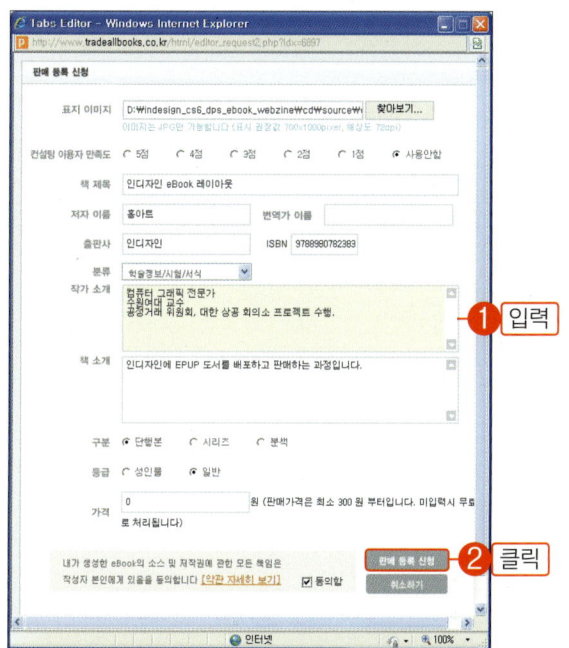

잠깐만!

"ISBN" 번호는 인터넷 검색을 통하여 별도의 프로그램을 다운받고 추출합니다. "가격"에 "0"을 입력하면 무료 도서로 배포됩니다.

08 "상태"에서 "등록중" 표시를 확인하고 e-Book을 미리 보기 위하여 도서의 제목을 클릭합니다.

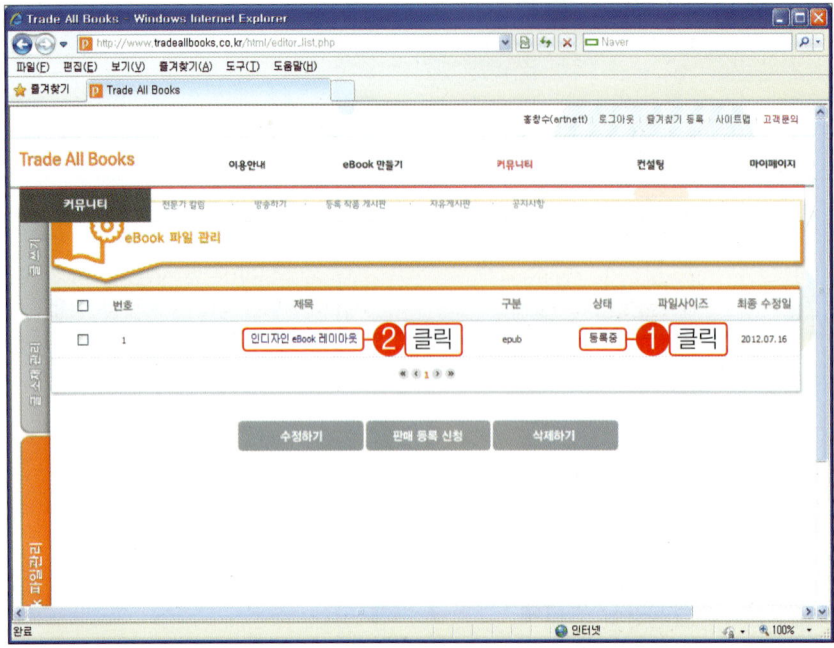

09 자신의 e-Book이 모바일 디바이스에서 어떻게 구현되는지 미리 보기를 하고 창을 닫습니다. 이제 판매 신청이 완료될 때까지 기다립니다.

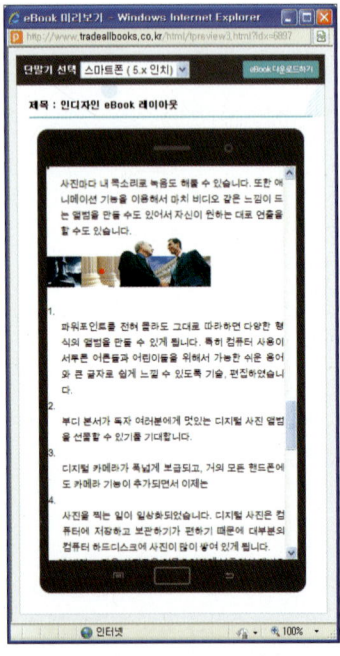

> **⚠ 잠깐만!**
> 등록은 2~3일 동안의 심사 기간이 필요하며 등록이 완료되면 모바일 디바이스의 티스 토어에서 판매됩니다.

모바일 Tstore에서 자신의 e-Book 구독하기

01 자신의 모바일 디바이스에서 "http://m.tstoreco.kr"에 접속하고 "모바일 Tstore 다운로드" 버튼을 터치한 후 티스토어 앱을 다운받고 설치합니다.

02 설치를 마쳤으면 "T store" 앱을 터치하여 실행시킵니다. 그리고 목록 보기 버튼을 터치합니다.

> **! 잠깐만!**
>
> 처음 티스토어를 실행시키면 계정을 만들라는 메시지가 표시됩니다. 그러면 새로운 계정을 만들고 로그인합니다. 로그인은 한 번만 하면 됩니다.

03 e-Book을 구독하기 위하여 "eBook" 항목을 터치하고 "세부 카테고리" 버튼을 터치합니다.

04 카테고리에서 "작가 출판" 항목을 터치하고 자신이 등록한 e-Book의 카테고리를 찾아서 터치합니다. 여기서는 "학술 정보/시험/서식" 카테고리에 배포하였습니다. 잠시 후 자동으로 자신의 e-Book을 다운로드 받습니다.

> **잠깐만!**
> e-Book을 다운로드 받은 후에는 자동으로 "T store Book" 뷰어 앱을 설치합니다. 안내에 따라서 앱을 설치합니다.

05 자신의 e-Book 표지를 터치하고 페이지를 넘겨가면서 구독하면 됩니다.

⚠ 잠깐만!

티스토에서의 도서 판매 현황을 보면 수십 건에서 수천 건까지 다양합니다. 관건은 양질의 컨텐츠를 제공하여 베스트셀러가 되는 것입니다.

⚠ 잠깐만!

도서 판매금은 규약에 의하여 추후 정산하고 자신의 계좌로 입금됩니다. 이때 수수료가 공제됩니다. 자세한 내용은 티스토어 홈페이지를 참고하세요.

⚠ 잠깐만!

인디자인에서 삽입한 비디오는 티스토어 뷰어에서 동작하지 않습니다.

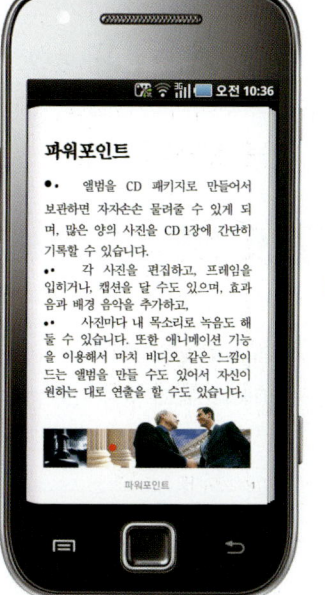
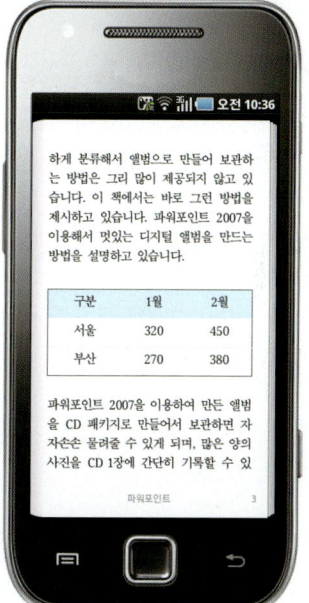

텍스트로만 구성된 다른 e-Book들과 인디자인에서 제작한 자신의 e-Book을 비교해 보면 이미지와 도표, 주석과 문단 번호 등이 구현되는 것을 확인할 수 있습니다.

찾아보기(INDEX)

DPS (Digital Publishing Suite)

e-Book과 웹진

인디자인 CS5-CS6

발행일 : 2012년 9월 12일 1판 1쇄

펴낸곳 : 가메출판사(http://www.kame.co.kr)
발행인 : 성만경
지은이 : 홍창수
편 집 : 홍아트

주소 : 서울시 마포구 서교동 394-25 동양한강트레벨 504호
전화 : 031)923-8317
팩스 : 031)923-8327

ISBN : 978-89-8078-255-0
등록번호 : 제313-2009-264호

책 값 20,000원